# 物理化学实验

## （第二版）

刘维俊 吴小梅 徐瑞云◎主编

**内容提要**

本书是由上海应用技术大学化学实验教学示范中心组织编写的大学化学实验系列教材之一，是根据“高等学校基础课实验教学示范中心建设标准”和“普通高等学校本科化学专业规范”中化学实验教学基本内容编写的。本书主要内容包括物理化学实验数据处理方法和常用计算程序简介；测量温度、压力、光学、电化学、磁学和热分析等的有关仪器设备使用和实验技术介绍；化学热力学、化学动力学、电化学和界面现象及胶体分散系统、结构化学和综合性、设计性实验等方面的实验；部分常用的物化标准数据。

本书可供高等院校化学、化工、轻工、材料、冶金、食品、环境等相关专业使用，也可供从事化学实验室工作的人员参考。

**图书在版编目(CIP)数据**

物理化学实验/刘维俊，吴小梅，徐瑞云主编．—2版．—上海：上海交通大学出版社，2021.12（2023.1重印）
ISBN 978-7-313-25639-3

Ⅰ.①物…　Ⅱ.①刘…　②吴…　③徐…　Ⅲ.①物理化学—化学实验—高等学校—教材　Ⅳ.①O64-33

中国版本图书馆CIP数据核字(2021)第211327号

**物理化学实验(第二版)**
**WULI HUAXUE SHIYAN (DI-ER BAN)**

主　　编：刘维俊　吴小梅　徐瑞云
出版发行：上海交通大学出版社
地　　址：上海市番禺路951号
邮政编码：200030
电　　话：021-64071208
印　　制：上海新艺印刷有限公司
经　　销：全国新华书店
开　　本：787mm×1092mm　1/16
印　　张：17.5
字　　数：400千字
版　　次：2009年1月第1版　2021年12月第2版
印　　次：2023年1月第6次印刷
书　　号：ISBN 978-7-313-25639-3
定　　价：58.00元

## （第二版）

该实验教材自2009年1月出版发行已有12年。物理化学实验作为主要使用精密仪器进行实验的课程，除有较强的理论性外，还要求学生能动手组装和正确操作仪器。不但要培养学生进行精密实验的能力，而且要培养学生处理实验数据和对实验结果进行讨论的能力。

十几年来，本课程一直受到教师以及学生的欢迎，极大地提高了学生基本操作、基本技能和独立实验的工作能力。尤其教材中综合性、设计性实验集中体现了对学生综合应用化学知识、多种化学研究方法和技术能力的培养，以适应现代科技的发展和社会对创新人才的需求，实现《教育部关于开展高等学校实验教学示范中心建设和评审工作的通知》中指出的："建立新型的适应学生能力培养、鼓励探索的多元实验考核方法和实验教学模式，推进学生自主学习、合作学习、研究性学习"的目标，为过渡到毕业论文专题研究打下良好的基础。

本教材几经试用，教师们提出了不少宝贵的修改意见和建议。为适应物理化学实验教学改革的变化，我们对该书进行了修订再版工作：

(1) 基本保持原书的框架、风格和主要内容不变，对书中的实验项目进行了修订与更新。

(2) 依据实验项目相应的实验仪器、设备更新的实际情况对原书中部分陈旧内容进行删除和修改，变动较大的部分主要为"差热分析"和"气泡最大压力法测定溶液的表面张力"两个实验。

(3) 根据实验对综合性、设计性的要求，增加了"聚(N-异丙基丙烯酰胺-co-壳聚糖)凝胶的制备及溶胀性测定"这一综合性实验内容。

(4) 提供思考和讨论题，以培养学生应用所掌握知识解决问题的能力，拓展相关领域知识，开阔视野。

本书的修订工作主要由刘维俊、吴小梅、郑丹、吴贵升、孙迎新、裴素朋完成，胡猛、汪玉、李文琼、马国仙、董瑾、郭强等提出宝贵的修订意见和建议，为此表示由衷的感谢！

由于编者的水平所限,书中存在的缺点与错误,恳切希望广大读者提出宝贵意见。

**编　者**

2021 年 9 月

# 前　言

## （第一版）

化学是一门基础科学，又是一门实验科学。虽然化学在很多领域已经上升到理论高度，但是化学实验教学仍然是各理工类专业教学的重要组成部分。要建立以培养创新意识、实践能力为主要目的的教学体系，就必须十分重视实验教学与理论教学紧密结合，科学地设置实验项目，并注重先进性、开放性和将科研成果转化为教学实验，形成适应化学学科特点及自身系统性和科学性的完整的课程体系，全面培养学生的科学作风、实验技能以及综合分析、发现和解决问题的能力，使学生具有创新精神和实践能力。

作为上海市首批市级实验教学示范中心，上海应用技术大学化学实验中心几年来通过对化学实验课程体系、教学内容、教学方法和教学模式的全面改革，组成了由基础性实验、综合性实验、设计性实验、开放式研究型实验构成的，从低到高、从基础到前沿、从传授知识到培养综合应用能力、逐级提高的化学实验课程新体系，从化学实验的设计思想、化学实验方法、仪器的设计原理、结构及其应用等方面拓宽学生的知识面，培养学生的综合实践能力。

《物理化学实验》是上海应用技术大学化学实验中心组织编写的大学化学实验系列教材之一，是根据“高等学校基础课实验教学示范中心建设标准”和“普通高等学校本科化学专业规范”中化学实验教学基本内容编写的。物理化学实验既是主要使用精密仪器进行实验的一门实践性很强的课程，又是探索化学反应基本规律的一门理论性很强的课程。它不仅要求学生会动手组装和正确操作，而且要求学生能设计实验并对实验结果做出处理。它不仅培养学生会做精密实验的能力，而且培养学生对实验数据进行处理、对实验结果进行讨论的能力。本课程的这一特点，不但决定了学生在学习中必须手脑并用，以培养较强的动手能力和综合分析的思维能力，而且可以起到和日后从事科学研究、发表科研论文的接轨作用。

本书的基本内容分为四大部分：一、绪论，包括实验目的和要求，实验测量误差、实验数据表达，物理化学常用计算程序简介；二、基本实验技术，包括实验室中常见的温度、压力、光学、电化学、磁学和热分析等测量有关仪器设备的使用和实验技术；三、实验部分，包括化学

热力学、化学动力学、电化学和界面现象及胶体分散系统、结构化学和综合性、设计性实验等方面的实验;四、附录,包括物理化学实验文献资料的查阅方法和部分常用的物化标准数据。编写中注意介绍实验的注意事项及其应用,突出了物理化学实验的教学重点,使学生熟悉测量技术,掌握实验关键,正确进行数据的测定与处理,并撰写规范的实验报告,以培养学生的综合实践能力。

本书在总结本校几代教师几十年物理化学实验教学经验的基础上,特别将近几年来部分综合性、设计性实验编入,同时编入了部分常用的实验技术和仪器设备介绍,如电化学工作站、热分析仪以及比表面吸附仪等。在实验部分中,充实了实验应用部分的内容,有利于引导学生积极思考,进一步培养学生的实验技能。在附录中,收入了物化实验常用参考资料的内容,以培养学生顺利查阅所需的参考资料和物理化学标准数据的能力。对全书涉及的物理量的名称、符号、单位等全面参照《中华人民共和国国家标准(量和单位)》,即 GB 3100～3102—93。

本书可供高等院校化学、化工、轻工、材料、冶金、食品、环境等相关专业使用,也可供从事化学实验室工作的人员参考。

本书由徐瑞云主编,李文琼、袁联群、刘维俊任副主编,郑丹、王宇红、王世慧、吴贵生、董勤、郭强等参与了本书的编写,全书由徐瑞云统稿。

限于编者的水平,书中的缺点甚至错误之处,恳切希望广大读者批评指正。

**编　者**

2008 年 8 月

# 目　录

# 第1章

# 绪　　论

## 1.1 物理化学实验目的与要求

### 1.1.1 实验目的

物理化学实验是在无机化学、分析化学、有机化学实验基础上形成的一门独立的基础实验课程。开设物理化学实验课有以下3个主要目的。

(1) 使学生掌握物理化学实验中常见的物理量(如温度、压力、电性质、光学性质等)的测量原理和方法;熟悉物理化学实验常用仪器和设备的操作与使用。从而能够根据所学原理与技能选择和使用仪器,设计实验方案,为后续课程的学习及以后的工作打下必要的实验基础。

(2) 培养学生观察实验现象,能够正确记录和处理数据,并具备进行实验结果的分析和归纳,以及撰写规范、完整的实验报告等能力。养成严肃认真、实事求是的科学态度和作风。

(3) 验证所学的有关基础理论,巩固和加深对物理化学的基本概念、基本原理的理解,增强学生解决实际化学问题的能力。

### 1.1.2 实验要求

物理化学实验整个过程包括实验前预习、实验操作、数据测量和书写报告等几个步骤,为达到上述实验目的,基本要求如下。

1) 实验前充分预习

学生应事先仔细阅读实验内容,了解实验的目的、要求、原理、方法,明确实验所需要测量的物理量,了解一些特殊测量仪器的简单原理及操作方法,在预习中应特别注意影响实验成败的关键操作。在此基础上写出预习报告。预习报告应包括实验的简单原理和步骤、操作要点和记录数据的表格。

无预习报告者,不得进行实验。

2) 认真实验

在动手进行实验前,指导教师应对学生进行基础知识考查,不合格者由教师酌情处理,甚至可取消其参加该次实验的资格。然后,让学生检查实验装置与试剂是否符合实验要求,

合格后方可进行实验。

实验过程中,要求操作准确,观察现象仔细,测量数据认真,记录准确、完整、整洁;要开动脑筋,善于发现和解决实验中出现的问题;实验时,应保持安静,仔细认真地完成每一步骤的操作。

实验完成后,应将实验原始数据交给教师审查合格后,再拆卸实验装置;如果数据不合格,必须补做或重做。最后,实验原始记录需经指导教师检查签字。

实验结束后,应将玻璃仪器洗净,所有仪器应恢复原状排列整齐,经教师检查后,方可离开实验室。

3)正确撰写实验报告

撰写合乎规范的实验报告,对学生加深理解实验内容、提高写作能力和培养严谨的科学态度具有十分重要的意义。实验报告的内容包括实验目的、简明原理(包括必要的计算公式)、仪器装置示意图、扼要的实验步骤和操作关键、数据记录与处理、实验结果讨论。

实验数据尽可能采用表格形式,作图必须用坐标纸,数据处理和作图应按误差分析有关规定进行。如应用计算机处理实验数据,则应附上计算机打印的记录。讨论内容包括对实验过程特殊现象的分析和解释、实验结果的误差分析、实验的改进意见、实验应用及心得体会等。

### 1.1.3 实验讲座

物理化学实验讲座是本实验课程的一个重要环节。讲座包括物理化学实验的基本要求、实验及技术等方面的内容。系统讲授物理化学实验方法及技术,可以使学生在具体实验训练的基础上,对物理化学研究方法有更全面的了解。按照物理化学实验的学习方法、安全防护、数据处理、文献查阅、实验设计思想等基本要求,分成若干次讲座,使学生结合每个实验反复练习,严格要求,将真正有助于提高学生的动手能力。

### 1.1.4 实验考核

物理化学实验考核是本实验课程的一个必不可少的环节。本课程考核包括平时每个实验的考核和学期总考核两部分。平时的实验考核主要侧重对学生实验基本技能的训练和实验素质的培养,学期总考核主要侧重对学生综合能力的考查。

## 1.2 物理化学实验的安全防护

物理化学实验的安全防护关系到个人身体和生命的安全;物理化学实验的安全防护关系到实验室和国家财产的安全;物理化学实验的安全防护关系到培养良好的工作作风,保证实验的顺利进行。

在化学实验室里,常常潜藏着诸如发生爆炸、着火、中毒、灼伤、割伤、触电等事故的危险性,因此安全是非常重要的。如何防止这些事故的发生以及万一发生时如何急救,是每一个化学实验工作者必须具备的能力。这些内容在先行的化学实验课中均已反复介绍。本节主

要结合物理化学实验的特点介绍安全用电常识及使用化学药品的安全防护等知识。

### 1.2.1 安全用电常识

物理化学实验使用的电器较多，特别要注意安全用电。表1.1给出了50 Hz交流电在不同电流强度时通过人体产生的反应情况。

表1.1 不同电流强度时的人体反应

| $I$/mA | 1～10 | 10～25 | 25～100 | 100以上 |
|---|---|---|---|---|
| 人体反应 | 麻木感 | 肌肉强烈收缩 | 呼吸困难，甚至停止呼吸 | 心脏心室纤维性颤动，死亡 |

违章用电可能造成仪器设备损坏、火灾，甚至人身伤亡等严重事故。为了保障人身安全，一定要遵守安全用电规则：

1）防止触电

（1）不用潮湿的手接触电器。

（2）一切电源裸露部分应有绝缘装置，所有电器的金属外壳都应接上地线。

（3）实验时，应先连接好电路再接通电源；修理或安装电器时，应先切断电源；实验结束时，先切断电源再拆线路。

（4）不能用试电笔去试高压电。使用高压电源应有专门的防护措施。

（5）如有人触电，首先应迅速切断电源，然后进行抢救。

2）防止发生火灾及短路

（1）电线的允许通电量应大于用电器功率；使用的保险丝要与实验室允许的用电量相符。

（2）室内若有氢气、煤气等易燃易爆气体，应避免产生电火花。继电器工作时、电器接触点接触不良时及开关电闸时易产生电火花，要特别小心。

（3）如遇电线起火，立即切断电源，用沙或二氧化碳、四氯化碳灭火器灭火，禁止用水或泡沫（灭火器）等导电液体灭火。

（4）电线、电器不要被水淋湿或浸在导电液体中；线路中各接点应牢固，电路元件两端接头不要互相接触，以防短路。

3）电器仪表的安全使用

（1）使用前先了解电器仪表要求使用的电源是交流电还是直流电；是三相电流还是单相电流以及电压的大小（如380 V、220 V、6 V）。须弄清电器功率是否符合要求及直流电器仪表的正、负极。

（2）仪表量程应大于待测量。待测量大小不明时，应从最大量程开始测量。

（3）实验前要检查线路连接是否正确，经教师检查同意后方可接通电源。

（4）在使用过程中如发现异常，如不正常声响、局部温度升高或嗅到焦味，应立即切断电源，并报告教师进行检查。

### 1.2.2 使用化学药品的安全防护

1) 防毒

实验前,应了解所用药品的毒性及防护措施。操作有毒性化学药品时应在通风橱内进行,避免与皮肤接触;剧毒药品应妥善保管并小心使用。不要在实验室内喝水、吃东西;离开实验室时要洗净双手。

2) 防爆

可燃气体与空气的混合物在比例处于爆炸极限时,受到热源(如电火花)诱发将会引起爆炸。一些气体的爆炸极限如表 1.2 所示。

**表 1.2 与空气相混合的某些气体的爆炸极限(20℃,100 kPa)**

| 气体 | $\varphi_B$(爆炸高限)×100 | $\varphi_B$(爆炸低限)×100 | 气体 | $\varphi_B$(爆炸高限)×100 | $\varphi_B$(爆炸低限)×100 |
|---|---|---|---|---|---|
| 氢 | 74.2 | 4.0 | 醋酸 | — | 4.1 |
| 乙烯 | 28.6 | 2.8 | 乙酸乙酯 | 11.4 | 2.2 |
| 乙炔 | 80.0 | 2.5 | 一氧化碳 | 74.2 | 12.5 |
| 苯 | 6.8 | 1.4 | 水煤气 | 72.0 | 70.0 |
| 乙醇 | 19.0 | 3.3 | 煤气 | 32.0 | 5.3 |
| 乙醚 | 36.5 | 1.9 | 氨 | 27.0 | 15.5 |
| 丙酮 | 12.8 | 12.6 | | | |

注:$\varphi$ 为体积分数。

因此使用时要尽量防止可燃性气体逸出,保持室内通风良好;操作大量可燃性气体时,严禁使用明火和可能产生电火花的电器,并防止与其他物品撞击产生火花。

另外,有些药品如乙炔银、过氧化物等受震或受热易引起爆炸,使用时要特别小心;严禁将强氧化剂和强还原剂放在一起;久藏的乙醚使用前应除去其中可能产生的过氧化物;进行易发生爆炸的实验,应有防爆措施。

3) 防火

许多有机溶剂如乙醚、丙酮等非常容易燃烧,使用时室内不能有明火和电火花等。用后要及时回收处理,不可倒入下水道,以免溶剂聚集引起火灾。实验室内不可存放过多这类药品。

另外,有些物质如磷、金属钠及比表面很大的金属粉末(如铁、铝等)易氧化自燃,在保存和使用时要特别小心。

实验室一旦着火不要惊慌,应根据情况选择不同的灭火剂进行灭火。以下几种情况不能用水灭火:

(1) 有金属钠、钾、镁、铝粉以及电石、过氧化钠等时,应用干沙等灭火。

(2) 密度比水小的易燃液体着火,应采用泡沫灭火器。

(3) 有灼烧的金属或熔融物的地方着火时,应用干沙或干粉灭火器。

(4) 电器设备或带电系统着火,应用二氧化碳或四氯化碳灭火器。

4) 防灼伤

强酸、强碱、强氧化剂、溴、磷、钠、钾、苯酚、冰醋酸等都会腐蚀皮肤,特别要防止溅入眼内。液氧、液氮等低温也会严重灼伤皮肤,使用时要小心。万一灼伤应及时治疗。

### 1.2.3 汞的安全使用

汞中毒分急性和慢性两种。急性中毒多为高汞盐(如 $HgCl_2$)入口所致,0.1~0.3 g 即可致死。吸入汞蒸气会引起慢性中毒,症状为食欲不振、恶心、便秘、贫血、骨骼和关节疼痛、精神衰弱等。汞蒸气的最大安全浓度为 $0.1\ mg \cdot m^{-3}$,而 20 ℃时汞的饱和蒸气压约为 0.16 Pa,超过安全浓度的 130 倍。所以使用汞时必须严格遵守下列操作规定:

(1) 储汞的容器要用厚壁玻璃器皿或瓷器,在汞面上加盖一层水,避免直接暴露于空气中,同时应放置在远离热源的地方。一切转移汞的操作,应在装有水的浅瓷盘内进行。

(2) 装汞的仪器下面应一律放置浅瓷盘,防止汞滴散落到桌面或地面上。万一有汞滴掉落,要先用吸汞管尽可能将汞珠收集起来,然后把硫磺粉撒在汞溅落过的地方,并摩擦使之生成 HgS,也可用 $KMnO_4$ 溶液使其氧化。擦过汞的滤纸等必须放在有水的瓷缸内。

(3) 使用汞的实验室应有良好的通风设备;手上若有伤口,切勿接触汞。

### 1.2.4 X 射线的防护

X 射线被人体组织吸收后,对健康是有害的。一般晶体 X 射线衍射分析用的软 X 射线(波长较长、穿透能力较低)比医院透视用的硬 X 射线(波长较短、穿透能力较强)对人体组织伤害更大。轻者造成局部组织灼伤,重者可造成白细胞下降,毛发脱落,发生严重的射线病。但若采取适当的防护措施,上述危害是可以避免的。

最基本的一条是防止身体各部位(特别是头部)受到 X 射线照射,尤其是直接照射。因此 X 光管窗口附近要用铅皮(厚度在 1 mm 以上)挡好,使 X 射线尽量限制在一个局部小范围内;在进行操作(尤其是对光)时,应戴上防护用具(特别是铅玻璃眼镜);暂时不工作时,应关好窗口;非必要时,人员应尽量离开 X 光实验室。室内应保持良好通风,以减少由于高电压和 X 射线电离作用产生的有害气体对人体的影响。

### 1.2.5 化学实验室安全守则

(1) 实验室为严肃工作场所,为维护大家的安全,不得在实验室内嬉笑打闹、抽烟、喝饮料、吃食品、嚼口香糖及打手机。

(2) 实验课必须佩戴框式眼镜保护眼睛(安全眼镜、近视眼境或平光眼镜均可,最好是安全眼镜,禁戴隐形眼镜及太阳眼镜)。

(3) 进入实验室必须穿全棉质实验服,长发应该束扎起,不得穿拖鞋、露脚趾或无后带的凉鞋。

(4) 熟悉实验室中各种安全设施的位置及使用方法。如灭火器、灭火沙、灭火毯、冲眼器、紧急冲淋设备、急救箱等。熟悉实验楼的紧急逃生通道。

(5) 实验中遇有意外事件发生,应迅速、镇静地处理,并即刻报告教师。

(6) 只做教师指定或允许的实验,不得操作未经许可的实验。不可从实验室中带出任何仪器设备及药品。依照实验指导书中的用量称取药品,不可浪费药品增加污染。

(7) 可燃溶剂切不可用火直接加热。密闭不通的装置不可加热。发生有毒或有刺激性气体的反应务必在通风橱中进行。禁止学生自行调动烘箱温度。

(8) 一切实验装置必须稳固,不可勉强支持。不可用书本等纸张挡风或垫高加热装置,以避免着火。

(9) 勿用手捡拾碎玻璃或未知固体药物。接触药物必须戴手套。药品取用前,必须认清标签无误,用后盖好,放回原处。危险药品尤须注意容器外拭除干净,盖紧放稳。

(10) 实验废弃物处理。

① 固体废弃物(如玻璃、纸屑)不得丢入水槽内。

② 破碎玻璃器皿应置于特定的回收桶内。

③ 不可将温度计当搅拌棒使用;若水银温度计破损(汞蒸气有毒)应报告教师。

④ 应回收处理含重金属或有机溶剂废液,收集后必须倒入指定的废液回收桶内,不得倾倒于水槽。

⑤ 多余的酸碱液应先予中和或加水稀释后再倒掉,以避免腐蚀水槽排水管及污染环境。

(11) 轮值的值日生应于实验结束后清理实验室,处理垃圾并清点当日所分发之仪器与药品。

(12) 实验结束后,必须清理实验桌并将仪器归位,同时洗净双手,并须检查水电、煤气与门窗,确保关闭方可离去。

### 1.2.6 意外事件的紧急处理

(1) 若煤气灯着火,立即关闭煤气,迅速覆盖湿抹布,并用灭火器熄灭。

(2) 若磷着火,即速覆上潮湿细沙,火自熄灭。

(3) 若酸、碱或腐蚀性药品溅入眼中,当先用水冲洗至少 20 min;情况严重者,经急救后须再转送医务室或医院治疗。

(4) 若遇强酸或强碱触及皮肤,应先用水冲洗;情况严重者,经急救后须再转送医务室或医院治疗。

(5) 皮肤若被小刀或玻璃割伤,宜先取出玻璃屑,用净水洗涤伤处,涂上优碘药水,然后用贴布包裹。

(6) 若皮肤被火灼伤,应遵守"冲、脱、泡、盖、送"原则处理,立刻用大量冷水不断冲洗至不再感觉灼热;情况严重者,须继续送至医务室或医院治疗。

(7) 水银温度计断裂时的处理方法:先收集大颗粒汞珠于烧杯或培养皿中,加水降低其蒸气压,且以重物覆盖于表面,避免再次流散。残留散粒汞迅速加硫粉覆盖,使之生成 HgS,数小时后,可扫除之。

(8) 紧急救护电话:120;火警电话:119。

## 1.3 实验测量误差与误差的计算

在物理化学实验中，通常是在一定的条件下测量某系统的一个或几个物理量，然后用计算或作图的方法求得另一些物理量的数值或验证规律。怎样选择适当的测量方法？怎样估计所测得结果的可靠程度？怎样对所得数据进行合理的处理？这是实验中经常遇到的问题。因此，要做好物理化学实验，必须进行正确的测量以及对数据进行适当的处理。

### 1.3.1 系统误差、偶然误差和过失误差

在任何一类测试中，都存在一定误差，即测量值与真实值之间存在一定的差值。根据误差的性质和来源，可以把测量误差分为系统误差、偶然误差和过失误差。

1）系统误差

在指定的测量条件下，多次测量同一量时，如果测量误差的绝对值和符号总是保持恒定，使测量结果永远偏向一个方向，那么这种测量误差称为系统误差。系统误差产生的原因有以下 5 个因素。

(1) 仪器误差。例如仪器零位未调好，产生零位误差；温度计、移液管、滴定管的刻度不准确；仪器系统本身的问题等等。

(2) 测量方法的影响。采用了近似的测量方法或近似公式，例如根据理想气体状态方程计算被测蒸气的摩尔质量时，由于真实气体对理想气体的偏差，不用外推法求得摩尔质量总比实际的摩尔质量大。

(3) 环境因素的影响。测量环境的温度、湿度、压力等对测量数据的影响。

(4) 化学试剂纯度不够的影响。

(5) 测量者个人的习惯性误差。例如有人对颜色不敏感，滴定时等当点总是偏高或偏低；读数时眼睛的位置总是偏高或偏低等。

系统误差不能通过增加测量次数加以消除。通常用几种不同的实验技术或实验方法、改变实验条件、调换仪器、提高试剂的纯度等来确定有无系统误差的存在，确定其性质，然后设法消除或减小，以提高测量的准确度。

2）偶然误差

偶然误差是指在相同的实验条件下多次测量同一物理量时，其绝对值和符号都以不可预料的方式变化着的误差。偶然误差在实验中总是存在，无法完全避免。偶然误差服从概率分布，如在同一实验条件下对同一物理量测量时，实验数据的分布符合一般统计规律，即误差的正态分布。误差的正态分布具有以下特性：

(1) 对称性。绝对值相等的正误差和负误差出现的概率几乎相等。

(2) 单峰性。绝对值小的误差出现的概率大，而绝对值大的误差出现的概率小。

(3) 有界性。在一定的实验条件下的有限次测量中，误差的绝对值不会超过某一界限。

由此可见，在一定的实验条件下，实验偶然误差的算术平均值随着测量次数无限增加而趋近于零。因此，为了减少偶然误差的影响，在实际测量中，常常要对一个物理量进行多次

重复测量以提高测量的精密度和再现性。

3) 过失误差

出于实验者的粗心,如标度看错、记录写错、计算错误所引起的误差,称为过失误差。这类误差无规则可寻,必须要求实验者细心操作。过失误差是可以完全避免的。

### 1.3.2 精密度和准确度

在定义上,测量的准确度与测量的精密度是有区别的。准确度是指测量偏离真值的程度,而精密度是指测量偏离平均值的程度。

偶然误差小,数据重复性好,测量的精密度就高。系统误差和偶然误差都小,测量值的准确度就高。在一组测量中,尽管精密度很高,但准确度并不一定很好;相反,准确度好的测量值,精密度一定很高。

### 1.3.3 平均误差、标准误差和或然误差

在一定条件下对某一个物理量进行 $n$ 次测量,所得的结果为 $x_1, x_2, \cdots, x_n$。其算术平均值为

$$\langle x \rangle = \frac{1}{n}\sum_{i=1}^{n} x_i \tag{1.1}$$

那么单次测量值 $x_i$ 与算术平均值$\langle x \rangle$的偏差程度就称为测量的精密度。精密度表示各测量值之间的相近程度。精密度的表示方法一般有 3 种:平均误差、标准误差和或然误差。

1) 平均误差 $a$

$$a = \frac{1}{n}\sum_{i=1}^{n} |x_i - \langle x \rangle| \tag{1.2}$$

2) 标准误差 $\sigma$

$$\sigma = \sqrt{\frac{\sum_{i=1}^{n}(x_i - \langle x \rangle)^2}{n-1}} \tag{1.3}$$

3) 或然误差 $p$

$$p = 0.6745\sigma \tag{1.4}$$

或然误差的意义:在一组测量中若不计正负号,误差大于 $p$ 的测量值与误差小于 $p$ 的测量值,各占测量次数的一半。

以上 3 种误差之间的关系为

$$p : a : \sigma = 0.6745 : 0.794 : 1.00 \tag{1.5}$$

平均误差的优点是计算比较简便,但可能把质量不高的测量值掩盖掉。标准误差对一组测量中的较大误差或较小误差比较灵敏,因此它是表示精密度的较好方法,在近代科学中经常采用标准误差。

测量结果的精密度常用($\langle x \rangle \pm \sigma$)或($\langle x \rangle \pm a$)来表示,$\sigma$ 或 $a$ 值越小表示测量精密度越高。

从概率论可知大于 $3\sigma$ 的误差的出现概率只有 0.3%,故通常把 $3\sigma$ 称为极限误差,即

$$\sigma_{极限}=3\sigma \tag{1.6}$$

如果个别测量值的误差超过极限误差,则可认为是过失误差引起而将其舍弃。

### 1.3.4 间接测量结果的误差

在物理化学实验中,有些物理量是能够直接测量的,但大多数的物理量是不能直接测量,而是通过对另一些可直接测得的物理量的数值,按照一定的公式加以运算才能得到,这称为间接测量。在间接测量中每个直接测量的误差都会影响最后结果的误差。

**1. 间接测量结果的平均误差**

设间接测量的数据为 $x$ 和 $y$,其绝对误差为 $\mathrm{d}x$ 和 $\mathrm{d}y$,而最后结果为 $u$,绝对误差为 $\mathrm{d}u$,其函数表达式为

$$u=F(x,y) \tag{1.7}$$

$$\mathrm{d}u=\left(\frac{\partial F}{\partial x}\right)_y \mathrm{d}x+\left(\frac{\partial F}{\partial y}\right)_x \mathrm{d}y \tag{1.8}$$

因此测量误差 $\mathrm{d}x$、$\mathrm{d}y$ 都会影响最后结果 $u$,使函数具有误差 $\mathrm{d}u$。设各自变量的平均误差 $\Delta x$、$\Delta y$ 足够小,可代替它们的微分 $\mathrm{d}x$、$\mathrm{d}y$,并考虑到在最不利的情况下,直接测量的正负误差不能对消而引起误差积累,所以取其绝对值,则

$$\Delta u=\left|\left(\frac{\partial F}{\partial x}\right)_y \Delta x\right|+\left|\left(\frac{\partial F}{\partial y}\right)_x \Delta y\right| \tag{1.9}$$

式(1.1)～式(1.9)就是间接测量中计算最终结果绝对误差的基本公式。

如果将式(1.7)两边取对数,再求微分,同理可得间接测量中计算最终结果相对误差的基本公式:

$$\frac{\Delta u}{u}=\frac{1}{F(x,y)}\left[\left|\left(\frac{\partial F}{\partial x}\right)_y \Delta x\right|+\left|\left(\frac{\partial F}{\partial y}\right)_x \Delta y\right|\right] \tag{1.10}$$

不同函数关系式计算绝对误差和相对误差的公式列于表 1.3。

**表 1.3 部分函数关系的平均误差**

| 函数式 | 绝对误差 $\Delta u$ | 相对误差 $\Delta u/u$ |
|---|---|---|
| $u=x+y$ | $\pm(\lvert\Delta x\rvert+\lvert\Delta y\rvert)$ | $\pm\frac{\lvert\Delta x\rvert+\lvert\Delta y\rvert}{x+y}$ |
| $u=x-y$ | $\pm(\lvert\Delta x\rvert+\lvert\Delta y\rvert)$ | $\pm\frac{\lvert\Delta x\rvert+\lvert\Delta y\rvert}{x-y}$ |
| $u=x\cdot y$ | $\pm(y\lvert\Delta x\rvert+x\lvert\Delta y\rvert)$ | $\pm\left(\left\lvert\frac{\Delta x}{x}\right\rvert+\left\lvert\frac{\Delta y}{y}\right\rvert\right)$ |
| $u=x/y$ | $\pm\frac{y\lvert\Delta x\rvert+x\lvert\Delta y\rvert}{y^2}$ | $\pm\left(\left\lvert\frac{\Delta x}{x}\right\rvert+\left\lvert\frac{\Delta y}{y}\right\rvert\right)$ |
| $u=x^n$ | $\pm(nx^{n-1}\lvert\Delta x\rvert)$ | $\pm\left\lvert n\frac{\Delta x}{x}\right\rvert$ |
| $u=\ln x$ | $\pm\left\lvert\frac{\Delta x}{x}\right\rvert$ | $\pm\left\lvert\frac{\Delta x}{x\ln x}\right\rvert$ |

**例1** 在用凝固点降低法测定溶质的摩尔质量实验中,溶质B的摩尔质量 $M_B$ 可用下式计算得出:

$$M_B=\frac{K_f m_B}{m_A \Delta T_f}=\frac{K_f m_B}{m_A(T_f^*-T_f)}$$

式中:$m_A$ 和 $m_B$ 分别为溶液中溶剂A和溶质B的质量;$T_f^*$ 和 $T_f$ 分别表示纯溶剂A和溶液的凝固点;凝固点下降系数 $K_f$ 为 $5.12\ K\cdot kg\cdot mol^{-1}$。

设溶质B的质量 $m_B$ 为 0.300 0 g,在分析天平上称量的绝对误差 $\Delta m_B=0.000\,4\ g$;溶剂A的质量 $m_A$ 为 20.0 g,在台秤上称量的绝对误差 $\Delta m_A=0.1\ g$;测量凝固点用贝克曼温度计,准确度为 0.002 K,纯溶剂A的凝固点 $T_f^*$ 三次测量值分别为 277.951 K、277.947 K、277.952 K,溶液凝固点 $T_f$ 的三次测定值分别为 277.650 K、277.654 K、277.645 K。

纯溶剂A的平均凝固点 $\langle T_f^* \rangle$ 为

$$\langle T_f^* \rangle=\frac{277.951\ K+277.947\ K+277.952\ K}{3}=277.950\ K$$

每次测量的绝对误差分别为 0.001 K、−0.003 K、0.002 K,则平均绝对误差 $\langle \Delta T_f^* \rangle$ 为

$$\langle \Delta T_f^* \rangle=\pm\frac{0.001\ K+0.003\ K+0.002\ K}{3}=\pm 0.002\ K$$

那么纯溶剂A的凝固点 $T_f^*$ 应该为

$$T_f^*=(277.950\pm 0.002)K$$

同样算得溶液凝固点 $\langle T_f \rangle=277.650\ K$,$\langle \Delta T_f \rangle=\pm 0.003\ K$,$T_f=(277.650\pm 0.003)K$。凝固点降低值 $\Delta T_f$ 为

$$\Delta T_f=T_f^*-T_f=(277.950\pm 0.002)K-(277.650\pm 0.003)K=(0.300\pm 0.005)K$$

其相对误差为

$$\frac{\Delta(\Delta T_f)}{\Delta T_f}=\frac{0.005\ K}{0.300\ K}=\pm 0.017$$

而

$$\frac{\Delta m_B}{m_B}=\frac{0.000\,4\ g}{0.300\,0\ g}=\pm 1.3\times 10^{-3}$$

$$\frac{\Delta m_A}{m_A}=\frac{0.1\ g}{20.0\ g}=\pm 5\times 10^{-3}$$

由此,可求得测得溶质B的 $M_B$ 的相对误差为

$$\frac{\Delta M_B}{M_B}=\frac{\Delta m_B}{m_B}+\frac{\Delta m_A}{m_A}+\frac{\Delta(\Delta T_f)}{\Delta T_f}$$

$$=\pm(1.3\times 10^{-3}+5\times 10^{-3}+1.7\times 10^{-2})=\pm 0.023$$

$$M_B=\frac{K_f m_B}{m_A \Delta T_f}=\frac{5.12\ K\cdot kg\cdot mol^{-1}\times 0.300\,0\ g}{20.0\ g\times 0.300\ K}=256\ g\cdot mol^{-1}$$

$$\Delta M_B=\pm(256\ g\cdot mol^{-1}\times 0.023)=\pm 6\ g\cdot mol^{-1}$$

$$M_B=(256\pm 6)g\cdot mol^{-1}$$

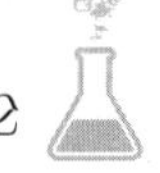



由上述计算可以得出：测得的溶质的摩尔质量其最大相对误差为2.3%，本实验误差主要来自测量温度的准确性。称重的准确性对提高实验结果$M_B$的准确度影响不大，所以过分准确的称重(如用分析天平称溶剂的质量)没有必要。本实验的关键是提高温度测量的精度。所以，需要使用贝克曼温度计，同时，要很好地控制过冷现象，以免影响温度读数。

由此可见，事先计算各个测量的误差，分析其影响，能帮助我们选择正确的实验方法，选用精密度适宜的仪器，抓住实验测量关键，获得较好的实验结果。

**2. 间接测量结果的标准误差**

若$u=F(x,y)$，则函数$u$的标准误差为

$$\sigma_u=\sqrt{\left(\frac{\partial u}{\partial x}\right)^2\sigma_x^2+\left(\frac{\partial u}{\partial y}\right)^2\sigma_y^2} \tag{1.11}$$

部分函数的标准误差列入表1.4。

**表1.4 部分函数关系的标准误差**

| 函数式 | 绝对误差$\sigma_u$ | 相对误差$\sigma_u/u$ |
| --- | --- | --- |
| $u=x\pm y$ | $\pm\sqrt{\sigma_x^2+\sigma_y^2}$ | $\pm\frac{1}{\lvert x\pm y\rvert}\sqrt{\sigma_x^2+\sigma_y^2}$ |
| $u=x\cdot y$ | $\pm\sqrt{y^2\sigma_x^2+x^2\sigma_y^2}$ | $\pm\sqrt{\frac{\sigma_x^2}{x^2}+\frac{\sigma_y^2}{y^2}}$ |
| $u=x/y$ | $\pm\frac{1}{y}\sqrt{\sigma_x^2+\frac{x^2}{y^2}\sigma_y^2}$ | $\pm\sqrt{\frac{\sigma_x^2}{x^2}+\frac{\sigma_y^2}{y^2}}$ |
| $u=x^n$ | $\pm nx^{n-1}\sigma_x$ | $\pm\frac{n}{x}\sigma_x$ |
| $u=\ln x$ | $\pm\frac{\sigma_x}{x}$ | $\pm\frac{\sigma_x}{x\ln x}$ |

**例2** 测量某一电热器功率时，得到电流$I=(8.40\pm0.04)\,\text{A}$，电压$U=(9.5\pm0.1)\,\text{V}$，求该电热器功率$P$及其标准误差。

$$\text{电功率}\ P=IU=8.40\ \text{A}\times9.5\ \text{V}=79.8\ \text{W}$$

其标准误差为

$$\sigma_P=\pm\sqrt{U^2\sigma_I^2+I^2\sigma_U^2}=\pm\sqrt{(9.5\ \text{V})^2(0.04\ \text{A})^2+(8.40\ \text{A})^2(0.1\ \text{V})^2}=\pm0.9\ \text{W}$$

$$P=(79.8\pm0.9)\,\text{W}$$

如果知道直接测量的误差对最后结果产生的影响，就可以了解哪一方面的测量是实验结果误差的主要来源，如果事先预定了最后结果的误差限度，则各直接测定值可允许的最大误差也可断定，据此就可以决定应该如何选择合适精度的测量工具与之配合。但是，如果盲目地使用精密仪器，不考虑相对误差，不考虑仪器的相互配合，则非但不能提高测量结果的准确度，反而枉费精力，浪费仪器、药品。

## 1.4 实验数据的表达与处理

实验数据的表示主要有 3 种方式：列表法、作图法和数学方程式法。

### 1.4.1 列表法

列表法是将实验数据用表格形式表达出来，优点是一目了然，它常是其他数据处理方法的前期工作。

列表时应注意以下几点：

(1) 表格名称。每一表格应有简明、完整的名称。

(2) 行(或列)名与单位。表格分为若干行和若干列，每一变量应占表格一行(或一列)。每一行(或列)的第一列(或行)写上该行(或列)变量的名称及单位。

(3) 有效数字。表格中所记的数据应注意其有效数字，并将小数点对齐。表格中列出的数据应是纯数，因此表的栏头也应表示成纯数，应当是量的符号 $G$ 除以单位的符号$[G]$，即$G/[G]$，如：$p/\mathrm{Pa}$，$T/\mathrm{K}$；或者是这些纯数的数学函数，例如 $\ln(p/\mathrm{Pa})$。若表中数据有公共乘方因子，为方便起见，可将指数放在行(或列)名旁。但注意指数上的正负号应异号。例如不同温度下 $CO_2$ 的平衡性质如表 1.5 所示。

**表 1.5 $CO_2$ 的平衡性质**

| $t/℃$ | $T/\mathrm{K}$ | $(T/\mathrm{K})^{-1}\cdot 10^3$ | $p/\mathrm{MPa}$ | $\ln(p/\mathrm{MPa})$ | $V_m/\mathrm{cm^3\cdot mol^{-1}}$ | $\frac{pV_m}{RT}$ |
|---|---|---|---|---|---|---|
| −56.60 | 216.55 | 4.6179 | 0.5180 | −0.6578 | 3177.6 | 0.9142 |
| 0.00 | 273.15 | 3.6610 | 3.4853 | 1.2485 | 456.97 | 0.7013 |
| 31.04 | 304.19 | 3.2874 | 7.3820 | 1.9990 | 94.060 | 0.2745 |

有时可以将较长的组合物理量用一个简单的符号来表示，而在表的下面说明该符号的意义。

### 1.4.2 作图法

图解法可使实验所测得各数据间的相互关系表现得更为直观，如极大、极小、转折点、周期性、变化速率等在图上都一目了然。利用图形还可对数据做进一步处理，如求得内插值、外推值、函数的微商、确定经验方程式中的常数等。

作图法的基本要点如下：

(1) 作图工具。作图时所需要的工具主要有铅笔、直尺、曲线板、曲线尺、圆规等。铅笔一般以中等硬度(例如 1 H)为宜，太软或太硬的铅笔、墨水钢笔、圆珠笔等都不适合作图。直尺和曲线板的边应平滑，并且应选用透明的，作图时才能方便观察实验点的分布情况。

(2) 坐标纸。在实验中选用最多的是直角坐标纸，有时也用半对数或全对数坐标纸，在

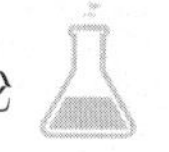



表示三组分系统相图时，常用三角坐标纸。

(3) 坐标轴。用直角坐标纸作图时，多以主变量为横轴，因变量为纵轴。坐标轴标尺不一定从零开始。

比例尺选择在作图法中至关重要。比例尺改变时曲线形状也随之改变，若选择不当，有时能使曲线上的极大、极小或转折点不明显，甚至得出错误的结论。比例尺选择应遵守下列规则：

① 能表示出测量值的测量精度。即使图上读出的各物理量的有效数字与测量时的有效数字一致。

② 坐标轴上每小格的数值，应便于读数和计算。一般取 1、2、5 或者 1、2、5 的 $10^n$ 倍($n$ 为正或负整数)，而不取难于读数的 3、4、6、7、8、9 或其倍数。

③ 在满足上述两个条件下，要充分考虑利用图纸，使图形布置合理。若图形为直线或近似直线，则应将其安置在图的对角线邻近位置。

比例尺选好后，画上坐标轴，在轴旁注明该轴的变量名称及单位。在纵轴左面和横轴下面每隔一定距离标出该变量的应有值，以便作图及读数。

(4) 绘制测量点。将测得的各数据绘于图上，用比较细的"×"记号或"⊙"记号表示，符号中心表示测得数据的正确值，圆的半径等表示精密度值。若在同一张图上有数组不同的测量值，可用不同的符号(如⊗、⊕、⊡等)以示区别，并应在图上加以说明。

(5) 作曲线。绘好测量点后，按其分布情况，用曲线尺或曲线板作尽可能接近各点的曲线，曲线应光滑清晰。曲线不必通过所有的点，但分布在曲线两旁的点数应近似相等，测量点与曲线距离应尽可能小。

(6) 写图名。曲线做好后，应写上完整的图名、主要的测量条件，如温度、压力等。写上姓名及实验日期。

### 1.4.3 数学方程式法

物理化学实验的数据处理往往是先把数据列成表格，然后将表格中的数据绘制成图，再将图中 $x-y$ 之间的关系用数学方程式表示出来，由方程式解出实验结果。显然需要寻求拟合实验的数据，首先要选择一个适当的函数关系式，其次确定函数关系式中各参数的最佳值。当不能确定实验数据的函数关系式时，通常首先需要利用实验数据作图，根据图形判断其函数关系式。如果事先已知或者通过作图方式得到函数关系式，就可以根据实验数据，根据函数关系式进行数学拟合，得到函数关系式中的各参数的最佳值。

在所有的函数关系式中，把实验数据拟合成二元一次线性方程要比其他函数关系式更容易和简单。这不仅因为线性方程易于进行数学处理，而且还易于作图，并且可以直接从图上确定直线方程式中的各参数。例如二元一次线性方程

$$y=mx+b$$

式中，$m$ 为斜率；$b$ 为截距。

在许多情况下，将所列数据作图时并非都是直线。但是，有时通过某些数学处理，可以将其转化成二元一次线性方程，此过程称为曲线的直线化。表 1.6 所示为某些函数关系式的

直线化处理方法。

表 1.6　某些函数关系式的直线化处理

| 函数关系式 | 线性方程式 | 纵坐标 | 横坐标 | 斜率 | 截距 |
| --- | --- | --- | --- | --- | --- |
| $y=ae^{bx}$ | $\ln y=bx+\ln a$ | $\ln y$ | $x$ | $b$ | $\ln a$ |
| $y=ab^{x}$ | $\ln y=x\ln b+\ln a$ | $\ln y$ | $x$ | $\ln b$ | $\ln a$ |
| $y=ax^{b}$ | $\ln y=b\ln x+\ln a$ | $\ln y$ | $\ln x$ | $b$ | $\ln a$ |
| $y=a+bx^{2}$ | $y=a+bx^{2}$ | $y$ | $x^{2}$ | $b$ | $a$ |
| $y=a\ln x+b$ | $y=a\ln x+b$ | $y$ | $\ln x$ | $a$ | $b$ |
| $y=\frac{a}{b+x}$ | $\frac{1}{y}=\frac{x}{a}+\frac{b}{a}$ | $\frac{1}{y}$ | $x$ | $\frac{1}{a}$ | $\frac{b}{a}$ |
| $y=\frac{ax}{1+bx}$ | $\frac{1}{y}=\frac{1}{ax}+\frac{b}{a}$ | $\frac{1}{y}$ | $\frac{1}{x}$ | $\frac{1}{a}$ | $\frac{b}{a}$ |

二元一次线性方程参数的确定常采用以下两种方法。

1）图解法

在 $x-y$ 直角坐标图上，将实验测得的数据作图得一直线，在直线两端选两点$(x_1,y_1)$、$(x_2,y_2)$，则有

$$y_1=mx_1+b \tag{1.12}$$

$$y_2=mx_2+b \tag{1.13}$$

由此可得

$$m=\frac{y_2-y_1}{x_2-x_1} \tag{1.14}$$

$$b=y_1-mx_1 \tag{1.15}$$

这样就可以求得斜率 $m$ 和截距 $b$。

应注意所选的点不可取自原数据，而应选自图中直线，而且应尽量取在直线两端，以保证测量的准确度。

2）最小二乘法

如果两个物理量 $x$、$y$ 之间存在线性关系，即

$$y=mx+b \tag{1.16}$$

实验测得 $n$ 组数据：

$$x_1,x_2,\cdots,x_n$$

$$y_1,y_2,\cdots,y_n$$

每一组数据代入式(1.16)就得到一个方程，$n$ 组数据就得到 $n$ 个方程，即

$$\begin{cases} y_1=mx_1+b \\ y_2=mx_2+b \\ \cdots \\ y_n=mx_n+b \end{cases} \tag{1.17}$$

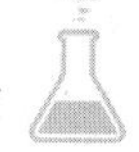



式(1.17)是一个线性矛盾方程组,它没有一般意义下的解。利用最小二乘法可以求出该方程组的解:斜率 $m$ 和截距 $b$。这样一种计算方法称为直线拟合。

根据误差理论,在有限次($n$ 次)测量中,残差(即绝对误差)的平方和 $S$ 为最小,即

$$S=\sum_{i=1}^{n}[y_i-(mx_i+b)]^2 \tag{1.18}$$

应用求函数极值的原理,必有$\frac{\partial S}{\partial m}$和$\frac{\partial S}{\partial b}$等于零,可得

$$\begin{cases}\dfrac{\partial S}{\partial m}=2\sum\limits_{i=1}^{n}x_i(b+mx_i-y_i)=0\\[2ex]\dfrac{\partial S}{\partial b}=2\sum\limits_{i=1}^{n}(b+mx_i-y_i)=0\end{cases} \tag{1.19}$$

求解式(1.19),可得斜率 $m$ 和截距 $b$:

$$m=\frac{n\sum\limits_{i=1}^{n}x_iy_i-\sum\limits_{i=1}^{n}x_i\sum\limits_{i=1}^{n}y_i}{n\sum\limits_{i=1}^{n}x_i^2-\left(\sum\limits_{i=1}^{n}x_i\right)^2} \tag{1.20}$$

$$b=\frac{\sum\limits_{i=1}^{n}y_i\sum\limits_{i=1}^{n}x_i^2-\sum\limits_{i=1}^{n}x_i\sum\limits_{i=1}^{n}x_iy_i}{n\sum\limits_{i=1}^{n}x_i^2-\left(\sum\limits_{i=1}^{n}x_i\right)^2} \tag{1.21}$$

为了检验变量 $x_i$ 和 $y_i$ 之间的线性相关水平,常用相关系数 $r$ 来表达

$$r=\frac{n\sum\limits_{i=1}^{n}x_iy_i-\sum\limits_{i=1}^{n}x_i\sum\limits_{i=1}^{n}y_i}{\sqrt{\left[\sum\limits_{i=1}^{n}x_i^2-\left(\sum\limits_{i=1}^{n}x_i\right)^2\right]\cdot\left[\sum\limits_{i=1}^{n}y_i^2-\left(\sum\limits_{i=1}^{n}y_i\right)^2\right]}} \tag{1.22}$$

相关系数 $r$ 的绝对值的数值范围为 $0\leqslant|r|\leqslant1$。当 $|r|=1$ 时,变量 $x_i$ 和 $y_i$ 之间存在严格的线性相关(斜率 $m>0,r=1;m<0,r=-1$)。当 $|r|$ 远离 1 时,变量 $x_i$ 和 $y_i$ 之间线性相关较差。当 $|r|=0$ 时,变量 $x_i$ 和 $y_i$ 之间无线性关系。

这种方法处理较烦琐,但结果可靠。随着计算机在物理化学实验中的应用日趋普遍,使用最小二乘法求解已成为一个极其方便的方法。

### 1.4.4 用镜面法求曲线上某一点的斜率

在物理化学实验中经常遇到求曲线的斜率。镜面法是常用的求曲线上某一点斜率的方法。具体操作如图 1.1 所示。

欲求曲线上 $A$ 点的斜率,可将一块平面镜垂直平放在图线 $A$ 点上(见图 1.1(a))。镜子绕着 $A$ 点转动,直至镜内的曲线与图线上曲线能连成一条连续光滑的曲线(即看不到转折)时(见图 1.1(b)),沿镜面 $CD$ 所作的直线即为曲线上 $A$ 点的法线(见图 1.1(c)),再作该法线的垂线就是过 $A$ 点的切线。任取切线上两端两点,即可算出 $A$ 点的斜率。

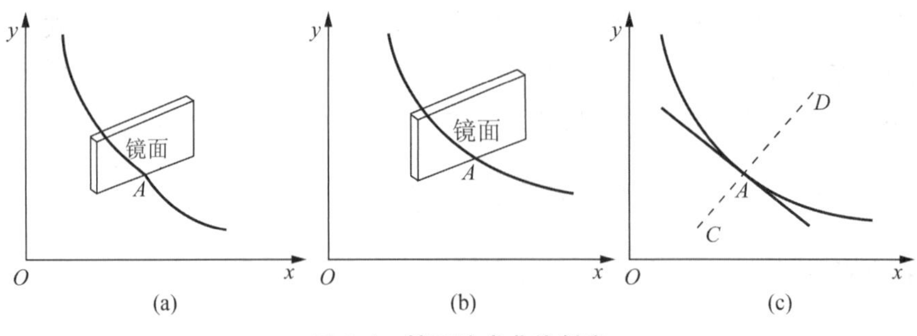


图 1.1 镜面法求曲线斜率

## 1.5 Origin 在物理化学实验中的应用

随着计算机技术在化学领域不断开发应用,计算机不仅应用于化学实验数据处理、统计、分析,而且越来越多地应用于自动控制化学实验过程。通过计算机接口技术和传感器对实验数据进行采集,并且对某些物理量进行控制,最后对实验数据处理分析。这是化学实验技术的新进展。

在物理化学实验中经常会遇到各种类型不同的实验数据,要从这些数据中找到有用的信息,得到可靠的结论,就必须对实验数据进行认真的整理和必要的分析和检验。除上一节中提到的分析方法以外,数学分析软件的应用大大减少了处理数据的麻烦,提高了分析数据的可靠程度。数据信息的处理与图形表示在物理化学实验中有着非常重要的地位。用于图形处理的软件非常多。下面以 Origin 软件为例,简单介绍该软件在数据处理中的应用。

### 1.5.1 Origin 工作环境

Origin 软件自诞生以来,由于强大的数据处理和图形化功能,已被化学工作者广泛应用。它的主要功能和用途包括对实验数据进行常规处理和一般的统计分析,如计数、排序、求平均值和标准偏差、$t$-检验、快速傅里叶变换、比较两列均值的差异、进行回归分析等。此外还可用数据作图,用图形显示不同数据之间的关系,用多种函数拟合曲线,等等。

Origin 使用简单,能采用直观的、图形化的、面向对象的窗口菜单和工具栏操作,全面支持鼠标右键、支持拖动方式绘图等。Origin 具有数据分析和绘图两大类功能。数据分析包括数据的排序、调整、计算、统计、频谱变换、曲线拟合等各种完善的数学分析功能。准备好数据进行分析时,只需选择所要分析的数据,然后再选择响应的菜单命令即可。Origin 的绘图是基于模板的,Origin 本身提供了几十种二维和三维绘图模板而且允许用户自己定制模板。绘图时只要选择所需要的模版就行。用户可以自定义数学函数、图形样式和绘图模板;可以与各种数据库软件、办公软件、图像处理软件等方便地连接;可以用 C 语言编写数据分析程序,还可以用内置的 Lab Talk 语言编程等。

#### 1. 工作界面

Origin 类似 Office 的多文档界面,Origin 工作界面如图 1.2 所示,其工作表和绘图区界面如图 1.3 所示,还包括以下几个部分:

(1) 菜单栏:顶部,一般可以实现大部分功能。

(2) 工具栏:菜单栏下面,一般最常用的功能都可以通过此处实现。

(3) 绘图区:中部,所有工作表、绘图子窗口等都在此处。

(4) 项目管理器:下部,类似资源管理器,可以方便切换各个窗口等。

(5) 状态栏:底部,标出当前的工作内容以及鼠标指到某些菜单按钮时的说明。

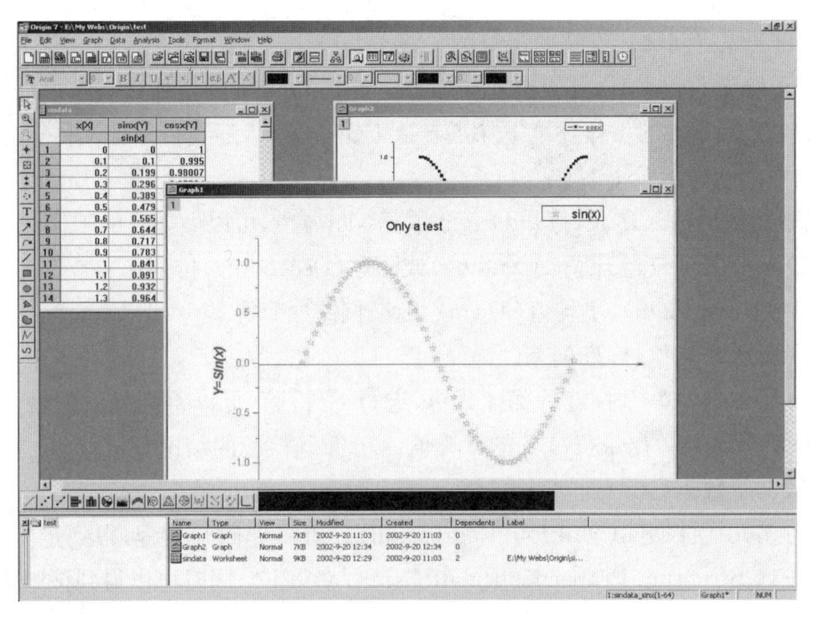


图 1.2　Origin 工作界面

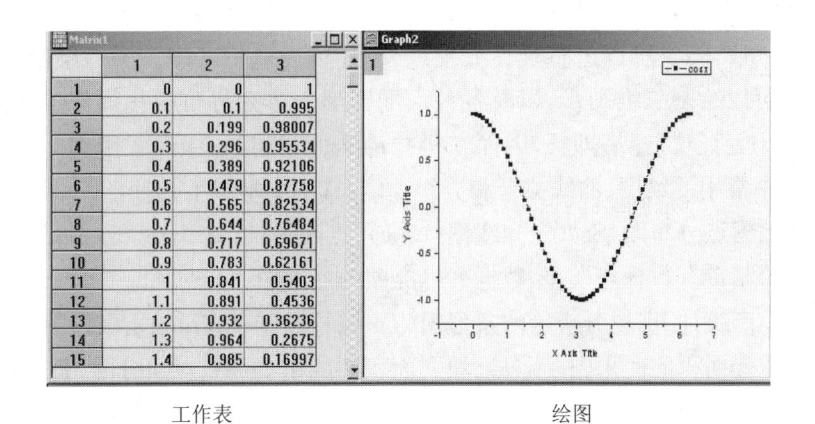

| | 1 | 2 | 3 |
|---|---|---|---|
| 1 | 0 | 0 | 1 |
| 2 | 0.1 | 0.1 | 0.995 |
| 3 | 0.2 | 0.199 | 0.98007 |
| 4 | 0.3 | 0.296 | 0.95534 |
| 5 | 0.4 | 0.389 | 0.92106 |
| 6 | 0.5 | 0.479 | 0.87758 |
| 7 | 0.6 | 0.565 | 0.82534 |
| 8 | 0.7 | 0.644 | 0.76484 |
| 9 | 0.8 | 0.717 | 0.69671 |
| 10 | 0.9 | 0.783 | 0.62161 |
| 11 | 1 | 0.841 | 0.5403 |
| 12 | 1.1 | 0.891 | 0.4536 |
| 13 | 1.2 | 0.932 | 0.36236 |
| 14 | 1.3 | 0.964 | 0.2675 |
| 15 | 1.4 | 0.985 | 0.16997 |



工作表　　　　　　　　　　绘图

图 1.3　工作表和绘图区

## 2. 菜单栏

菜单栏的结构取决于当前的活动窗口。

工作表菜单:

Origin 7 - E:\My Webs\Origin\test

File　Edit　View　Graph　Data　Analysis　Tools　Format　Window　Help

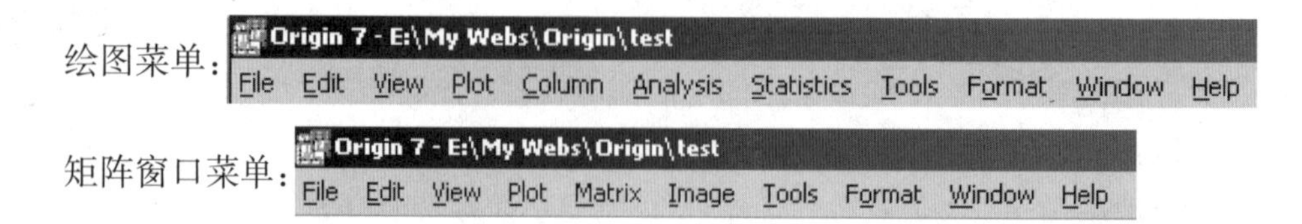


### 1.5.2 数据的统计处理

Origin 的工作空间和它支持的窗口:

当你运行 Origin 程序时,首先出现在屏幕上的是 Origin 的工作环境和一张新的工作表(worksheet),在 Origin 的工作环境下除了支持工作表窗口,还支持其他文件窗口,例如矩阵(matrix)、规划(layout)、Excel 等。

当把实验的数据输入之后,打开 Origin 数据(data)栏,可以做如下的工作:

(1) 数据按照某列进行升序(Asending)或降序(Decending)排列。

(2) 按照列求和(Sum)、平均值(Mean)、标准偏差(sd)等。

(3) 按照行求平均值、标准偏差。

(4) 对一组数据(如一列)进行统计分析,进行 $t$ -检验,可以得到如下的检验结果:平均值、方差 $s^2$(variance)、数据量($N$)、$t$ 的计算值、$t$ 分布和检验的结论等信息。

(5) 比较两组数据(如两列)的相关性。

(6) 进行多元线性回归(Multiple Regression)分析得到回归方程,得到定量结构性质关系(Quantitative Structure-Properties Relationship, QSPR),同时可以得到该组数据的偏差、相关系数等数据。

### 1.5.3 数据关系的图形表示

数据输入之后,除了可以进行统计处理以外,还可以进行二维图形的绘制。Origin 6.0 以上的版本还可以绘制三维图形,以及各种不同图形的排列等可视化操作。用图形方法显示数据的关系比较直观,容易理解,因而在科技论文、实验报告中经常用到。Origin 软件提供了数据分析中常用的绘图、曲线拟合和分辨功能,其中包括以下几种:

(1) 二维数据点分布图(Scatter)、线图(Line)、点线图(Line-Symbol)。

(2) 可以绘制带有数据点误差、数据列标准差的二维图。

(3) 用于生产统计、市场分析等的条形图(Tar)、柱状图(Column)、扇形图(Pie chart)。

(4) 表示积分面积的面积图(Area)、填充面积图(Fill area)、三组分图(Ternary)等。

(5) 在同一张图中表示两套 $X$ 或 $Y$ 轴、在已有的图形页中加入函数图形、在空白图形页中显示函数图形等。

另外 Origin 软件还可以提供强大的三维图形,方便而且直观地表示某一固定变量下系列组分变化的程度,如:

(1) 三维格子点图(3D Scatter plot)、三维轨迹图(3D Trajectory)、三维直方图(3D Bars)、三维飘带图(3D Ribbons)、三维墙面图(3D Wall)、三维瀑布图(3D Waterfall)。

(2) 用不同颜色表示的三维颜色填充图(3D Color fill surface)、固定基色的三维图(3D

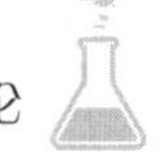

$X$ or $Y$ constant with base)、三维彩色地图(3D Color map)等。

### 1.5.4 曲线拟合与谱峰分辨

虽然原始数据包含了所有有价值的信息，但是，信息质量往往不高。通过上一部分介绍得到的数据图形，仅仅能够通过肉眼来判断不同数据之间的内在逻辑联系，大量的相关信息还需要借助不同的数学方法得以实现。Origin 软件可以进一步对数据图形进行处理，提取有价值的信息，特别是对物理化学实验中经常用到的谱图和曲线的处理具有独到之处。

(1) 数据曲线的平滑(去噪声)、谱图基线的校正或去数据背景。

使用数据平滑可以去除数据集合中的随机噪声，保留有用的信息。最小二乘法平滑就是用一条曲线模拟一个数据子集，在最小误差平方和准则下估计模型参数。平滑后的数据可以进一步地进行多次平滑或者多通道平滑。

(2) 数据谱图的微分和积分。

物理化学实验中得到的许多谱图中常常"隐藏"着谱 $y$ 对 $x$ 的响应。例如两个难分辨的组分，其组合色谱响应图往往不能明显看出两个组分的共同存在，谱图显示的可能是单峰而不是"肩峰"。微分谱图($\mathrm{d}y/\mathrm{d}x-x$)比原谱图($y-x$)对谱特征的细微变化反应要灵敏得多，因此常常采用微分谱对被隐藏的谱的特征加以区分。在光谱和色谱中，对原信号的微分可以检验出能够指示重叠谱带存在的弱肩峰；在电化学中，对原信号的微分处理可以帮助确定滴定曲线的终点。

对谱图的积分可以得到特征峰的峰面积，从而可以确定化学成分的含量比。因此，在将重叠谱峰分解后，对各个谱峰进行积分，就可以得到化学成分的含量比。在 Origin 软件中提供了 3 种积分方法：梯形公式、Simpson 公式和 Cotes 公式。

(3) 对曲线进行拟合，求回归一元或多元函数。

对曲线进行拟合，可以从拟合的曲线中得到许多的谱参数，如谱峰的位置、半峰宽、峰高、峰面积等。但是需要注意的是所用函数数目超过谱线拐点数的两倍就有可能产生较大的误差，采用的非线性最小二乘法也不能进行全局优化，所得到的解与设定的初始值有关。因此，在拟合曲线时，设定谱峰的初始参数要尽可能接近真实解，这就要求需要采用不同的初始值反复试算。在有些情况下，可以把复杂的曲线模型通过变量变换的方法简化为线性模型进行处理。Origin 软件中能够提供许多的拟合函数，如线性拟合(Linear regression)、多项式拟合(Polynomial regression)、单个或多个 e 指数方式衰减(Exponential decay)、e 指数方式递增(Exponential growth)、S 型函数(Sigmoidal)、单个或多个 Gauss 函数和 Lorentz 函数等，此外用户还可以自定义拟合函数。

### 1.5.5 物理化学实验数据处理的一般方法

1) 数据作图

Origin 可绘制散点图、点线图、柱形图、条形图或饼图以及双 $Y$ 轴图形等，在物理化学实验中通常使用散点图或点线图。Origin 有如下基本功能：输入数据并作图；将数据计算后作图；数据排序；选择需要的数据范围作图；数据点屏蔽。

2) 线性拟合

当绘出散点图或点线图后,选择 Analysis 菜单中的 Fit Linear 或 Tools 菜单中的 Linear Fit,即可对图形进行线性拟合。结果记录中显示拟合直线的公式、斜率和截距的值及其误差,相关系数和标准偏差等数据。在线性拟合时,可屏蔽某些偏差较大的数据点,以降低拟合直线的偏差。

3) 非线性曲线拟合

Origin 提供了多种非线性曲线拟合方式:在 Analysis 菜单中提供了如下拟合函数——多项式拟合、指数衰减拟合、指数增长拟合、S 形拟合、Gauss 拟合、Lorentz 拟合和多峰拟合,在 Tools 菜单中提供了多项式拟合和 S 形拟合;在 Analysis 菜单中的 Non-linear Curve Fit 选项,提供了许多拟合函数的公式和图形;在 Analysis 菜单中的 Non-linear Curve Fit 选项可让用户自定义函数。

在处理实验数据时,可根据数据图形的形状和趋势选择合适的函数和参数,以达到最佳拟合效果。多项式拟合适用于多种曲线,且方便易行,操作如下:

(1) 对数据作散点图或点线图。

(2) 选择 Analysis 菜单中的 Fit Polynomial 或 Tools 菜单中的 Polynomial Fit,打开多项式拟合对话框,设定多项式的级数、拟合曲线的点数、拟合曲线中 $X$ 的范围。

(3) 点击 OK 或 Fit 即可完成多项式拟合。结果记录中显示:拟合的多项式公式、参数的值及其误差,$R^2$(相关系数的平方)、SD(标准偏差)、$N$(曲线数据的点数)、$P$ 值($R^2=0$ 的概率)等。

如果使用手工作图,同一组数据不同的操作者处理,得到的结果很可能是不同的;即使同一个操作者在不同时间处理,结果也不会完全一致。而 Origin 软件能够准确、快速、方便地处理物理化学实验的数据,能够满足物理化学实验对数据处理的要求,用 Origin 软件处理物理化学实验的数据,只要方法选择合适,则得到的结果更为准确。

## 习 题

1. 计算下列各值,注意有效数字。

(1) 乙醇相对分子质量为 $2\times12.011\,15+15.999+6\times1.007\,97$

(2) $(1.276\,0\times4.17)-(0.217\,4\times0.101)+1.7\times10^{-2}$

(3) $13.25\times0.001\,10\div9.740$

2. 下列数据是用燃烧热分析法,测定碳元素的相对原子质量的结果:

| | | | | | |
|---|---|---|---|---|---|
| 12.008 5 | 12.009 1 | 12.009 2 | 12.009 5 | 12.009 5 | 12.010 6 |
| 12.010 1 | 12.010 6 | 12.009 5 | 12.009 6 | 12.010 1 | 12.010 2 |
| 12.010 2 | 12.010 6 | 12.010 7 | 12.010 1 | 12.011 1 | 12.011 2 |

(1) 最后一个数据 12.011 2 能否舍弃?

(2) 求碳元素的相对原子质量的平均值和标准偏差。

3. 设一钢球质量 $m$ 为 10.00 mg,钢球体积质量 $\rho$ 为 7.85 g·cm$^{-3}$,设测定半径 $r$ 时,其标准偏差为 0.015 mm,测定质量标准偏差为 0.05 mg,问测定此钢球体积质量的精确度(标

准偏差)是多少?

4. 在 629 K 测定 HI 的解离度 $\alpha$ 时,得到下列数据:

| | | | | |
|---|---|---|---|---|
| 0.1914 | 0.1949 | 0.1953 | 0.1948 | 0.1968 |
| 0.1954 | 0.1956 | 0.1947 | 0.1937 | 0.1938 |

$$2HI \rightleftharpoons H_2 + I_2$$

解离度 $\alpha$ 与标准平衡常数 $K^{\ominus}$ 的关系为

$$K^{\ominus} = \left[\frac{\alpha}{2(1-\alpha)}\right]^2$$

求在 629 K 时标准平衡常数 $K^{\ominus}$ 及其标准偏差。

5. 利用苯甲酸的燃烧热测定氧弹的热容 $C$,可用下式求算:

$$C = \frac{m_1 \Delta H_1 + m_2 \Delta H_2}{\Delta T} - c_3 m_3$$

式中,苯甲酸的燃烧焓 $\Delta H_1 = -26\,460\ \text{J}\cdot\text{g}^{-1}$,燃烧丝的燃烧焓 $\Delta H_2 = -6\,694\ \text{J}\cdot\text{g}^{-1}$,水的比热容 $c_3 = 4.184\ \text{J}\cdot\text{K}^{-1}\cdot\text{g}^{-1}$。

实验所得数据如下:苯甲酸质量 $m_1 = (1.180\,0 \pm 0.000\,3)\text{g}$,燃烧丝质量 $m_2 = (0.020\,0 \pm 0.000\,3)\text{g}$,量热器中含水的质量 $m_3 = (2\,995 \pm 2)\text{g}$,测得温度升高值 $\Delta T = (3.140 \pm 0.005)\text{K}$。试计算氧弹的热容及其标准偏差,并讨论引起实验的主要误差是什么?

6. 物质的摩尔折射度 $R$,可按下式计算:

$$R = \frac{n^2 - 1}{n^2 + 2}\frac{M}{\rho}$$

已知苯的摩尔质量 $M = 78.08\ \text{g}\cdot\text{mol}^{-1}$,体积质量 $\rho = (0.879 \pm 0.001)\text{g}\cdot\text{cm}^{-3}$,折射率 $n = 1.498 \pm 0.002$,试求苯的摩尔折射度及其标准偏差。

7. 下表给出同系列中的 7 个碳氢化合物的沸点 $T_b$ 数据:

| 碳氢化合物 | $T_b$/K |
|---|---|
| $C_4H_{10}$ | 273.8 |
| $C_5H_{12}$ | 309.4 |
| $C_6H_{14}$ | 342.2 |
| $C_7H_{16}$ | 368.0 |
| $C_8H_{18}$ | 397.8 |
| $C_9H_{20}$ | 429.2 |
| $C_{10}H_{22}$ | 447.2 |

且其摩尔质量 $M$ 和沸点 $T_b$ 符合下列公式:

$$T_b = aM^b$$

(1) 用作图法确定常数 $a$ 和 $b$。

(2) 用最小二乘法确定常数 $a$ 和 $b$,并与(1)中结果比较。

8. 利用 Origin 软件对第 7 题表格中的数据进行相关处理。

# 第2章

# 实验技术

## 2.1 温度的测量与控制技术

在物理化学实验中，有的实验需要在高温（300～1 000 ℃）下进行，有的实验需要在低温下操作；有的实验需要在恒定的温度下进行，有的实验则需要在匀速升温下进行。这就涉及系统温度的测量与控制。

### 2.1.1 温标

度量温度高低的标尺称为温标。目前在物理化学实验中常使用的温标为热力学温标和摄氏温标。

热力学温标的单位为K。在610.62 Pa下，纯水的三相点温度为273.16 K。摄氏温标的单位为℃。在101.325 kPa下，水的冰点为0 ℃，沸点为100 ℃，两点之间等分为100个间隔，每个间隔定为1 ℃。热力学温标所指示的温度$T$与摄氏温标所指示的温度$t$之间的换算公式为

$$T/\mathrm{K} = 273.15 + t/℃ \tag{2.1}$$

### 2.1.2 温度计

通常利用测量液体的体积或物质的电阻等变化来指示温度。在物理化学实验中常采用水银温度计、电阻温度计、热电偶温度计来测量系统的温度。

**1. 水银温度计**

1）水银温度计的种类

水银温度计是实验中常采用的一种温度计，按其刻度和量程范围的不同，可分为以下几种。

（1）常用温度计：分为0～100 ℃、0～250 ℃、0～360 ℃等量程，最小分度为1 ℃。

（2）成套温度计：量程为−40～400 ℃，每支量程为30 ℃，最小分度为0.1 ℃。

（3）精密温度计：其量程分为9～15 ℃、12～18 ℃、15～20 ℃等，最小分度为0.01 ℃，常用于量热实验。在测定水溶液凝固点降低时，还使用量程为−0.5～0.5 ℃，最小分度为0.01 ℃的温度计。

(4) 贝克曼温度计:此种温度计测温端的水银量可以调节,用以测量系统的温度变化值,其温差量程为 0~5℃,最小分度为 0.01℃。

(5) 石英温度计:用石英做管壁,其中充以氮气或氩气,最高温度可测到 800℃。

2) 水银温度计的校正

水银温度计由于水银膨胀的非线性变化,测温端储存水银的玻璃球变形、压力效应、刻度不均匀等原因,会造成测量误差。另外还因为温度计上的水银柱露出系统外而造成露茎误差。为此,在使用水银温度计进行准确测量时,必须进行校正。

一般水银温度计的校正方法有以下两种:

(1) 示值校正。由标准温度计上测得的读数与所使用温度计上读数间的差值为所使用温度计的刻度校正值。严格地说,不同的刻度范围有不同的刻度校正值。如某温度计在 80℃左右时,示值校正值 $\Delta t_{示}=0.12$ ℃,则当使用该温度计测量时,温度计读数 $t_{观}=79.91$ ℃,则测量系统的正确温度 $t$ 应为

$$t=t_{观}+\Delta t_{示}=79.91\ ℃+0.12\ ℃=80.03\ ℃$$

示值校正的方法:可以把温度计与标准温度计进行比较,也可以利用纯物质的相变点标定校正。

(2) 露茎校正。水银温度计有"全浸没"和"部分浸没"两种,"部分浸没"的温度计通常在背面刻有浸入深度的标记。常用的水银温度计为"全浸没"温度计。只有当水银球与水银柱全部浸入被测的系统中,"全浸没"温度计的读数才是正确的。但在实际使用中,往往有部分水银柱露在系统外,造成测量误差,因此需要进行露茎校正。露茎校正的方法:在测量温度计旁放一支辅助温度计,辅助温度计的水银球应置于测量温度计露茎高度的中部(见图 2.1)。露茎校正公式为

$$\Delta t_{露}=\alpha L(t_{观}-t_0) \tag{2.2}$$

式中,$\Delta t_{露}$ 为系统的露茎校正值;$t_0$ 为辅助温度计上的读数;$L$ 为水银柱露出系统外的长度(单位用℃表示);$\alpha$ 为水银对玻璃的相对膨胀因子,$\alpha=0.000\,16$ ℃$^{-1}$。

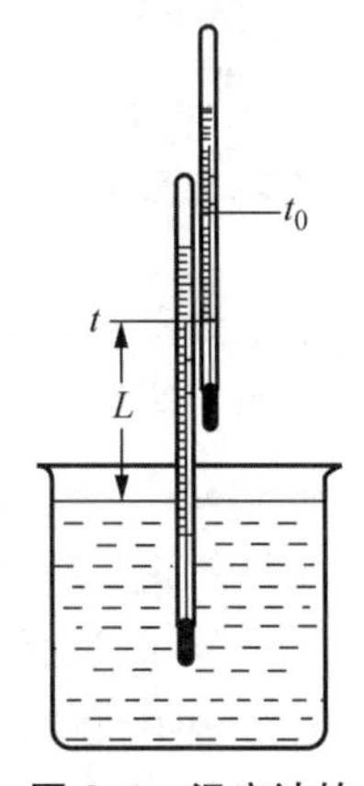


**图 2.1 温度计的露茎校正**

综上所述,需要用水银温度计精密测量系统的温度 $t$ 时(误差小于 ±0.01℃),应做如下校正:

$$t=t_{观}+\Delta t_{示}+\Delta t_{露} \tag{2.3}$$

3) 使用注意事项

水银温度计在使用中应注意以下 5 个方面。

(1) 根据测量系统精度选择不同量程、不同精确度的温度计。

(2) 根据需要对温度计进行校正。

(3) 温度计插入系统后,待系统与温度计之间热传导达到平衡后(一般为几分钟)再进行读数。

(4) 如需改变温度,则从水银柱上升的方向读数为好,而且在各次读数前轻击水银温度计,以防水银粘壁。

(5) 水银温度计由玻璃制成,容易损坏,不允许将水银温度计作为搅棒使用。

### 2. 贝克曼温度计

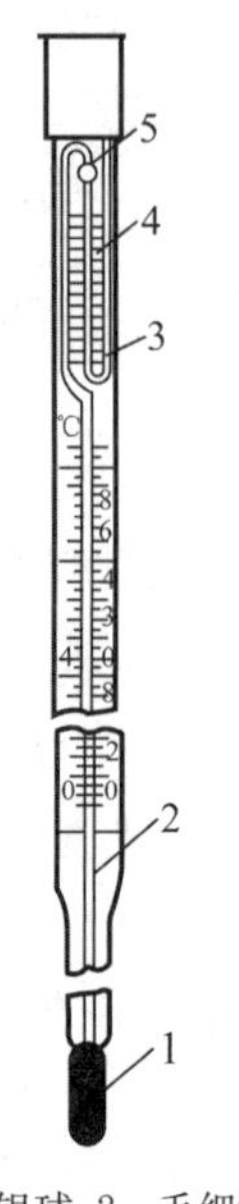

1—水银球;2—毛细管;
3—水银贮槽;4—温度标尺;
5—毛细管尖口。

**图 2.2 贝克曼温度计**

在物理化学实验中,常使用贝克曼温度计。贝克曼温度计的构造如图 2.2 所示。它与普通水银温度计的区别在于测温端水银球内的水银储量可以借助顶端的水银贮槽来调节。贝克曼温度计不能测得系统的温度,但可精密测量系统过程的温差。

贝克曼温度计上的标度通常有 5 ℃或 6 ℃,每 1 ℃刻度间隔约 5 cm,中间分为 100 等分,故可以直接读出 0.01 ℃,借助放大镜观察,估计可以读到 0.002 ℃,测量精度较高。

贝克曼温度计在使用前需根据待测系统的温度及温差值的大小、正负来调节水银球中的水银量。贝克曼温度计调节有以下两种方法:

(1) 首先确定所使用的温度范围。若为温度升高的实验(如燃烧焓的测定),则水银柱指示的起始温度应调节在 1 ℃左右;若为温度降低实验(如凝固点降低法测定物质的摩尔质量)则水银柱应调节在 4 ℃左右。

(2) 进行水银贮量的调节。首先将贝克曼温度计倒持,使水银球中的水银与水银贮槽中的水银在毛细管尖口处相连接,然后利用水银的重力或热胀冷缩原理使水银从水银球转移到水银贮槽或从水银贮槽转移到水银球中。达到所需转移量时,迅速将贝克曼温度计正向直立,用左手轻击右手的手腕处,把毛细管尖口处的水银拍断。放入待测介质中,观察水银柱位置是否合适,如不合适,可重复调节操作,直至调好为止。

贝克曼温度计较贵重,下端水银球的玻璃壁很薄,中间毛细管又细又长,极易损坏,在使用时不要同任何硬物相碰,不能骤冷、骤热或重击,用完后必须立即放回盒内,不可随意搁置。

### 3. 热电偶温度计

一般由热电偶及测量仪表两部分组成,其间用导线相连接,测量温度范围为 −200～1 300 ℃。在高温测量中,普遍使用热电偶温度计。

1) 测量原理与线路图

热电偶是利用两种金属的热电势为测温参数来测量温度的。当两种不同的金属 A、B 构成一闭合回路(见图 2.3)且两接点温度不同($T \neq T_0$)时,则在回路中会产生电势差。两接点间温差越大,则产生的电势差也越大。这种电势差称为温差电势或热电势。实验证明,当 A、B 两种材料确定后,热电势仅与 $T$、$T_0$ 值有关。A、B 两种金属导体的组合称为热电偶,可作为温度计。

如果将热电偶一接点置于某一固定温度的介质中(一般置于冰水浴中,温度为 0 ℃,常称为冷端,也叫自由端),则产生的热电势是另一接点(称为热端,也叫工作端)温度的单值函数。因此,通过热电势的测量可测量工作端置放处(被测系统)的温度。

热电势测定仪表和导线与热电偶的连接有两种方式,一种是三点连接法,另一种是四点

连接法(见图 2.4)。两种连接方式是等效的。在实际使用中,常采用三点连接法。

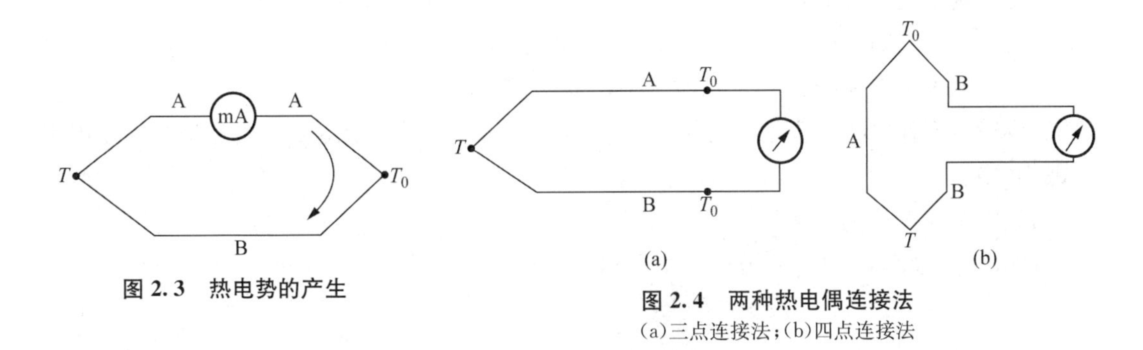


**图 2.3 热电势的产生**

**图 2.4 两种热电偶连接法**

(a)三点连接法;(b)四点连接法

测量热电势的仪表有毫伏表、检流计和电位差计等。精密测量时,要使用电位差计。因为电位差计测量时线路中无电流流过,外电路(接点与热电偶导线等)电阻变化不会影响测量读数。在自动记录温度时,常使用电子电位差计(如 XWT 系列台式平衡自动记录仪)。

2) 热电偶的种类

热电偶测温范围较广,而且可实现远距离测量与自动记录。所以在工业生产与科学实验中使用广泛。热电偶种类较多,现将常用热电偶的温度范围、分度号及性能简介列于表 2.1。

**表 2.1 常用热电偶性能简介**

| 热电偶名称 | 分度号 | 极性区别 | 使用温度范围/℃ | 100 ℃电势/mV | 性能简介 |
|---|---|---|---|---|---|
| 铜-康铜 | T | +红色<br>−银白色 | −200～350 | 4.28 | 热电势大、价格便宜、易于制备,但重现性差,只能在低于 350 ℃下使用 |
| 镍铬-康铜 | EA-2 | +色较暗<br>−银白色 | −200～600<br>(<800) | 6.95 | 热电势大、适用于在还原性或中性介质中使用,可在 600 ℃以内长期使用 |
| 镍铬-镍硅 | EU-2 | +无磁性<br>−稍有磁性 | <1 000<br>(<1 300) | 4.10 | 热电势大、价格便宜、抗氧化性及耐热性能较好,可在 1 000 ℃以内长期使用,是应用最广泛的一种 |
| 铂铑-铂 | LB-3 | +较硬<br>−较软 | <1 300<br>(<1 600) | 0.643 | 量程宽,稳定性、重现性好,但热电势较小,价格贵,不适宜在高温还原气氛中使用,应用时需配用较灵敏的测量仪表,常用于精密测温和作为 637.74～1 064.43 ℃之间的标准测量元件 |

注:使用温度范围栏中,括号内数值为短期使用。

3) 使用注意事项

使用热电偶时,应注意所选用的适用温度范围与介质气氛要求,以免损坏。

热电偶一般可以与被测介质直接接触,如不能直接接触,则需将热电偶用套管(玻管、石

英管、陶瓷管等)加以保护后,再插入被测介质。

为使热端温度与被测介质温度完全一致,要求有良好的热接触。在采用保护套管时,常在套管内加入石蜡油等以改善导热情况。冷端温度应在测量中保持恒定。由于热电势与温度关系的分度表是在冷端温度保持 0 ℃时得到的,如冷端温度不为 0 ℃时,需进行冷端温度补偿。冷端温度补偿的方法是将测得的热电势加上自 0 ℃到冷端温度的热电势。例如用镍铬-镍铝(EU-2)热电偶测一炉温,若冷端温度为 30 ℃,测得 $E(\mathrm{EU-2}, t, 30\ ℃) = 23.71$ mV,其真实炉温的确定方法如下:

首先,从附录部分 EU-2 分度表中查到 $E(\mathrm{EU-2}, 30\ ℃, 0\ ℃) = 1.20\ \mathrm{mV}$

$$E(\mathrm{EU-2}, t, 0\ ℃) = E(\mathrm{EU-2}, t, 30\ ℃) + E(\mathrm{EU-2}, 30\ ℃, 0\ ℃) = 23.71\ \mathrm{mV} + 1.20\ \mathrm{mV} = 24.91\ \mathrm{mV}$$

然后,再由分度表中查得此热电势对应的 $t$ 为 600 ℃。

热电偶有"+""-"端,在接仪表时应予以辨认。

4) 热电偶的制作与校正

实验室中应用的热电偶常为自行制作,制作采用点焊法或乙炔焰烧焊法,要求焊点小而且圆滑无裂纹,具有金属光泽。

自制的热电偶使用前必须进行电势-温度工作曲线的测定(常称为热电偶校正)。方法是将冷端置于冰-水平衡系统中,热端置于温度恒定的标准系统内,测定所产生的热电势。标准系统一般采用 101 325 Pa 下水的正常沸点(100 ℃)、苯甲酸的熔点(121.7 ℃)、锡的熔点(232 ℃)等。然后绘制温度-热电势工作曲线,供测定用。除采用上述方法进行校正外,还可采用将自制的热电偶与标准热电偶并排放在管式电炉内,同步进行温度比较校正。

5) 电子电位差计

与热电偶配套使用的示温仪表有两大类:动圈式仪表(如毫伏表、XC 温度指示等)和补偿式仪表(如 UJ 直流电位差计、XWT 自动电子电位差计等)。

电子电位差计是一种自动平衡显示仪表,可以自动测量和记录各种直流输出的电量。测量电路采用桥式电路(见图 2.5),图中电阻 $R_1$、$R_2$、$R_3$、$R_4$ 和滑线电阻 $R_p$ 组成一电桥,稳压直流电源 $E_{稳}$ 接在电桥的 C、D 两端。选定合适的 $R_1$、$R_2$、$R_3$、$R_4$ 阻值后,移动滑线电阻 $R_p$ 的滑动点 B,则 A、B 两点间的电压 $E_{AB}$,可以在从负到正一段范围内连续变动。在电压 $E_{AB}$ 输入晶体管放大器 J 的回路中,串接被测电动势 $E_x$(如热电偶产生的热电势)时,放大器 J 中得到的输入信号电压为($E_x + E_{AB}$)的代数和,当不为零时,经放大器放大,驱动可逆电动机 M,带动滑线电阻 $R_p$ 的滑动接点 B 和记录笔 F(图中虚线所示),直至 B 移动至 B′,使得 $B'$ 和 A 点间的电压 $E_{AB'}$ 恰好使($E_x + E_{AB'}$)为零,这时放大器无电流输出,可逆电动机 M 停止转动。滑线电阻接触点 B 的位置可以表示出被测电动势 $E_x$ 的值,而 B 点的位置可以由记录笔 F 在记录纸上指示出来。

XWT 系列台式自动平衡记录仪,主要是实现单参量、双参量及多参量测量和记录的仪表,它能将同一时刻发生的多种参量同时连续地记录在同一张记录纸上。该仪表常被工矿企业及科研单位用作自动测量,并与热电偶等配合使用。XWT 系列仪表应用自动平衡电位计原理,其原理列于图 2.6。

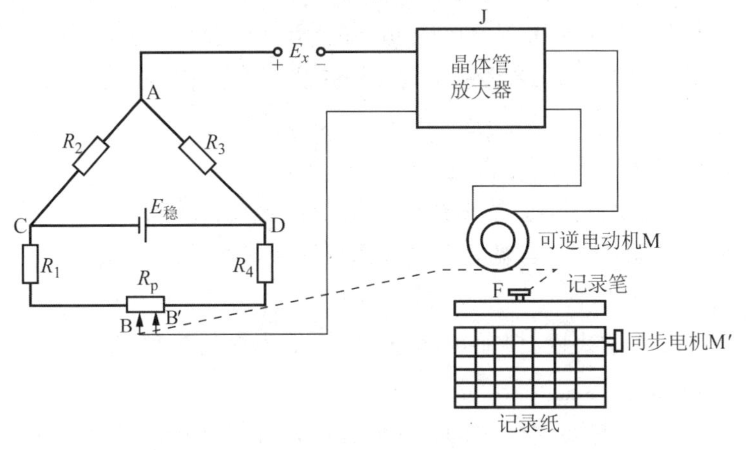


**图 2.5　电子电位差计工作原理图**

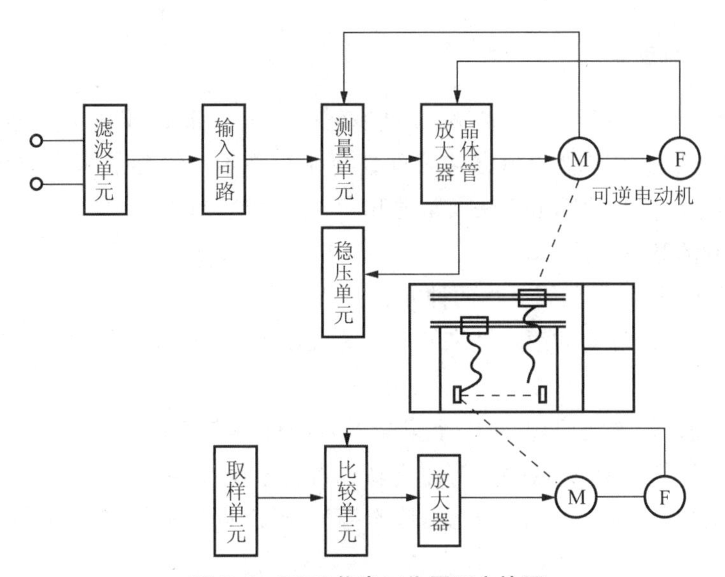


**图 2.6　XWT 仪表工作原理方块图**

XWT 仪表的操作程序如下：在仪表通电前，应检查仪表电源插头是否已妥善接地；“电源”“走纸变速器”“记录”开关是否处于断开位置；各量程开关是否置于“最大量程”位置上。如均已按规定做好，可将信号插头接到各测量放大单元的插座上。然后，接通电源，等待约 30 min 后，将测量开关接通，用调零电位器把记录笔调至记录纸的始点或适当位置。根据记录幅度将量程开关调至适宜的量程位置，同时再对零位进行适当的调整。将“走纸变速”量程开关拨至所需要的速度，开始记录。

**4. 电阻温度计**

1）铂电阻温度计

铂的化学与物理稳定性好，电阻随温度变化的重复性高，采用精密的测量技术可使测温精度达到 0.001 ℃。国际温标规定铂电阻温度计为 −183～630 ℃温度范围的基准温度计。

铂电阻温度计是用直径为 0.01～0.03 mm 的铂丝均匀绕在云母、石英或陶瓷支架上做成的。0 ℃时的电阻为 10～100 Ω,镀银铜丝做引接线。采用电桥测定温度计的电阻值,以指示温度。

2) 热敏电阻温度计

热敏电阻是一种使用方便、感温灵敏的测温元件,但测温范围较窄。金属氧化物热敏电阻具有负温度系数,其阻值 $R_T$ 与温度 $T$ 的关系可用下式表示:

$$R_T = A\mathrm{e}^{-B/T} \tag{2.4}$$

式中,$A$、$B$ 为常数,$A$ 值取决于材料的形状大小,$B$ 值为材料物理特性的常数。采用电桥测定热敏电阻的电阻值以指示温度。

热敏电阻的阻值 $R_T$ 与温度 $T$ 之间并非线性关系,但当用来测量较小的温度范围时,则近似为线性关系。实验证明其测温差的精度足可以与贝克曼温度计相比,而且具有热容小、反应快、便于自动记录等优点。

### 2.1.3　温度的控制

物质的物理与化学性质,如折光率、黏度、蒸气压、表面张力、化学反应速率等都与温度有关。因此,在物理化学实验中恒温装置就显得十分重要。恒温装置分高温、常温与低温 3 种。下面介绍温度控制的基本方法及常温和高温的恒温装置。

**1. 温度控制的基本方法**

控制系统温度恒定,常采用下述两种方法:

(1) 利用物质相变温度的恒定性来控制系统温度的恒定。这种方法对温度的选择有一定限制。

(2) 热平衡法。该方法原理:当一个只与外界进行热交换的系统,在获取热量的速率与散发热量的速率相等时,系统温度保持恒定。或者当系统在某一时间间隔内获取热量的总和等于散发热量的总和时,系统的始态与终态温度不变,时间间隔趋向无限小时,系统的温度保持恒定。

通常物理化学实验中采用的恒温装置是根据上述原理而设计的。

**2. 恒温装置**

1) 恒温槽

恒温槽是物理化学实验室中常用设备之一。当实验需要在某一温度下进行时,可把待测系统浸入恒温槽中,通过对恒温槽温度的调节,可保持系统控制在某一恒定温度。恒温槽中的液体介质可根据温度控制的范围而异。比较常用的是恒温水浴,其装置如图 2.7 所示。

恒温槽一般由浴槽、温度调节器(水银接点温度计)、继电器、加热器、搅拌器和温度计等组成。恒温槽的工作原理如图 2.8 所示。将待恒温系统放在浴槽中,当浴槽的温度低于恒定温度时,温度调节器通过继电器的作用,使加热器加热;当浴槽温度高于所恒定的温度时即停止加热。因此,浴槽温度在一微小的区间内波动,而置于浴槽的系统,温度也被限制在相应的微小区间内而达到恒温的要求。

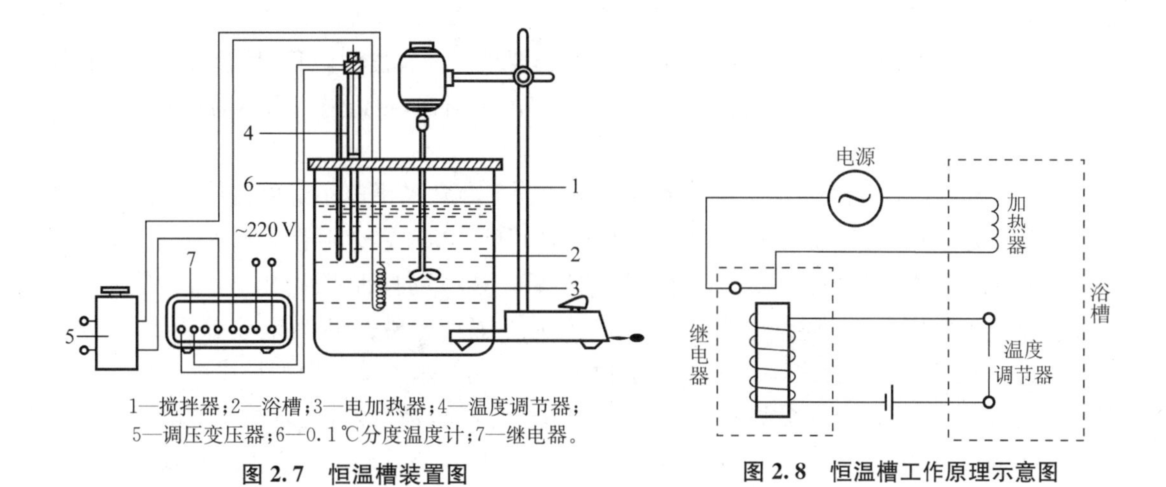


1—搅拌器；2—浴槽；3—电加热器；4—温度调节器；
5—调压变压器；6—0.1℃分度温度计；7—继电器。

**图 2.7　恒温槽装置图**

**图 2.8　恒温槽工作原理示意图**

恒温槽各部分设备介绍如下：

(1) 浴槽。当控温范围在室温附近时，浴槽常用玻璃槽，便于观察系统的变化情况，浴槽的大小和形状可根据需要而定。在常温下，多采用水作为恒温介质。为避免水分蒸发，当温度高于 50 ℃时，常在水面上加一层石蜡油。

(2) 加热器。常用电加热器(如电阻丝等)要求加热器热惰性小、导热性好、面积大、功率适当。加热器的功率大小会影响温度控制的灵敏度。通常在加热器线路中加一调压变压器，以调节加热器功率大小。

(3) 温度计。恒温槽中常以一支 0.1 ℃分度的温度计测量浴槽的温度。

(4) 搅拌器。搅拌器以电动机带动，常采用调压器调节其搅拌速率，要求搅拌器工作时，震动小、噪声低、能连续运转。搅拌器应装在加热器的上方或附近，以使加热的液体及时分散，混合均匀。

(5) 温度调节器。它是决定恒温槽加热或停止加热的一个自动开关，用于调节恒温槽所要求控制的温度。实验室中常用水银接点温度计(又称水银导电表)，其结构如图 2.9 所示。

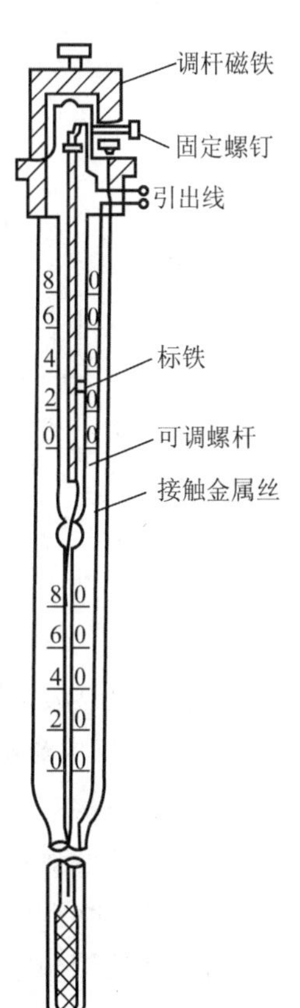


**图 2.9　水银接点温度计结构图**

水银接点温度计下半部为一普通水银温度计，但底部有一固定的金属丝与接点温度计中的水银相接触；在毛细管上部也有一金属丝，借助磁铁转动螺丝杆，可以随意调节该金属丝的上下位置。螺杆上的标铁和上部温度标尺相配合可粗略估计所需控制的温度。

浴槽升温时，接点温度计中的水银柱上升，当达到所需恒定的温度时，就与上方的金属丝接触；温度降低时与金属丝断开。通过两引出导线与继电器相连，达到控制加热器回路的断路或通路。

水银接点温度计只能作为温度的调节器，不能作为温度的指示器,恒温槽的温度另由精密温度计指示。

水银接点温度计控温精度通常是±0.1℃。当要求更高精度时,可选用控温精度更高的温度调节器,如甲苯-水银温度控制计。对要求不高的水浴锅,则可采用简单的双金属片温度调节器。

(6) 继电器。继电器种类很多,在物理化学实验室中常采用电子继电器(由控制电路及继电器组成)。6402 型电子继电器的线路如图 2.10 所示,250 V 交流电压通过继电线圈加到 6P1 电子管的板极 A 和阴极 C 之间,灯丝 D 加热后,阴极 C 向板极发射出电子流,使回路处于半波整流工作状态。此时继电线路有较大电流通过而产生磁性,从而将衔铁吸下,回路接通,电加热器加热。当恒温槽加热达到所需恒定的温度时,水银接点温度计中的水银与金属丝接通,在栅极 G 上加上一个负电势,大大减弱电子流向板极发射,此时通过继电器的电流大大减小,磁性消失,弹簧将衔铁拉脱,回路断开,电加热器停止加热。当由于热量散失等原因使温度再次低于所恒定的温度时,上述继电控制过程将自动重复进行。在继电器内并联一个 16 μF 电容,可在半波整流中起充放电作用,使继电器稳定处在直流工作状态。

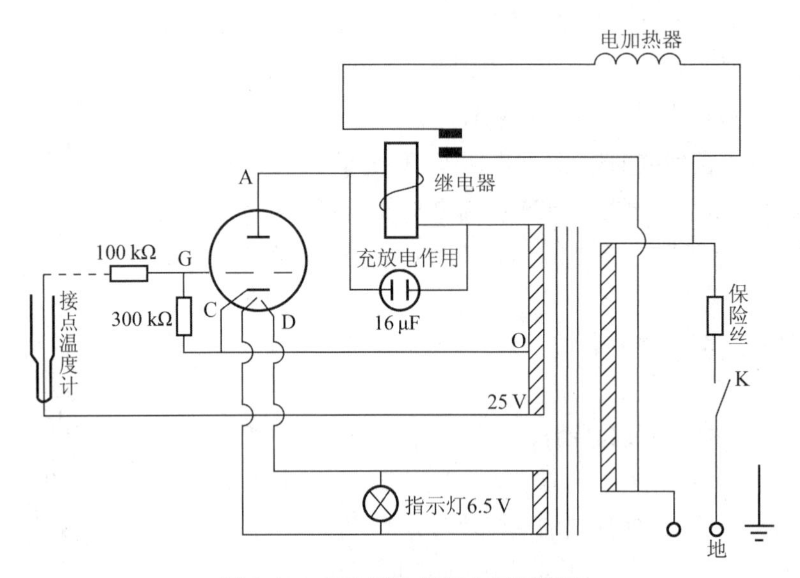


**图 2.10　6402 型电子继电器线路图**

电子继电器灵敏度很高,在控温装置中经常采用,由于水银接点温度计是接在栅极—阴极回路中,栅极电流甚微,一般不大于 30 μA,当接点接通或断开时,不致产生火花使接点氧化而影响控温精度。

这种温度控制装置属于“通”“断”类型。因为加热器将热传递给水银接点温度计需要一定的时间,因此会出现温度传递的滞后,即当水银接点温度计的水银触及控温金属丝时,电源中断,但实际上电加热器附近的水温已超过设定温度,另外,电加热器还有余热向水浴传递,致使恒温槽温度略高于设定温度。同理,在电源接通过程中,也会出现温度传递的滞后而使恒温槽温度略低于设定温度。一般恒温水浴温度波动为±0.1℃。

除上述的一般恒温槽外,实验室中还常用超级恒温槽,其原理与一般恒温槽相同,只是

它另附有一循环水泵，能使浴槽中的恒温水循环流过待恒温系统，使试样恒温，而不必将待恒温的系统浸没在浴槽中。图 2.11 所示为 501 型超级恒温槽的结构装置图。

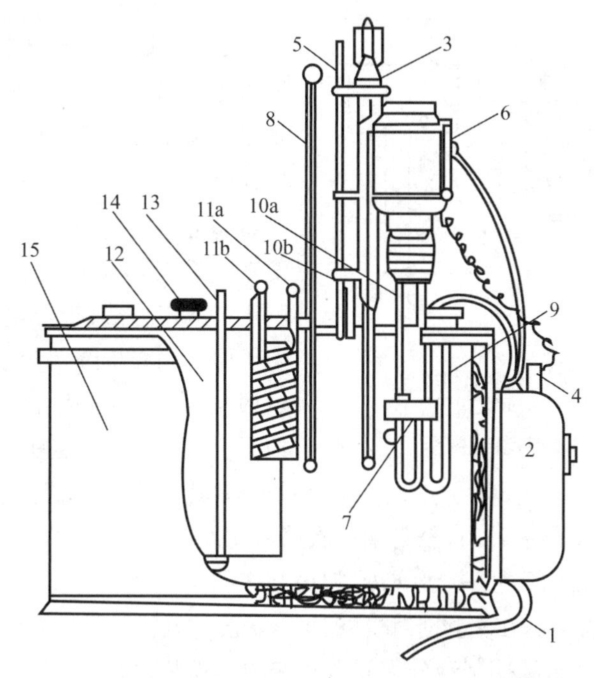


1—外接电源(220 V 交流电)；2—控制器附电源、控制、加热、搅拌等开关；3—水银接点温度计；4—接通控制器；5—支架；6—搅拌马达；7—搅拌器；8—0.1 ℃精密温度计；9—两级加热器(1 000 W 和 500 W)；10a 和 10b—循环进出水口；11a 和 11b—外液恒温进出水口；12—恒温桶；13—恒温桶上、下支架；14—恒温桶盖；15—恒温桶外套(有保温层)。

**图 2.11　501 型超级恒温槽**

恒温槽中，恒温介质的温度只能恒定在一温度范围内，不能恒定在一个恒定温度上，如图 2.12 所示。图 2.12 表示一种典型恒温槽中温度 $T$ 随时间 $t$ 变动的情况。通常以图上最高温度与最低温度之差来表示恒温槽的恒温精度(也称为灵敏度)。物理化学实验中采用的恒温水浴，其精度一般为 ±0.1℃。精密值越小，则恒温槽的性能越好。恒温精度随恒温介质、加热器、温度调节器、继电器等性能而异，还与搅拌情况、室温以及恒温槽各元件相互配置的情况有关。恒温精度在同一浴槽中的不同区域也不尽相同。特别需要提示的是待温度恒定后，应将水银接点温度计上磁铁的固定螺钉旋紧，以免由于震动而改变磁铁的位置，影响温度的控制与恒温精度。为提高精度，恒温槽元件配置应做到：加热器要放在搅拌器的附近；水银接点温度计要放在加热器附近，并使恒温介质经旋转不断冲向接点温度计的水银球；被恒温的系统一般要放在精度最好的区域；测量温度的精密温度计应放置在被恒温系统的附近。

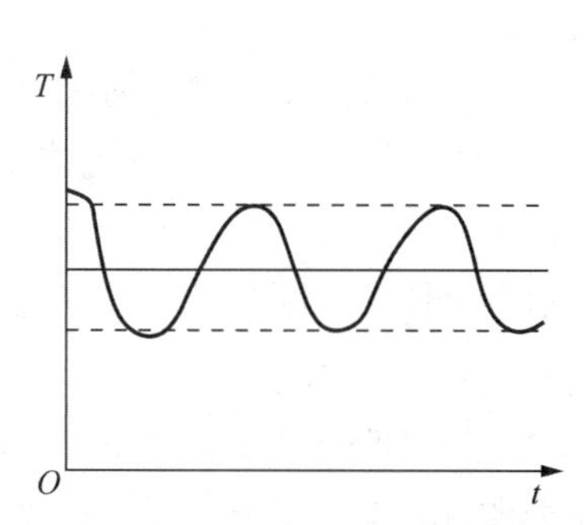


**图 2.12　温度波动情况示意图**

2) 电炉与高温控制仪器

在 300～1 000 ℃范围内的温度控制，一般采用电阻电炉与相应仪表(如可控硅控温仪、调压器等)来调节与控制温度。其基本原理为电炉中的温度变化引起置于炉内的热敏元件(如热电偶)的物理性能发生变化,利用仪器构成的特定线路,产生信号,以控制继电器的动作,进而控制温度。

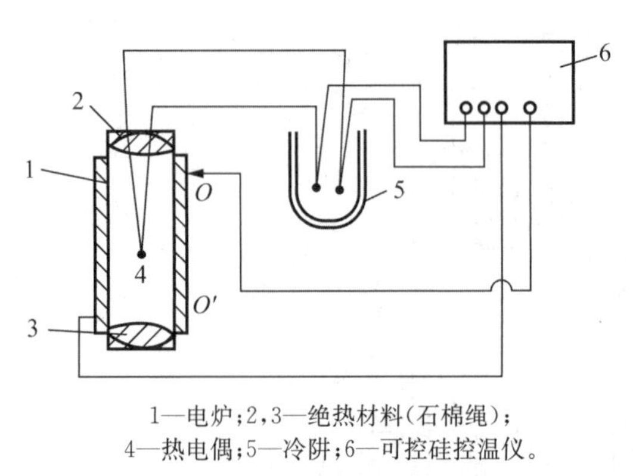

1—电炉;2,3—绝热材料(石棉绳);
4—热电偶;5—冷阱;6—可控硅控温仪。

**图 2.13 电炉测温装置图**

(1) 电炉。在实验室中以马福炉、管状电炉为最常用。选用电炉应注意电炉规定的使用温度范围和实际使用的温度相适应,以免造成电炉损坏。一般电炉功率较大,特别应注意用电线路的负载。电炉中各个位置的温度常不相同,为此在实验前需进行恒温区的测定。测定方法:把热电偶放在电炉的中间,炉子两头用石棉绳等绝热材料堵塞以减少热量损失,当电炉加热至设定温度时,从可控硅控温仪(与热电偶匹配)上读出其温度(见图 2.13),然后将热电偶上移 2 cm,待温度恒定后,读出其温度,如此逐段上升,直至与第一次读数相差 1 ℃为止(移至 $O'$处);再将热电偶自中间向下移动 2 cm,如上所述,移至 $O'$处,温度与中间温度相差 1 ℃。那么,$OO'$区域就是炉温精度为±1 ℃的恒温区。在实验时,试样的填充长度与放置位置必须与恒温区相吻合。

(2) 高温控制器。高温控制器分为间歇式和调流式两大类。

间歇式高温控制器的加热方式是间歇的,炉温升至设定值时停止加热,低于设定值时就加热,因此温度起伏较大,但设备简单。如果配以调压器调节加热功率可改善控温精度。在一般的实验中尚能满足需要,目前仍被广泛应用。间歇式高温控制器常采用动圈式温度控制仪表。

调流式高温控制器的优点是对电炉的加热负载进行自动调流,随着炉温与设定温度间的偏离程度而自动、连续地改变电流的大小,在到达设定温度后,温度变动较小,炉子的恒温精度较好。在实验室中常采用由 ZK-1 型可控硅电压调整器和 XCT-191 型动圈式温度指示调节仪相匹配组成的可控硅精密调流式控温仪。

3) 低温的控制

低温的获得主要依靠一定配比的组分组成冷冻剂,冷冻剂与液体介质在低温下建立相平衡。表 2.2 列举了常用的冷冻剂及其制冷温度。

**表 2.2 常用冷冻剂及其制冷温度**

| 冷冻剂 | 液体介质 | 制冷温度 $t$/℃ |
|---|---|---|
| 冰 | 水 | 0 |
| 冰与 NaCl($w_{冰}$=0.75) | NaCl 水溶液($w_B$=0.20) | −21 |
| 冰与 $MgCl_2 \cdot 6H_2O$($w_{冰}$=0.60) | NaCl 水溶液($w_B$=0.20) | −30～−27 |
| 冰与 $CaCl_2 \cdot 6H_2O$($w_{冰}$=0.40) | 乙醇 | −25～−20 |

（续表）

| 冷冻剂 | 液体介质 | 制冷温度 $t$/℃ |
| --- | --- | --- |
| 冰与浓 $HNO_3$（$w_{冰}=0.33$） | 乙醇 | −40～−35 |
| 干冰 | 乙醇 | −60 |
| 液氮 | / | −196 |

## 2.2 压力的测量技术及仪器

在物理化学实验中，经常要涉及气体压力的测量。有的实验需要在真空下操作，有的实验需要使用高压气体。下面介绍几种常用仪器的使用方法：气压计的使用方法与校正；U形压力计的使用方法与校正；机械真空泵、水抽气泵的使用方法；气体钢瓶、减压阀的使用方法。

### 2.2.1　气压计

测定大气压力的仪器称为大气压力计，简称气压计。气压计的种类很多，实验室最常用的是福廷式气压计。福廷式气压计是一种真空压力计。其原理如图 2.14 所示。它以汞柱所产生的静压力来平衡大气压力 $p$，根据汞柱的高度 $h$ 就可以度量大气压力的大小。大气压力 $p$ 的单位为 Pa 或 kPa。

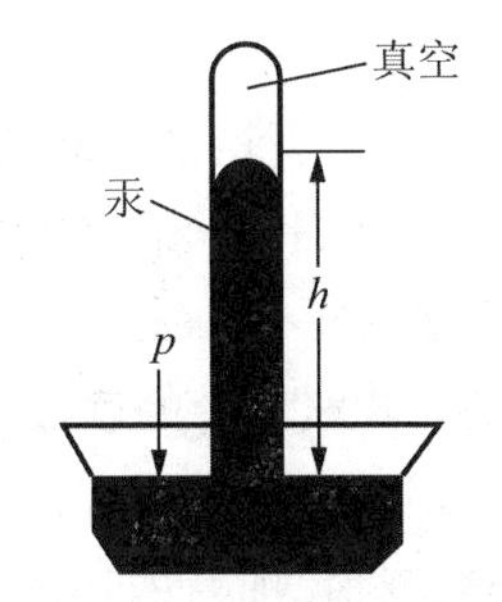


图 2.14　气压计原理示意图

#### 1. 福廷式气压计的构造

如图 2.15 所示，气压计的外部为一黄铜管。内部是装有汞的玻璃管(1)，封闭的一头向上，开口的一端插入汞槽(8)中。玻璃管顶部为真空。在黄铜管(3)的顶端开有长方形窗口，并附有刻度标尺，以观察汞的液面高低。汞槽中的汞液面通大气。在窗口间放一游标尺(2)，转动螺钉(4)可使游标尺上下移动。黄铜管中部附有温度计(10)。汞槽的底部为一柔皮囊，下部由螺钉(9)支持，转动螺钉(9)可调节汞槽内汞液面(7)的高低。汞槽上部有一个倒置的固定象牙针(6)，其针尖即为游标尺的零点。

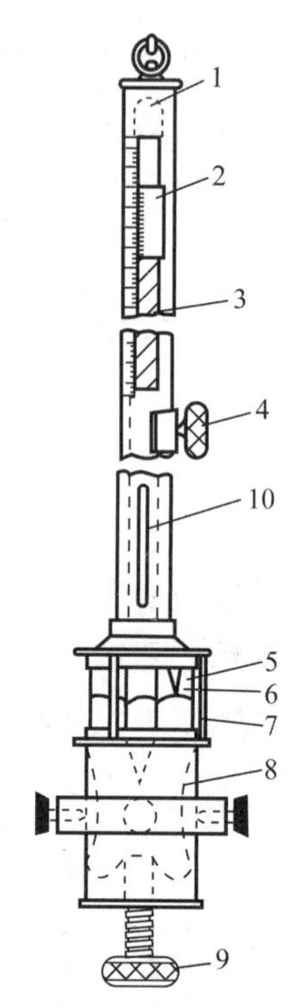


1—玻璃管;2—游标尺;3—黄铜管;4—螺钉;5—玻璃槽;
6—象牙针;7—汞液面;8—汞槽;9—螺钉;10—温度计。

**图 2.15　福廷式气压计**

**2. 福廷式气压计的调节**

气压计垂直放置后,旋转调节汞液面位置的底部螺钉(9),可以升降槽内汞的液面。利用槽后面的白瓷板的反光,注意水银面与象牙针间的空隙,直到汞液面升高到恰与象牙针尖接触为止(调节时动作要慢,不可旋转过急)。

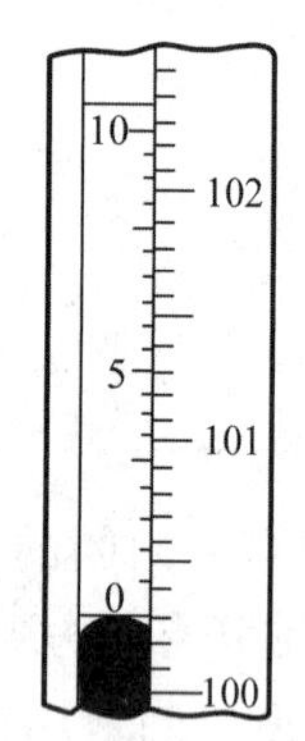


**图 2.16　气压计读数示意图**
(图中气压的单位为 kPa)

**3. 福廷式气压计的读数**

转动螺钉(4)调节游标尺,使它比汞液面高出少许,然后慢慢旋下,直至游标尺前后两边的边线与汞液面的凸月面相切(此时在切点两侧露出三角形的小孔隙),便可从黄铜管刻度与游标尺上读数(见图 2.16)。读数时,应注意眼睛的位置和汞液面齐平。找出游标尺零线所对的刻度,读出整数部分。从游标尺上找出一根恰与其某一刻度线相吻合的刻度,此时的刻度值即为小数点后的读数(见图 2.16)。记下读数后,还要记录气压计上的温度和气压计本身的仪器误差,以便进行读数校正。读毕,转动螺钉(9),使汞液面与象牙针脱离。

**4. 福廷式气压计读数的校正**

当气压计的汞柱与大气压力 $p$ 平衡时,则 $p=\rho gh$。由于气压计上黄铜标尺的长度随温度而变,汞的体积质量 $\rho$ 也随温度而变,而重力加速度 $g$ 随纬度和海拔高度而变。因此,规

定以温度为0℃，重力加速度 $g=9.80665\ \mathrm{m\cdot s^{-2}}$ 条件下的汞柱为标准来度量大气压力。此时汞的标准体积质量 $\rho_0=13.5951\ \mathrm{kg\cdot dm^{-3}}$。所以，由气压计直接读出的汞柱高度通常不等于上述以汞的标准体积质量、标准重力加速度定义的大气压力，必须进行校正。此外，还需对仪器本身的误差进行校正。

1）仪器误差校正

由汞的表面张力引起的误差、汞柱上方残余气体的影响以及气压计制作时的误差等，在出厂时都已做了校正。在使用时，由气压计上读得的示值，首先应按照制造厂所附的仪器误差校正卡上的校正值 $\Delta_k p$ 进行校正。对于某一气压计来说，这项校正值是常量。

2）温度校正

在室温 $t$（单位：℃）下，在黄铜标尺上读得的汞柱高度为 $h_t$。由于黄铜标尺是在0℃时刻度的，故需考虑黄铜标尺的热胀冷缩。设黄铜的线膨胀系数为 $\alpha$，故汞柱实际高度为 $h_t(1+\alpha t)$。又已知在室温 $t$ 时，汞的体积质量为 $\rho_t$，故大气压力 $p=h_t(1+\alpha t)\rho_t g$，此压力应与汞的体积质量为标准体积质量 $\rho_0$、高度为 $h$ 的汞柱时所产生的压力相等（这里还没有考虑重力加速度 $g$ 的校正），即

$$p=h\rho_0 g=h_t(1+\alpha t)\rho_t g \tag{2.5}$$

所以有

$$h=h_t(1+\alpha t)\rho_t/\rho_0 \tag{2.6}$$

设汞的体膨胀系数为 $\beta$，汞的体积质量 $\rho$ 与温度 $t$ 的关系如下：

$$\rho_0=\rho_t(1+\beta t)$$

因此有

$$h=\frac{1+\alpha t}{1+\beta t}h_t=h_t+\frac{(\alpha-\beta)t}{1+\beta t}h_t \tag{2.7}$$

令温度校正值 $\Delta_t p$ 为

$$\Delta_t p=\frac{(\alpha-\beta)t}{1+\beta t} \tag{2.8}$$

已知在0～35℃时，汞的平均体膨胀系数 $\beta=0.0001815\ ℃^{-1}$，黄铜的平均线膨胀系数为 $\alpha=0.0000184\ ℃^{-1}$。

3）纬度和海拔高度的校正

国际上规定用水银气压计测定大气压力时，应以纬度45°的海平面上的重力加速度 $9.80665\ \mathrm{m\cdot s^{-2}}$ 为基准的。由于重力加速度随纬度及海拔高度而变，所以还要进行纬度和海拔高度的校正。设测量地点的纬度为 $\theta$，海拔高度为 $H$。那么纬度校正值 $\Delta_\theta p$ 为

$$\Delta_\theta p=-2.66\times10^{-3}p_t\cos 2\theta \tag{2.9}$$

海拔高度校正值 $\Delta_H p$ 为

$$\Delta_H p=-3.14\times10^{-7}H_{p_t}\ \mathrm{m^{-1}}$$

经上述各项校正后，大气压力 $p$ 的数值为

$$p=p_t+\Delta_k p+\Delta_t p+\Delta_\theta p+\Delta_H p \tag{2.10}$$

例：在上海地区测量大气压力，上海地处北纬31.15°，即 $\theta=31.15°$。海拔高度 $H$ 为

25 m。在 25 ℃时,气压计的读数为 $1.01311\times10^5$ Pa。由仪器说明书上查得仪器误差校正值 $\Delta_k p=13$ Pa。试计算其大气压力数值。

解:仪器误差校正值 $\Delta_k p=13$ Pa

温度校正值:

$$\Delta_t p=\frac{(\alpha-\beta)t}{1+\beta t}p_t=\frac{(0.0000184-0.0001815)\times25}{1+0.0001815\times25}\times1.01311\times10^5\ \text{Pa}=-411\ \text{Pa}$$

纬度校正值:

$$\Delta_\theta p=-2.66\times10^{-3}p_t\cos2\theta=-2.66\times10^{-3}\times1.01311\times10^5\ \text{Pa}\times\cos(2\times31.15°)=-125\ \text{Pa}$$

海拔高度校正值:

$$\Delta_H p=-3.14\times10^{-7}\ \text{m}^{-1}Hp_t=-3.14\times10^{-7}\ \text{m}^{-1}\times25\ \text{m}\times1.01311\times10^5\ \text{Pa}=-0.8\ \text{Pa}$$

$$p=p_t+\Delta_k p+\Delta_t p+\Delta_\theta p+\Delta_H p=1.00787\times10^5\ \text{Pa}$$

#### 5. 空盒气压表

空盒气压表是由随大气压变化而产生轴向移动的空盒组作为感应元件,通过拉杆和传动机构带动指针,指示出大气压值。如图 2.17 所示。

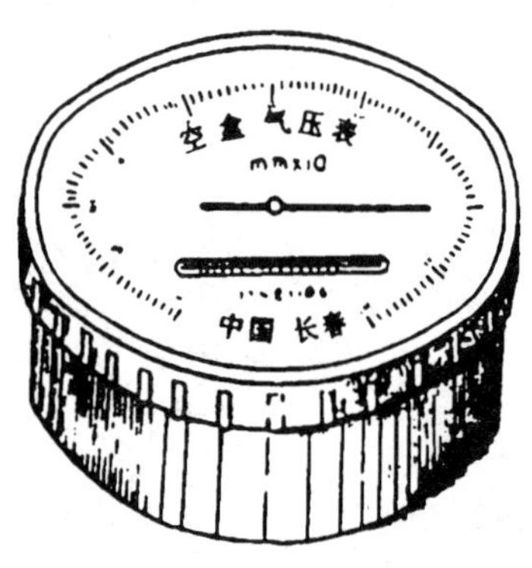


图 2.17　空盒气压表

当大气压增加时,空盒组被压缩,通过传动机构,指针顺时针转动一定角度;当大气压减小时,空盒组膨胀,通过传动机构使指针逆向转动一定角度。

空盒气压表应垂直地放置或悬挂在室内使用,室内应无腐蚀性气体。使用时首先用手轻轻敲打空盒气压表的玻璃,以消除传动机构摩擦的影响,等指针静止后读出它的示值。读数时为消除视差,眼睛必须保持与度盘表面垂直。

空盒气压表测量范围为 80～105 kPa,温度在 −10～40 ℃之间,度盘最小分度值为 100 Pa,测量误差为±250 Pa。读数经仪器校正和温度校正后,误差不大于 300 Pa。温度每升高 1 ℃,气压校正值为 $-6.67\ \text{Pa}\cdot℃^{-1}$。

例如某仪器刻度校正值如表 2.3 所示。

表 2.3　仪器刻度校正值

| $p_{示值}$/kPa | $p_{校正值}$/Pa | $p_{示值}$/kPa | $p_{校正值}$/Pa |
|---|---|---|---|
| 105.0 | −106 | 92.0 | 27 |
| 104.0 | −53 | 91.0 | 13 |
| 103.0 | 0 | 90.0 | 0 |
| 102.0 | 0 | 89.0 | −25 |
| 101.0 | 13 | 88.0 | −13 |
| 100.0 | 26 | 87.0 | 0 |
| 99.0 | 66 | 86.0 | −26 |
| 98.0 | 93 | 85.0 | −52 |

（续表）

| $p_{示值}$/kPa | $p_{校正值}$/Pa | $p_{示值}$/kPa | $p_{校正值}$/Pa |
| --- | --- | --- | --- |
| 97.0 | 53 | 84.0 | 89 |
| 96.0 | 26 | 83.0 | 0 |
| 95.0 | 26 | 82.0 | 0 |
| 94.0 | 26 | 81.0 | −102 |
| 93.0 | 0 | 80.0 | −86 |

16.5 ℃时在空盒气压表上读数为 98 950 Pa，考虑：

温度校正值 16.5 ℃×(−6.67 Pa•℃$^{-1}$) ＝−104 Pa

仪器刻度校正值由表 2.3 得＋66 Pa，校正后大气压为

$$98\,950\ \text{Pa}+(-104\ \text{Pa})+66\ \text{Pa}=98\,912\ \text{Pa}=98.91\ \text{kPa}$$

由于采用温度影响较小的材料做膜盒感应元件，并精确调整刻度，温度校正值和仪器刻度校正值较小，可以忽略不计。

空盒气压表体积小，重量轻，不需要固定，使用方便，但其精度不如福廷式——固定槽式气压计。

### 2.2.2 U形气压计

U形压力计是物理化学实验中用得最多的压力计。U形压力计的构造简单，使用方便，测量的精确度也较高。U形压力计的示值取决于工作液体的体积质量，也就是与工作液体的种类、纯度、温度及重力加速度有关。U形压力计的缺点是测量范围不大。

#### 1. U形气压计的构造与工作原理

U形压力计由两端开口的垂直U形玻璃管及垂直放置的刻度标尺构成。管内盛有适量的工作液体，如图 2.18 所示。

U形压力计是一种压力差计。工作时，将U形管的两端分别连接于系统的两个测压口上。若 $p_1>p_2$，液面差为 $\Delta h$，考虑到气体的体积质量远小于工作液体的体积质量，因此可以得出下式：

$$p_1-p_2=\rho g\Delta h \tag{2.11}$$

式中，$\rho$ 为给定温度下工作液体的体积质量；$g$ 为重力加速度。这样，压力差$(p_1-p_2)$的大小就可用液面差高 $\Delta h$ 来度量。若U形管的一端是开口（通大气）的，则可测得系统的压力与大气压力之差。

在测量微小压力差时，可采用斜管式U形压力计，如图 2.19 所示。设斜管与水平所成的角度为 $\alpha$，则有

$$p_1-p_2=\rho g\Delta h=\rho g\Delta l\sin\alpha \tag{2.12}$$

通过测量 $\Delta l$ 和 $\alpha$，即可求得压力差$(p_1-p_2)$。

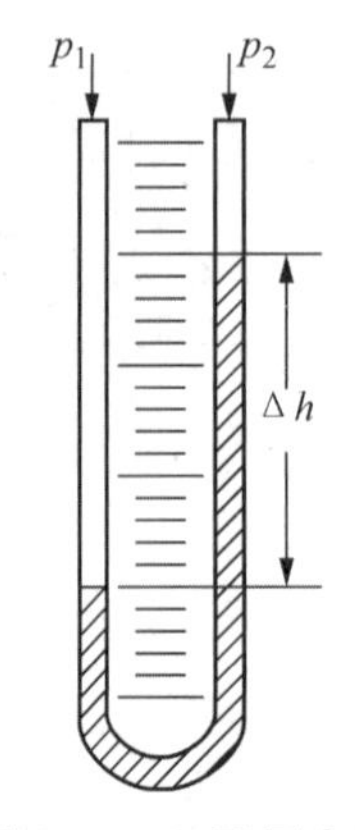

图 2.18　U 形压力计

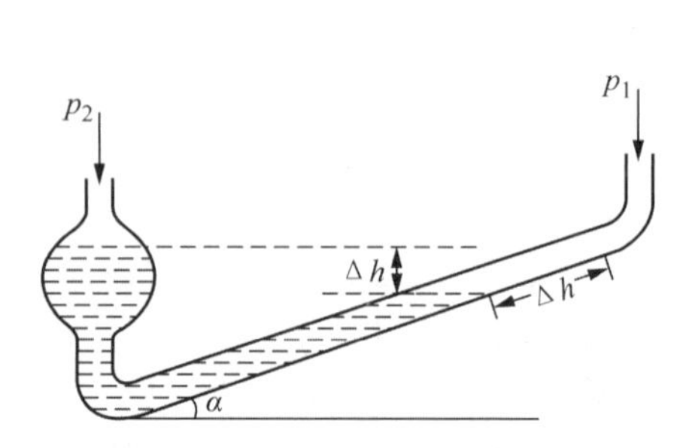


图 2.19　斜管式 U 形压力计

2. U 形气压计工作液体的选择

U 形气压计工作液体应选择为不与被测系统内的物质发生化学作用,也不互溶,且沸点较高的物质。在一定的压差下,选用液体的体积质量越小,液面差 $\Delta h$ 就越大,测量的灵敏度也就越高。最常用的工作液体是汞,其次是水。由于汞的体积质量较大,在压差较小的情况下,可采用其他低体积质量的液体。此外,由于汞的蒸气对人体有毒,为了防止汞的扩散,可在汞的液面上加上少量的隔离液,如石蜡油、甘油或盐水等。

3. U 形气压计的读数及其校正

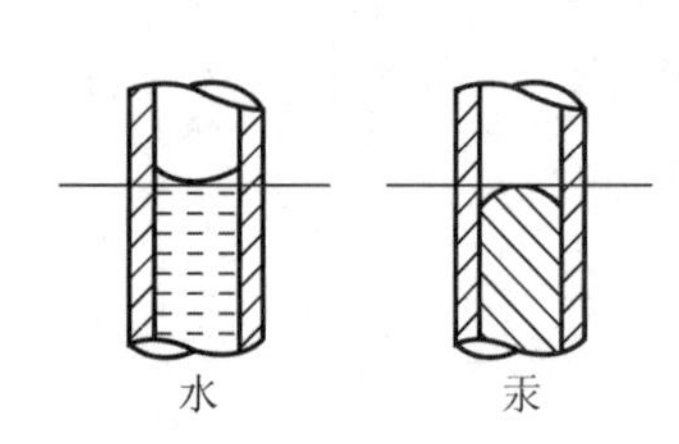


图 2.20　U 形压力计的读数

由于液体的毛细现象,汞在玻璃管内的液面呈凸形,水则呈凹形。在 U 形压力计读数时,视线应与液体凹液面的最低点或凸液面的最高点相切,如图 2.20 所示。

在用 U 形压力计测量时,也要像气压计一样进行读数的温度校正。设工作液体为汞,在室温 $t$ 时的读数为 $\Delta h_t$,若不考虑标尺的线膨胀系数,校正到汞的体积质量为标准体积质量(0 ℃)下的 $\Delta h_0$,有

$$\Delta h_0 = \Delta h_t (1 - 0.000\,18\, t/℃) \tag{2.13}$$

当温度 $t$ 较高以及 $\Delta h_t$ 数值很大时,温度校正值是不可忽略的。

### 2.2.3　真空技术

系统的压力低于大气压力都称为真空。一般真空压力区域的划分:100～1 000 Pa 称为粗真空;0.1～1 000 Pa 称为低真空;$1\times10^{-6}$～0.1 Pa 称为高真空;$1\times10^{-10}$～$1\times10^{-6}$ Pa 称为超高真空;$1\times10^{-10}$ Pa 以下称为极高真空。

凡是能从容器中抽出气体,使气体压力降低的装置均可称为真空泵。真空泵的种类很多,有水抽气泵、机械泵和扩散泵等。水抽气泵是实验室用以产生粗真空系统的真空泵。机械泵和扩散泵都要用特种油为工作物质,有一定的污染,但这两种泵价格较低,因此经常在实验室中使用。机械泵的抽气速率很快,但只能产生 0.1～1 Pa 的低真空。扩散泵使用时必

须用机械泵作为前级泵，可获得 $1\times10^{-6}$ Pa 的高真空。

### 1. 机械真空泵

油封式机械真空泵的结构如图 2.21 所示。泵的内部是一个圆筒定子，里面有一个精密加工的实心圆柱作为转子，转子偏心地装置在定子的腔壁上方，分隔进气和排气管，并与泵体紧密接触。真空泵的抽气过程如图 2.22 所示，两个翼片 S 及 S′横嵌在转子圆柱体的直径上，被夹在它们中间的一根弹簧压紧，S 及 S′将转子和定子之间的空间分隔成三个部分，当翼片在图 2.22(a)所示的位置时，气体由待抽空的容器经过管子 C 进入空间 A；当 S 随转子转动到图 2.22(b)所示的位置时，空间 A 增大，气体经 C 管被吸入；当继续转到图 2.22(c)所示的位置时，S′将空间 A 与进气管 C 隔断；此后转子继续转动到图 2.22(d)所示的位置时，空间 A 的容积逐步缩小，气体被压缩，直到其压力大于大气压力时，出气阀门被打开，气体被驱出。转子的转动使这些过程不断地重复，两个翼片所分隔的空间不断地吸气和排气，使抽空容器达到一定的真空度。整个机件放置在盛油的箱中。油作为润滑剂，同时有密封和冷却机件的作用。实验室常用的油封式机械泵的抽气速率为 30 $dm^3\cdot min^{-1}$。

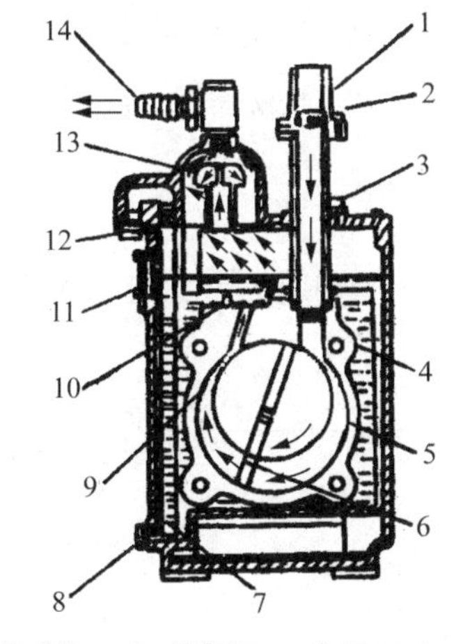


1—接系统口；2—滤气网；3—加油口；4—定子；5—转子；6—翼片；7—吸油管；8—重力吸油口；9—气镇空气进口；10—出气阀门；11—观察口；12—压力吸油口；13—油阱；14—出气口。

**图 2.21 机械真空泵的结构**

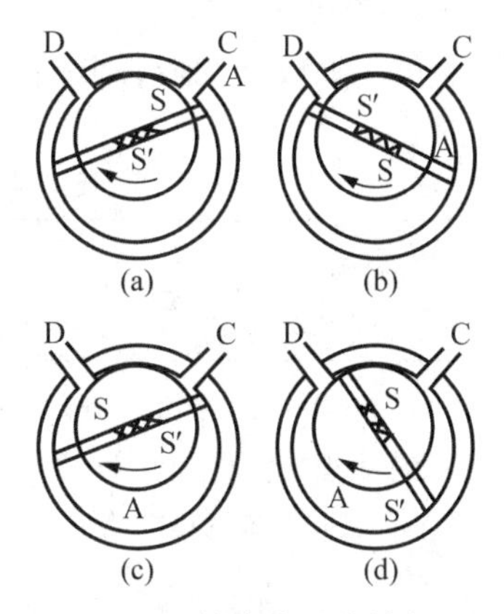


**图 2.22 机械真空泵的抽气原理**

这种泵的压缩比可高达 700∶1。因此，若被抽气体中有水汽或其他可凝性蒸气存在，当气体受压缩时，蒸气就可能凝结成液体，成为无数小液滴混入油内。随着机油在泵内循环，一方面蒸发到被抽容器中去，降低系统的真空度；另一方面破坏了油的品质，降低了油在泵内的密封和润滑作用，还会使转子和定子的器壁生锈。为解决这个问题，在泵内设有气镇空气进口，使转子在转动至某位置时抽入部分空气，以降低压缩比。另外，还需在泵的进口前安装冷阱或吸收塔(如用无水氯化钙或五氧化二磷吸收水汽，用石蜡或活性炭吸附有机物蒸气)。此外，还应注意：

(1) 真空泵由电动机带动，运转时电动机温度不应超过规定温度。在正常运转时，不应

有摩擦、金属碰击等异常声。

(2) 在泵的进口前应连接一个三通活塞,以便在停泵前使真空泵与大气相通。这样,既可保持系统的真空度,又可避免由于系统与大气存在着压差,导致泵油倒吸到系统中去的可能性。

(3) 真空泵进气口与被抽系统的连接要用真空橡皮管,并事先洗净。

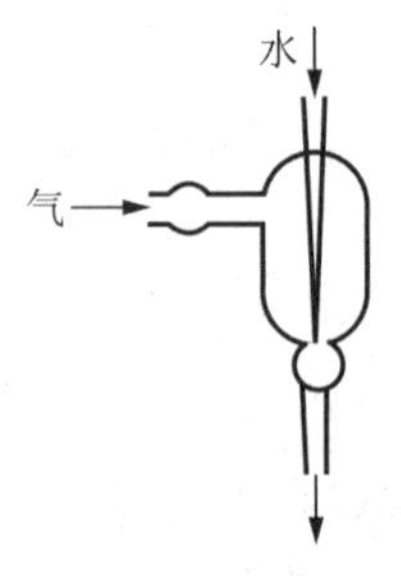


图 2.23 水抽气泵

**2. 水抽气泵**

水抽气泵是最简单的一种真空泵,如图 2.23 所示。它可用金属或玻璃制成,形式多样。根据伯努利原理,利用一股水流从收缩的管口以高速喷出,其周围区域的压力较低,于是系统中的气体就会被水流带走,从而达到抽气目的。20℃时,水抽气泵极限真空约为 103 Pa。水抽气泵的优点是简单轻便,它常用于实验室的一般抽气、吸滤、捡拾散落在台面或地上的汞粒等。

### 2.2.4 气体钢瓶与气体减压阀

在物理化学实验室,经常要用到 $O_2$、$N_2$、$H_2$ 和 Ar 等气体。这些气体通常贮存在耐高压($1\times10^4$ kPa)的专用钢瓶内。使用时,钢瓶上必须装上一个气体减压阀,使气体压力降低到实验所需的压力范围。

**1. 气体钢瓶的类型及其标记**

气体钢瓶是由无缝碳素钢或合金钢制成的。常用的气体钢瓶类型如表 2.4 所示。

表 2.4 气体的钢瓶类型

| 钢瓶类型 | 用 途 | $p$(工作压力)/MPa | $p$(试验压力)/MPa | |
|---|---|---|---|---|
| | | | 水压试验 | 气压试验 |
| 甲 | 装 $O_2$、$N_2$、$H_2$、压缩空气和惰性气体 | 15.0 | 22.5 | 15.0 |
| 乙 | 装纯净水煤气以及 $CO_2$ 等 | 12.5 | 19.0 | 12.5 |
| 丙 | 装 $NH_3$、$Cl_2$、光气和异丁烯等 | 3.0 | 6.0 | 3.0 |
| 丁 | 装 $SO_2$ 等 | 0.6 | 1.2 | 0.6 |

为了安全,气体钢瓶均有专用的漆色及标记。表 2.5 所示为我国对气体钢瓶规定采用的标记。

表 2.5 国家规定的气体钢瓶标记

| 气体类别 | $N_2$ | $O_2$ | $H_2$ | 空气 | $NH_3$ | $CO_2$ | $Cl_2$ |
|---|---|---|---|---|---|---|---|
| 瓶身颜色 | 黑 | 天蓝 | 深绿 | 黑 | 黄 | 黑 | 黄绿 |
| 标字颜色 | 黄 | 黑 | 红 | 白 | 黑 | 黄 | 白 |

2. 气体减压阀

最常用的气体减压阀为氧气减压阀，也称氧气表。下面就以气体减压阀为例来说明减压阀的工作原理与使用。

气体钢瓶上的减压阀装置如图 2.24 所示。其高压部分与钢瓶连接，为气体进口；其低压部分为气体出口，通往工作系统。高压表的示值为钢瓶内贮存气体的压力。低压表的示值为出口压力，可由减压阀来调节和控制。

减压阀的构造如图 2.25 所示。使用时，先打开钢瓶阀门，高压表(11)立即指示钢瓶内贮存气体的压力。由于回动弹簧(6)的压力作用，减压阀门(5)紧闭。如果按顺时针方向慢慢旋动调节螺杆(9)，它就压缩调节弹簧(8)，并传动薄膜(4)和支杆(7)，使减压阀门(5)微微开启。这时高压气体由高压室(1)经阀门节流减压后，进入低压室(3)，随后进入工作系统。通过调节螺杆(9)改变减压阀门(5)的开启程度，配合低压表(12)就可以控制出口气体的压力。减压阀内装有安全阀门(10)，如果由于阀门损坏等原因，当低压室内气体超过许可值时，安全阀门(10)就会自动打开，以保护减压阀的安全使用。

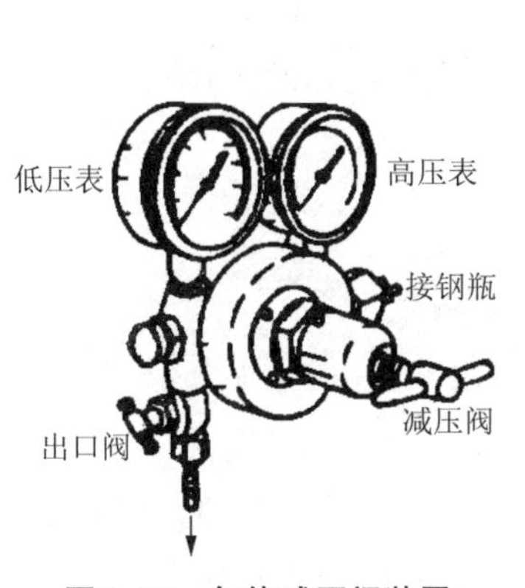


图 2.24 气体减压阀装置

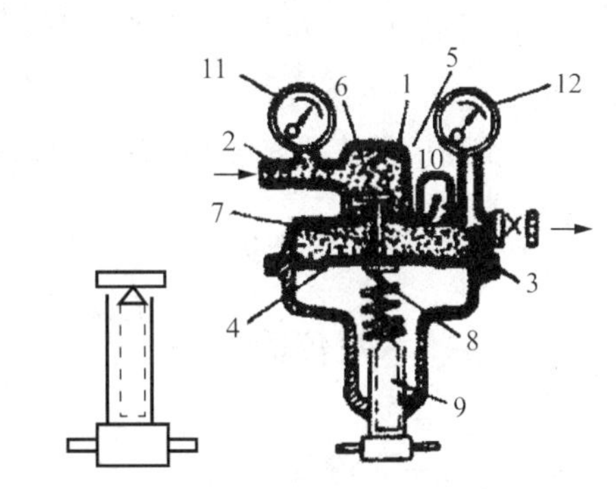


1—高压室；2—管接头；3—低压室；4—薄膜；5—减压阀门；6—回动弹簧；7—支杆；8—调节弹簧；9—调节螺杆；10—安全阀门；11—高压表；12—低压表。

图 2.25 减压阀的构造

使用氧气减压阀应注意下列几点：

(1) 根据使用要求的不同，减压阀有多种规格。最高进口压力都为 15 MPa，最低进口压力应大于出口压力的 2.5 倍。出口压力的规格较多，低压范围为 0～0.1 MPa，高压范围为 0～4 MPa。

(2) 严禁减压阀接触油脂类物质，以免发生火警事故。

(3) 停止工作时，应先将减压阀内余气放净，然后旋松调节螺杆，旋到最松位置，即关闭减压阀门。

(4) 减压阀应避免撞击和振动，不可与腐蚀性气体接触。

有些气体，例如 $N_2$、$H_2$、空气和 Ar 等可以采用氧气减压阀。但有些气体，如 $NH_3$ 等腐蚀性气体，则需要用专用的减压阀，各种气体减压阀的使用方法及注意事项基本相同，但要注意调节螺杆的螺纹方向。

3. 气体钢瓶的安全使用

使用气体钢瓶应注意安全，密闭时应保证不漏气，对可燃性气体钢瓶应绝对避免发生爆炸事故。钢瓶发生爆炸主要有以下几个方面原因:钢瓶受热,内部气体膨胀导致压力超过它的最高负荷;瓶颈螺纹因年久损坏,瓶中气体会冲脱瓶颈以高速喷出,钢瓶则向喷气的相反方向高速飞行,可能造成严重的事故;钢瓶的金属材料不佳或受腐蚀,在钢瓶坠落或撞击时容易引发爆炸。

使用钢瓶时应注意以下 7 点:

(1) 钢瓶座存放在阴凉、干燥及远离热源(如炉火、暖气、阳光等)的地方,放置时必须垂直放稳,并用一定的方法固定好。

(2) 搬运时,要稳走轻放,并把保护阀门的瓶帽旋上。

(3) 使用时,要用气体减压阀($CO_2$、$NH_3$ 可例外)。对一般不燃性气体或助燃性气体(例如 $N_2$、$O_2$),钢瓶气门螺纹按顺时针方向旋转时为关闭;对可燃性气体(例如 $H_2$、$C_2H_2$),钢瓶气门螺纹按逆时针方向旋转时为关闭。

(4) 绝不容许把油或其他易燃性有机物沾染在钢瓶上(特别是在出口和气压表处),也不可用棉、麻等物堵漏,以防燃烧。

(5) 开启气门时,工作人员应避开瓶口方向,站在侧面,并缓慢操作,以策安全。

(6) 不可把钢瓶内气体用尽,应留有剩余压力,以核对气体的种类和防止灌气时有空气或其他气体进入而发生危险。钢瓶每 2~3 年必须进行一次检验,不合格的应及时报废。

(7) 氢气钢瓶应放在远离实验室的地方,用导管引入实验室,要绝对防止泄漏,并应加上防止回火的装置。

## 2.3 光学测量技术及仪器

### 2.3.1 折射率测量及应用

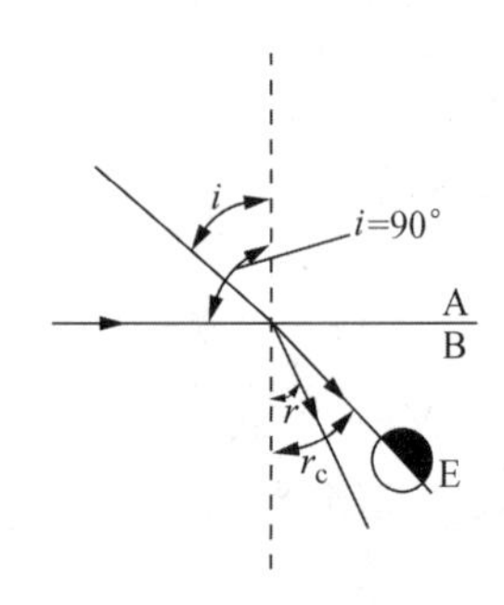

图 2.26 折射现象

单色光从一种介质进入另一种介质时,发生方向改变的现象称为折射,如图 2.26 所示,在一定温度下入射角 $i$ 与折射角 $r$ 的正弦之比为一个常数,而且等于光线在两种介质内传播速率 $v_1$ 与 $v_2$ 之比,即

$$\frac{\sin i}{\sin r}=\frac{v_1}{v_2}=n_{1,2} \tag{2.14}$$

$n_{1,2}$ 称为第二种介质对第一种介质的相对折射率。若光线从真空进入某介质,此时 $n$ 为该介质的绝对折射率。但介质 A 通常用空气,空气的绝对折射率为 1.000 29,这样得到的各种物质的折射率称为常用折射率,也称为对空气的相对折射率。

折射率是物质的特征性常数,对单色光,在一定温度压力下,折射率是一个确定值,如 $n_D^{20℃}$ 表示波长为 599.3 nm 的钠光 D(黄)线在 20 ℃下的折射率。

在物理化学实验中,常应用阿贝折光测定折射率来确定某些溶液的浓度,如环己烷-乙醇二组分系统的组成、糖溶液的浓度等。

**1. 阿贝折光仪的测定原理**

在一定温度下,对一定的两种介质,其相对折射率 $n$ 是常数,当入射角 $i=90°$时,折射角

$r$ 为最大，此最大角称为临界角 $r_c$，光线从介质 A 进入介质 B 时，折射线都应落在临界角以内，大于临界角的部分没有光线通过，而小于临界角的部分可以通过光线。由此在图 2.26 的 E 处置一目镜就可以清楚观察到明暗交接的两部分，中间有明显的分界线。此分界线表示入射角为临界角的光线折射后所在位置。阿贝折光仪就是根据这个原理设计的。设光线从 A 进入介质 B，两种介质的折射率分别为 $n_A$ 和 $n_B$，根据折射定律可得

$$\frac{\sin i}{\sin r}=\frac{n_A}{n_B} \tag{2.15}$$

当调节入射角 $i=90^\circ$ 时，$\sin i=1$，$r=r_c$，则 $n_A=n_B\sin r_c$。当固定一种介质时，临界角 $r_c$ 的大小，仅仅取决于另一介质的折射率。在阿贝折光仪中，$n_B$ 即为棱镜的折射率，为一定值，因而待测定液体的折射率 $n_A$ 只取决于临界角 $r_c$。在仪器的目镜中可以由明暗界面的位置测定临界面的位置从而测定临界角的大小，再折算成折射率数值，为此，直接可以由放大镜中读出待测溶液的折射率。

### 2. 阿贝折光仪构造

仪器构造与光的行程可如图 2.27 和图 2.28 所示。

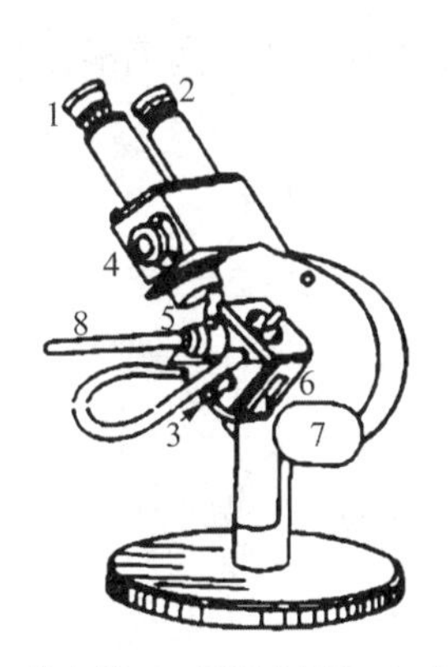


1—目镜；2—放大镜；3—恒温水接头；4—消色补偿器；5，6—棱镜；7—反射镜；8—温度计。

**图 2.27　阿贝折光仪**

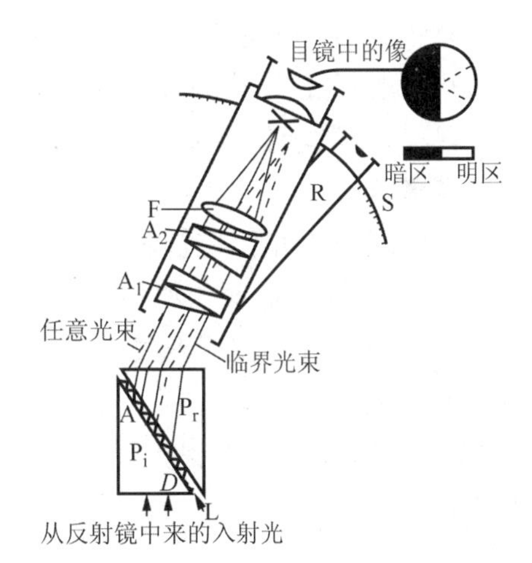


$P_r$—折射棱镜；$P_i$—辅助棱镜；$A_1$，$A_2$—阿密西棱镜；F—聚焦透镜；L—液体层；R—转动臂；S—标尺。

**图 2.28　光的行程**

阿贝折光仪主要部分由两块直角棱镜（5 和 6）组成，在其对角线上重叠，中间仅留微小的缝隙，将待测液体滴放在其中，可以展开呈一极薄液层。光线从反射镜（7）射入棱镜（6），由于棱镜（6）的对角线平面是毛玻面，从而产生的散射使光线在各个方向都有，散射产生的光线通过缝隙中液体层从各个方向进入棱镜，产生折射。根据前面的讨论，小于临界角的部分有光线通过，大于临界角的部分没有光线通过，因此在 F 处可见明暗交接的两部分，中间有明显分界线，落在十字中心部位。

以上讨论的是对单色光而言，若以白光为光源，因白光由各种波长的光混合而成，而波长不同的光其折射也各不相同，造成明暗界线呈现出一条较宽的色带。这种现象称为色散。为此在阿贝折光仪目镜上装有消色补偿器（4）得到清楚的明暗界线，这时可从放大镜（2）中

直接读出折射率数值。由此测定得到的折射率和钠光 D 为光源时所获得的数值相同。

**3. 使用方法**

(1) 在棱镜温度计插座上装好温度计,在恒温器接头处用橡皮管接通超级恒温槽打出的水,调节水温至测定的温度。

(2) 打开两块三角棱镜的锁钮,用乙醚或丙酮滴洗镜面,用吸球鼓气吹干,再用擦镜纸擦干。

(3) 用已知折射率的纯液体或标准玻璃进行读数校正。用标准玻璃块校正方法如下:打开下棱镜(6)后扭转 180°,在标准玻璃块上(抛光面)滴两滴溴代萘随即贴在棱镜上面(玻璃抛光面上),转动手轮由目镜观察出明暗界面后调节消色补偿器消除色散,使界线清楚。观察放大镜内的刻度读数,按照标准玻璃块的已知折射率调节手轮,再观察目镜明暗界线是否落在十字交叉中心。如有偏差可以转动校正螺钉调节交叉中心。一般在一次实验中只需校正一次。

(4) 清洁棱镜上面的溴代萘,待干燥后,将待测液体用滴管滴加在磨砂面棱镜上面,保持水平位置合上棱镜,要求液体均匀无气泡并充满视野。如被测液体为易挥发物质,则须用滴管从棱镜的侧面小孔加入液体。

(5) 调节反射镜(7),使两个目镜视野明亮。

(6) 分别转动手轮及消色补偿器,使明暗界线清楚地落在十字交叉线中心处,然后由放大镜内刻度盘的数值读出待测液体的折射率。

(7) 实验结束后,拆除温度计及连通超级恒温箱的橡皮管;用乙醚或丙酮滴洗棱镜面。

**4. 注意事项**

(1) 阿贝折光仪只能测定折射率在 1.3～1.7 范围内的液体试样。

(2) 阿贝折光仪不能测定腐蚀性液体、强酸、强碱和氟化合物的折射率。

(3) 液体的折射率与温度有关。在测定中,折光仪不要直接被日光照射,或靠近热的光源,以免影响测定温度。

(4) 在使用时,必须注意保护棱镜。切忌用其他纸擦棱镜;擦镜面时,切忌指甲碰到镜面;滴加液体时,切忌滴管触及镜面。

### 2.3.2 旋光度测量及应用

旋光性是指某一物质在一束平面偏振光通过时能使其偏振方向转过一个角度的性质,该角度称为旋光角,用 $\alpha$ 表示。旋光角 $\alpha$ 定义为平面偏振光通过旋光性介质面向光源观察时向右转过的角。旋光角 $\alpha$ 的单位为 rad。对于溶液来说,旋光角还与其组成有关。

一种物质的旋光性通常用质量旋光本领(也称比旋光本领)$\alpha_m$ 表示,其定义如下:

$$\alpha_m = \alpha A/m \tag{2.16}$$

式中,$\alpha$ 为旋光角;$m$ 为旋光性物质在横截面积 $A$ 的线性偏振光束途径中的质量。质量旋光本领 $\alpha_m$ 的单位为 $rad \cdot m^2 \cdot kg^{-1}$。溶质 B 在溶液中的质量旋光本领 $\alpha_m$ 还可记作

$$\alpha_m = \frac{\alpha}{L\rho_B} \tag{2.17}$$

式中,$L$ 为旋光仪中旋光管的柱长;$\rho_B$ 为溶质 B 的质量浓度。

质量旋光本领 $\alpha_m$ 与温度和线性偏振光的波长有关。例如某物质在 25 ℃,用钠光 D 线

测定，其质量旋光本领可表示为$[\alpha_m]_D^{25℃}$。蔗糖溶液的质量旋光本领与温度的关系：

$$[\alpha_m]_D^T/\mathrm{rad\cdot m^2\cdot kg^{-1}}=66.5\times[1-0.0004\times(T/\mathrm{K}-298.15)] \tag{2.18}$$

另一种表示物质旋光性的方法是用摩尔旋光本领 $\alpha_n$ 表示，其定义如下：

$$\alpha_n=\alpha A/n \tag{2.19}$$

式中，$\alpha$ 为旋光角；$n$ 为旋光性物质在横截面积 $A$ 的线性偏振光束途径中的物质的量。摩尔旋光本领 $\alpha_n$ 的单位为 $\mathrm{rad\cdot m^2\cdot mol^{-1}}$。溶质 B 在溶液中的摩尔旋光本领 $\alpha_n$ 可记作

$$\alpha_n=\frac{\alpha}{Lc_B} \tag{2.20}$$

式中，$L$ 为旋光仪中旋光管的柱长；$c_B$ 为溶质 B 的浓度。

### 1. WXG-4 型旋光仪测量原理与构造

物理化学实验室中采用 WXG-4 型旋光仪测定溶液的比旋光度。其简明的光学系统如图 2.29 所示。

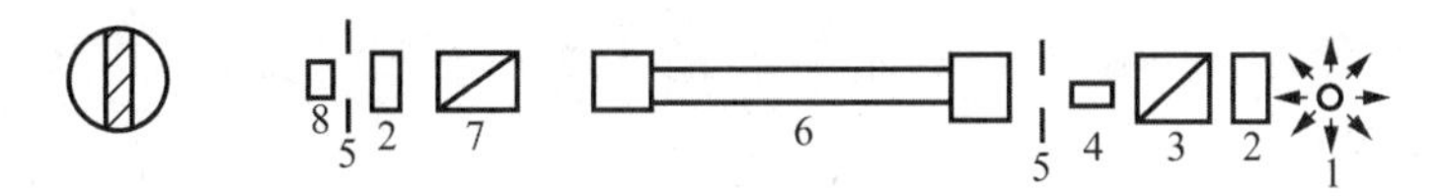


1—光源；2—透镜；3—起偏镜；4—石英片；5—光栏；6—旋光管；7—检偏镜；8—目镜。

**图 2.29 旋光仪光学系统**

旋光仪主要由起偏器和检偏器两部分构成。起偏器俗称第一尼科尔棱镜，是使各向振动的可见光起偏振，它固定在仪器的前端。检偏器用来测定偏振面的转动角度，称为第二尼科尔棱镜，随刻度盘一起转动。

对于自然光，其光波在与光传播方向垂直的一切可能方向上振动，但当通过起偏的第一尼科尔棱镜之后，获得了只在一个方向上振动的平面偏振光。当两个尼科尔棱镜的主截面(为折射光线与晶体所构成的平面)相平行时，由第一尼科尔棱镜射到第二尼科尔棱镜的偏振光全部能通过；当两个棱镜的主截面互相垂直时，则偏振光全部不能通过；当两个棱镜主截面夹角介于 0°～90°之间时，透过的光强将被减弱。

两个棱镜主截面互相垂直时视野是黑暗的，但在棱镜中间放入一个装有旋光性物质的溶液的玻璃旋光管时，因溶液使偏振光旋转了一个角度，又可使视野重新变暗，检偏镜旋转的角度就等于光的偏振面在通过溶液后的旋光角 $\alpha$。如果顺时针方向旋转才能恢复黑暗的则称为右旋性，反之称为左旋性。

由于肉眼对鉴别黑暗的视野误差较大，为精确确定旋光角，常采用比较方法，即三分视野法，在起偏镜后的中部装一狭长的石英片，其宽度约为视野的 1/3，因为石英片也具有旋光性，所以在目镜中出现三分视野，如图 2.30 所示。

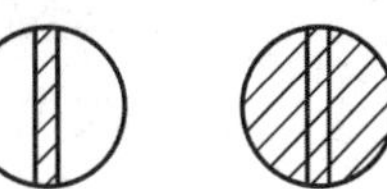

**图 2.30 三分视野示意图**

在旋转相应的角度后，视野中三个区内明暗相等，三分视野消失，如图 2.30 所示。鉴于肉眼对于这种明暗相等的三分视野易于判断，可以准确测得被测溶液的旋光度。

### 2. 旋光仪的使用

(1) 将仪器接通电源，开启电源开关，约 5 min，将钠光灯发光稳定后，就可以进行测量。

(2) 仪器零位的校正。样品管中装好蒸馏水(应无气泡),调节检偏镜角度使三分视野消失,将此时角度记作零位,在以后各次测量读数中应减去或加上该数值。

(3) 选取长度适宜的样品管,装入待测溶液(无气泡),旋上螺帽,螺帽不宜旋得太紧(以不漏水为标准),否则护片玻璃会引起应力,影响读数。然后将样品管两头残余溶液揩干,以免影响观察的清晰度及测定精度。

(4) 测定旋光角。转动刻度盘,检偏镜至目镜中三分视野消失,再从刻度盘上读数,读数为正系右旋物质,读数为负则为左旋物质。

(5) 双游标读数法。考虑到仪器可能有偏心差,在刻度盘上开有 A 和 B 两个游标窗,可按下列公式求得结果:

$$Q=\frac{A+B}{2} \tag{2.21}$$

式中,$Q$ 为实测旋光角读数;$A$ 和 $B$ 分别为两游标窗读数。

旋光仪刻度盘分为 360 格,每格游标为 20 格,用游标直接读数到 0.05°。

### 3. 使用主要事项

(1) 仪器连续使用时间不宜过长,一般不超过 4 h,如使用时间过长,中间应关闭电源开关 10~15 min,待钠光灯冷却后再继续使用。

(2) 观察者的个人特点对零位调节及旋转角的读数均会起相当作用,每个学生都要使用自己测量的零位读数,不要用别人测量的数值。

(3) 样品管装填好溶液后,不应有气泡,不应漏液。

(4) 样品管用后要及时将溶液倒出,用蒸馏水洗涤干净、揩干。所有镜片均不能用手直接擦拭,应用软绒布或擦镜纸擦拭。

## 2.3.3 分光光度计

### 1. 吸收光谱原理

物质中分子内部的运动可分为电子的运动、分子内原子的振动和分子自身的转动,因此具有电子能级、振动能级和转动能级。

当分子被光照射时,将吸收能量引起能级跃迁,即从基态能级跃迁到激发态能级。而三种能级跃迁所需能量是不同的,需用不同波长的电磁波去激发。电子能级跃迁所需的能量较大,一般为$(1\sim30)\times10^{-19}$ J,吸收光谱主要处于紫外及可见光区,这种光谱称为紫外及可见光谱。如果用红外线[能量为$(1\sim0.04)\times10^{-19}$ J]照射分子,此能量不足以引起电子能级的跃迁,而只能引发振动能级和转动能级的跃迁,得到的光谱为红外光谱。若以能量更低的远红外线[能量为$(0.04\sim0.005)\times10^{-19}$ J]照射分子,只能引起转动能级的跃迁,这种光谱称为远红外光谱。由于物质结构不同,对上述各能级跃迁所需能量都不一样,因此对光的吸收也就不一样,各种物质都有各自的吸收光带,因而就可以对不同物质进行鉴定分析,这是光度法进行定性分析的基础。

根据朗伯-比耳定律:当入射光波长、溶质、溶剂以及溶液的温度一定时,溶液的光密度和溶液层厚度及溶液的浓度成正比,若液层的厚度一定,则溶液的光密度只与溶液的浓度有关:

$$T=\frac{I}{I_0} \tag{2.22}$$

$$A=-\lg\frac{1}{T}=\varepsilon cl \tag{2.23}$$

式中，$c$ 为溶液浓度；$A$ 为某一单色波长下的光密度（又称吸光度）；$I_0$ 为入射光强度；$I$ 为透射光强度；$T$ 为透光率；$\varepsilon$ 为摩尔消光系数；$l$ 为液层厚度。

在待测物质的厚度 $l$ 一定时，吸光度与被测物质的浓度成正比，这就是光度法定量分析的依据。

**2. 分光光度计的构造原理**

将一束复合光通过分光系统，将其分成一系列波长的单色光，任意选取某一波长的光，根据被测物质对光的吸收强弱进行物质的测定分析，这种方法称为分光光度法，分光光度法所使用的仪器称为分光光度计。

分光光度计种类和型号较多，实验室常用的有72型、721型、722型、723型、752型等。各种型号的分光光度计的基本结构都相同，由如下5部分组成：

(1) 光源（钨灯、卤钨灯、氢弧灯、氘灯、汞灯、氙灯、激光光源）；

(2) 单色器（滤光片、棱镜、光栅、全息栅）；

(3) 样品吸收池；

(4) 检测系统（光电池、光电管、光电信增管）；

(5) 信号指示系统（检流计、微安表、数字电压表、示波器、微处理机显像管）。

在基本构件中，单色器是仪器关键部件。其作用是将来自光源的混合光分解为单色光，并提供所需波长的光。单色器是由入口与出口狭缝、色散元件和准直镜等组成，其中色散元件是关键性元件，主要有棱镜和光栅两类。

1) 棱镜单色器

光线通过一个顶角为 $\theta$ 的棱镜，从 $AC$ 方向射向棱镜，如图2.31所示，在 $C$ 点发生折射。光线经过折射后在棱镜中沿 $CD$ 方向到达棱镜的另一个界面上，在 $D$ 点又一次发生折射，最后光在空气中沿 $DB$ 方向行进。这样光线经过此棱镜后，传播方向从 $AA'$ 变为 $BB'$，两方向的夹角 $\delta$ 称为偏向角。偏向角与棱镜的顶角 $\theta$、棱镜材料的折射率以及入射角 $i$ 有关。如果平行的入射光由 $\lambda_1$、$\lambda_2$、$\lambda_3$ 三色光组成，且 $\lambda_1<\lambda_2<\lambda_3$，通过棱镜后，就分成三束不同方向的光，且偏向角不同。波长越短，偏向角越大，如图2.32所示，$\delta_1>\delta_2>\delta_3$，这即为棱镜的分光作用，又称光的色散，棱镜分光器就是根据此原理设计的。

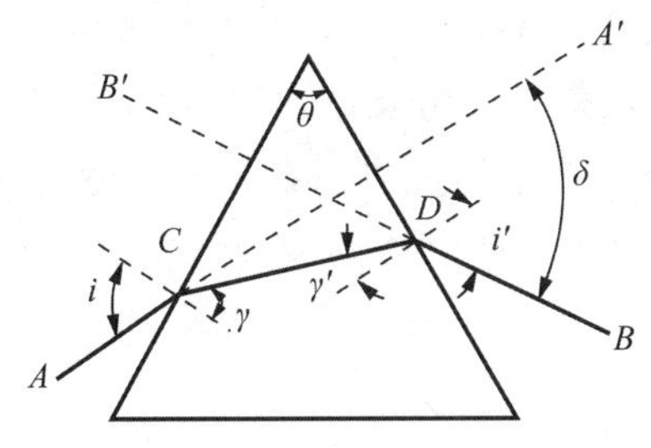

图2.31　棱镜的折射

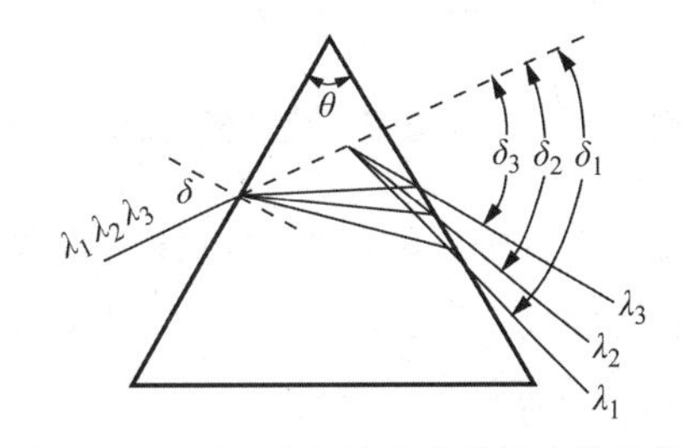

图2.32　不同波长的光在棱镜中的色散

棱镜是分光的主要元件之一,一般是三角柱体。由于其构成材料不同,透光范围也就不同,比如,用玻璃棱镜可得到可见光谱,用石英棱镜可得到可见及紫外光谱,用溴化钾(或氯化钠)棱镜可得到红外光谱等。棱镜单色器示意图如图 2.33 所示。

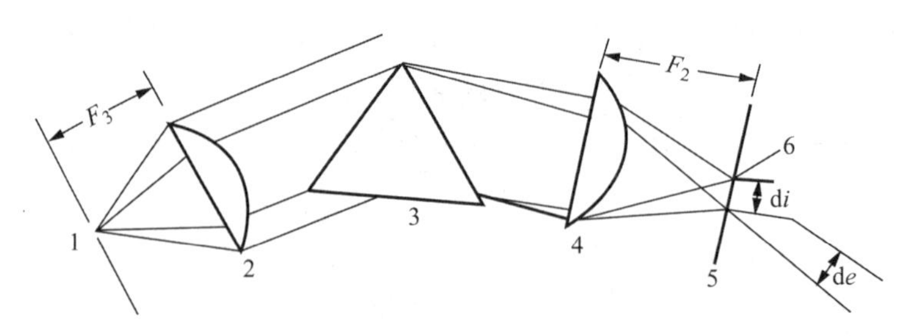


1—入射狭缝;2—准直透镜;3—色散元件;4—聚焦透镜;5—焦面;6—出射狭缝。

**图 2.33　棱镜单色器示意图**

2) 光栅单色器

单色器还可以用光栅作为色散元件,反射光栅是由磨平的金属表面上刻划许多平行的、等距离的槽构成的。辐射由每一刻槽反射,反射光束之间的干涉造成色散。

**3. 几种类型的分光光度计简介**

- 72 型分光光度计

1) 构造原理及结构

72 型分光光度计是可见光分光光度计,波长范围为 420~700 nm,它由三大部分组成:磁饱和稳压器、光源、单色光器和测光机构、微电计。其光学系统如图 2.34 所示。

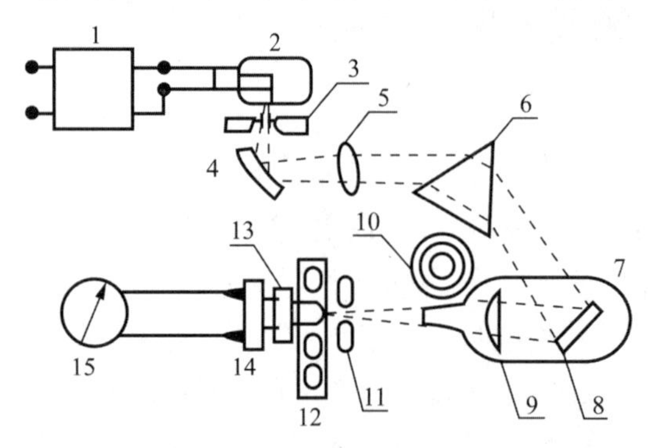


1—稳压电源;2—钨丝灯;3—入射狭缝;4—反射镜;5—透镜;6—玻璃棱镜;7—波长凸轮;8—反射镜;9—透镜;10—波长读数盘;11—出射狭缝;12—吸收池架;13—光量调节;14—硒光电池;15—检流计。

**图 2.34　72 型分光光度计光路图**

72 型分光光度计的基本依据是朗伯-比尔定律,它是根据相对测量原理工作的,即先选定某一溶剂作为标准溶液,设定其透光率为 100%,被测试样的透光率是相对于标准溶液而言的,即让单色光分别通过被测试样和标准溶液,两者能量的比值就是在一定波长下对于被测试样的透光率。如图 2.34 所示,白色光源经入射狭缝、反射镜和透光镜后,变成平行光进入棱镜,色散后的单色光经镀铝的反射镜反射后,再经过透镜并聚光于出射狭缝上,狭缝宽度为 0.32 nm。反射镜和棱镜组装在一可旋转的转盘上并由波长调节器的凸轮所带动,转动波长调节器便可以在出光狭缝后面选择到任一波长的单色光。单色光透过样品吸收池后由一光量调节器调节为适度的光通量,最后被光电电池吸收,转换成电流后由微电计指示,从刻度标尺上直接读出透光率的值。

2) 使用方法

(1) 在仪器通电前,先检查供电电源与仪器所需电压是否相符,然后再接通电源。

(2) 把单色光器的光路闸门拨到“黑”光位置，打开微电计开关，指示光点即出现在标尺上，用零位调节器把光点准确调到透光率标尺“0”位上。

(3) 打开稳压器及单色光器的电源开关，把光路闸门拨到红点位置，按顺时针方向调节光量调节器，使微电计的指示光点达到标尺右边上限附近，10 min 后，等硒光电池趋于稳定后开始使用仪器。

(4) 打开比色皿暗箱盖取出比色皿架，将 4 只比色皿中的 1 只装入标准溶液或蒸馏水，其余 3 只装待测溶液，为便于测量，将标准溶液放入比色皿架的第一格内，然后将比色皿架放入暗箱内固定好，盖好暗箱盖。

(5) 将光路闸门重新拨到“黑”点，校正微电计至“0”位，再打开光路闸门，使光路通过标准溶液，用波长调节器调节所需波长，转动光量调节器把光点调到透光率为“100”的读数上。

(6) 然后将比色皿拉杆拉出一格，使第二个比色皿的待测溶液进入光路中，此时微电计标尺上的读数即溶液中溶质的透光率。然后再测定另外两个待测溶液。

3) 注意事项

(1) 仪器应放置在清洁、干燥、无尘、无腐蚀气体和不太亮的室内，工作台应牢固稳定。

(2) 在测定溶液的色度不太强的情况下，尽量采用较低的电源电压(5.5 V)以便延长光源灯泡的寿命。

(3) 仪器连续使用时间不应超过 2 h，如要长时间使用，中间应间歇后再用。

(4) 测定结束后，应依次关闭光路闸门、光源、稳压器及检流计电源，取出比色皿洗净，用镜头纸擦干，放于比色皿盒内。

(5) 注意单色仪的防潮，及时检查硅胶是否受潮，若变红色应及时更换。

(6) 搬动仪器时，检流计正、负极必须接上短路片，以免损坏。

• 721 型分光光度计

721 型分光光度计也是可见光分光光度计，是 72 型分光光度计的改进型，适用波长范围为 368～800 nm，主要用作物质定量分析。721 型与 72 型的主要区别如下：

(1) 所有部件组装为一体，使仪器更紧凑，使用更方便。

(2) 适用波长范围更宽。

(3) 装备了电子放大装置，使读数更精确。

内部结构和光路系统如图 2.35 和图 2.36 所示。

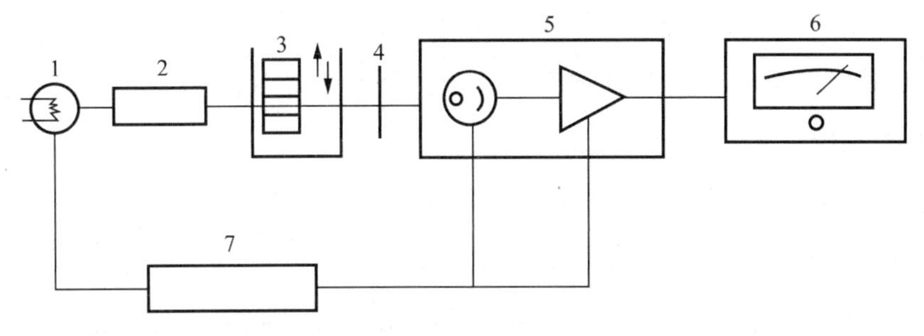


1—光源；2—单色光器；3—比色皿槽；4—光量调节器；
5—光电管暗盒部件；6—微安表；7—稳压电源。

**图 2.35　721 型分光光度计内部结构图**

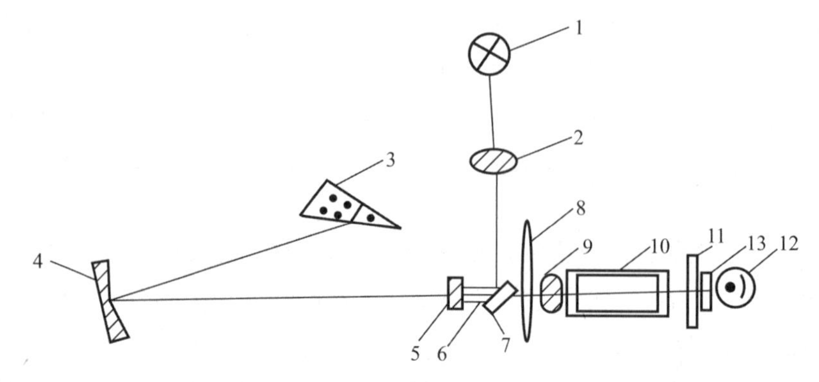


1—光源灯;2—透镜;3—棱镜;4—准直镜;5、13—保护玻璃;6—狭缝;
7—反射镜;8—光栏;9—聚光透镜;10—比色皿;11—光门;12—光电管。

**图 2.36　721 型分光光度计电路和系统示意图**

• 722S 型分光光度计

722S 型分光光度计是一种简洁易用的分光光度法通用仪器,能从 340～1 000 nm 波长范围内进行透射比、吸光度和浓度直读测定,可广泛应用于医学卫生、临床检验、生物化学、石油化工、环保监测、质量控制等部门的定性、定量分析,仪器特点如下:4 位 LED 显示;非球面光源光路,CT 光栅单色器;大样品室,4 位置比色槽架,可选 1～5 cm 光程矩形比色皿;自动调零,自动调 100%T;有浓度因子设定或浓度直读功能;附有 RS－232C 串行接口。

1) 结构原理

722S 型分光光度计由光源室、衍射光栅 C－T 单色器、样品室、光电管暗盒、电子系统及数字显示器等部件组成。722S 型分光光度计仪器的外形、操作键及面板图如图 2.37 所示。

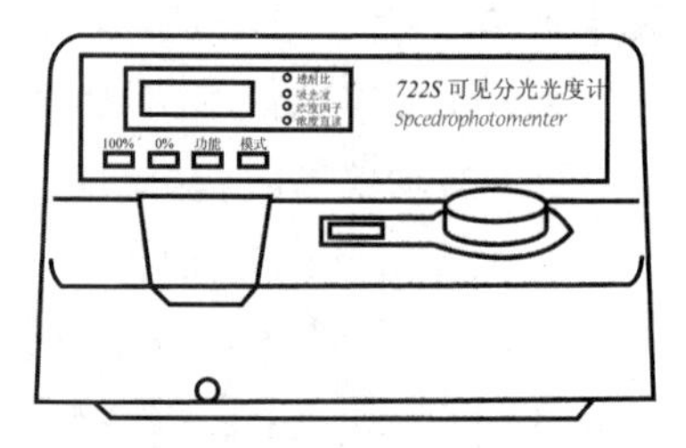


**图 2.37　722S 型分光光度计面板图**

图 2.37 中的各操作键及其功能如下。

(1) ↑/100% 键:在"透射比"灯亮时用作自动调整 100%T(一次未到位可加按一次)。

在"吸光度"灯亮时,用作自动调节吸光度 0(一次未到位加按一次)。

在"浓度因子"灯亮时,用作增加浓度因子设定,点按点动,持续按 1 s 后,进入快速增加,再按 模式 键后自动确认设定值。

在"浓度直读"灯亮时,用作增加浓度直读设定,点按点动,持续 1 s 后,进入快速增加,再按 模式 键后自动确认设定值。

(2) ↓/0% 键:在"透射比"灯亮时,用作自动调整 0%T(调整范围 10%T)。

* 在"吸光度"灯亮时不用,如按下则出现超载。

在"浓度因子"灯亮时,用作减少浓度因子设定,操作方式同 ↑/100% 键。

在"浓度直读"灯亮时,用作减少浓度直读设定,操作方式同 ↑/100% 键。

(3) 功能键:预定功能扩展键用。

按下时将当前显示值从 RS-232C 口发送,可由上层 PC 机接收或打印机接收。

(4) 模式键:用作选择显示标尺。

按"透射比"灯亮、"吸光度"灯亮、"浓度因子"灯亮、"浓度直读"灯亮次序,每按一次渐进一步循环。

(5) 试样槽架拉杆:用于改变样品槽位置(四位置)。

(6) 显示窗 4 位 LED 数字:用于显示读出数据和出错信息。

(7) "透射比"指示灯:指示显示窗显示透射比数据。

(8) "吸光度"指示灯:指示显示窗显示吸光度数据。

(9) "浓度因子"指示灯:指示显示窗显示浓度因子数据。

(10) "浓度直读"指示灯:指示显示窗显示浓度直读数据。

(11) 电源插座:用于接插电源电缆。

(12) 熔丝座:用于安装熔丝。

(13) 总开关:ON、OFF 电源。

(14) RS-232C 串行接口插座:用于联接 RS-232C 串行电缆。

(15) 样品室:用于测试样品。

(16) 波长指示窗:显示波长。

(17) 波长调节钮:调节波长用。

2) 使用方法

(1) 预热:仪器开机后灯及电子部分需热平衡,故开机预热 30 min 后才能进行测定工作,如紧急应用时,请注意随时调 0%T,调 100%T。

(2) 调零。

目的:校正基本读数标尺两端(配合 100%T 调节),进入正确测试状态。

调整时:开机预热后,改变测试波长时或测试一段时间,以及进行高精度测试前。

操作:打开试样盖(关闭光门)或用不透光材料在样品室中遮断光路,然后按 0% 键,即能自动调整零位。

(3) 调整 100%T。

目的:校正基本读数标尺两端(配合调零),进入正确测试状。

调整时:开机预热后,更换测试波长或测试一段时间后,以及进行高精度测试前(一般在调零前应加一次 100%T 调整,以使仪器内部自动增益到位)。

操作:将用作背景的空白样品置入样品室光路中,盖下试样盖(同时打开光门)按下 100% 键即能自动调整 100%T(一次有误差时可加按一次)。

注:调整 100%T 时整机自动增益系统重调可能影响 0%T,调整后请检查 0%T,如有变化可重调 0% 键一次。

(4) 调整波长:使用仪器上唯一的旋钮,即可方便地调整仪器当前测试波长,具体波长由旋钮左侧的显示窗显示,读出波长时目光垂直观察。

注:本仪器因采用机械联动切换滤光片装置,故当旋钮转动经过 480 nm 时会有金属接触声,如在 480～1 000 nm 间存在轻微金属摩擦声,属正常现象。

(5) 改变试样槽位置让不同样品进入光路:仪器标准配置中试样槽架是 4 位置的,用仪器前面的试样槽拉杆来改变,打开样品室盖,以便观察样品槽中的样品位置。最靠近测试者的为"0"位置,依次为"1""2""3"位置。对应拉杆推向最内为"0"位置,依次向外拉出相应为"1""2""3"位置,当拉杆到位时有定位感,到位时请前后轻轻推动一下以确保定位正确。

(6) 确定滤光片位置:本仪器备有减少杂光,提高 340～380 nm 波段光度准确性的滤光片,位于样品室内部左侧,用拨杆来改变位置。

当测试波长在 340～380 nm 波段内如做高精度测试可将拨杆推向前(见机内印字指示),通常可不使用此滤光片,可将拨杆置在 400～1 000 nm 位置。

注:如在 380～1 000 nm 波段测试时,误将拨杆置在 340～380 nm 波段,则仪器将出现不正常现象(如噪声增加,不能调整 100%T 等)。

(7) 改变标尺,本仪器设有 4 种标尺。

透射比:用于对透明液体和透明固体测量透射特点。

吸光度:用于采用标准曲线法或绝对吸收法定量分析,在动力学测试时也能利用本系统。

浓度因子:用于在浓度因子法浓度直读时设定浓度因子。

浓度直读:用于标样法浓度直读时,做设定和读出,也用于设定浓度因子后的浓度直读。

各标尺间的转换用[模式]键操作并由"透射比""吸光度""浓度因子""浓度直读"指示灯分别指示,开机初始状态为"透射比",每按一次顺序循环。

3) 注意事项

(1) 清洁仪器外表时,请勿使用乙醇、乙醚等有机溶剂,不使用时请加防尘罩。

(2) 比色皿每次使用后要用石油醚清洗,并用镜头纸轻拭干净,存于比色皿盒中备用。

• 752 型分光光度计

752 型分光光度计为紫外光栅分光光度计,测定波长为 200～800 nm。

1) 结构原理

752 型分光光度计由光源室、单色器、样品室、光电管暗盒、电子系统及数字显示器等部件组成,仪器的工作原理如图 2.38 所示。仪器内部光路系统如图 2.39 所示。从钨灯或氢灯发出的连续辐射经滤色片选择聚光镜聚光后投向单色器进狭缝,此狭缝正好位于聚光镜及单色器内准直镜的焦平面上,因此进入单色器的复合光通过平面反射镜反射及准直镜变成平行光射向色散光栅。光栅将入射的复合光通过衍射作用形成按照一定顺序均匀排列的连续单色光谱,此时单色光谱重新返回到准直镜,然后通过聚光原理成像在出射狭缝上。出射狭缝选出指定带宽的单色光通过聚光镜落在试样室被测样品中心,样品吸收后透射的光经光门射向光电管阴极面。根据光电效应原理,会产生一股微弱的光电流。此光电流经电流放大器放大,送到数字显示器,测出透光率或吸光度,或通过对数放大器实现对数转换,显示出被测样品的浓度 $c$ 值。

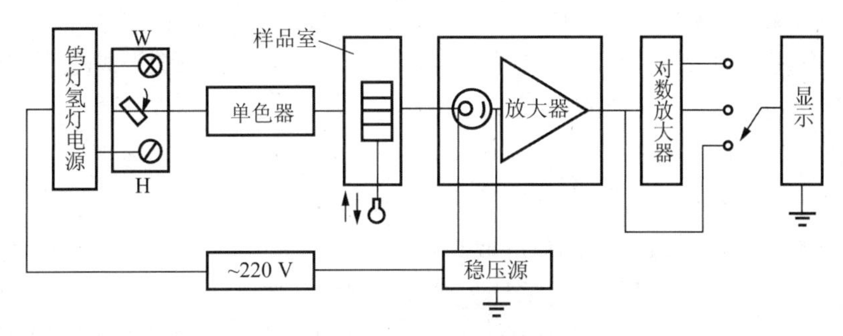


图 2.38 752 型分光光度计工作原理图

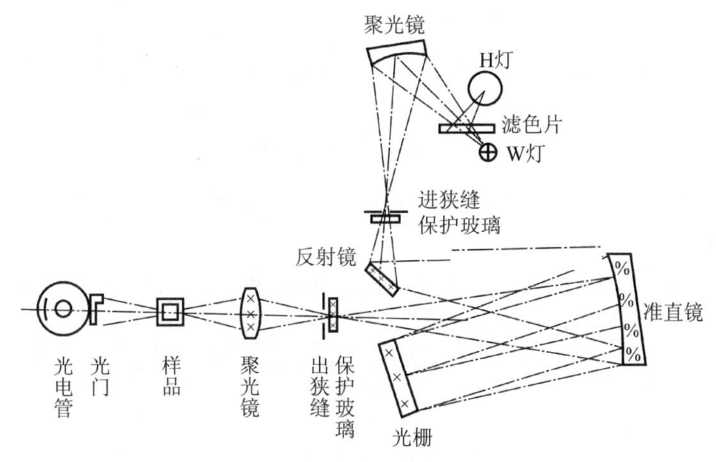


图 2.39 752 型分光光度计光学系统图

2）使用方法

752 型分光光度计的外部面板如图 2.40 所示。

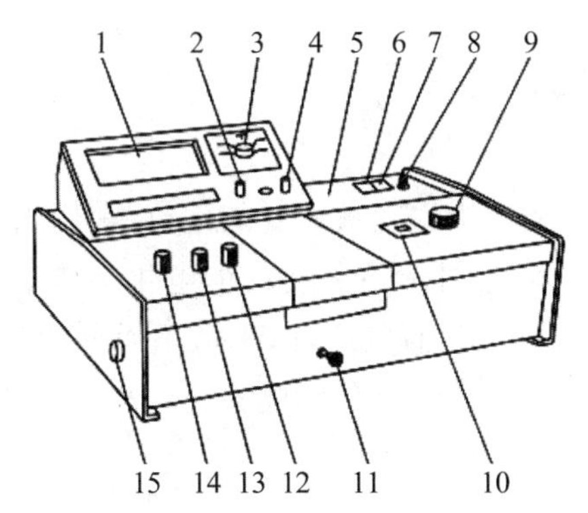


1—数字显示器；2—吸光度调零旋钮；3—选择开关；4—浓度旋钮；5—光源室；6—电源室；7—氢灯电源开关；8—氢灯触发按钮；9—波长手轮；10—波长刻度窗；11—试样架拉手；12—100%T 旋钮；13—0%T 旋钮；14—灵敏度旋钮；15—干燥器。

图 2.40 752 型分光光度计面板图

(1) 将灵敏度旋钮调到“1”档(放大倍数最小)。

(2) 打开电源开关,钨灯点亮,预热 30 min 即可测定。若需用紫外光则打开“氢灯”开关,再按氢灯触发按钮,氢灯点亮,预热 30 min 后使用。

(3) 将选择开关置于“T”。

(4) 打开试样室盖,调节 0%旋钮,使数字显示为“0.000”。

(5) 调节波长旋钮,选择所需测量的波长。

(6) 将装有参比溶液和被测溶液的比色皿放入比色皿架中。

(7) 盖上样品室盖,使光路通过参比溶液比色皿,调节透光率旋钮,使数字显示为 100.0%(T)。如果显示不到 100.0%(T),可适当增加灵敏度的挡数。然后将被测溶液置于光路中,数字显示值即为被测溶液的透光率。

(8) 若无须测量透光率,仪器显示 100.0%(T)后,将选择开关调至“A(吸光度)”,调节吸光度旋钮,使数字显示为“0.0”。再将被测溶液置于光路后,数字显示值即为溶液的吸光度。

(9) 若将选择开关调至“C(浓度)”,将已知标定浓度的溶液置于光路,调节浓度旋钮使数字显示为标定值,再将被测溶液置于光路,则可显示出相应的浓度值。

3) 注意事项

(1) 测定波长在 360 nm 以上时,可用玻璃比色皿;波长在 360 nm 以下时,要用石英比色皿。比色皿外部要用吸水纸吸干,不能用手触摸光面的表面。

(2) 仪器配套的比色皿不能与其他仪器的比色皿单个调换。如需增补,应经校正后方可使用。

(3) 开关样品室盖时,应小心操作,防止损坏光门开关。

(4) 不测量时,应使样品室盖处于开启状态,否则会使光电管疲劳,数字显示不稳定。

(5) 当光线波长调整幅度较大时,需稍等数分钟才能工作。因光电管受光后,需有一段响应时间。

(6) 仪器要保持干燥、清洁。

## 2.4 电化学测量技术及仪器

电学测量技术在物理化学实验中占有很重要的地位,常用来测量电解质溶液的电导、原电池电动势等参量。作为基础实验,主要介绍传统的电化学测量与研究方法,对于目前利用光、电、磁、声、辐射等非传统的电化学研究方法,一般不予介绍。只有掌握了传统的基本方法,才有可能正确理解和运用近代电化学研究方法。

### 2.4.1 电导的测量及仪器

测量待测溶液电导的方法称为电导分析法。电导是电阻的倒数,因此电导值的测量,实际上是通过电阻值的测量再换算的,也就是说电导的测量方法应该与电阻的测量方法相同。但在溶液电导的测定过程中,当电流通过电极时,由于离子在电极上会发生放电,产生极化引起误差,故测量电导时要使用频率足够高的交流电,以防止电解产物的产生。另外,所用

的电极镀铂黑是为了减少超电位，提高测量结果的准确性。我们更感兴趣的量是电导率。测量溶液电导率的仪器，目前广泛使用的是DDS－11A型电导率仪，下面详细介绍其测量原理及操作方法。

1. DDS－11A型电导率仪

DDS－11A型电导率仪的测量范围广，可以测定一般液体和高纯水的电导率，操作简便，可以直接从表上读取数据，并有0～10 mV信号输出，可接自动平衡记录仪进行连续记录。

1）测量原理

电导率仪的工作原理如图2.41所示。把振荡器产生的一个交流电压源$E$，送到电导池$R_x$与量程电阻（分压电阻）$R_m$的串联回路里，电导池里的溶液电导越大，$R_x$越小，$R_m$获得的电压$E_m$也就越大。将$E_m$送至交流放大器放大，再经过信号整流，以获得推动表头的直流信号输出，表头直读电导率。由图2.41可知

$$E_m=\frac{ER_m}{R_m+R_x}=ER_m\bigg/\left(R_m+\frac{K_{\text{cell}}}{\kappa}\right) \tag{2.24}$$

式中，$K_{\text{cell}}$为电导池常数，当$E$、$R_m$和$K_{\text{cell}}$均为常数时，由电导率$\kappa$的变化必将引起$E_m$的相应变化，所以测量$E_m$的大小，也就测得溶液电导率的数值。

本机振荡产生低周（约140 Hz）及高周（约1 100 Hz）两个频率，分别作为低电导率测量和高电导率测量的信号源频率。振荡器用变压器耦合输出，因而使信号$E$不随$R_x$变化而改变。因为测量信号是交流电，因而电极极片间及电极引线间均出现了不可忽视的分布电容$C_0$（大约60 pF），电导池则有电抗存在，这样将电导池视作纯电阻来测量，则存在比较大的误差，特别在0～0.1 μS·cm$^{-1}$低电导率范围内，此项影响较显著，需采用电容补偿来消除，其原理如图2.42所示。

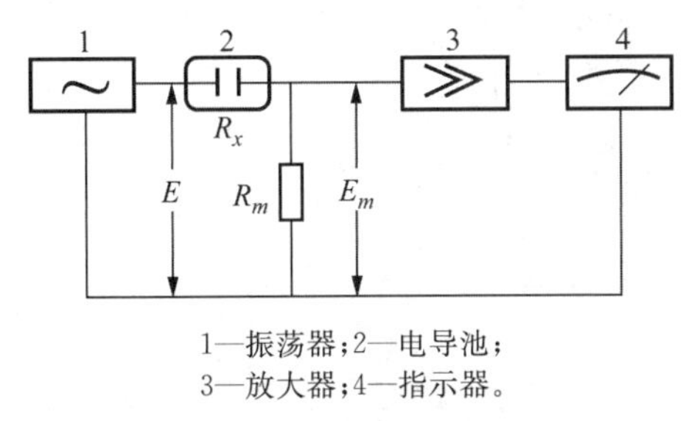


图2.41 电导率仪测量原理图

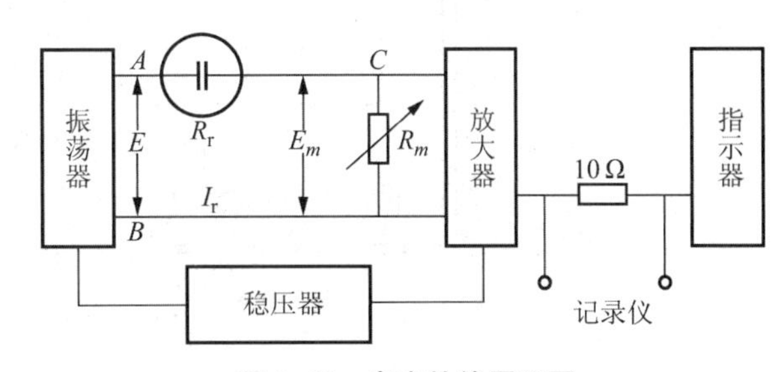


图2.42 电容补偿原理图

2）测量范围

（1）测量范围：0～105 μS·cm$^{-1}$，分12个量程。

（2）配套电极：DJS－1型光亮电极；DJS－1型铂黑电极；DJS－10型铂黑电极。光亮铂电极用于测量较小的电导率（0～10 μS·cm$^{-1}$），而铂黑电极用于测量较大的电导率（10～105 μS·cm$^{-1}$）。通常用铂黑电极，因为它的表面比较大，这样降低了电流密度，减少或消除了极化。但在测量低电导率溶液时，铂黑对电解质有强烈的吸附作用，出现不稳定的现象，这时宜用光亮铂电极。

(3) 电极选择原则列在表 2.6 中:

**表 2.6 电极选择**

| 量程 | 电导率/$\mu S \cdot cm^{-1}$ | 测量频率 | 配套电极 |
| --- | --- | --- | --- |
| 1 | 0～0.1 | 低周 | DJS-1 型光亮铂电极 |
| 2 | 0～0.3 | 低周 | DJS-1 型光亮铂电极 |
| 3 | 0～1 | 低周 | DJS-1 型光亮铂电极 |
| 4 | 0～3 | 低周 | DJS-1 型光亮铂电极 |
| 5 | 0～10 | 低周 | DJS-1 型光亮铂电极 |
| 6 | 0～30 | 低周 | DJS-1 型铂黑电极 |
| 7 | $0\sim1\times10^{2}$ | 低周 | DJS-1 型铂黑电极 |
| 8 | $0\sim3\times10^{2}$ | 低周 | DJS-1 型铂黑电极 |
| 9 | $0\sim1\times10^{3}$ | 高周 | DJS-1 型铂黑电极 |
| 10 | $0\sim3\times10^{3}$ | 高周 | DJS-1 型铂黑电极 |
| 11 | $0\sim1\times10^{4}$ | 高周 | DJS-1 型铂黑电极 |
| 12 | $0\sim1\times10^{5}$ | 高周 | DJS-10 型铂黑电极 |

3) *使用方法*

DDS-11A 型电导率仪的面板如图 2.43 所示。

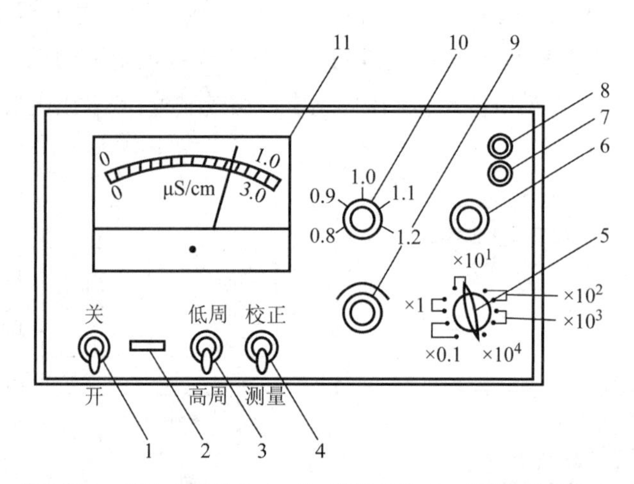


1—电源开关;2—指示灯;3—高周、低周开关;4—校正测量开关;5—量程选择开关;6—电容补偿调节器;7—电极插口;8—10 mV 输出插口;9—校正调节器;10—电极常数调节器;11—表头。

**图 2.43 DDS-11A 型电导率仪的面板图**

(1) 打开电源开关前,应观察表针是否指零,若不指零时,可调节表头的螺钉,使表针指零。

(2) 将校正、测量开关拨在“校正”位置。

(3) 插好电源后,再打开电源开关,此时指示灯亮。预热数分钟,待指针完全稳定下来为止。调节校正调节器,使表针指向满刻度。

(4) 根据待测液电导率的大致范围选用低周或高周,并将高周、低周开关拨向所选位置。

(5) 将量程选择开关拨到测量所需范围。如预先不知道被测溶液电导率的大小，则由最大挡逐挡下降至合适范围，以防表针打弯。

(6) 根据电极选用原则，选好电极并插入电极插口。各类电极要注意调节好配套电极常数，如配套电极常数为 0.95(电极上已标明)，则将电极常数调节器调节到相应的位置 0.95 处。

(7) 倾去电导池中电导水，将电导池和电极用少量待测液洗涤 2～3 次，再将电极浸入待测液中并恒温。

(8) 将校正、测量开关拨向“测量”，这时表头上的指示读数乘以量程开关的倍率，即为待测液的实际电导率。

(9) 当量程开关指向黑点时，读表头上刻度($0\sim1\ \mu S\cdot cm^{-1}$)的数值；当量程开关指向红点时，读表头下刻度($0\sim3\ \mu S\cdot cm^{-1}$)的数值。

(10) 当用 $0\sim0.1\ \mu S\cdot cm^{-1}$ 或 $0\sim0.3\ \mu S\cdot cm^{-1}$ 这两档测量高纯水时，在电极未浸入溶液前，调节电容补偿调节器，使表头指示为最小值(此最小值是电极铂片间的漏阻，由于此漏阻的存在，使调节电容补偿调节器时表头指针不能达到零点)，然后开始测量。

(11) 如要想了解在测量过程中电导率的变化情况，将 10 mV 输出接到自动平衡记录仪即可。

4) 注意事项

(1) 电极的引线不能受潮，否则影响测量精度。

(2) 高纯水应迅速测量，否则空气中 $CO_2$ 溶入水中变为 $CO_3^{2-}$ 离子，使电导率迅速增加。

(3) 测定一系列浓度待测液的电导率，应注意按浓度由小到大的顺序测定。

(4) 盛待测液的容器必须清洁，没有离子玷污。

(5) 电极要轻拿轻放，切勿触碰铂黑。

**2. DDS－11 型电导率仪**

该仪器的测量原理与 DDS－11A 型电导率仪一样，基于“电阻分压”原理的不平衡测量方法。其面板如图 2.44 所示，使用方法如下。

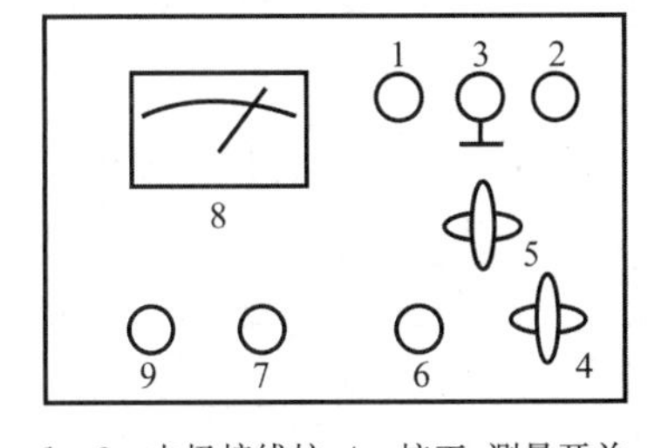


1～3—电极接线柱；4—校正、测量开关；5—范围选择器；6—校正调节器；7—电源开关；8—指示表；9—电源指示灯。

**图 2.44 DDS－11 型电导率仪的面板图**

(1) 接通电源前，先检查表针是否指零，如不指零，可调节表头上校正螺丝，使表针指零。

(2) 接通电源，打开电源开关，指示灯即亮。预热数分钟，即可开始工作。

(3) 将测量范围选择器旋钮拨到所需的范围挡。如不知被测液电导的大小范围，则应将旋钮分置于最大量程档，然后逐挡减小，以保护表不被损坏。

(4) 选择电极。

本仪器附有三种电极，分别适用于下列电导范围：

① 被测液电导率低于 $5\ \mu S\cdot cm^{-1}$ 时，用 260 型光亮铂电极。

② 被测液电导率在 $5\sim150\ mS\cdot cm^{-1}$ 时，用 260 型铂黑电极。

③ 被测液电导率高于 150 mS・cm$^{-1}$ 时,用 U 型电极。

(5) 连接电极引线。使用 260 型电极时,电极上两根同色引出线分别接在接线柱 1 和 2 上,另一根引出线接在电极屏蔽线接线柱 3 上。使用 U 型电极时,两根引出线分别接在接线柱 1 和 2 上。

(6) 用少量待测液洗涤电导池及电极 2～3 次,然后将电极浸入待测溶液中,并恒温。

(7) 将测量校正开关扳向“校正”,调节校正调节器,使指针停在红色倒三角处。应注意在电导池接妥的情况下方可进行校正。

(8) 将测量校正开关扳向“测量”,这时指针指示的读数即为被测液的电导值。当被测液电导很高时,每次测量都应在校正后方可读数,以提高测量精度。

### 2.4.2 原电池电动势的测量及仪器

原电池电动势一般用直流电位差计并配以饱和式标准电池和检流计来测量。电位差计可分为高阻型和低阻型两类,使用时可根据待测系统的不同选用不同类型的电位差计。通常高电阻系统选用高阻型电位差计,低电阻系统选用低阻型电位差计。但不管电位差计的类型如何,其测量原理都是一样的。下面具体以 UJ－25 型电位差计为例,说明其原理及使用方法。

#### 1. UJ－25 型电位差计

UJ－25 型直流电位差计属于高阻电位差计,它适用于测量内阻较大的电源电动势,以及较大电阻上的电压降等。由于工作电流小,线路电阻大,故在测量过程中工作电流变化很小,因此需要高灵敏度的检流计。它的主要特点是测量时几乎不损耗被测对象的能量,测量结果稳定、可靠,而且有很高的准确度,因此为教学和科研部门广泛使用。

1) 测量原理

电位差计是按照对消法测量原理而设计的一种平衡式电学测量装置,能直接给出待测电池的电动势值(以伏特表示)。图 2.45 是对消法测量电动势原理示意图。从图 2.45 可知电位差计由 3 个回路组成:工作电流回路、标准回路和测量回路。

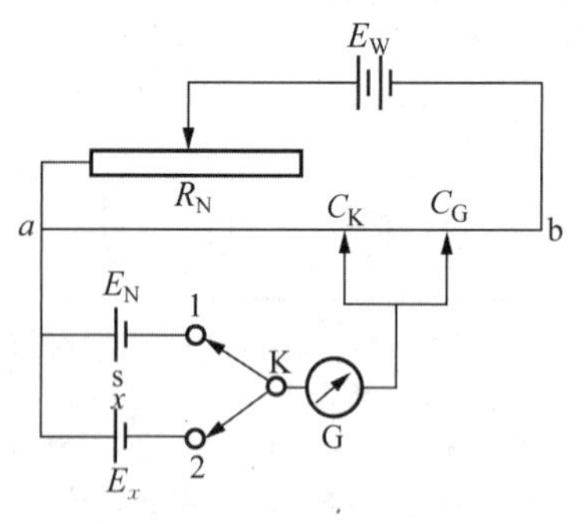


$E_W$—工作电源;$E_N$—标准电池;
$E_x$—待测电池;$R$—调节电阻;
$R_x$—待测电池电动势补偿电阻;
K—转换电键;
$R_N$—标准电池电动势补偿电阻;
G—检流计。

**图 2.45 对消法测量原理示意图**

(1) 工作电流回路,也叫电源回路。从工作电源正极开始,经电阻 $R_N$、$R_x$,再经工作电流调节电阻 $R$,回到工作电源负极。其作用是借助于调节 $R$,使在补偿电阻上产生一定的电位降。

(2) 标准回路。从标准电池的正极开始(当换向开关 K 扳向“1”一方时),经电阻 $R_N$,再经检流计 G 回到标准电池负极。其作用是校准工作电流回路以标定补偿电阻上的电位降。通过调节 $R_N$ 使 G 中电流为零,此时产生的电位降 $V$ 与标准电池的电动势 $E_N$ 相对消,也就是说大小相等而方向相反。校准后的工作电流 $I$ 为某一定值 $I_0$。

(3) 测量回路。从待测电池的正极开始(当换向开关K扳向"2"一方时),经检流计G再经电阻$R_x$,回到待测电池负极。在保证校准后的工作电流$I_0$不变,即固定$R_N$的条件下,调节电阻$R_x$,使得G中电流为零。此时产生的电位降$V$与待测电池的电动势$E_x$相对消。

从以上工作原理可见,用直流电位差计测量电动势时,有两个明显的优点:

① 在两次平衡中检流计都指零,没有电流通过,也就是说电位差计既不从标准电池中吸取能量,也不从被测电池中吸取能量,表明测量时没有改变被测对象的状态,因此在被测电池的内部就没有电压降,测得的结果是被测电池的电动势,而不是端电压。

② 被测电动势$E_x$的值是由标准电池电动势$E_N$和电阻$R_N$、$R_x$来决定的。由于标准电池的电动势的值十分准确,并且具有高度的稳定性,而电阻元件也可以制造得具有很高的准确度,所以当检流计的灵敏度很高时,用电位差计测量的准确度就非常高。

2) 使用方法

UJ-25型电位差计面板如图2.46所示。电位差计使用时都配用灵敏检流计和标准电池以及工作电源。UJ-25型电位差计测电动势的范围其上限为600 V,下限为0.000 001 V,但当测量高于1.911 110 V以上电压时,就必须配用分压箱来提高上限。下面说明测量1.911 110 V以下电压的方法。

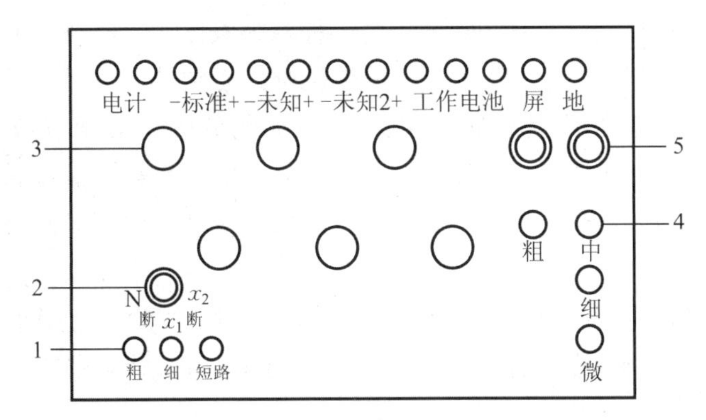


1—电计按钮(共3个);2—转换开关;3—电势测量旋钮(共6个);
4—工作电流调节旋钮(共4个);5—标准电池温度补偿旋钮。

**图2.46 UJ-25型电位差计面板图**

(1) 连接线路。先将(N,$x_1$,$x_2$)转换开关放在断的位置,并将左下方3个电计按钮(粗、细、短路)全部松开,然后依次将工作电源、标准电池、检流计以及被测电池按正、负极性接在相应的端钮上,检流计没有极性的要求。

(2) 调节工作电压(标准化)。将室温时的标准电池电动势值算出。对于镉汞标准电池,温度校正公式为

$$E_t/\mathrm{V}=E_0/\mathrm{V}-4.06\times10^{-5}(t/℃-20)-9.5\times10^{-7}(t/℃-20)^2$$

式中,$E_t$为室温$t$时标准电池电动势;$E_0=1.018\,6$ V为标准电池在20 ℃时的电动势。调节温度补偿旋钮(A,B),使数值为校正后的标准电池电动势。

将$(N, x_1, x_2)$转换开关放在N(标准)位置上,按"粗"电计旋钮,旋动右下方(粗、中、细、微)四个工作电流调节旋钮,使检流计示零,然后再按"细"电计按钮,重复上述操作。注意按电计按钮时,不能长时间按住不放,需要"按"和"松"交替进行。

(3) 测量未知电动势。将$(N, x_1, x_2)$转换开关放在$x_1$或$x_2$(未知)的位置,按下电计"粗",由左向右依次调节6个测量旋钮,使检流计示零。然后再按下电计"细"按钮,重复以上操作使检流计示零。读下6个旋钮下方小孔示数的总和即电池的电动势。

3) 注意事项

(1) 测量过程中,若发现检流计受到冲击时,应迅速按下短路按钮,以保护检流计。

(2) 由于工作电源的电压会发生变化,故在测量过程中要经常标准化。另外,新制备的电池电动势也不够稳定,应隔数分钟测一次,最后取平均值。

(3) 测定时电计按钮按下的时间应尽量短,以防止电流通过而改变电极表面的平衡状态。

若在测定过程中,检流计一直往一边偏转,找不到平衡点,这可能是电极的正负号接错、线路接触不良、导线有断路、工作电源电压不够等原因引起的,应该进行检查。

**2. 其他配套仪器及设备**

1) 盐桥

当原电池存在两种电解质界面时,便产生一种称为液体接界电势的电动势,它干扰电池电动势的测定。减小液体接界电势的办法常用盐桥。盐桥是在U形玻璃管中灌满盐桥溶液,用捻紧的滤纸塞紧管两端,把管插入两个互相不接触的溶液,使其导通。

一般盐桥溶液用正、负离子迁移速率都接近于0.5的饱和盐溶液,比如饱和氯化钾溶液等。这样当饱和盐溶液与另一种较稀溶液相接界时,主要是盐桥溶液向稀溶液扩散,从而减小了液接电势。

应注意盐桥溶液不能与两端电池溶液产生反应。如果实验中使用硝酸银溶液,则盐桥溶液就不能用氯化钾溶液,而选择硝酸铵溶液较为合适,因为硝酸铵中正、负离子的迁移速率比较接近。

2) 标准电池

标准电池是一种电位非常稳定、温度系数很小的可逆电池,通常在直流电位差计中用作标准参考电压(一般能重现到0.1 mV)。

标准电池分饱和式和不饱和式两类。前者可逆性好,因而电动势的重现性和稳定性均很好。但温度系数较大,使用时需进行温度校正,常用于精密测量。后者的温度系数较小,但可逆性较差,常用于精密度要求不很高的测量,可免除烦琐的温度校正。实验室中常用饱和式标准电池,其结构如图2.47所示。

(1) 结构。饱和式标准电池由一个H形玻璃管组成,正极为纯汞(2),上铺一层糊状$Hg_2SO_4$电极(4)以及少量的$CdSO_4 \cdot \frac{8}{3}H_2O$晶体(5);负极为含有Cd($w$=0.125)的镉汞齐(3),其上铺以$CdSO_4 \cdot \frac{8}{3}H_2O$晶体(5)。管底各有一根铂丝(1)与正、负极相接。H形管内

充以 $CdSO_4$ 饱和溶液(6),管的顶端由塞子(7)封闭。标准电池的表达式为

$$Cd(汞齐,w=0.125)\left|CdSO_4\cdot\frac{8}{3}H_2O(s)\right|CdSO_4(饱和溶液)\left|\right.$$

$$Hg_2SO_4(s)\left|Hg(l)\right.$$

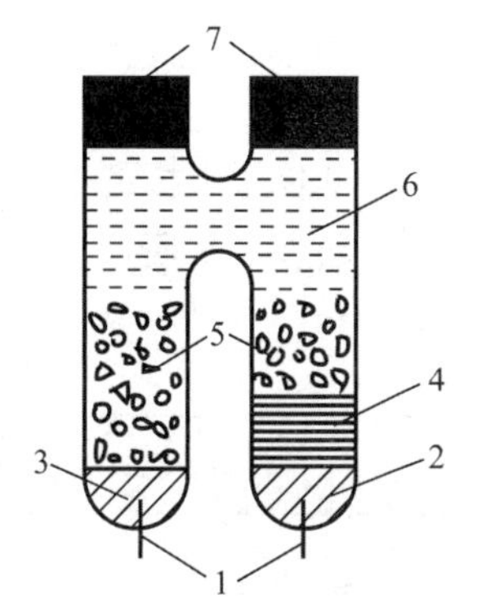

1—铂丝;2—纯汞;3—镉汞齐;4—$Hg_2SO_4$;5—$CdSO_4\cdot\frac{8}{3}H_2O$;6—$CdSO_4$ 饱和溶液;7—塞子。

**图 2.47 标准电池示意图**

惠斯通电池的电极反应及电池反应如下:

负极:$Cd(汞齐,w=0.125)+SO_4^{2-}(a)+\frac{8}{3}H_2O(l)\rightarrow CdSO_4\cdot\frac{8}{3}H_2O(s)+2e^-$

正极:$Hg_2SO_4(s)+2_e\rightarrow 2Hg(l)+SO_4^{2-}(a)$

电池反应:

$$Cd(汞齐,w=0.125)+Hg_2SO_4(s)+\frac{8}{3}H_2O(l)\rightleftharpoons 2Hg(l)+CdSO_4\cdot\frac{8}{3}H_2O(s)$$

(2) 温度系数。每一标准电池出厂或计量局定期检定时,均给出 20 ℃时的电动势值 $E_{MF}(293.15\,K)$。但在实际应用时不一定处于 20 ℃的环境中,因此必须进行温度校正。惠斯通电池的电动势与温度的关系如下:

$$E/V=E(293.15\,K)/V-4.05\times10^{-5}(T/K-293.15)-9.5\times10^{-7}(T/K-293.15)^2+1\times10^{-8}(T/K-293.15)^3$$

(3) 使用和维护。

① 机械振动会破坏电池的平衡,故使用及搬动时应避免振动,且绝对不允许倒置或倾斜放置。

② 因 $CdSO_4\cdot\frac{8}{3}H_2O$ 晶体在温度波动的环境中会反复不断溶解、再结晶,致使原来微小的晶粒结成大颗粒而增加电池的内阻及降低电位差计中检流计回路的灵敏度。因此应尽可能将标准电池置于温度波动不大的环境中。

③ 由于温度系数与电池正、负极都有关系,故放置时应使两极处于同一温度下。

④ $CdSO_4$ 是一感光性物质。光的照射会使 $CdSO_4$ 变质,变质后的 $CdSO_4$ 将使电池的电动势对温度变化的滞后增大,故标准电池放置时应避免光的照射。

3) 常用电极

(1) 甘汞电极。甘汞电极是实验室中常用的参比电极。具有装置简单、可逆性高、制作方便、电势稳定等优点。其构造形状很多,但不管哪一种形状,在玻璃容器的底部皆装入少量的汞,然后装汞和甘汞的糊状物,再注入氯化钾溶液,将作为导体的铂丝插入,即构成甘汞电极。甘汞电极表示形式如下:

$$Hg(l)\,|\,Hg_2Cl_2(s)\,|\,KCl(a)$$

电极反应:$Hg_2Cl_2(s)+2e\rightarrow 2Hg(l)+2Cl^-(a)$

$$E_{甘汞}=E^{*}_{甘汞}-\frac{RT}{F}\ln a_{Cl^-}$$

可见甘汞电极的电势随氯离子活度的不同而改变。不同氯化钾溶液浓度的$E_{甘汞}$与温度的关系如表 2.7 所示。

**表 2.7 不同氯化钾溶液浓度的$E_{甘汞}$与温度的关系**

| $c(KCl)/mol\cdot dm^{-3}$ | $E_{甘汞}/V$ |
|---|---|
| 饱和 | $0.2412-7.6\times10^{-4}(t/℃-25)$ |
| 1.000 | $0.2801-2.4\times10^{-4}(t/℃-25)$ |
| 0.100 | $0.3337-7.0\times10^{-5}(t/℃-25)$ |

各文献上列出的甘汞电极的电势数据,常不相符合,这是因为接界电势的变化对甘汞电极电势有影响,由于所用盐桥的介质不同,而影响甘汞电极电势的数据。

使用甘汞电极时应注意:

① 由于甘汞电极在高温时不稳定,故甘汞电极一般适用于 70 ℃以下的测量。

② 甘汞电极不宜用在强酸、强碱性溶液中,因为此时的液体接界电位较大,而且甘汞可能被氧化。

③ 如果被测溶液中不允许含有氯离子,应避免直接插入甘汞电极。

④ 应注意甘汞电极的清洁,不得使灰尘或局外离子进入该电极内部。

⑤ 当电极内溶液太少时应及时补充。

(2) 铂黑电极。铂黑电极是在铂片上镀一层颗粒较小的黑色金属铂所组成的电极,这是为了增大铂电极的表面积。

电镀前一般需进行铂表面处理。对新制作的铂电极,可放在热的氢氧化钠乙醇溶液中,浸洗 15 min 左右,以除去表面油污,然后在浓硝酸中煮几分钟,取出用蒸馏水冲洗。长时间用过的老化的铂黑电极可浸在 40~50 ℃的混酸中(硝酸∶盐酸∶水=1∶3∶4),经常摇动电极,洗去铂黑,再经过浓硝酸煮 3~5 min 以去氯,最后用水冲洗。以处理过的铂电极为阴极,另一铂电极为阳极,在 0.5 $mol\cdot dm^{-3}$的硫酸中电解 10~20 min,以消除氧化膜。观察电极表面出氢是否均匀,若有大气泡产生则表明有油污,应重新处理。在处理过的铂片上镀铂黑,一般采用电解法,电解液的配制如下:3 g 氯铂酸($H_2PtCl_6$)、0.08 g 醋酸铅($PbAc_2\cdot3H_2O$)、100 $cm^3$ 蒸馏水($H_2O$)。电镀时将处理好的铂电极作为阴极,另一铂电极作为阳极。阴极电流密度 15 mA 左右,电镀约 20 min。如所镀的铂黑一洗即落,则需重新处理。铂黑不宜镀得太厚,但太薄又易老化和中毒。

4) 检流计

检流计灵敏度很高,常用来检查电路中有无电流通过。主要用在平衡式直流电测仪器(如电位差计、电桥)中作为示零仪器,另外在光-电测量、差热分析等实验中测量微弱的直流电流。目前实验室中使用最多的是磁电式多次反射光点检流计,它可以和分光光度计及 UJ-25 型电位差计配套使用。

(1) 工作原理:磁电式检流计结构如图 2.48 所示。当检流计接通电源后,由灯泡、透镜和光栏构成的光源发射出一束光,投射到平面镜上,又反射到反射镜上,最后成像在标尺上。被测电流经悬丝通过动圈时,使动圈发生偏转,其偏转的角度与电流的强弱有关。因平面镜随动圈而转动,所以在标尺上光点移动距离的大小与电流的大小成正比。

电流通过动圈时,产生的磁场与永久磁铁的磁场相互作用,产生转动力矩,使动圈偏转。但动圈的偏转又使悬丝的扭力产生反作用力矩,当两个力矩相等时,动圈就停在某一偏转角度上。

(2) AC15 型检流计使用方法:仪器面板如图 2.49 所示。

① 首先检查电源开关所指示的电压是否与所使用的电源电压一致,然后接通电源。

② 旋转零点调节器,将光点准线调至零位。

③ 用导线将输入接线柱与电位差计"电计"接线柱接通。

④ 测量时先将分流器开关旋至最低灵敏度挡(0.01 挡),然后逐渐增大灵敏度进行测量("直接"挡灵敏度最高)。

⑤ 在测量中如果光点剧烈摇晃时,可按电位差计短路键,使其受到阻尼作用而停止。

⑥ 实验结束时,或移动检流计时,应将分流器开关置于"短路",以防止损坏检流计。

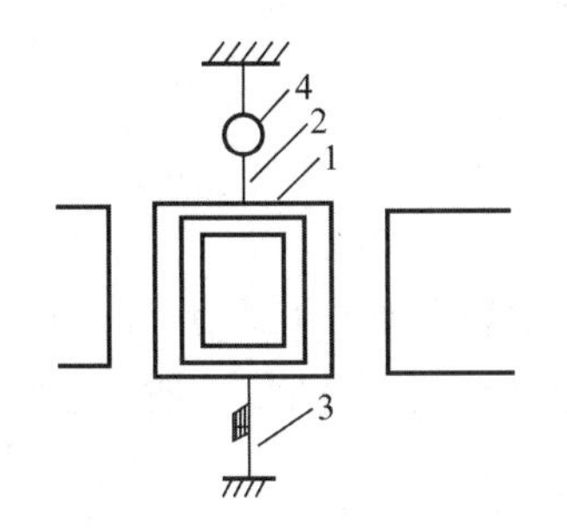


1—动圈;2—悬丝;3—电流引线;4—反射小镜。

**图 2.48 磁电式检流计结构示意图**

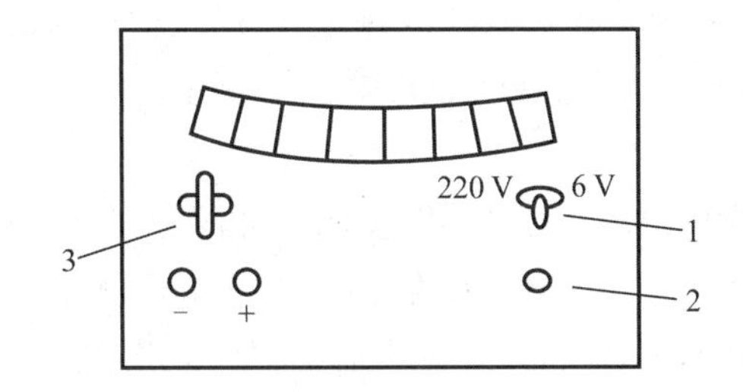


1—电源开关;2—零点调节器;3—分流器开关。

**图 2.49 AC15 型检流计面板图**

### 2.4.3 溶液 pH 值的测量及仪器

酸度计是用来测定溶液 pH 值的最常用仪器之一,其优点是使用方便、测量迅速。主要由参比电极、指示电极和测量系统三部分组成。参比电极常用的是饱和甘汞电极,指示电极则通常是一支对 $H^+$ 具有特殊选择性的玻璃电极。组成的电池可表示如下:

玻璃电极|待测溶液‖饱和甘汞电极

鉴于由玻璃电极组成的电池内阻很高,在常温时达几百兆欧,因此不能用普通的电位差计来测量电池的电动势。

酸度计的种类很多,现以 PHS-2 型酸度计为例说明它的使用。此酸度计可以测量 pH 值和电动势,其面板如图 2.50 所示。

测量范围如下:

pH 值:0～14,量程分七挡,每挡为 2;

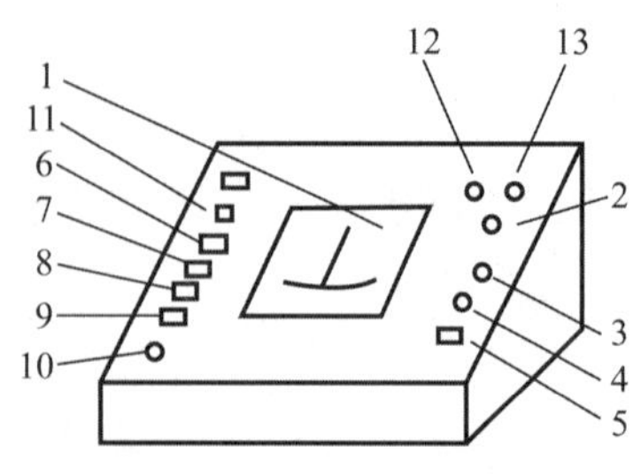


1—指示表;2—pH - mV 分挡开关;
3—校正调节器;4—定位调节器;
5—读数开关;6—电源开关;7—pH 按键;
8—+mV 按键;9— −mV 按键;
10—零点调节器;11—温度补偿器;
12—甘汞电极接线柱;13—玻璃电极插口。

**图 2.50　pHS - 2 型酸度计面板图**

mV:0～±1 400 mV,每挡为 200 mV。

用本仪器测量 pH 值的方法如下。

1) 安装

将玻璃电极和饱和甘汞电极分别夹在仪器右侧的电极杆上,并将玻璃电极插头插入玻璃电极插孔内,而将甘汞电极引出线接到甘汞电极接线柱上。应注意必须使玻璃电极底部比甘汞电极陶瓷芯端稍高些,以防碰坏玻璃电极。

2) 校正

(1) 接通电源,按下 pH 键,左上角指示灯亮,预热 10 min。

(2) 将温度补偿调节器调节到待测溶液温度值。

(3) 将 pH - mV 分挡开关置于“6”,调节零度调节器;使表针在“1”的位置;此时 pH=6+1=7。

(4) 将 pH - mV 分挡开关置于“校正”处,调节校正调节器,使指针指在满刻度。

(5) 将 pH - mV 分挡开关置于“6”,重复检查表针指“1”的位置。

(6) 重复上述(3)(4)步骤(须待仪表指示稳定后进行调整)。

(7) pH - mV 分挡开关置于“6”位置。

3) 定位

在烧杯内放入已知 pH 值的缓冲溶液,将两电极浸入溶液中,按下读数开关,调节校正调节器使表针指示在该 pH 值(即 pH - mV 分挡开关指示值加上表针的指示值)。摇动烧杯,若指针有偏离,应再调节定位调节器使之指在已知 pH 值处。

4) 测量

(1) 放开读数开关。

(2) 移去缓冲溶液烧杯,用蒸馏水洗净电极,并用滤纸吸干,再将电极插入待测溶液烧杯中。

(3) 按下读数开关,调节 pH - mV 分挡开关,以能读出指示值。调节方法:若指针打出左面刻度,应减小 pH - mV 分挡开关值;若指针打出右面刻度则应增加 pH - mV 分挡开关值。

### 2.4.4　电化学测量分析仪(电化学工作站)

电化学测量是物理化学实验中的一个重要手段。随着数字和电子技术的高速发展,电化学测量仪器也在不断发展、更新。传统的由模拟电路的恒电位仪、信号发生器和记录装置组成的电化学测量装置已被由计算机控制的电化学测量装置所替代。下面以上海辰华仪器公司的 CHI600 系列的电化学工作站为例,说明现代电化学测量仪器的原理和使用方法。

### 1. CHI电化学分析仪

CHI600C系列电化学分析仪/工作站为通用电化学测量系统。内含快速数字信号发生器、高速数据采集系统、电位电流信号滤波器、多级信号增益、iR降补偿电路,以及恒电位仪/恒电流仪(CHI660C)。电位范围为±10 V,电流范围为±250 mA。电流测量下限低于50 pA,可直接用于超微电极上的稳态电流测量。如果与CHI200微电流放大器及屏蔽箱连接,可测量1 pA或更低的电流。600B系列也是十分快速的仪器。信号发生器的更新速率为5 MHz,数据采集速率为500 kHz。循环伏安法的扫描速度为500 V/s时,电位增量仅0.1 mV,当扫描速度为5 000 V/s时,电位增量为1 mV。又如交流阻抗的测量频率可达100 kHz,交流伏安法的频率可达10 kHz。仪器可工作于二、三或四电极的方式,四电极对于大电流或低阻抗电解池(例如电池)十分重要,可消除由于电缆和接触电阻引起的测量误差。仪器还有外部信号输入通道,可在记录电化学信号的同时记录外部输入的电压信号,例如光谱信号等。这对光谱电化学等实验极为方便。此外仪器还有一高分辨辅助数据采集系统(24 bit@10 Hz),对于相对较慢的实验可允许很大的信号动态范围和很高的信噪比。

仪器由外部计算机控制,在视窗操作系统下工作。仪器十分容易安装和使用,不需要在计算机中插入其他电路板,用户界面遵守视窗软件设计的基本规则,如果用户熟悉视窗环境,则无须用户手册就能顺利进行软件操作。命令参数所用术语都是化学工作者熟悉和常用的一些最常用的命令,都在工具栏上有相应的键,从而使得这些命令的执行方便快捷。软件还提供详尽完整的帮助系统。

仪器软件具有很强的功能,包括极方便的文件管理、全面的实验控制、灵活的图形显示以及多种数据处理。软件还集成了循环伏安法的数字模拟器,模拟器采用快速隐式有限差分法,具有很高的效率,算法的无条件稳定性使其适合于涉及快速化学反应的复杂体系。模拟过程中可同时显示电流以及随电位和时间改变的各种有关物质的动态浓度剖面图。这对于理解电极过程极有帮助。这也是一个很好的教学工具,可帮助学生直观地了解浓差极化以及扩散传质过程。

CHI600C系列仪器集成了几乎所有常用的电化学测量技术,包括恒电位、恒电流、电位扫描、电流扫描、电位阶跃、电流阶跃、脉冲、方波、交流伏安法、流体力学调制伏安法、库仑法、电位法以及交流阻抗等。不同实验技术间的切换十分方便,实验参数的设定是提示性的,可避免漏设和错设。

为了满足不同的应用需要以及经费条件,CHI600C系列又分成多种型号。不同的型号具有不同的电化学测量技术和功能,但基本的硬件参数指标和软件性能是相同的。CHI600C和CHI610C为基本型,分别用于机理研究和分析应用,它们也是十分优良的教学仪器。CHI602C和CHI604C可用于腐蚀研究,CHI620C和CHI630C为综合电化学分析仪,而CHI650C和CHI660C为更先进的电化学工作站。

### 2. 电化学技术术语

1)电位扫描技术

- Cyclic Voltammetry (CV) 循环伏安法

- Linear Sweep Voltammetry (LSV) 线性扫描伏安法
- TAFEL (TAFEL) Tafel 图
- Sweep-Step Functions (SSF) 电位扫描-阶跃混合方法

2) 电位阶跃技术

- Chronoamperometry (CA) 计时电流法
- Chronocoulometry (CC) 计时电量法
- Staircase Voltammetry (SCV) 阶梯波安法
- Differential Pulse Voltammetry (DPV) 差分脉冲伏安法
- Normal Pulse Voltammetry (NPV) 常规脉冲伏安法
- Differential Normal Pulse Voltammetry (DNPV) 差分常规脉冲伏安法
- Square Wave Voltammetry (SWV) 方波伏安法
- Multi-Potential Steps (MPS) 多电位阶跃

3) 交流技术

- AC Impednace (IMP) 交流阻抗测量
- Impedance-Time (IMPT) 交流阻抗-时间关系
- Impedance-Potential (IMPE) 交流阻抗-电位关系
- AC (including phase-selective) Voltammetry (ACV) 交流(含相敏交流)伏安法
- Second Harmonic AC Voltammetry (SHACV) 二次谐波交流伏安法

4) 恒电流技术

- Chronopotentiometry (CP) 计时电位法
- Chronopotentiometry with Current Ramp (CPCR) 电流扫描计时电位法
- Potentiometric Stripping Analysis 电位溶出分析

5) 其他技术

- Amperometric *i*-*t* Curve 电流-时间曲线
- Differential Pulse Amperometry 差分脉冲电流法
- Double Differential Pulse Amperometry 双差分脉冲电流法
- Triple Pulse Amperometry 三脉冲电流法
- Bulk Electrolysis with Coulometry 控制电位电解库仑法
- Hydrodynamic Modulation Voltammetry (HMV) 流体力学调制伏安法
- Open Circuit Potential-Time 开路电位-时间曲线

6) 溶出方法

除循环伏安法外所有其他的伏安法都有其相对应的溶出伏安法。

7) 极谱方法

除循环伏安法外所有其他的伏安法都有其相对应的极谱方法,但需要配置 BAS 的 CGME,也可采用其他带敲击器的滴汞电极,但敲击器必须能用 TTL 信号控制。

CHI600C 系列食品不同型号的比较如表 2.8 所示。

表 2.8 CHI600C 系列仪器不同型号的比较

| 功 能 | 600C | 602C | 604C | 610C | 620C | 630C | 650C | 660C |
|---|---|---|---|---|---|---|---|---|
| 循环伏安法(CV) | ● | ● | ● | ● | ● | ● | ● | ● |
| 线性扫描伏安法(LSV)# | ● | ● | ● | ● | ● | ● | ● | ● |
| 阶梯波伏安法(SCV)# | | | | | | ● | ● | ● |
| Tafel 图(TAFEL) | | ● | ● | | | ● | ● | ● |
| 计时电流法(CA) | ● | ● | ● | | ● | ● | ● | ● |
| 计时电量法(CC) | ● | ● | ● | | ● | ● | ● | ● |
| 差分脉冲伏安法(DPV)# | | | | ● | ● | ● | ● | ● |
| 常规脉冲伏安法(NPV)# | | | | ● | ● | ● | ● | ● |
| 差分常规脉冲伏安法(DNPV)# | | | | | | | | ● |
| 方波伏安法(SWV)# | | | | | ● | ● | ● | ● |
| 交流(含相敏)伏安法(ACV)# | | | | | | ● | ● | ● |
| 二次谐波交流(相敏)伏安法(SHACV)# | | | | | | ● | ● | ● |
| 电流-时间曲线($i-t$) | | | | | | ● | ● | ● |
| 差分脉冲电流检测(DPA) | | | | | | | | ● |
| 双差分脉冲电流检测(DDPA) | | | | | | | | ● |
| 三脉冲电流检测(TPA) | | | | | | | | ● |
| 控制电位电解库仑法(BE) | ● | ● | ● | | ● | ● | ● | ● |
| 流体力学调制伏安法(HMV) | | | | | | | ● | ● |
| 扫描-阶跃混合方法(SSF) | | | | | | | ● | ● |
| 多电位阶跃方法(STEP) | | | | | | | ● | ● |
| 交流阻抗测量(IMP) | | | ● | | | | ● | ● |
| 交流阻抗-时间测量(IMPT) | | | ● | | | | ● | ● |
| 交流阻抗-电位测量(IMPE) | | | ● | | | | ● | ● |
| 计时电位法(CP) | | | | | | | | ● |
| 电流扫描计时电位法(CPCR) | | | | | | | | ● |
| 电位溶出分析(PSA) | | | | | | | | |
| 开路电压-时间曲线(OCPT) | ● | ● | ● | ● | ● | ● | ● | ● |
| 恒电流仪 | | | | | | | | ● |
| RDE 控制(0～10 V 输出) | | | | | | ● | ● | ● |
| 任意反应机理 CF 模拟器 | | | | | | ● | ● | ● |
| 预设反应机理 CV 模拟器 | ● | ● | ● | ● | ● | | | |

#:包括相应的极谱法和溶出伏安法,用于极谱法时需要特殊的静汞电极或敲击。

### 3. CHI 电化学分析仪的使用

1) 实验操作

将电极夹头夹到实际电解池上,设定实验技术和参数后,便可进行实验。实验中如果需要电位保持或暂停扫描(仅对伏安法而言),可用 Control 菜单中的 Pause/Resume 命令,此命令在工具栏上有对应的键。如果需要继续扫描,可再按一次该键。对于循环伏安法,如果临时需要改变电位扫描极性,可用 Reverse(反向)命令,在工具栏也有相应的键,若要停止实

验，可用 Stop(停止)命令或按工具栏上相应的键。

如果实验过程中发现电流溢出(Overflow，经常表现为电流突然成为一水平直线或得到警告)，可停止实验，在参数设定命令中重设灵敏度(Sensitivity)。数值越小越灵敏($1\times10^{-6}$ 要比 $1\times10^{-5}$ 灵敏)。如果溢出，应将灵敏度调低(数值调大)。灵敏度的设置以尽可能灵敏而又不溢出为准。如果灵敏度太低，虽不致溢出，但由于电流转换成的电压信号太弱，模数转换器只用了其满量程的很小一部分，数据的分辨率会很差，且相对噪声增大。对于 600 和 700 系列的仪器，在 CV 扫速低于 0.01 V/s 时，参数设定时可设自动灵敏度控制(Auto Sens)。此外，TAFEL、BE 和 IMP 都是自动灵敏度控制的。

实验结束后，可执行 Graphics 菜单中的 Present Data Plot 命令进行数据显示。这时实验参数和结果(例如峰高、峰电位和峰面积等)都会在图的右边显示出来，并可做各种显示和数据处理。很多实验数据可以用不同的方式显示。在 Graphics 菜单的 Graph Option 命令中可找到数据显示方式的控制，例如 CV 可允许选择任意段的数据显示，CC 可允许 Q－t 或 Q－t1/2 的显示，ACV 可选择绝对值电流或相敏电流(任意相位角设定)，SWV 可显示正反向或差值电流，IMP 可显示波德图或奈奎斯特图等。

要存储实验数据，可执行 File 菜单中的 SaveAs 命令。文件总是以二进制(Binary)的格式存储，用户需要输入文件名，但不必加 bin 的文件类型。如果忘了存数据，下次实验或读入其他文件时会将当前数据抹去。若要防止此类事情发生，可在 Setup 菜单的 System 命令中选择 Present Data Override Warning。这样，以后每次实验前或读入文件前都会给出警告(如果当前数据尚未存的话)。

若要打印实验数据，可用 File 菜单中的 Print 命令。但在打印前，需先在主视窗的环境下设置好打印机类型，打印方向(Orientation)应设置在横向(Landscape)。如果 $Y$ 轴标记的打印方向反了，请用 Font 命令改变 $Y$ 轴标记的旋转角度(90°或 270°)。建议使用激光打印机，因其速度快、分辨率高，可直接用于发表。若要调节打印图的大小，可用 Graph Options 命令调节 $X$Scale 和 $Y$Scale。

若要切换实验技术，可执行 Setup 菜单中的 Technique 命令，选择新的实验技术，然后重新设定参数。如果要做溶出伏安法，则可在 Control 的菜单中执行 Stripping Mode 命令，在显示的对话框中设置 Stripping Mode Enabled。如果要使沉积电位不同于溶出扫描时的初始电位(也是静置时的电位)，可选择 Deposition E，并给出相应的沉积电位值。只有单扫描伏安法才有相应的溶出伏安法，因此 CV 没有相应的溶出法。

一般情况下，每次实验结束后电解池与恒电位仪会自动断开。做流动电解池检测时，往往需要电解池与恒电位仪始终保持接通，以使电极表面的化学转化过程和双电层的充电过程结束而得到很低的背景电流。用户可用 Cell(电解池控制)命令设置“Cell On between $I-t$ Runs”。这样，实验结束后电解池将保持接通状态。

2) 常用的菜单命令

Open(打开文件)，SaveAs(存储数据)，Print(打印)，Technique(实验技术)，Parameters(实验参数)，Run(运行实验)，Pause/Resume(暂停/继续)，Stop(终止实验)，Reverse Scan Direction(反转扫描极性)，iRCompensation(iR 降补偿)，Filter(滤波器)，Cell Control(电解

池控制），Present Data Display（当前数据显示），Zoom（局部放大显示），Manual Result（手工报告结果），Peak Definition（峰形定义），Graph Options（图形设置），Color（颜色），Font（字体），Copyto Clipboard（复制到剪贴板），Smooth（平滑），Derivative（导数），Semi-derivativeand Semi-integral（半微分半积分），DataList（数据列表）等都在工具栏上有相应的键。执行一个命令只需按一次键，这可大大提高软件使用速度。使用时应熟悉并掌握工具栏中的各个键。

3）其他注意事项

仪器的电源应采用单相三线，其中地线应与大地连接良好。地线的作用不但可起到机壳屏蔽以降低噪声，而且也是为了安全，不致由于漏电而引起触电。

仪器不宜时开时关，但晚上离开实验室时建议关机。

使用温度宜于在15～28℃，此温度范围外也能工作，但会造成漂移和影响仪器寿命。

电极夹头经长时间使用可能造成脱落，可自行焊接，但注意夹头不要和同轴电缆外面一层网状的屏蔽层短路。

CHI6xxC、CHI7xxC和CHI900的后面装有散热风扇。风扇是机械运动装置，所以会产生噪声。一般情况下都在可容忍的范围。有时仪器刚打开时会产生较大的噪声，可关掉电源再打开。如果该较大噪声仍存在，可让仪器再开一会，过一段时间应能回复正常。风扇噪声不会造成仪器损坏。风扇的平均使用寿命约为10年。如果风扇损坏或噪声持续偏高，可与CHInstruments或代理联系。如果能找到同样大小、同样电压的直流风扇，也可自行更换。

4）关于仪器的噪声和灵敏度

仪器的灵敏度与多种因素有关。仪器有自己的固有噪声，但很低。大多噪声来自外部环境，其中最主要的是50 Hz的工频干扰。解决的办法是采用屏蔽。可用一金属箱子（铜、铝或铁都可）做屏蔽箱。但箱子一定要良好接地，否则无效果或效果很差。如果三芯单相电源插座接地（指大地）良好，则可用仪器后面板上的黑色香蕉插座作为接地点。

CHI6xxC、CHI7xxC和CHI900内部有低通滤波器。平时是自动设定的。在扫描速度为0.1 V/s时，自动设定的截止频率为150 Hz和320 Hz，对50 Hz的工频干扰抑制很差。但扫速为0.05 V/s时，滤波器自动设定为15 Hz和32 Hz，对50 Hz工频干扰有较好的抑制，噪声大大减小。如果在0.1 V/s或更高的扫速下得到较大的噪声，可尝试0.05 V/s以下的扫描速度，即使在不屏蔽的条件下也能测量微电极的信号。但要注意在不屏蔽的条件下较易受到其他干扰，甚至人的动作也会引起环境电磁场的改变。由于人的动作频率很低，15 Hz或32 Hz的截止频率不能有效抑制，仍会呈现噪声，因此最好的办法是屏蔽。

提高信噪比的办法还包括增加采样间隔（或降低采样频率）。信噪比和采样时间的平方根成正比。如果采样时间是工频噪声源的整数倍时，对工频干扰可有很好的效果，例如采用0.1 s的采样间隔（5倍于工频周期）或采用0.01 V/s的扫描速度。

## 2.5 磁学测量技术及仪器

测定物质的磁化率是研究物质结构的一种基本方法。由于分子本身是一个复杂电磁体

系,它们在外磁场作用下,能表现出一些特殊的宏观性质,所以可以用来研究物质的微观结构。用磁天平进行磁化率的测定是一种常规的磁学方法,可以求得永久磁矩和未成对电子数。根据磁场作用力的特征,有古埃(Goug)磁天平和法拉第(Faraday)磁天平两种。古埃磁天平具有测量简便、快速、直观,能对顺磁或反磁的固体和液体进行测定等优点,但需要样品量多,且不适用于铁磁性物质及超顺磁性物质的研究,因而在应用上受到一定的限制。法拉第磁天平能弥补以上的不足,具有样品用量少、易恒温、适用于各种磁性物质的测量等优点。作为基础物理化学实验,多采用古埃磁天平,这里仅以复旦大学研制的 FD-MT-A 型古埃磁天平为例来说明古埃式磁天平的结构、原理及使用方法。

### 2.5.1 古埃磁天平

#### 1. 古埃磁天平的工作原理

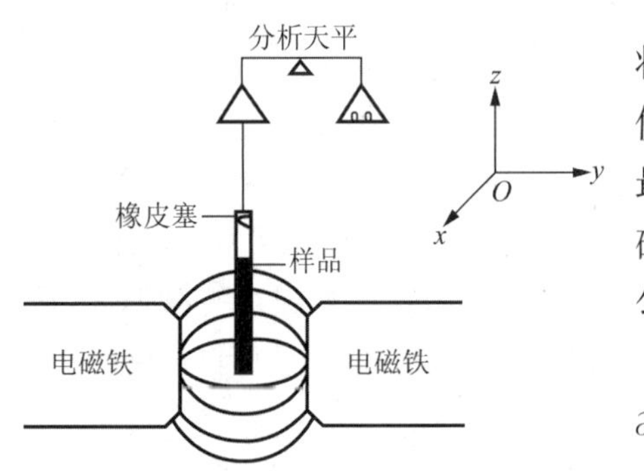


图 2.51 古埃磁天平工作原理示意图

古埃磁天平的工作原理示意图如图 2.51 所示。将装好样品的平底圆形玻璃样品管悬于两磁极中间,使样品管底部正好位于两磁极的中心,此处磁场强度最大,样品管应足够长,使其顶端远离磁场中心,该处磁场强度很弱,场强为 $\boldsymbol{H}_0$。整个样品处于一个非均匀的磁场中。

沿样品管的轴向($z$ 轴方向)存在一磁场梯度 $\partial\boldsymbol{H}/\partial h$,在忽略空气磁化率的条件下,样品在该方向上所受的磁场力为

$$f=\int_{H}^{H_0}\chi\mu_0 A\boldsymbol{H}\frac{\partial\boldsymbol{H}}{\partial h}\mathrm{d}h \tag{2.25}$$

式中,$\boldsymbol{H}$ 为磁场中心的磁场强度;$\boldsymbol{H}_0$ 为样品管顶端处的磁场强度;$\chi$ 为样品的体积磁化率;$A$ 为样品的横截面积;$h$ 为样品高度;$\mu_0$ 为真空磁导率。

当样品高度足够大时,$\boldsymbol{H}_0$ 为当地的地磁场强度,约为 $40\ \mathrm{A\cdot m^{-1}}$,一般可忽略不计。则积分上式得

$$f=\frac{1}{2}\chi\mu_0 A\boldsymbol{H}^2 \tag{2.26}$$

由于在 $z$ 轴方向上样品还受到重力作用,因此只要称得样品在受磁场作用前后的质量 $\Delta m$ 变化为

$$\Delta m=m_{磁场}-m_{无磁场} \tag{2.27}$$

即可计算出样品处于该磁场时所受的磁场力为

$$f=(\Delta m_{样品+空管}-\Delta m_{空管})g \tag{2.28}$$

式中,$g$ 是重力加速度,减去 $\Delta m_{空管}$ 是为了消除样品管引入的误差。

根据式(2.26)、式(2.28)即可求得物质的体积磁化率为

$$\chi=2(\Delta m_{样品+空管}-\Delta m_{空管})g/(\mu_0 A\boldsymbol{H}^2) \tag{2.29}$$

物质的摩尔磁化率 $\chi_M=\dfrac{M\chi}{\rho}$,将 $\rho=\dfrac{m}{hA}$ 代入,则

$$\chi_M = 2(\Delta m_{样品+空管} - \Delta m_{空管})ghM/(\mu_0 m\boldsymbol{H}^2) \tag{2.30}$$

式中，$h$ 为样品的实际高度；$m$ 为无外加磁场时样品的质量；$M$ 为样品的摩尔质量；$\rho$ 为样品的密度(装填密度)。式(2.30)中的 $\boldsymbol{H}$ 可用CT5型特斯拉计测量或用已知磁化率的标准物质(一般用莫尔盐)标定，实验中通常采用后一种方法。

### 2. 古埃磁天平的使用方法

FD-MT-A型古埃磁天平仪器的整机结构如图2.52所示。它是由电磁铁、稳流电源、分析天平、CT5型特斯拉计及仪表、照明和水冷却等部件构成的。

FD-MT-A型古埃磁天平需自配分析天平。在磁化率测量中，常配备半自动电光天平。安装时需改装，将天平的左托盘拆除，改装一根铜丝，铜丝上系一根细尼龙线，线下端连接一个与样品管口径相同的软木塞，以连接样品管。特斯拉计的面板结构如图2.53所示。

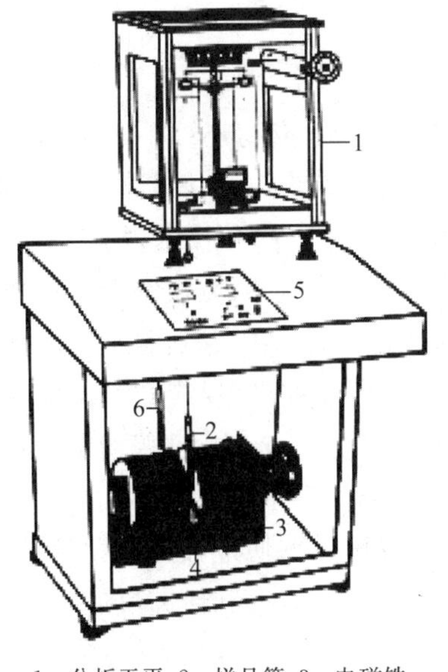


1—分析天平；2—样品管；3—电磁铁；
4—霍尔探头；5—特斯拉计；6—温度计。

**图2.52 古埃磁天平结构示意图**

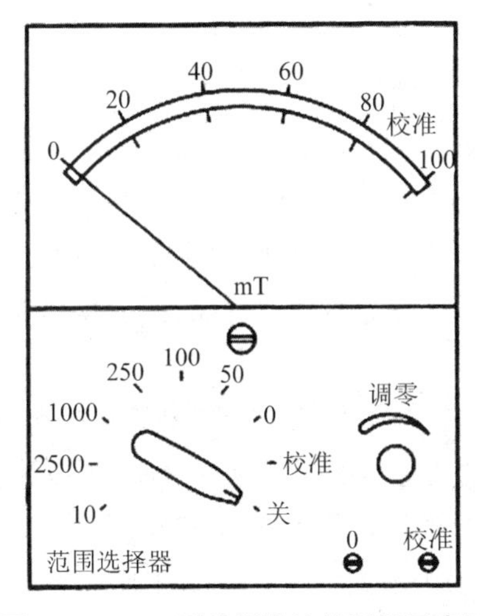


**图2.53 CT5型特斯拉计的面板示意图**

### 3. 使用注意事项

(1) 磁天平工作前必须接通冷却水，以保证励磁线圈及大功率晶体管处于良好工作状态。

(2) 开启电源后，让电流逐渐升到2～3 A时预热2 min，然后逐渐上升到需要的电流。电源开关关闭前，先将电流逐渐降至零，然后关闭电源开关，以防止反电动势将晶体管击穿。严禁在仪器负载时突然切断电源。

(3) 励磁电流的升降应缓慢、平稳。

## 2.5.2 CT5型特斯拉计

CT5型特斯拉计的使用方法如下：

(1) 机械零位调节。在电源关闭状态下,将量程选择开关置于除“关”以外的任何一挡,用小螺丝刀旋转仪表中央螺钉,使指针指向零位。

(2) 接通电源。打开电源开关。此时,表头指针应在“校准”附近,预热 5 min 左右。

(3) 仪器校正。将量程选择开关置于“校正”,调节右下“校准”螺钉,使指针在校准线上。

(4) 放大器零位调节。量程选择开关置于“0”挡,调节右下“0”孔中凹槽,使指针指在零位。

(5) “调零”调节。这是一个补偿元件的不等位电势装置,使用时各挡测量范围的精度不同,可将量程开关置于 50 mT 这一挡,调节“调零”电位器,使指针指向零。10 mT 这一挡较为精确,应单独调零。

(6) 探头的位置必须放在磁场强度最大处,霍尔片平面必须与磁场方向垂直。

## 2.6 流动法实验技术及仪器

反应物不断稳定地流入反应器,在其中发生化学反应,生成物连续不断地从反应器流出,然后设法分离或分析产物,这类体系的实验方法和技术称为流动法技术。与其对应地,反应物非连续地进入反应器,产物也不连续移动的所有实验方法和技术,均称为静态法技术。流动法技术的主要特点:首先要产生和控制稳定的反应物流体;其次整个反应体系各处的实验条件,如温度、压力等,应长时间控制不变。流动法的许多优点是静态法所无法做到的,如容易模拟大规模的生产工艺,便于对反应体系进行自动控制、反应效率高以及产物质量稳定等。在石油炼制、石油化工和基本有机合成等现代化工生产中,已普遍采用流动法进行生产。

流动法技术在催化研究中具有特殊的重要性,它不仅可以方便地筛选和评价催化剂,选择催化剂所适宜的反应条件,而且可以测量催化反应的动力学数据和研究反应机理,为进一步工艺放大提供可靠的实验室研究基础。

流动法反应体系有高压、中压和常压之分,其所需的设备和技术是不同的。本章仅就实验室的常压流动法体系的实验方法和技术做简要的介绍,主要叙述流体的加料方式、流速的控制、流量的测量、常用反应器的类型、反应体系各处温度控制和测量方法、产物分离、分析的常用方法等。

### 2.6.1 稳定反应物流体的产生和控制

对于实验室的流动法反应体系,通常总是使反应物以气相状态流入反应器。反应物为气体时,只要控制气体的压力和流速,就可以使气流稳定。反应物为液体时,则应设法使液体反应物汽化,同时控制汽化后的反应物流量不变。

#### 1. 稳定反应物流体的产生

1) 气体反应物的进料方式

催化反应常用气体作为反应物,如氢气、氧气、氮气、氨气、一氧化碳、硫化氢、空气、二氧化碳、乙烯、丙烯等气体。实验室输送气体的方式是用这些气体的贮气钢瓶,借助钢瓶的压力把气体送入反应体系。如果没有现成的反应物气体贮气瓶,则需通过压缩泵将反应物气体压力提高,然后送入反应体系。许多有机和无机气体均可采用压缩泵升压送气的方法。

2) 液体反应物的进料方式

液体反应物通常用注射式加料器或柱式进料泵,稳定地送入汽化器,汽化器一般保持在较高的温度下,使送入的液体反应物完全汽化,然后输入反应体系。

注射式加料器可由注射器改制而成,如图 2.54 所示。图中 a 为具有一定质量的金属套;d 为转速器,由同步电机和变速器组成。当转速器匀速旋转时,金属套 a 就把注射器的活塞 c 等速压下,并排除同体积的液体。b 是装料和标定时用的入口,通常注射器的刻度不够准确,故需另行标定。这种加料器的优点是不受系统压力的影响,但对于易挥化的液体,则因不断从注射器磨口间隙蒸发而影响压入速度,故需向磨口间不断滴入该液体,以减少这种影响。

柱式进料泵已有多种商品型号,如北京东方科学仪器厂生产的 SY-02A 双柱塞微量泵和杭州之江科学仪器厂生产的 WZJ-ZS 微型柱塞计量泵。图 2.55 所示为 SY-02A 双柱塞微量泵工作原理示意图。控制器驱动步进电机运转,通过齿轮传动使丝杠反向转动,从而使左、右两柱塞分别上、下运动。当左柱塞向上运动时,挤压缸内液体,通过四通阀向排出口排出液体;与此同时,右柱塞向下运动,右缸内体积膨胀,形成负压,通过大气压力将液体吸入右缸内。当左缸排尽时正好右缸吸满,此时装在右柱塞导杠上的压片恰好压上行程控制开关,给出换向信号,使步进电机反转,左缸变成吸液,右缸变成排液,如此往复,使排出口有连续液体输出。该微量泵通过改变控制步进电机的脉冲频率,来调节步进电机的转速,从而实现对液体流量的控制。

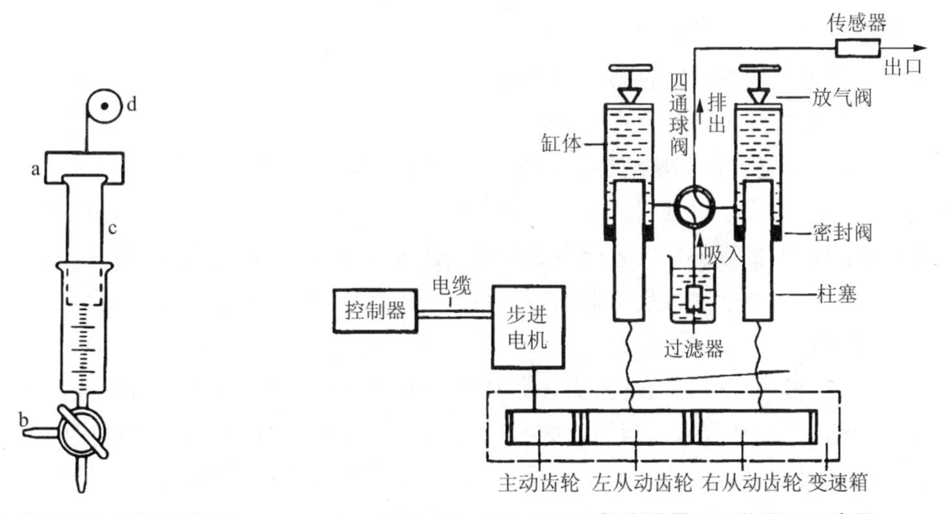


**图 2.54 注射式加料器示意图**

**图 2.55 SY-02A 双柱塞微量泵工作原理示意图**

3) 气体和液体反应物同时进料的方式

气、液反应物同时进料,一般有两种方式。较常见的是将液体反应物通过微量泵加入汽化器,同时向汽化器送入气体反应物,汽化器输出的就是气、液反应物的混合气体,另一种进料方式为通气饱和法,当气体反应物不溶于液体反应物,而且液体反应物有较大蒸气压时可

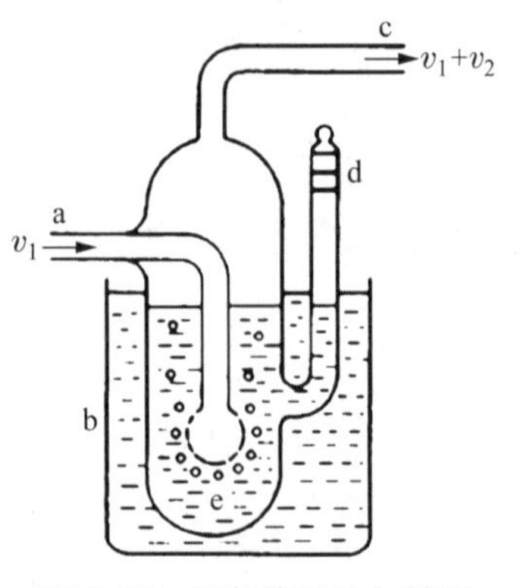


图 2.56 通气饱和法加料器

用此法。图 2.56 所示为通气饱和法加料器,图中 a 为气体导入管,气体在 e 处以小气泡的形式冒出,将液体蒸气带走,混合气体从 c 管进入反应器。把此加料器放入恒温槽 b 中,只要控制恒温温度和通入气体的流速,就可以控制进料量和气液摩尔比。图中 d 是带磨口的液体加料口。

**气液摩尔比**的计算方法如下:设通过液体的气体流速为 $v_1$ ($dm^3 \cdot min^{-1}$),实验时恒温槽温度为 $T$,系统的压力为常压 $p_a$。气体经饱和后,由于带出液体蒸气,气流速度增大,设流速增值为 $v_2$,则出口处混合气体总流速为 $v_1+v_2$,总压仍为大气压 $p_a$,根据气体分压定律,得气液摩尔比 $N$ 为

$$N=\frac{v_1}{v_2}=\frac{p_a-p_s}{p_s} \tag{2.31}$$

式中,$p_s$ 为实验温度 $T$ 时液体的**饱和蒸气压**,可从有关手册查到。如果通过饱和器的气体被液体蒸气所饱和,则实际的气液摩尔比应与式(2.31)计算相符。在实际工作中,常要检查饱和器是否达到要求。具体检验方法:恒温槽恒温 10 min 后,通入稳定流速的气体,将带出的液体蒸气用装有足够量硅胶的吸附管加以收集,吸附管应预先称量,并以冰盐水冷却。记录通气时间。经一定时间后称量收集的液体质量,再与理论计算值比较,两者相符说明饱和器符合要求。若实验值低于理论值,说明液体蒸发未达饱和状态,可提高气体的预热温度,以改善饱和情况。增加预饱和器,或增加气体与液体接触时间,对改进饱和状况有好处。应该指出,适当提高液体高度可增加气液接触时间,但饱和器上方应留有足够的空间,以防气液夹带现象发生,故液位也不宜过高。

**2. 稳定反应物流速的测量和控制**

1) *液体反应物进料量的测量和控制*

上面谈到通气饱和法液体进料量理论计算和实际测量方法,而且指出只要控制气体的流速和饱和器的温度,便可以控制气液摩尔比和进料量。通气饱和法在化工和生产中已得到普遍的应用,如甲醇空气氧化合成甲醛的工业生产,就是使空气通过蒸发器而将蒸发器中甲醛蒸气带出,然后进入反应器的,并通过控制蒸发温度和液位的方法来确定反应混合气的氧、醇摩尔比。

实验室液体反应物的进料大多采用微量泵进料的方法,其进料量可通过调节步进电机的转速或柱塞的冲程来控制的。如 SY-02A 双柱塞微量泵的进料量是由四位拨码开关设定控制的,此开关设定值决定脉冲频率、脉冲频率控制步进电动机转速、转速控制进料量。该微量泵的最大流速为 $1\,000\ cm^3 \cdot h^{-1}$,四位拨码值从 1 到 9 999,当拨码值为 $A$ 时其进料量为 $Q$,则有

$$Q=1\,000/A$$

但是,对于精确的测量,通常在微量泵前安装一根滴定管或计量管,液体反应物加入滴定管内,将滴定管与微量泵的进料管接通。微量泵工作时,由四位拨码开关设定的拨码值控制进料量,液料进料的流速由滴定管内液位的变化来实际测量。

2) 气体反应物进料量的测量

实验室测量气体进料量所用的仪器叫流量计或流速计，常用的有锐孔流速计、转子流速计、皂膜流量计和温式流量计，现分述如下。

(1) 锐孔流速计。锐孔流速计也叫毛细管流速计，其原理如图 2.57 所示。根据伯努利定律，一个体系的总能量是固定的，流体流经锐孔时，其线速度增加(即动能增加)，而压力降低(即位能减少)，这样锐孔两端液面产生压差 $\Delta h$。当锐孔足够小或毛细管长度与半径之比大于 100 时，流速 $v$ 和压差 $\Delta h$ 之间有线性关系：

$$v=f\cdot\frac{\Delta h\cdot d}{\mu}=\frac{\pi r^4}{8l}\cdot\frac{\Delta h\cdot d}{\mu} \tag{2.32}$$

式中，$d$ 为流速计中所盛液体的密度；$\mu$ 为气体的黏度系数；$f$ 为毛细管的特性系数；$r$ 为毛细管半径；$l$ 为毛细管长度。式(2.32)表明，当 $v$ 一定时，$\Delta h\propto(1/r^4)$，由此可以根据气体流速的测量范围来选用不同孔径的毛细管。

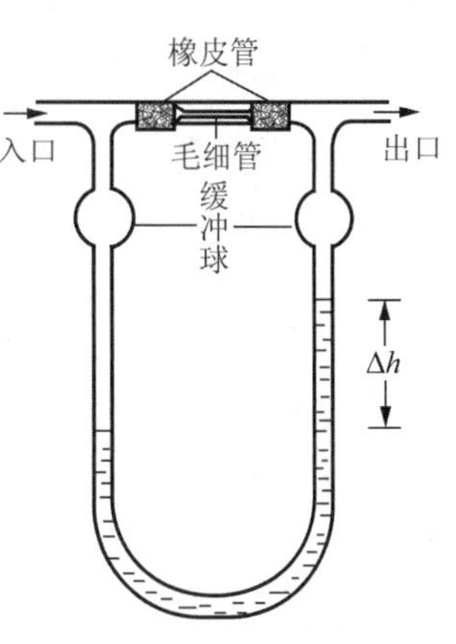


图 2.57 锐孔流速计示意图

应当指出，锐孔流速计的流速和液面差的关系一般不是计算得来的，而是通过实验标定出来的。标定 $v$ 与 $\Delta h$ 是线性关系时，需说明使用的气体和对应的毛细管，因为不同气体有不同的线性关系；就是对同一种气体，当换了毛细管后，$v$ 与 $\Delta h$ 的直线关系也与原来的不一样。

锐孔流速计中所盛液体可以是水、液体石蜡或水银等，视所用气体性质及流速范围而定。选择液体时，要求被测气体与液体不互溶，不起化学作用。为保证测量的准确性，锐孔或毛细管在使用和标定过程中均应保持清洁、干燥。

(2) 转子流速计。转子流速计(或称转子流量计)是目前工业和实验室常用的一种流速计，其结构如图 2.58 所示。它是由一个下部截面积略小的锥形玻璃管和一个可浮动并旋转自如的浮子所组成。浮子的顶部略大，有的顶部边缘还刻了斜槽，当流体自下而上流经锥形玻璃管时，浮子就在管中旋转。由于玻璃管是倒锥形的，故转子在不同高度位置时，它与玻璃管壁间的环隙面积不相同，浮子位置越高，环隙面积越大。

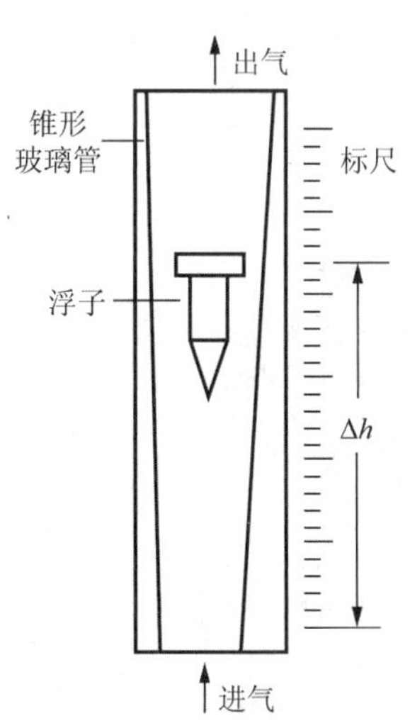


图 2.58 转子流速计结构示意图

当被测流体从底部进入流速计时，流过环隙的速度大，则静压力下降，位置的底部流速小则静压力比环隙部分大，因而造成一个自下而上的推力作用于浮子上。如果该推力大于浮子的净重力(浮子自身重力减去浮力)，浮子必将上浮。随着浮子上浮，环隙面积扩大，从而降低了环隙间的流速，缩小了浮子顶、底部的静压力差，上推力随之下降。显然，当浮子上浮到一定高度时，上推力和浮子的净重力达到平衡，浮子在玻璃管中位置就不会变化。当流体流速增大(或减小)时，浮子将在更高(或更低)的位置上达到新的平衡。这

样,利用转子在玻璃管内平衡位置随流体流速变化的特性,便可测定流体的流速。

市售转子流速计,其玻璃管上的刻度是针对某一种流体的流速而刻的,如把针对某种流体的转子流速计用来测量别种流体的流速,因液体性质不同,刻度要加以**校正**,其校正公式为

$$v_2=v_1\sqrt{\frac{d_1(d_f-d_2)}{d_2(d_f-d_1)}} \tag{2.33}$$

式中,$v_1$ 为流速计上针对流体“1”的体积流速刻度值;$v_2$ 为流速计用于测量流体“2”时相对于 $v_1$ 刻度的实际体积流速;$d_1$ 为流体“1”的密度;$d_2$ 为流体“2”的密度;$d_f$ 为转子材料的密度。

通常校正转子流速计时不用式(2.33)计算,而用皂膜流量计直接对其进行标定。

转子流速计的适用范围较宽,但因管壁一般是玻璃制品,工作压力不能超过 4～5 个标准大气压。测小流速时,转子选用玻璃、塑料等;测大流速时,转子选用不锈钢材料。安装转子流速计时必须保持垂直。转子流速计既适用于气体流速的测量,也适宜于液体流速的测量。

(3) 皂膜流量计。皂膜流量计是实验室里用于标定气体流速计和测定尾气流速的常用流量计。它可用滴定管改制而成,如图 2.59 所示。橡皮头内装肥皂水,当待测气体流过滴定管时,用手持橡皮头一捏,气体就把肥皂水吹起,在管内形成一圈圈的皂膜,沿管壁上升。用秒表记录某一个皂膜移动一定体积所需的时间,便可算出流速。

皂膜流量计的测定量是间断式的,仅适宜于测定较小的气体流速($\leqslant 100\ cm^3 \cdot min^{-1}$)。皂膜流速计通常接在色谱仪的气路尾端,用于测量载气的流速。

(4) 湿式流量计。湿式流量计是实验室里常用的累积式体积流量计,其结构如图 2.60 所示。在流量计内部装有一个具有 A、B、C、D 四室的转鼓,转鼓的下半部浸没在水中。气体由中间 E 处进入气室,迫使转鼓转动而从顶部排出,其转动次数由记录器件做出记录。图中所示位置表示 A 室刚开始进气,B 室正在进气,C 室正在排气,D 室排气将完。

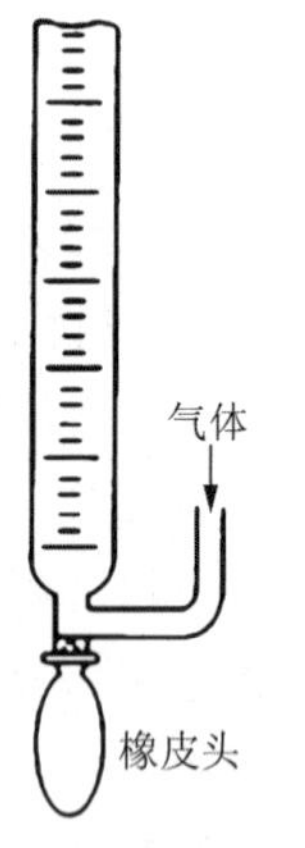


**图 2.59　皂膜流量计示意图**

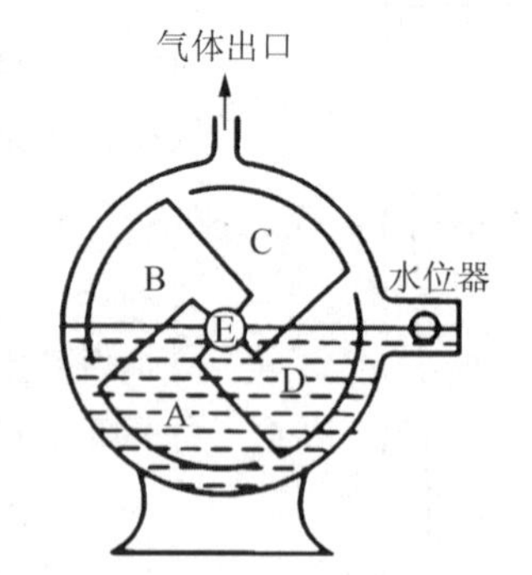


**图 2.60　湿式流量计结构示意图**

3) 气体反应物进料量的控制

流动法技术的关键之一,是需要控制反应物流体稳定地、不断地以一定流量进入反应体

系。对于气体反应物进料量的控制，主要应解决气源的**稳压**和**稳流**问题。

(1) 稳压阀。**稳压阀**用以稳定气流的压力。现以 WYF 型稳压阀为例，说明其工作原理(见图 2.61)。

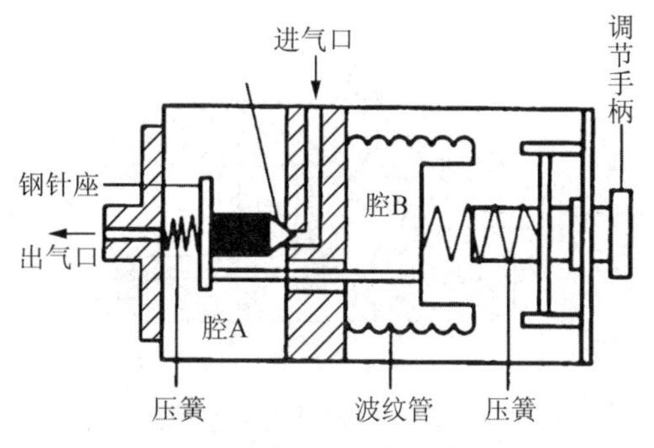


**图 2.61 稳压阀结构示意图**

这种阀是波纹管双腔式稳压阀。腔 A 与 B 通过连动杆与孔的间隙连通，当手柄调到一定位置后，系统达到平衡。如果出口气压有了微小上升，使腔 B 气压随之增加，波纹管向右伸张，阀针也同样右移，减小了针与座的间隙，因此流阻增大，则出口压力降到原有平衡状态。同理，当出口压力有微小下降时，系统也将自动恢复原有平衡状态，从而达到稳压效果。

使用此种阀时入口压力不得超过 0.6 MPa，出口压力不得超过 0.6 MPa，一般以 0.1～0.3 MPa 稳压效果较好。

(2) 稳流阀。稳流阀用以稳定载气或待测气体的流速，WLF 型稳流阀的工作原理如图 2.62 所示。

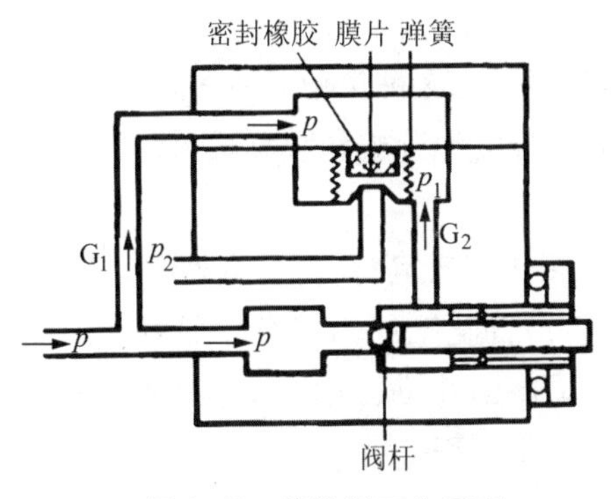


**图 2.62 稳流阀工作原理**

当输入压力为 $p$ 时，在节流孔 $G_1$ 通过的压力是 $p$，阀盖上的腔体压力也是 $p$，这时调节针形阀杆为一定位置，则在节流孔 $G_2$ 处产生一个压力 $p_1$。该阀门中压缩弹簧本身有一向上作用力，膜片受 $p$ 的作用，有一个向下的压力，由于 $p_1$ 克服膜片向下的压力，使密封橡胶与阀门间有一个不断振动的距离，这时在阀门中则有一个压力 $p_2$ 输出。由于膜片不断地振动，使出口处有一个恒定的流量输出。使用时压力为 0.2 MPa，流量小于 150 $cm^3 \cdot min^{-1}$。

(3) 针型阀。针型阀可以调节气体流速，控制气体进料量。市售商品有 3 种规格，调速范围分别 0～500 $cm^3 \cdot min^{-1}$、0～1 000 $cm^3 \cdot min^{-1}$、0～5 000 $cm^3 \cdot min^{-1}$，耐压 0.3～0.5 MPa。图 2.63 可说明其工作原理。主要部分由阀针、阀体和调节螺杆组成，阀针与阀体不能相对转动，调节螺杆与阀针或阀体可相对转动。调节螺旋右转时，阀针旋进进气孔道，则孔隙减小，气体阻力增大，流速减小；当调节螺杆左旋时，孔隙加大，气体阻力减小，流速加大。

(4) 气体稳压装置。图 2.64 所示是实验室中常用的最简单的气体稳压装置，适用于表压小于 0.1 MPa 的气体。低压气体经针形阀调到适当流速后，一部分经稳压管(内盛水或液体石蜡)的支管 a 排除，其余经缓冲管、流量计进入反应体系。让气体在稳压管的 b 处不断地、均匀地冒出气泡，每秒钟 2～3 个气泡，就可以保持气体处于稳压状态。改变水准瓶的高低可以调节气体输送时的压力。缓冲管用内径小于 1 mm、长 1～2 m 的玻璃管弯成，其作用是抵消出气泡时造成的流速波动，使气泡保持平稳。

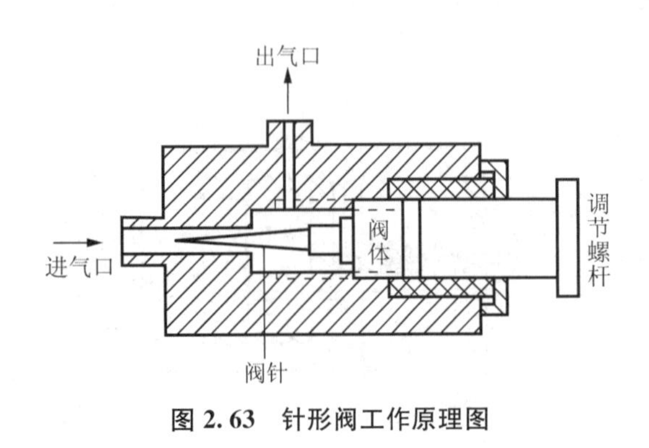

图 2.63　针形阀工作原理图

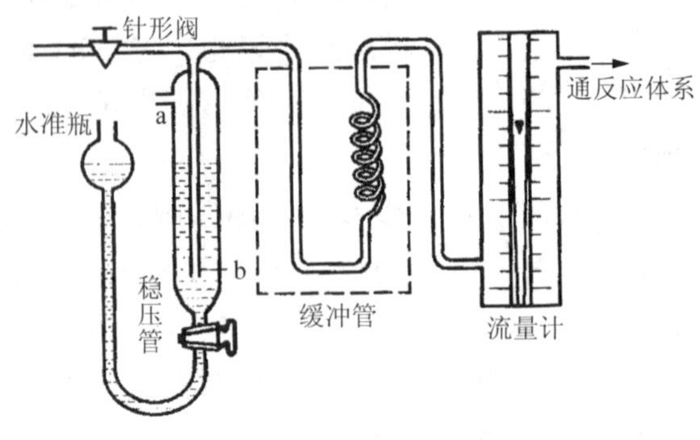

图 2.64　气体稳压系统流程示意图

### 2.6.2　流动法常用的反应器

实验室内常用的属于流动法的反应器有固定积分反应器、微分反应器、催化剂回转式反应器和微型催化反应器等。

#### 1. 固定床反应器

当反应气体通过固定催化剂床层时，催化剂粒子静止不动，这种反应器叫固定床反应器，常用玻璃管或石英管或不锈钢管制成。固定床反应器可分为**积分式**和**微分式**两种类型。

1) *积分反应器*

这种反应器是指催化剂用量较多，反应物一次通过后转化率较高(>25%)的反应器，反应物以一定的流速通入反应器后，明显地发生了化学反应，沿催化剂层纵向有较显著的浓度梯度，在催化剂层始末两端的反应速度改变较大，反应物浓度沿流动方向下降，转化率则上升，整个反应器的转化速度是沿着催化剂层各个部位转化速度的积分结果。

图 2.65 为积分反应器的示意图，设催化剂的体积为 $V_R$，反应气体的流量为 $v$，单位体积催化剂的转化速度为 $r$，反应物的转化率为 $y$，如取催化剂层中微小的一层 $dV_R$ 做物料衡算，则物料守恒关系是

$$r\mathrm{d}V_R = v\mathrm{d}y$$

即

$$r=\frac{v\mathrm{d}y}{\mathrm{d}V_R}=\frac{\mathrm{d}y}{\frac{\mathrm{d}V_R}{v}}$$ 因为体系稳定后，反应物气流量 $v$ 为恒定值，所以

$$r=\frac{\mathrm{d}y}{\mathrm{d}\left(\frac{V_R}{v}\right)} \tag{2.34}$$

为求得反应速度 $r$，有如下 3 种方法。

(1) 图解微分法：实验时改变 $V_R/v$(可改变流量 $v$)，测出相应的转化率 $y$，以 $y$ 对 $V_R/v$ 作图(见图 2.66)，即得表示转化速度的等温线，这些等温线上任何一点的斜率就表示该点的反应速度 $r$。测定转化速度的此种方法称图解微分法。

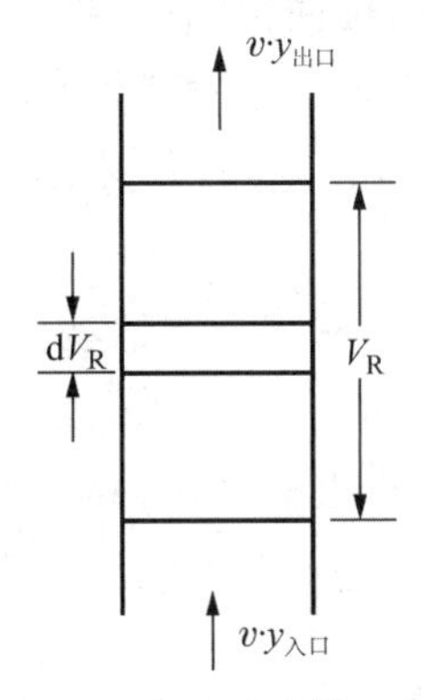


图 2.65 积分反应器示意图

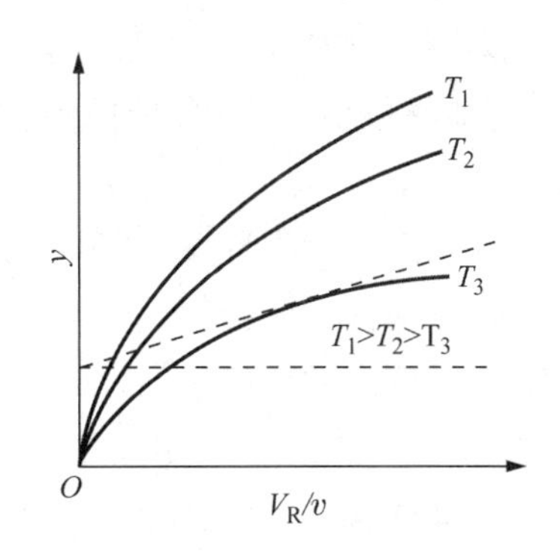


图 2.66 积分反应器的等温线图

(2) 近似级数法：把 $y$ 对$\dfrac{V_R}{v}$的曲线关系写成级数形式。

$$y=a\left(\frac{V_R}{v}\right)+l\left(\frac{V_R}{v}\right)^2+\cdots$$

根据实验数据用最小二乘法定出系数 $a,b,\cdots$，代入上式的微分式

$$r=\frac{\mathrm{d}y}{\mathrm{d}\left(\dfrac{V_R}{v}\right)}=a+2b\left(\frac{V_R}{v}\right)+\cdots \tag{2.35}$$

这样可计算出任一个$(V_R/v)$下的转化速度 $r$。

(3) 积分法：把转化速度方程的微分式进行积分求得转化速度的方法叫积分法，速度方程的微分式可写成

$$\mathrm{d}\left(\frac{V_R}{v}\right)=\frac{\mathrm{d}y}{r}$$

将此式积分

$$\int_v^{\frac{V_R}{v}}\mathrm{d}\left(\frac{V_R}{v}\right)=\int_{y_{入口}=0}^{y_{出口}=y}\frac{1}{r}\mathrm{d}y$$

得

$$\frac{V_R}{v}=\int_0^1\frac{1}{r}\mathrm{d}y \tag{2.36}$$

由于转化速度 $r$ 与转化率 $y$ 有函数关系 $r=f(y)$，且这种关系随反应机理而不同，因此只有通过反应机理确定具体的函数关系后，代入式中积分才能求出转化速度。例如对于反应级数为一级的反应(无逆反应，无体积膨胀)，$r=f(y)$的具体函数关系是 $r=kc_0(1-y)$，代入上式并积分得

$$\frac{V_R}{v}=-\frac{1}{kc_0}\ln(1-y) \tag{2.37}$$

式中，$k$ 为转化速度常数；$c_0$ 为反应物起始浓度；$V_R/v$ 为反应物在反应器内停留时间。

积分反应器由于转化率较高，不仅对取样和分析要求不苛刻，而且对于在产物有阻抑作

用和有副反应的情况下也易于全面考察。积分反应器设备结构简单,分析结果比较准确,接近工业上的反应器,是实验室常用的反应器。积分反应器的缺点是因转化率较高而产生的热效应较大,管径即使很小,床层也难于维持恒温,此外,积分反应器的数据处理比较复杂。

2) 微分反应器

微分反应器在构造上与积分反应器并无原则的区别,只是催化剂用量较少(有的甚至不到 1 g),以使转化率控制在很低的水平(<10%),在分析精度能够达到的范围内,转化率越低越好。反应物各组分的浓度沿催化剂床层变化很小,温度变化也极小,因此不仅沿催化剂层各截面上的转化速度视为相同,就是整个催化剂层内的转化速度也可以当作常数。这种反应器用于转化率较低的反应,反应器的尺寸也较小。当然,一个大的反应器当其转化速度缓慢到反应物浓度变化很小时,也可当作微分反应器处理。此外,对于零级反应,在恒温下,由于转化速度与浓度无关,也可以认为是微分反应器。微分反应器所代表的动力学情况,相当于积分反应器中的一个截面,或一个微分区域 $dV_R$。

由于微分反应器的转化速度在转化率从 $y_{入口}$ 到 $y_{出口}$ 的整个范围内,可看作常数,因此有

$$\int_0^{\frac{V_R}{v}} d\left(\frac{V_R}{v}\right) = \frac{1}{r}\int_{y_{入口}}^{y_{出口}} dy$$

即

$$\frac{V_R}{v} = \frac{1}{r}(y_{出口} - y_{入口})$$
$$r = \frac{v}{V_R}(\Delta y) \tag{2.38}$$

这里 $\Delta y = y_{入口} - y_{出口}$,是微分反应器的转化率,$r$ 相当于组成等于平均转化率$(y_{入口}+y_{出口})/2$ 时的转化速度。实验时测定 $v$、$V_R$ 及与此相应的转化率,便可求得转化速度 $r$。

微分反应器的优点是通过实验数据可直接求出转化速度,而积分反应器则不行。此外,微分反应器催化剂用量少,转化率低,所以容易做到等温。微分反应器的缺点是要求有灵敏而精确的分析方法,以便准确测定浓度的微小变化,另外,需要有高的气速,对于有比主反应慢得多的副反应不易测出来。

**2. 流动循环式反应器**

为了消除反应器内的温度梯度和浓度梯度,使实验的准确性提高,而且又要克服由于转化率低而造成分析上的困难,可采用流动循环式反应器,这种反应器综合了积分反应器和微分反应器的优点,并避免了它们的缺点。它是由含有一定容积($V_R$)催化剂的环路及循环泵所组成的,循环泵可把反应后的部分气体循环回去,且催化气体的速度要大大地超过连续进料及出料的速度 $v$。流动循环式反应器原理如图 2.67 所示。

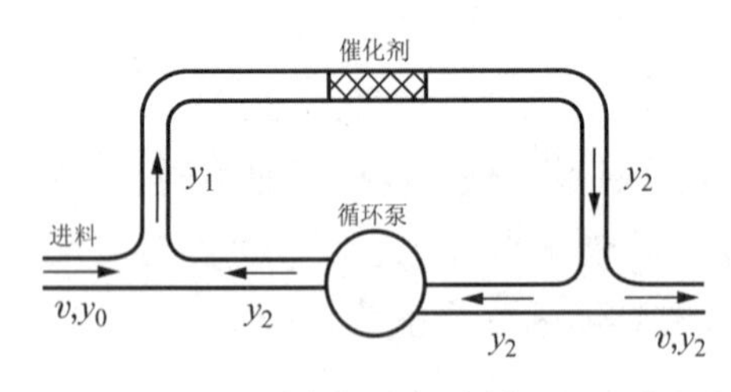


图 2.67 流动循环式反应器原理示意图

当系统稳定后,设原料气中所含产物浓度为 $y_0$,进料速度是 $v$,出口处反应物的转化率为 $y_2$,进催化剂床层前,原料气同循环气混合后,转化率是 $y_1$,入口处反应产物物料衡算关

系如下：

$$v \cdot y + v \cdot R_v \cdot y_2 = (1 + R_v) \cdot v \cdot y_1$$

等式左端为一份体积的反应物同 $R_v$ 份体积的循环气混合后反应产物的总量，等式右端表示通过催化剂时反应产物的总量。

1）循环比

上式中，$R_v$ 为循环比，即循环量与原料通入量之比。由上式整理得

$$R_v = \frac{y_1 - y_0}{y_2 - y_1} \tag{2.39}$$

由实验测出 $y_0$、$y_1$、$y_2$ 值后便可求得循环比。

2）转化速度

单位时间内通过催化剂的气体流量为$(R_v + 1)v$，则转化速度为

$$r = \frac{(R_v + 1)v(y_2 - y_1)}{V_R} = \frac{v}{V_R}(y_2 - y_0) \tag{2.40}$$

可见，流动循环反应器的反应速度只与反应器入口和出口处产物的浓度差有关，而与循环比无关，实验中为便于测定常采用较高的循环比。

循环比 $R_v$ 越大时，床层进出口的转化率 $y_0$ 与 $y_2$ 相差就越小，以致达到无浓度梯度的程度，则平均转化率为$(y_2 - y_0)/2$ 的转化速度 $r$ 也就是出口的转化速度了，这就是微分反应器。但是此时进料与最终出料的浓度差别却是大的，因此分析上不会困难。

### 3. 催化剂回转式反应器

如图 2.68 所示，把催化剂夹在框架中快速回转，从而得以排除外扩散和达到气相全混及等温的目的。反应可以是分批的，也可以是气相相连续的，催化剂用量可以很少，甚至一粒也可以，气-固相的接触时间也能测准。由于是全混式，数据的计算和处理都很方便。但是要把催化剂夹起来和保持密封，在装置结构上就要复杂一些，所有粒子与气流的接触程度是否相同也需要考虑。有人认为这类反应器胜过研究化学动力学的任何一个传统实验室转化装置，因为它能提供微分反应器的等温性，并能在积分反应器的转化水平上很容易求得转化速度的表达式。

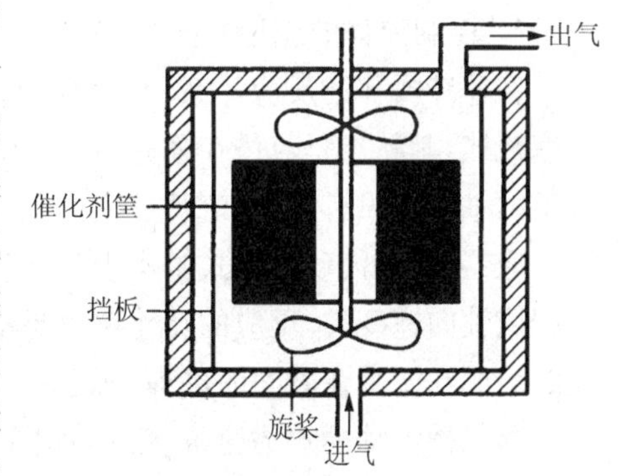


**图 2.68 催化剂回转式反应器示意图**

### 4. 微型催化反应器

为了提高微分反应器测定结果的准确性，常采用比较灵敏的仪器来分析反应产物，通常是用色谱装置，因此这类反应器称为微型催化反应器。依设计的不同，有以下几种情况：

(1) 把微型反应管直接连在色谱柱上(相当于色谱仪进样阀的位置)，载气以恒定流速流经微型反应管、色谱柱、鉴定器后放空。反应物从微型反应管前边周期地注入，由载气带进微型反应管，反应后的产物经色谱柱分离，最后经鉴定器进行定性定量分析，如图 2.69 所示。

(2) 将反应物连续地以一定流速流经微型反应管进行反应，产物由六通阀取样，经色谱

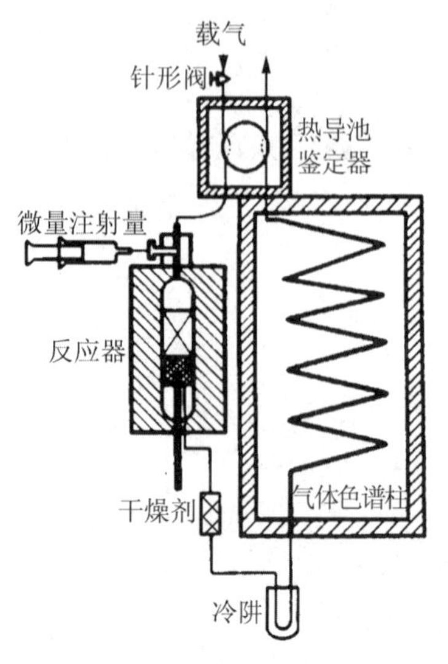

图 2.69　微型催化反应器之一

柱分离后进入鉴定器进行定性定量分析。

(3) 把所研究的催化剂装入色谱柱内,使色谱柱处于催化反应所要求的条件(温度、压力、催化剂量等),以惰性气体或反应物之一作为载气,反应物以脉冲方式由载气带入色谱柱(即催化剂层)进行反应,所得产物及剩余反应物立即在色谱柱上进行分离,由鉴定器进行定性定量测定。这种情况一般称作催化色谱。

这类微型催化技术的优点是原料及催化剂用量极少,各组分均可快速测定,用于评价催化剂的活性、选择性,考察吸附性能、机理及副反应,均十分方便。但应指出,脉冲进料并不符合流动法技术的要求,使反应组分的吸附不是处于一种稳态,而是一个交变过程,反应产物的组成有时也不能反映催化反应的全过程,因此脉冲式微型催化反应器用于研究反应动力学还有困难。

### 2.6.3　流动法反应体系的实验条件控制

除了上述必须控制反应物稳定地、连续地进入反应器,并根据所研究反应的特点选用或设计合适的反应器外,对于流动反应体系,还应该使各处的实验条件维持稳定不变。反应体系的各处实验条件是不可能相同的,但每一处的实验条件(如温度、压力、组分等)应保持不变,也就是说,整个反应体系处于稳态控制之下。

#### 1. 控制流体的流型

在连续操作的反应体系中,反应物的流动型式有两种极限的模式。第一种流动模式为活塞流式,其特点是流体在通过一个细长的管道时,每一小段流体都是齐头并进的,流体在管道的轴向上没有混合,流体中每一部分在管道中的停留时间都是一样的。对于管式固定床反应器,流体流动的型式基本上是活塞流式。在这样的反应器中,流体的组成和温度是沿管程或轴向递变的,反应的转化率也是沿管程不断增大的。但在管程中的每一处截面上,流体的组成和温度在时间的进程中是基本不变的。

第二种流动模式为全混流式,如图 2.70 所示。流体进入反应器后被充分混合,反应器内各部分的组成和温度都是一样的,而离开反应器的流体在组成和温度上,也与反应器内流体相同。流体一旦进入反应器,就立即发生完全的混合,从而破坏了原来在管道中的活塞流式。反应器内的此种流动模式称为全混流式,其特征是各部分的组成和温度完全一致,但其中分子的停留时间却是参差不齐的。

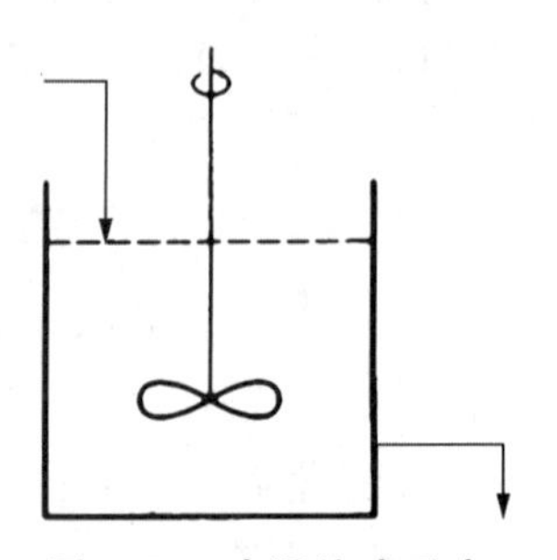
图 2.70　全混流式反应器示意图

在工业生产上连续操作的搅拌釜中,流动型式基本上是全混流式。对任何型式的反应器,流体在轴向混合的程度,也就是它的流动型式接近全混流式的程度。

2. 催化床等温条件的控制

用流动法研究催化反应动力学，催化床层各部分的温度应力应一致，无论是径向还是纵向，都要尽可能做到无温度梯度。但实现催化床层的等温反应条件，是实验技术上的一个难题。尽管可以借助现代的计算机来获得非等温条件的反应速度，然后为了准确得到动力学的函数形式，只有以等温条件为依据才比较方便。

为了控制催化床层的等温条件，通常要做到以下几点。

(1) 反应物在进入催化剂床层时已预热到反应温度。

(2) 反应管要足够细，管外的传热应足够好，力求床层径向和纵向温度一致。加强管外传热，通常要求反应管为不锈钢，管外可根据反应温度范围选用不同的传热方式。如图 2.71 所示，其中图(a)是以液体(水、油、石蜡等)作为恒温介质，图(b)是以固体粒子的流化床(如流动砂溶等)作为恒温介质，图(c)是在管外包一铜块或铝块作为恒溶介质。

(3) 对于强放热反应，有时还用等粒径的惰性物质来稀释催化剂，以求维持等温。但这样做可能会给动力学数据引进不能忽视的误差，所以稀释应该适当。

此外，催化剂的装填技术也应充分重视，避免反应物泄漏或部分返混。对于固定床反应管，管内径至少应为催化剂粒径的 8 倍以上，床层高度至少应为粒径的 10 倍以上，流体的线速度必须足够大，以排除内、外扩散的影响。

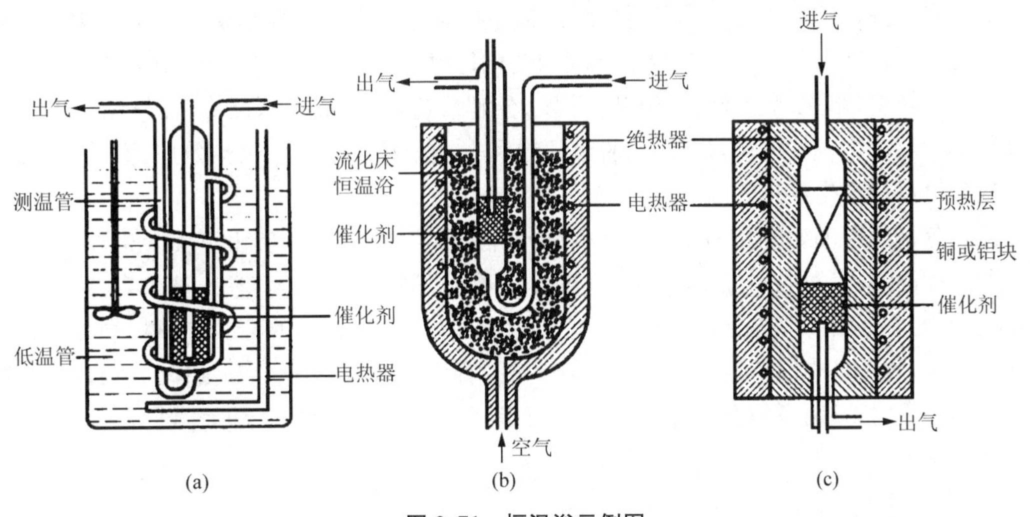


图 2.71 恒温浴示例图

## 2.7 热分析技术及仪器

热分析是在程序控制温度下测量物质的物理性质与温度关系的一类技术。这里所说的"程序控制温度"一般指线性升温或线性降温，当然也包括恒温、循环或非线性升温、降温。这里的"物质"指试样本身和(或)试样的反应产物，包括中间产物。根据所测物理性质不同，热分析技术分类如表 2.9 所示。

表 2.9 热分析技术分类

| 物理性质 | 技术名称 | 简 称 | 物理性质 | 技术名称 | 简 称 |
|---|---|---|---|---|---|
| 质量 | 热重法 | TG | 机械特性 | 热机械分析 | TMA |
| | 导数热重法 | DTG | | 动态热机械分析 | DMA |
| | 逸出气检测法 | EGD | 声学特性 | 热发声法 | |
| | 逸出气分析法 | EGA | | 热传声法 | |
| 温度 | 差热分析 | DTA | 光学特性 | 热光学法 | |
| 焓 | 差示扫描量热法 | DSC | 电学特性 | 热电学法 | |
| 尺度 | 热膨胀法 | TD | 磁学特性 | 热磁学法 | |

热分析是一类多学科的通用技术,应用范围极广。本节只简单介绍应用较多的 DTA、DSC 和 TG 分析法等基本原理和技术。

### 2.7.1 差热分析法

1) DTA 的基本原理

差热分析(Differential Thermal Analysis, DTA)是在程序温度下,测量物质和参比物的温度差与温度关系的技术。差热分析曲线是描述样品与参比物之间的温差($\Delta T$)随温度或时间的变化关系。在 DTA 试验中,样品温度的变化是由于相转变或反应的吸热或放热效应引起的。如相转变、熔化、晶型转变、升华、蒸发、分解反应、氧化或还原反应、晶格结构的破坏和其他化学反应。一般说来,相转变、脱氢还原和一些分解反应产生吸热效应;而结晶、氧化和一些分解反应产生放热效应。

差热分析的原理如图 2.72 所示。DTA 分析仪种类繁多,但一般由下面 5 个部分组成:温度程序控制单元、可控硅加热单元、差热放大单元、记录仪和电炉等。图 2.73 是典型的 DTA 装置的方框图。差热分析获得的曲线为温差曲线,如图 2.74 所示。将试样和参比物分别放入坩埚,置于炉中以一定速率 $v=\mathrm{d}T/\mathrm{d}t$ 进行程序升温,若参比物和试样的热容相同,试样又无热效应时,则两者的温差近似为 0,此时得到一条平滑的基线。随着温

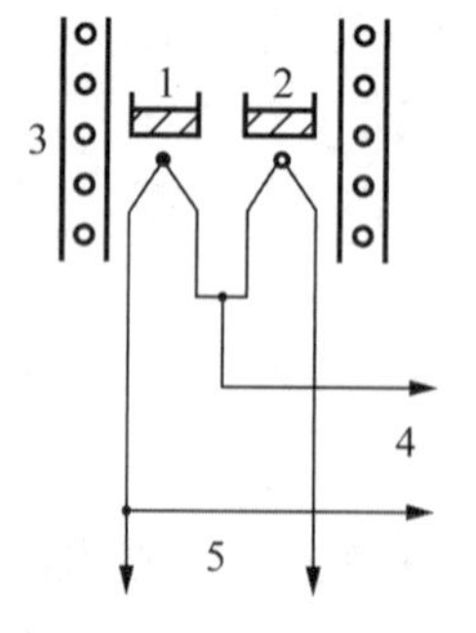


1—试样;2—参比物;3—炉体;
4—温度 $T_s$;5—温差 $\Delta T$。

图 2.72 差热分析的原理图

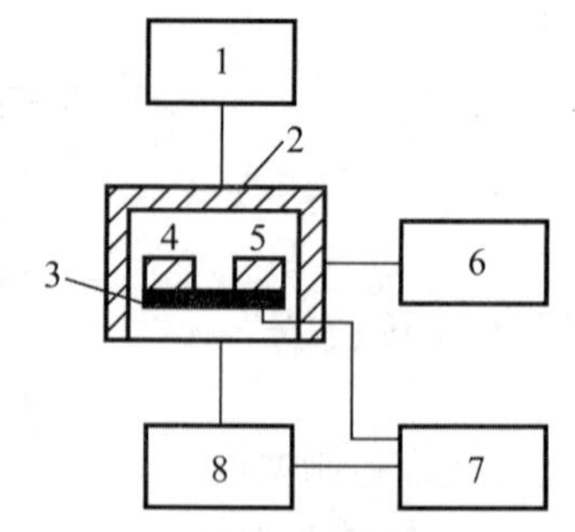


1—气氛控制;2—炉子;3—温度感敏器;4—试样;5—参比物;
6—炉腔程序控温;7—记录仪;8—微伏放大器。

图 2.73 典型 DTA 装置的框图

度的增加,试样产生了热效应,而参比物未产生热效应,两者之间产生了温差,在DTA曲线中表现为峰,温差越大,峰也越大,温差变化次数多,峰的数目也多。峰顶向上的峰称放热峰,峰顶向下的峰称吸热峰。各种吸热和放热峰的个数、形状和位置与相应的温度可用来定性地鉴定所研究的物质,而峰面积与热量的变化有关。

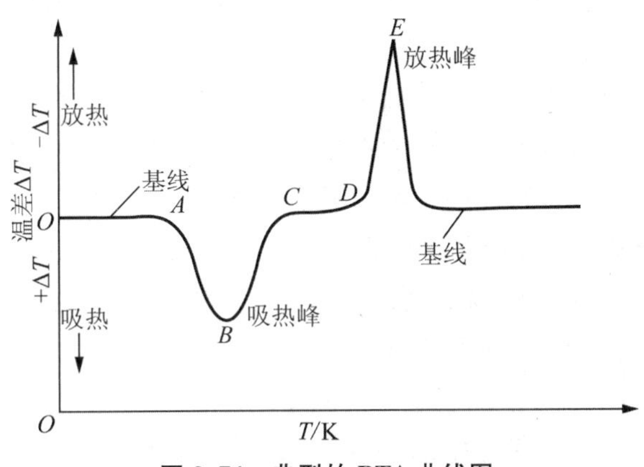


**图2.74　典型的DTA曲线图**

2）实验操作条件选择

差热分析操作简单,但在实际工作中往往发现同一试样在不同仪器上测量,或不同的人在同一仪器上测量,所得到的差热曲线结果有差异。峰的最高温度、形状、面积和峰值大小都会发生一定变化。其主要原因是因为热量与许多因素有关,传热情况比较复杂所造成的。一般说来,主要受仪器和样品因素影响。虽然影响因素很多,但只要严格控制某种条件,仍可获得较好的重现性。

(1) 气氛和压力的选择。气氛和压力可以影响样品化学反应和物理变化的平衡温度、峰形。因此,必须根据样品的性质选择适当的气氛和压力,有的样品易氧化,可以通入$N_2$、Ne等惰性气体。

(2) 升温速率的影响和选择。升温速率不仅影响峰温的位置,而且影响半峰宽的大小,一般来说,在较快的升温速率下半峰宽变小,峰变尖锐。但较快的升温速率使试样分解偏离平衡条件的程度也大,因而易使基线漂移。更主要的可能导致相邻两个峰重叠,分辨力下降。较慢的升温速率,基线漂移小,使系统接近平衡条件,半峰宽变大,得到宽而浅的峰,也能使相邻两峰更好地分离,因而分辨力高。但测定时间长,需要仪器的灵敏度高。一般情况下选择5～20 $K \cdot min^{-1}$为宜。

(3) 试样的处理及用量。试样用量大,能提高灵敏度,但易使相邻两峰重叠,降低了分辨力。一般尽可能减少用量。样品的颗粒度为100～200目,颗粒小可以改善导热条件,但太细可能会破坏样品的结晶度。参比物的颗粒及装填情况、紧密程度应与试样一致,以减少基线的漂移。

(4) 参比物的选择。要获得平稳的基线,参比物的选择很重要。要求参比物在加热或冷却过程中不发生任何变化,在整个升温过程中选择比热容、导热系数,粒度尽可能与试样一

致或相近。

常选用 α-三氧化二铝(α-$Al_2O_3$)或煅烧过的氧化镁(MgO)或石英砂。如分析试样为金属,也可以用金属镍粉做参比物。如果试样与参比物的热性质相差很远,则可用稀释试样的方法解决,主要是减少反应猛烈程度;如果试样加热过程中有气体产生时,应减少气体大量出现,以免试样冲出。选择的稀释剂不能与试样有任何化学反应或催化反应,常用的稀释剂有 SiC、铁粉、$Fe_2O_3$、玻璃珠、$Al_2O_3$ 等。

不同条件的选择都会影响差热曲线,除上述外还有许多因素,诸如样品管的材料、大小和形状,热电偶的材质,以及热电偶插在试样和参比物中的位置等。对于商品化的差热分析仪,以上因素都已固定,但自己装配的差热分析仪就要考虑这些因素。

3) DTA 曲线转折点温度和面积的测量

(1) DTA 曲线转折点温度的确定,如图 2.75 所示,可以有下列几种方法:

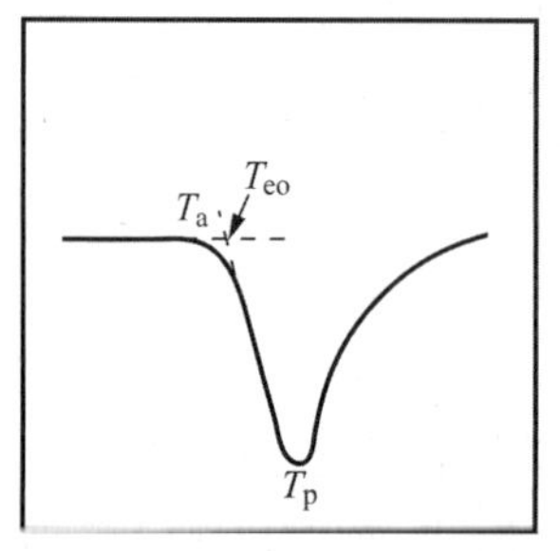


**图 2.75 DTA 转变温度**

① 曲线偏离基线点 $T_a$。

② 曲线的峰值温度 $T_p$。

③ 曲线陡峭部分的切线与基线的交点 $T_{eo}$[外推始点(extrapolatedonset)],其中 $T_{eo}$ 最为接近热力学的平衡温度。

(2) DTA 峰面积的确定,一般有三种测量方法:

① 商品化的差热分析仪附有积分仪,可以直接读数或自动记录下差热峰的面积。

② 如果试样差热峰的对称性好,可作为等腰三角形处理,用峰高乘以半峰宽(峰高 1/2 处的宽度)的方法求面积。

③ 剪纸称量法,若记录纸质量较高,厚薄均匀,可将差热峰剪下来,在分析天平上称其质量,其数值可以代表峰面积。

## 2.7.2 差示扫描量热法

1) DSC 的基本原理

差示扫描量热法(Differential Scanning Calorimetry, DSC)是在程控温度下,测量输入到物质和参比物之间的功率差与温度关系的技术。DSC 有功率补偿式差示扫描量热法和热流式差示扫描量热法两种类型。热流式 DSC 是在程序控制温度下,测定材料的转变温度和转变热的一种热分析方法。

(1) 热流式 DSC 仪器如图 2.76 和图 2.77 所示。样品支持器单元置于炉子的中央,试样封于试样皿内、置于支持器的一端,而惰性参比物(在整个实验温度范围元相变)等同地被放置于支持器的另一端。试样和参比物间的温差与炉温的关系是用紧贴到支持器每一侧底部的热电偶来测量的。第 2 组热电偶是测量炉温和热敏板温度的。

(2) 功率补偿 DSC。对于功率补偿差示扫描量热计(DSC)样品支持器单元的底部直接与冷媒储器接触(见图 2.78)。试样和参比物支持器分别装有测量支持器底部温度的电阻传感器和电阻加热器。按着试样相变而形成的试样和参比物间温差的方向来提供电功率,以使温差低于额定值,通常是$<0.01$ K。DSC 曲线是描绘与试样热容成比例的单位时间的功

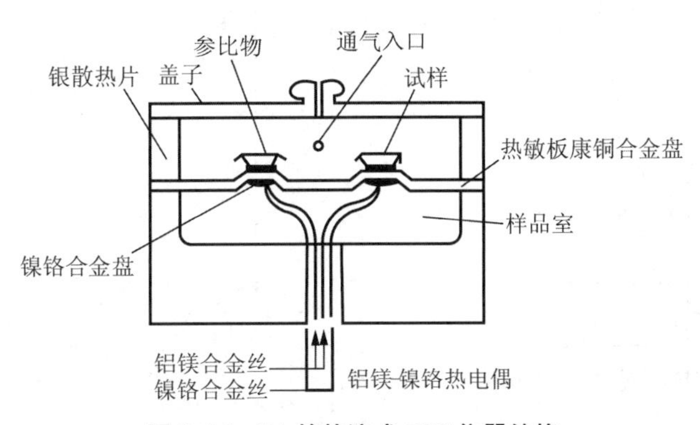


**图 2.76 TA 的热流式 DSC 仪器结构**

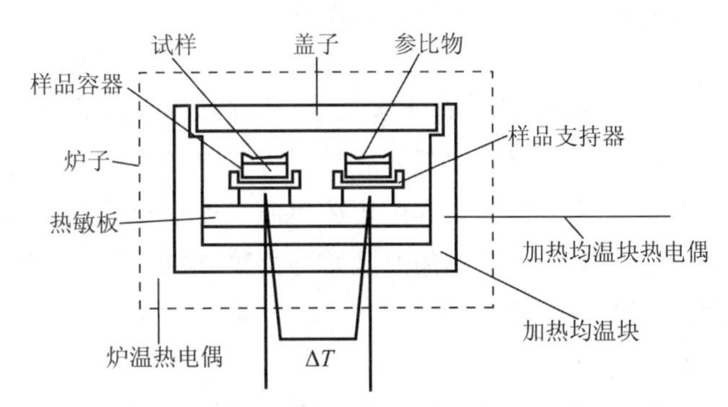


**图 2.77 精工的热流式 DSC 仪器结构**

率输入与程序温度或时间的关系。功率补偿 DSC 的最大灵敏度是 35 mW。温度和能量标定用标准参样进行。与定量 DTA 相比，功率补偿 DSC 可在更高的扫描速率下使用，最快的可靠扫描速率是 $60\,\mathrm{K \cdot min^{-1}}$。在高温或室温以下仪器基线的线性会受到一定的影响。

2) DSC 曲线

DSC 和 DTA 仪器装置相似，所不同的是在试样和参比物容器下装有两组补偿加热丝，当试样在加热过程中由于热效应与参比物之间出现温差 $\Delta T$ 时，通过差热放大电路和差动热量补偿放大器，使流入补偿电热丝的电流发生变化，当试样吸热时，补偿放大器使试样一边的电流立即增大；反之，当试样放热时则使参比物一边的电流增大，直到两边热量平衡，温差 $\Delta T$ 消失为止。换句话说，试样在热反应时发生的热量变化，由于及时输入电功率而得到补偿，所以实际记录的是试样和参比物下面两个电热补偿的热功率之差随时间 $t$ 的变化（$\frac{\mathrm{d}H}{\mathrm{d}t}$-$t$）关系。如果升温速率恒定，记录的也就是热功率之差随温度 $T$ 的变化（$\frac{\mathrm{d}H}{\mathrm{d}t}-T$）关系，如图 2.79 所示。其峰面积 $S$ 正比于热焓的变化：

$$\Delta H = KS \tag{2.41}$$

式中，$K$ 为与温度无关的仪器常数。

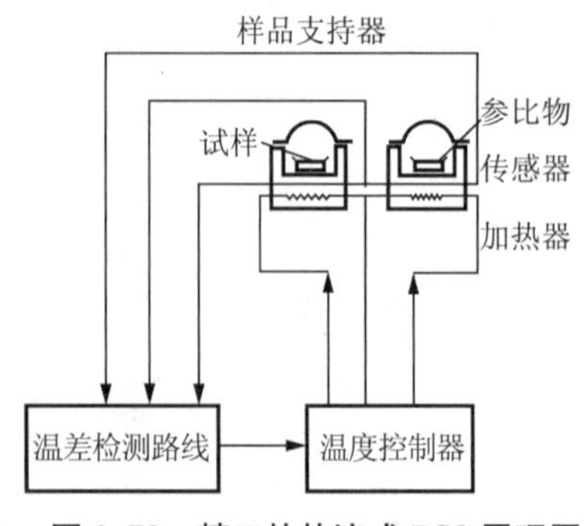


图 2.78　精工的热流式 DSC 原理图

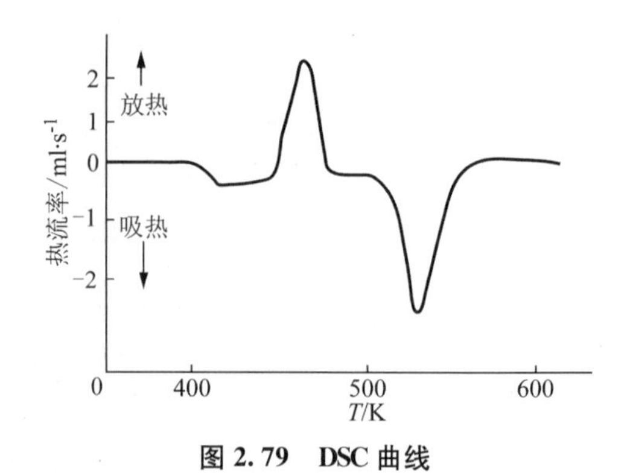


图 2.79　DSC 曲线

如果事先用已知相变热的试样标定仪器常数,再根据待测样品的峰面积,就可得到 $\Delta H$ 的绝对值。仪器常数的标定,可利用测定锡、铅、铟等纯金属的熔化,从其熔化热的文献值即可得到仪器常数。

因此,用差示扫描量热法可以直接测量热量,这是与差热分析的一个重要区别。此外,DSC 与 DTA 相比,另一个突出的优点是后者在试样发生热效应时,试样的实际温度已不是程序升温时所控制的温度(如在升温时试样由于放热而一度加速升温)。而前者由于试样的热量变化随时可得到补偿,试样与参比物的温度始终相等,避免了参比物与试样之间的热传递,故仪器的反应灵敏、分辨率高、重现性好。

3) DTA 和 DSC 应用讨论

DTA 和 DSC 的共同特点是峰的位置、形状和峰的数目与物质的性质有关,故可以定性地用来鉴定物质;从原则上讲,物质的所有转变和反应都应有热效应,因而可以采用 DTA 和 DSC 检测这些热效应,不过有时由于灵敏度等种种原因的限制,不一定都能观测得出;而峰面积的大小与反应热焓有关,即 $\Delta H = KS$。对 DTA 曲线,$K$ 是与温度、仪器和操作条件有关的比例常数。而对 DSC 曲线,$K$ 是与温度无关的比例常数。这说明在定量分析中 DSC 优于 DTA,但是目前 DSC 仪测定的温度只能达到 700 ℃左右,温度再高时,只能用 DTA 仪了。

DTA 和 DSC 在化学领域和工业上得到了广泛的应用,如表 2.10 和表 2.11 所示。

表 2.10　DTA 和 DSC 在化学中特殊的应用

| 材　料 | 研究类型 | 材　料 | 研究类型 |
|---|---|---|---|
| 催化剂 | 相组成,分解反应,催化剂鉴定 | 煤和褐煤 | 氧化反应热 |
| 聚合材料 | 相图,玻璃化转变,降解,熔化和结晶 | 天然产物 | 转变热 |
| 脂和油 | 固相反应 | 有机物 | 脱溶剂化反应 |
| 润滑油 | 脱水反应 | 黏土和矿物 | 脱溶剂化反应 |
| 配位化合物 | 辐射损伤 | 金属和合金 | 固-气反应 |
| 碳水化合物 | 脱水反应 | 铁磁性材料 | 居里点测定 |
| 氨基酸和蛋白质 | 吸附热 | 土壤 | 转化热 |
| 金属盐水化合物 | 反应热 | 液晶材料 | 纯度测定 |
| 金属和非金属化合物 | 聚合热 | 生物材料 | 热稳定性 |

表 2.11 DTA 和 DSC 在某些工业中的应用

| 测定或估计 | 陶瓷 | 陶瓷冶金 | 化学 | 弹性体 | 爆炸物 | 法医化学 | 燃料 | 玻璃 | 油墨 | 金属 | 油漆 | 药物 | 黄磷 | 塑料 | 石油 | 肥皂 | 土壤 | 织物 | 矿物 |
|---|---|---|---|---|---|---|---|---|---|---|---|---|---|---|---|---|---|---|---|
| 鉴定 | √ |  | √ | √ | √ | √ | √ |  | √ | √ |  | √ | √ | √ | √ | √ | √ | √ | √ |
| 组分定量 | √ | √ | √ | √ |  | √ |  |  | √ | √ |  | √ | √ | √ | √ | √ | √ | √ | √ |
| 相图 | √ | √ | √ |  |  |  |  | √ |  | √ |  |  | √ | √ | √ | √ |  |  | √ |
| 溶剂保留 |  |  | √ | √ | √ | √ |  |  | √ |  | √ | √ | √ | √ | √ | √ |  | √ |  |
| 水化脱水 | √ |  | √ |  |  | √ |  |  |  |  |  | √ | √ |  |  |  | √ | √ | √ |
| 热稳定 |  |  | √ | √ | √ |  | √ |  | √ |  | √ | √ | √ | √ | √ | √ |  | √ | √ |
| 氧化稳定 |  |  | √ | √ | √ |  | √ |  | √ | √ | √ | √ | √ | √ | √ | √ |  | √ |  |
| 聚合作用 |  |  |  | √ |  |  | √ |  | √ |  | √ |  | √ | √ |  |  |  |  |  |
| 固化 |  |  |  | √ | √ | √ |  |  |  |  | √ |  |  | √ | √ |  |  |  |  |
| 纯度 |  |  | √ |  |  | √ |  |  |  |  |  | √ |  |  |  | √ |  |  |  |
| 反应性 |  | √ | √ |  |  |  |  | √ |  | √ | √ | √ | √ | √ | √ | √ |  |  | √ |
| 催化活性 | √ | √ | √ |  |  |  | √ | √ |  | √ |  |  |  |  |  |  |  |  | √ |
| 玻璃转化 |  |  |  | √ | √ |  |  |  |  |  |  |  |  | √ | √ |  |  | √ |  |
| 辐射效应 | √ | √ |  |  |  | √ | √ | √ |  | √ | √ |  | √ | √ | √ |  |  | √ | √ |
| 热化学常数 | √ | √ | √ | √ | √ | √ | √ | √ | √ | √ | √ | √ | √ | √ | √ | √ | √ | √ | √ |

注:"√"表示 DTA 或 DSC 可用于该测定。

### 2.7.3 热重法

1) TG 的基本原理

热重(Thermogravimetry, TG)分析是在程序温度下,测量物质的质量与温度关系的技术。许多物质在加热过程中常伴随质量的变化,这种变化过程有助于研究晶体性质的变化,如熔化、蒸发、升华和吸附等物质的物理现象;也有助于研究物质的脱水、解离、氧化、还原等物质的化学现象。热重分析通常可分为两类:动态(升温)和静态(恒温)。

热重法试验得到的曲线称为热重曲线(TG 曲线)。TG 曲线以质量作为纵坐标,从上向下表示质量减少;以温度(或时间)作为横坐标,自左至右表示温度(或时间)增加。

从热重法可派生出微商热重法(DTG),它是 TG 曲线对温度(或时间)的一阶导数。以物质的质量变化速率 $\frac{dm}{dt}$ 对温度 $T$(或时间 $t$)作图,即得 DTG 曲线,如图 2.80 中曲线(b)所示。DTG 曲线上的峰代替 TG 曲线上的阶梯,峰面积正比于试样质量。DTG 曲线可以微分 TG 曲线得到,也可以用适当的仪器直接测得,DTG 曲线比 TG 曲线优越性大,它提高了 TG 曲线的分辨力。

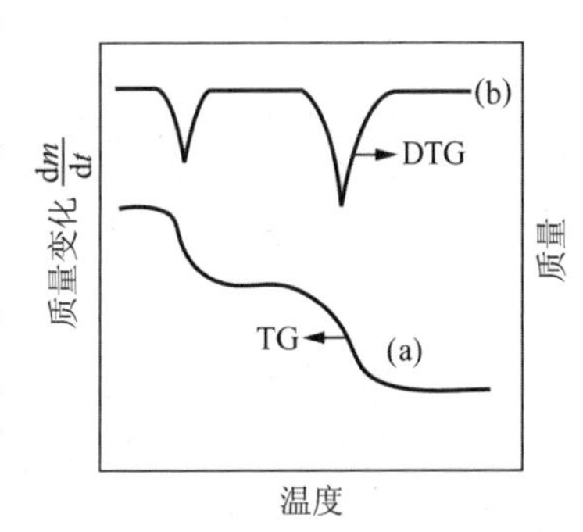


图 2.80 TG 曲线和 DTG 曲线示意图

进行热重分析的基本仪器为热天平,它包括天平、炉子、程序控温系统、记录系统等几个部分。除热天平外,还有弹

簧秤。

2) 热天平的基本结构

热重曲线是用热天平记录的。热天平的基本单元是微量电子天平、炉子、温度程序器、气氛控制器,以及同时记录这些输出的仪器。热天平的示意图如图 2.81 所示。通常是先由计算机存储一系列质量和温度与时间关系的数据,完成测量后,再由时间转换成温度。

商品微量天平包括天平梁、弹簧、悬臂梁和扭力天平等各种设计。炉子的加热线圈采取非感应的方式绕制,以克服炉子的加热线圈和试样间的磁性相互作用。线圈可选用各种材料,诸如镍铬($T<1\ 300$ K)、铅($T>1\ 300$ K)、铂-10%铑($T<1\ 800$ K)和碳化硅($T<1\ 800$ K)。也有的不采用通常的炉丝加热,而用红外线加热炉,这种炉子通常是加热到 1 800 K。使用椭圆形反射镜或抛物柱面反射镜使红外线聚焦到样品支持器上。这种红外线炉只需几分钟就可使炉温升到 1 800 K,很适于恒温测量。

按天平与炉子的配置,样品支持器可分为如下 3 种类型:①下皿式天平;②上皿式天平;③平行式天平。下皿式天平一般用于单一的 TG 测量(而非联用测量)。图 2.81 是样品支持器在天平之下的一种商品 TG 仪的典型示例。对于 TG 与差热分析(DTA)的同时测量通常是采用上皿式和水平式热天平。水平式 TG-DTA 仪的有代表性的配置如图 2.82 所示。

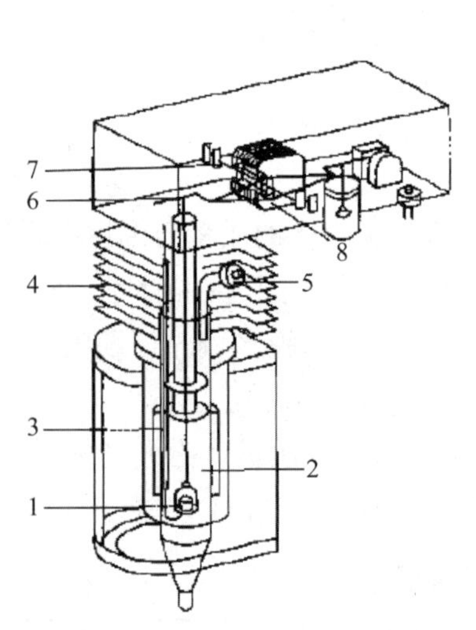


1—试样;2—加热炉;3—热电偶;4—散热片;5—气体入口;6—天平梁;7—吊带;8—磁铁。

**图 2.81 上皿式 TG 装置(岛津)**

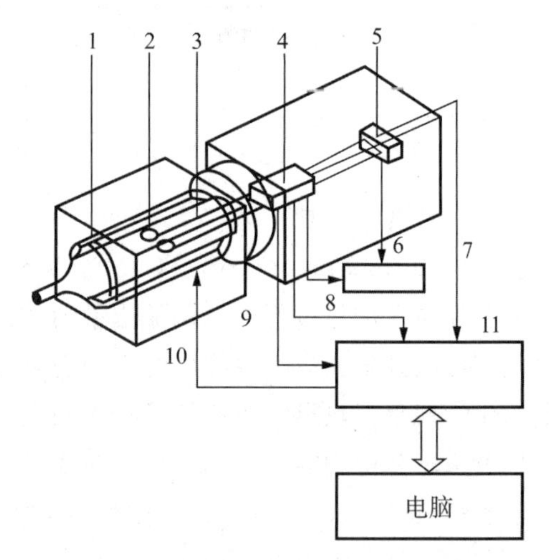


1—炉子;2—试样支持器;3—天平梁;4—支点;5—检测器;6—天平电路;7—TG 信号;8—DTA 信号;9—温度信号;10—加热功率;11—TG-DTA 型主机(TG-DTA module side CPU)。

**图 2.82 水平式 TG 装置(精工)**

3) 影响热重分析的因素

热重分析的实验结果受到许多因素的影响,基本可分两类:一是仪器因素,包括升温速率、炉内气氛、炉子的几何形状、坩埚的材料等。二是样品因素,包括样品的质量、粒度、装样的紧密程度、样品的导热性等。

在 TG 的测定中,升温速率增大会使样品分解温度明显升高。如升温太快,试样来不及

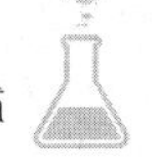



达到平衡，会使反应各阶段分不开。合适的升温速率为 5～10 K·min$^{-1}$。

样品在升温过程中，往往会有吸热或放热现象，这样使温度偏离线性程序升温，从而改变了 TG 曲线位置。样品量越大，这种影响越大。对于受热产生气体的样品，样品量越大，气体越不易扩散。再则，样品量大时，样品内温度梯度也大，将影响 TG 曲线位置。总之实验时应根据天平的灵敏度，尽量减小样品量。样品的粒度不能太大，否则将影响热量的传递；粒度也不能太小，否则开始分解的温度和分解完毕的温度都会降低。

坩埚具有各种尺寸、形状，并由不同材质制成。坩埚和试样间必须不产生任何化学反应。一般来说坩埚是由铅、铝、石英或刚玉(陶瓷)制成的，但也有用其他材料制作的。可按不同实验目的来选择坩埚。

TG 在静态、流通的动态等各种气氛条件下进行测量。在静态条件下，当反应有气体生成时，围绕试样的气体组成会有所变化。因而试样的反应速率会随气体的分压而变。一般建议在动态气流下测量，TG 测量使用的气体有 Ar、$CO_2$、$H_2$、$N_2$ 等。

4) 热重分析的应用

热重法的重要特点是定量性强，能准确地测量物质的质量变化及变化的速率，可以说，只要物质受热时发生质量的变化，就可以用热重法来研究其变化过程。目前，热重法已在下述诸方面得到应用：无机物、有机物及聚合物的热分解；金属在高温下受各种气体的腐蚀过程；固态反应；矿物的煅烧和冶炼；液体的蒸馏和汽化；煤、石油和木材的热解过程；含湿量、挥发物及灰分含量的测定；升华过程；脱水和吸湿；爆炸材料的研究；反应动力学的研究；发现新化合物；吸附和解吸；催化活度的测定；表面积的测定；氧化稳定性和还原稳定性的研究；反应机制的研究等。

5) 热分析仪器的联合应用

许多仪器生产厂家生产同时联用 TG－DTA 仪器，这种仪器的优点不仅试样和实验条件是相同的，而且可用 DTA 和 DSC 的标准参样来进行温度标定。对热天平配以适当的仪器便可分析 TG 测量时逸出的气体产物。例如，热天平与质谱(TG－MS)、傅里叶变换红外光谱(TG－FTIR)和气相色谱(TG－GC)的联用。

### 2.7.4 CDR－34P 差示扫描量热仪

上海精密科学仪器有限公司生产的 CDR－34P 差示扫描量热仪是一种全新的产品，它是具有智能化、小型化、单元组合化三大特点的新型热分析仪器。它不同于以前的 CDR 系列的差示扫描量热仪，具有以下特点：热分析仪的主机实现小型化；用功能插卡形式，在同一机箱内插入不同功能插卡，可组成不同的热分析仪器，实现单元组合化；采用高分辨率 A/D；采用小型化加热炉，炉体全金属化，能达到快速加热、快速冷却的作用，并有风扇冷却装置；温度控制系统采用 51 系列单片微型计算机；CDR－34P 差示扫描量热仪的计算机数据处理系统，采用计算机新技术、“窗口软件”“中文信息处理技术”。以 Windows 代替原 DOS 操作系统；用 Visual Basic 语言作为开发工具来编制数据处理系统软件；实现智能化控制。

CDR－34P 差示扫描量热仪主要由温度处理控制系统、DSC 信号测试系统(功率补偿)、

加热炉和数据处理系统组成。测量结果由计算机数据处理系统处理。仪器工作原理如图 2.83 所示。

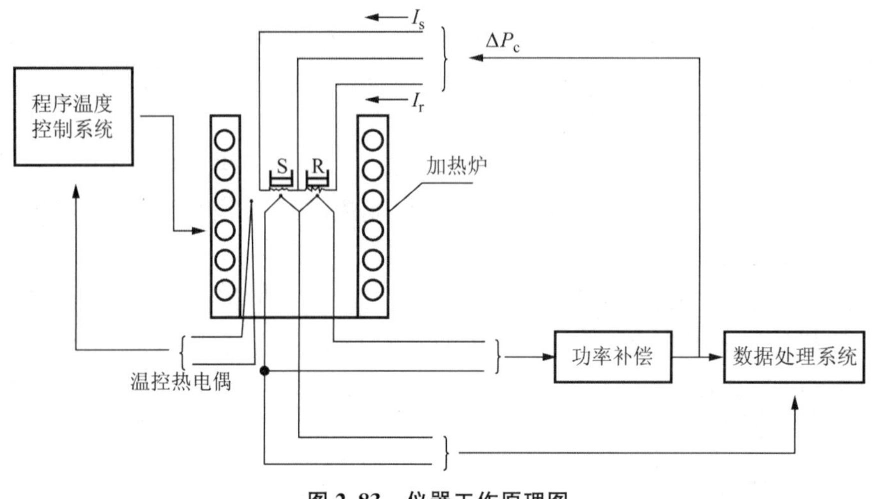


**图 2.83　仪器工作原理图**

CDR－34P 差示扫描量热仪的使用方法如下。

1）准备工作

(1) 用镊子取出炉体的上罩组件、中盖、内盖，将使用的坩埚放在样品支架上，放好坩埚后将炉子复原。

(2) 打开主机、加热炉，各预热 30 min。微机电源后开先关，即在其他部件电源打开后再打开微机电源，在微机电源关闭后，关闭其他部件电源。打印机电源可在需要时打开。不可在驱动器处于工作状态时取放软磁盘。

(3) 计算机操作时，应按步骤进行，进入系统、退出系统都必须按步骤进出，否则会打乱系统程序使计算机不能正常工作。

2）操作

(1) DSC 基线调整将两只空坩埚放在样品支架上(或放置相同样品 α-氧化铝)。DSC 量程置于 20 mW，使炉子以 10 ℃/min 升温，微机处理系统执行采样程序(参见该部分操作说明)。观察 DSC 曲线，由于坩埚内未放样品和参比物，理论上基线应始终是一条直线。在升温过程中若基线偏离原来位置，可通过如下方法调整基线：

待炉温升到 300 ℃左右时，通过转动“斜率调整”开关来调整，当基线校正到原来位置时，差热基线调整完成。

(2) 样品测试步骤。样品称重后放入坩埚，另一坩埚放入重量相等的参比物 α-氧化铝。样品置于支架右边，参比物置于左边。

选择适当的 DSC 量程，如果是未知样品，可先用较大量程预做一次。启动微机处理软件，根据测试要求，编制温控程序使炉温按预定要求变化，实时采样，数据处理(参见该部分说明)。

3）主机机箱面板说明

(1) 用钥匙打开标有“仪器型号”的面板。

(2) 三个开关。

① RESET：复位开关，按上位机提示操作。

② KB－LK：电风扇开关。按下打开风扇，再按，开关弹出关风扇。注意，进行采样实验前，请关闭风扇。

③ 电源开关。

| O<br>I |
| --- |

(3) 三只指示灯。

① POWER：电源指示灯。

② H.D.D：工作灯，灯一闪一闪，表示工作正常。

③ KB－LK：空。

(4) 液晶显示器：显示室温以及工作状态。

4）CDR－34P系统软件使用说明

CDR－34P系统软件是CDR－34P差热扫描量热仪的随机配套软件，通过此软件，可以方便地根据实验需要对仪器进行操作，并获取所需实验结果。

进入已安装的CDR－34P文件夹，双击CDR－34P.exe文件，出现如图2.84所示的界面。

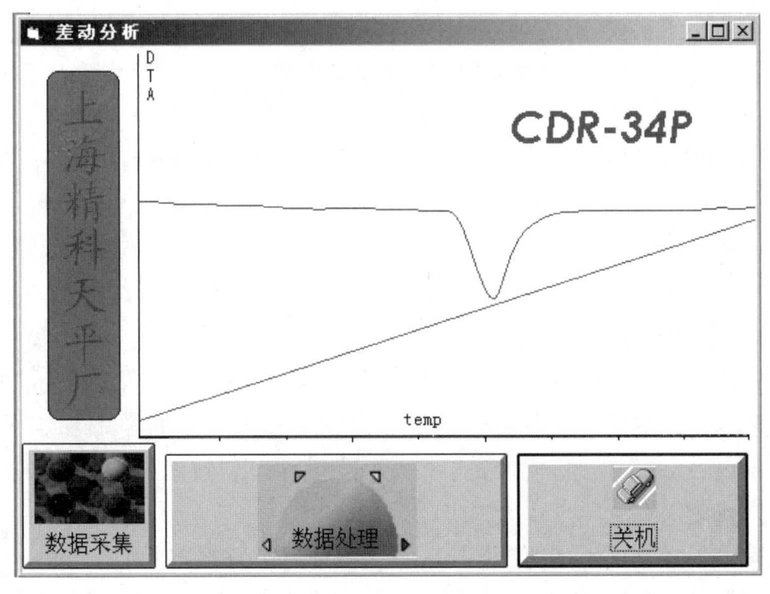


**图2.84 CDR－34P系统软件入口界面**

图2.84是CDR－34P系统软件的入口界面，为用户提供可选的两大功能模块：“数据采集”和“数据处理”。

(1) “数据采集”模块是用户进行实时采样的工作平台，通过此模块，实验者可设定程序升温段，观察采样曲线，并存储实验结果。

(2)“数据处理”模块主要功能是处理实验数据,对数据进行计算,帮助用户根据计算结果对被实验对象进行分析,并可打印输出图文实验数据。

“数据采集”模块操作步骤:单击“数据采集”按钮,进入“数据采集”主界面,如图 2.85 所示。

图 2.85 “数据采集”主界面

(1) 单击“热分析控制屏”的“炉温”字样,可知道实时炉温。根据实验需要,在“热分析控制屏”中的“起始温度”“结束温度”“速率/恒温(分)”框中输入实验参数,“起始温度”应该比炉温低。在输入第一段实验参数,并按“输入正确”后,系统提示复位主机,如已复位按“确定”。此时,第一段实验参数出现在数据列表栏中,如实验有多段,可继续输入其他段实验设置参数,每段输入完,按“输入正确”键。

(2) 所有参数输入完毕,选择菜单栏“参数设置”项,出现“参数正确”“ok”提示框,均按“确定”键。接着出现“参数输入”对话框,根据实际实验输入实验的样品名、气氛名、样品量、气氛流量、日期和操作者等信息,输入完毕按“确定”键,跳出“数据存储”对话框,输入本次实验文件名,并按“确定”键。

现在请按热分析控制屏上的“停止”键,等几秒钟后,“升温”键由暗变亮,然后可以开始升温,单击“升温”,等几秒钟后,“停止”“暂停”键由暗变亮,用鼠标点炉温标签(单击频率不要过快,后述点炉温标签的动作同此),当观察到“给定温度”慢慢上升后(如“给定温度”不升温则按“停止”之后,再重复上述步骤),再单击“暂停”,当“升温”“停止”键由暗变亮和“请等待”框出来之后,再用鼠标点“炉温标签”,可以看到“给定温度”不再上升(如“给定温度”未停止,按“停止”键之后,请重复前述步骤),此时,屏幕下方出现“请等待”的提示框,框中显示倒数的等待时间;等待时间到,出现“可以温控上电了!”的字样。

按菜单栏上的“温控上电”项，可以听到继电器闭合的声音。然后单击“升温”按钮。鼠标单击炉温，观察“炉温”与“给定温度”的变化，当“给定温度”大于“炉温”并且炉温开始上升后，设置好“采样始温”，然后单击“开始采样”项。

(3) 采样开始后，可以将“实时显示屏”最大化，并选择合适的DSC量程以及用鼠标单击图示上下三角，上下移动DSC曲线。

(4) 实验完毕，按菜单栏“中断采样”，过3～4 s后，出现“采样结束”提示，按“确定”键。如果未按“中断采样”键，采样在完成预定的升温程序后会自行中断，也会出现“采样结束”的提示。

(5) 最后进行数据存储，单击菜单栏“数据储存”项，此次实验的数据及前面输入的参数存储完毕。

### 2.7.5 ZRY－2P综合热分析仪

综合热分析仪(ZRY－2P)是具有微机数据处理系统的热重-差热联用热分析仪器，是一种在程序温度(等速升温、降温、恒温和循环)控制下，测量物质的质量和热量随温度变化的分析仪器。常用以测定物质在熔融、相变、分解、化合、凝固、脱水、蒸发、升华等在某一特定温度下所发生的质量和热量变化。广泛应用于无机、石化、建材、化纤、硅酸盐、陶瓷、矿物金属、制药等领域。

ZRY－2P综合热分析仪的差热系统采用带有深度负反馈的直流微伏放大器，具有灵敏度高、噪声小、零点漂移小、抗干扰能力强等特点。天平测量系统采用无刀口支承的扭力、回零式天平，位移检测器采用光电元件；力矩输出器采用电磁式力矩转换器；为减少基线的零漂、温漂，采用温度补偿装置。温度控制采用先进的专用微处理器芯片、先进的人工智能调节算法，具有较高的可靠性及抗干扰性能，控制精度高。ZRY－2P综合热分析仪主要由天平测量系统、微分系统、差热放大和温度控制系统组成，辅之以气氛和冷却风扇，测量结果由计算机数据处理系统处理。仪器工作原理如图2.86所示。

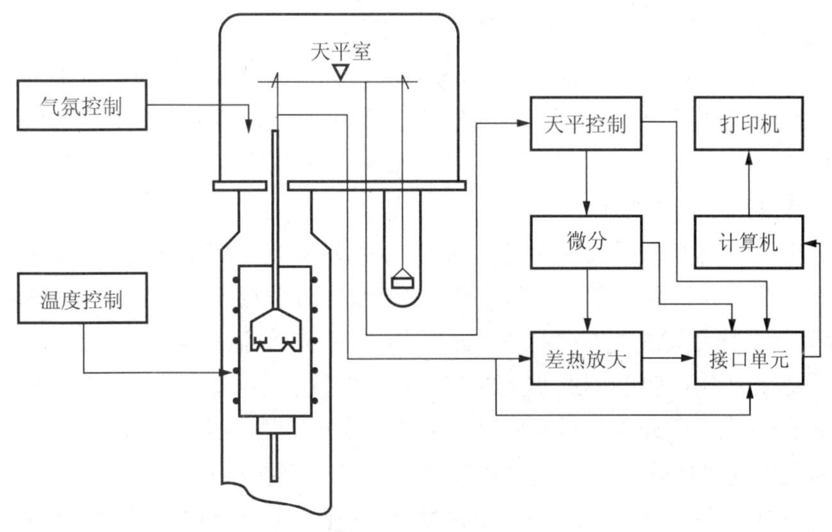


图2.86 ZRY－2P仪器工作原理图

ZRY－2P 综合热分析仪的使用方法如下。

1) 准备工作

先检查电源线、信号电缆线、通气管是否连接好，若正确无误，并将下列开关、按钮放在指定的位置。

(1) 天平单元量程开关置于短路挡。

(2) 微分单元量程开关置于短路挡。

(3) 气氛单元 A 路、B 路气路开关拨在关闭位置。

打开各单元电源，预热 30 min。

2) 接口单元

接口单元的显示选择开关有 6 档：DTA(差热)、$T$(温度)、TG(热重)、DTG(热重微分)、DSC(差示扫描)和 TMA(热机械)，本仪器使用前 4 档。开关放在 T 位置，显示温度，由于温度与热电势的非线性关系，此温度值并非准确的试样温度，试样温度应以计算机采样为准。开关放在其余各档位置，显示的是对应各信号的电压值，满度为 5 V。

3) 天平控制单元

(1) 面板装置及作用。

① 粗调零、细调零：用来消除放大器失调等引起的偏差。当偏差较大时，用粗调旋钮调节。接近零时，再用细调旋钮调节。

② 零位指示表：用以显示称重偏差。

③ 量程开关和倍率开关：量程开关从 0.1 mg 到 1 mg 分 4 档转换，倍率开关分为 4 档从 1 到 1 000，量程乘以倍率所得的积是此选择的满量程。用户可根据试样质量选择合适的组合。

④ 电减码：可用来减去样品器皿的质量。另外，如果试样加热到所需要的终温时，其失重很小，为了提高测量精度，可预先估计试样的剩余质量，采用电减码来扣除一部分剩余质量，然后减小量程，就能使较小的失重更明显、更精确地反映出来。

⑤ 百分比细调和百分比粗调：本型号不使用。

(2) 样品称重。

① 零位调整：在开机 20 min 后，始能调整，先选择适当的量程(即量程开关与倍率开关组合接口单元的显示选择开关打在 TG 档，先调粗调零旋钮，然后旋动细调零旋钮，调至零附近)。计算机执行主菜单中的“采样”程序(具体操作详见数据处理系统操作说明)，调节细调零旋钮，直至计算机采样值为零。

② 炉子升降：先拧松炉外玻璃套管上部的拼帽，左手托住炉子托架，并拧松托架上固定螺钉，将炉子缓慢地下降至导柱的底部。炉子上升时，两手托住炉子托架向上移动，使玻璃管上口气导管平面接触，然后，左手托住炉子托架，右手先拧紧托架固定螺钉，再拧紧玻璃管上拼帽，然后将托架固定螺钉拧松，玻璃管自动调整位置后，再次拧紧托架固定螺钉。

③ 取放样品：先把微分单元量程放置“⊥”档。放样品时，先将炉子(按上述方法)下至导杆的底部，卸下热电偶外罩，拧松托架固定螺钉，将样品盘托移至样品支架下方约 2 mm 处(见图 2.87)，用医用镊子，将经清洗烘干的坩埚轻放在平板热电偶上，用电减码平衡两只坩

埚及参比物的质量，如图 2.88 所示。然后取出被放测试样的坩埚，将被测样品放入坩埚内，均匀铺平，再轻轻放在平板热电偶上，注意观察接口单元 TG 挡电压值不得超过 5 V。左手托住托板，右手拧松托板螺钉，将托架向下移动，当盘托脱离样品盘约 10 mm 时，将托架向右转动，停于主机中心或偏右的位置，装上热电偶外罩，将炉子上升(方法同前)，拧紧玻璃管上拼帽，计算机采样得到试样质量，升温试验结束后按上述方法取出样品。

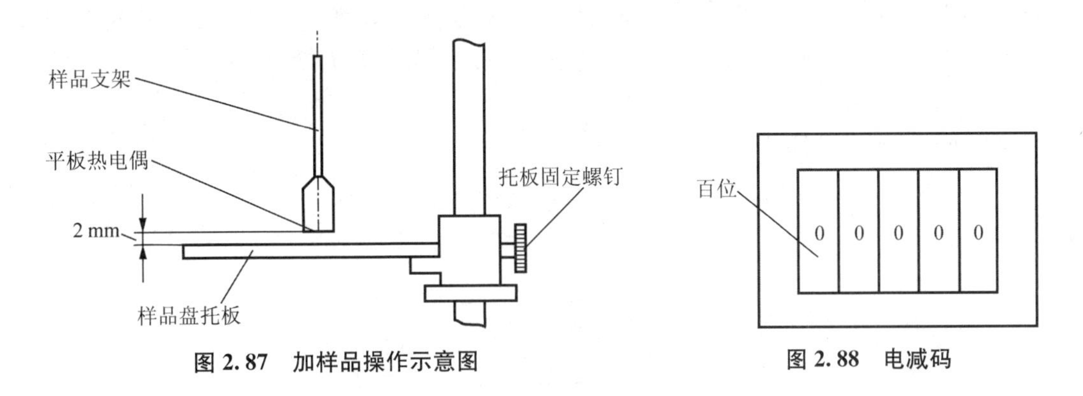

图 2.87 加样品操作示意图

图 2.88 电减码

④ 取放样品时，应尽量防止样品盘和吊杆晃动。如发生晃动，应设法使样品停止晃动后，再将炉子上升，炉子上升并固定后，应复检样品盘是否在炉子中心。如发现偏离中心时，可调节炉子中心调节螺钉，直至符合要求。

4) 微分单元

先将量程开关置“⊥”短路挡，待装有试样的坩埚放入样品盘，天平稳定后，再将量程开关置于合适位置，调节调零旋钮可移动微分基线位置。

微分量程由天平单元的倍率和微分单元的微分量程的乘积确定。当天平单元的倍率确定后，微分单元的微分量程值较小，其灵敏度越高，微分峰越大，反之则相反，选择适当的倍率和量程组合可得到满意的 DTG 曲线。

5) 差热放大单元

(1) 面板装置及作用。

① 差热指示表：差热指示表用以显示试样与参比物之间的温度差。

② 斜率调整：差热基线的漂移可以通过“斜率调整”开关来进行部分校正。

③ 量程选择和调零旋钮：量程开关从 $\pm 10\ \mu V$ 到 $\pm 1\,000\ \mu V$ 分 7 挡转换，另有一挡“⊥”，当开关置于“⊥”时，差热放大器的输入端短路，用调零旋钮调整放大器的零位。

④ 移位：旋动该旋钮可使差热基线平移至合适位置。

(2) 操作。

① 差热基线调整。将两只空坩埚放在样品支架上，差热量程置于 $\pm 100\ \mu V$，使炉子以 10 ℃/min 升温。

计算机处理系统执行采样程序(参见该部分操作说明)，观察显示屏上显示的 DTA 曲线，由于坩埚内未放样品和参比物，理论上讲基线应始终是一条直线。在升温过程中若基线偏离原来位置，可通过以下两种方法配合使用来达到调整基线的目的：一是在起始升温时基线出现较大偏移,可调节炉子 3 个中心调节螺钉。使样品支架与炉体相对位置发生变化,将基线拉回原来处;二是待炉温升到约 800 ℃,通过旋动"斜率调整"开关来调整,当基线校正接近原来位置时差热基线调整完毕。以后除非更换或拆卸样品支架和加热炉,否则不必再调整。

② 样品测试步骤。短路调零后选择适当的差热量程,在坩埚内装入试样,加样操作参见前面"样品称重"部分。另一坩埚放入质量相等的参比物 $\alpha-Al_2O_3$,样品置于支架左侧,参比物置于右侧,选择适当的差热量程。如果是未知样品,可先用较大量程预做一次。

6) 微机温控单元

(1) 面板装置及功能如图 2.89 所示。

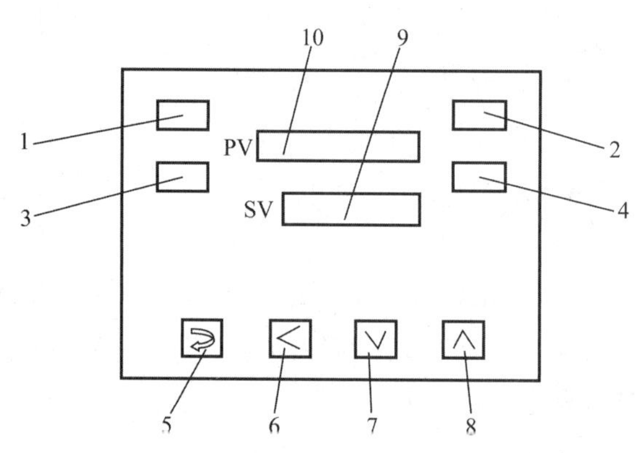


1—输出指示;2—报警指示;3—自整定;4—程序控温运行指示;5—设置键(回车键);
6—数据移位键(程序温度设置);7—数据减少键(暂停/运行);
8—数据增加键(停止 stop);9—给定值显示;10—测量值显示。

**图 2.89 微机温控单元面板装置示意图**

(2) 程序编排与操作:仪表的程序编排统一采用温度—时间—温度—时间……格式。

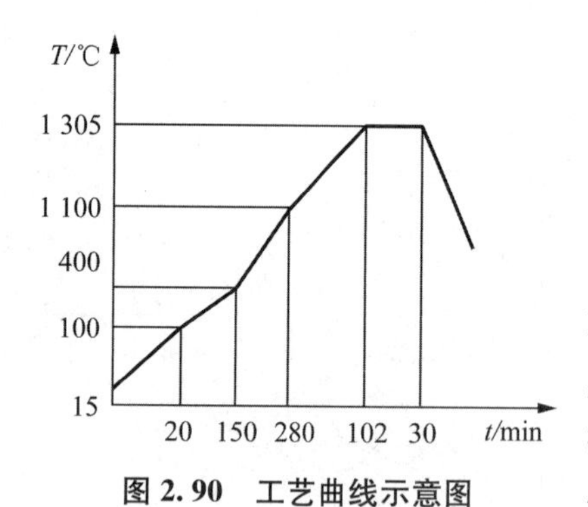


**图 2.90 工艺曲线示意图**

其定义如下:从当前段设置温度,经过该段设置的时间到达下一温度。温度设置值的单位为℃。而时间设置值的单位都是 min。

例如,有一工艺曲线如图 2.90 所示。

按"＜"键,仪表就进入程序输入设置状态。先显示第一段的温度值,其后依次按键,就依次为显示第一段及其后各段的时间值及温度值,可按"∧、∨"键修改数据。按"＜"键可移动光标,可分别移至个位、十位、百位、千位,能起到快速修改的目的。

以上工艺曲线操作步骤如下:

| 按键 | 上显示器 | 下显示器 | 说明 |
| --- | --- | --- | --- |
| ＜ | C01 | 15 | 第一段温度为 15 ℃即起始温度 |
| ↩ | T01 | 20 | 第一段时间为 20 min |

| | | | |
|---|---|---|---|
| ↵ | C02 | 100 | 第二段温度为 100 ℃ |
| ↵ | T02 | 150 | 第二段时间为 150 mm |
| ↵ | C03 | 400 | 第三段温度为 400 ℃ |
| ↵ | T03 | 280 | 第三段时间为 280 min |
| ↵ | C04 | 1 100 | 第四段温度为 1 100 ℃ |
| ↵ | T04 | 102 | 第四段时间为 102 min |
| ↵ | C05 | 1 305 | 第五段温度为 1 305 ℃，到达保温温度 |
| ↵ | T05 | 30 | 第五段时间为 30 min，即保温时间 |
| ↵ | C06 | 1 305 | 第六段温度为 1 305 ℃，保温度结束 |
| ↵ | T06 | −121 | 结束，关闭输出 |

温控单元操作如下：

先程序编排，方法同上，在每次升温前必须先按"∧"停止(Stop)键，使 SV 显示"Stop"时松键，然后按"∨"运行/暂停键 SV 显示"run"时松键，观察电压表若已有较高电压时，应立刻按"∨"运行/暂停键 SV 显示"Hold"时松键，仪表进入大放电等待，当电压降至约零伏时，再按"∨"运行/暂停键 SV 显示"run"时松键，此时进入程序升温可将电炉电压开关打开，炉压开关绿色为炉压开，红色为炉压关。

"Loc"必须为"0"，否则只能运行前一个程序，用户不能现场修改升温程序(在程序执行时)。按设置键所显示的参数，不得随意改变，否则影响温控单元的正常工作。设置键通常作为回车键。

7) 气氛控制单元

(1) 打开所需气体钢瓶上的压力表，调节减压阀手柄，使压力表指针指示在 0.2～0.3 MPa 位置。

(2) 接通气氛控制仪电源，按电源开关，电源指示灯亮，将气路切换开关拨向氮气($N_2$)处，调流量计上的旋钮使 $N_2$ 气体流量计的转子上升到自己所需流量范围之内。例如操作热天平时应调到 30～60 $cm^3 \cdot min^{-1}$ 之内。

(3) 气氛切换操作，在气氛控制仪后板上有气体输入接口，应预先接好自己所需的两种气体。例如氧气和氮气，将气路切换开关拨到左面 $N_2$ 处，就接通氮气，当需要切换氧气时，只需将气路切换开关拨向 $O_2$ 处，就达到了气体切换的要求，既方便又直观。

气氛操作结束时，关闭气体钢瓶压力阀，然后按电源开关切断电源，气氛仪安全操作结束。

# 第3章

# 化学热力学实验

## 3.1 恒温槽的使用与液体黏度的测定

### 3.1.1 实验目的

(1) 熟悉恒温槽的构造及各部件的功能,学会恒温槽的安装和使用方法。

(2) 了解贝克曼温度计的使用方法,测定恒温槽的灵敏度曲线。

(3) 学会使用乌氏黏度计测量液体的黏度。

### 3.1.2 实验原理

1) 恒温槽的灵敏度及其测定

恒温槽的灵敏度是衡量恒温槽恒温性能好坏的主要标志。灵敏度与采用的工作介质、感温元件、搅拌速率、加热器功率的大小、恒温槽的体积大小及其热量散失情况、继电器的灵敏度等诸多因素有关。

为了测定恒温槽的灵敏度,可在指定温度下,采用贝克曼温度计来测定恒温槽温度的微小变化,作出恒温槽温度 $T$ 随时间变化的曲线,如图 3.1 所示。其中曲线(a)表示恒温槽的灵敏度良好,温度的波动极微小;曲线(b)表示灵敏度较差,需要更换较灵敏的水银接点温度计;曲线(c)表示加热器的功率太大;曲线(d)表示加热器的功率太小。

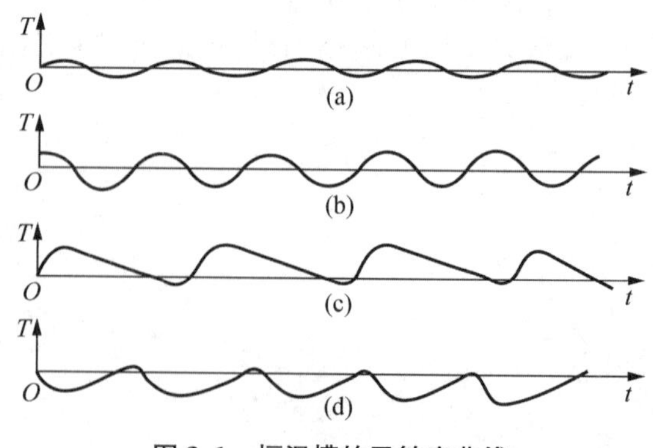


图 3.1 恒温槽的灵敏度曲线

若灵敏度曲线上的最高温度为 $T_{高}$，最低温度为 $T_{低}$，则恒温槽的灵敏度 $T_E$ 可表示为

$$T_E = \pm \frac{T_{高} - T_{低}}{2} \tag{3.1}$$

槽温是由槽内 0.1℃分度精密温度计指示的，以 $T$ 表示，则恒温槽的温度以 $T \pm T_E$ 表示。

2) 液体的黏度及其测定

黏度是流体分子在流动时内摩擦情况的反映，是流体的一项重要性质。测定液体黏度的仪器和方法，主要可分成3类：

(1) 毛细管黏度计——由液体在毛细管里的流出时间计算黏度。

(2) 落球黏度计——由圆球在液体里的下落速度计算黏度。

(3) 扭力黏度计——由一转动物体在黏滞液体中所受的阻力求算黏度。

在测定低黏度液体及高分子物质的黏度时，以使用毛细管黏度计较为方便。

液体在毛细管黏度计中因重力作用而流出时，服从泊塞叶(Poiseuille)公式：

$$\frac{\eta}{\rho} = \frac{\pi h g r^4 t}{8lV} - m\frac{V}{8\pi l t} \tag{3.2}$$

式中，$\eta$ 为液体的黏度；$\rho$ 为液体的体积质量；$l$ 为毛细管长度；$r$ 为毛细管半径；$t$ 为流出时间；$h$ 为流过毛细管液体的平均液柱高度；$g$ 为重力加速度；$V$ 为流经毛细管的液体体积；$m$ 为毛细管末端校正系数。对于某一指定的黏度计而言，式(3.2)可写为

$$\frac{\eta t}{\rho} = At^2 - B \tag{3.3}$$

式中，$A$ 和 $B$ 为毛细管常数。

乌氏(Ubbelohde)黏度计就是根据泊塞叶公式而设计的一种测黏度的仪器，如图3.2所示。测量中取一定体积(即管中记号 $a$ 和 $b$ 之间)的液体，测定它在自身重力作用下流过毛细管所需的时间 $t$。先利用黏度已知的液体(一般取水)测定毛细管常数 $A$ 和 $B$。具体方法：在不同温度下，用同一黏度计测定水的流出时间 $t$，水在不同温度下的黏度数据可由附录7查得。根据式(3.3)，以 $\frac{\eta t}{\rho}$ 对 $t^2$ 作图，得一直线，由直线的斜率和截距求出毛细管常数 $A$、$B$ 值。然后对被测液体在一定温度下进行测定，利用式(3.3)便可求得该温度下被测液体的黏度。

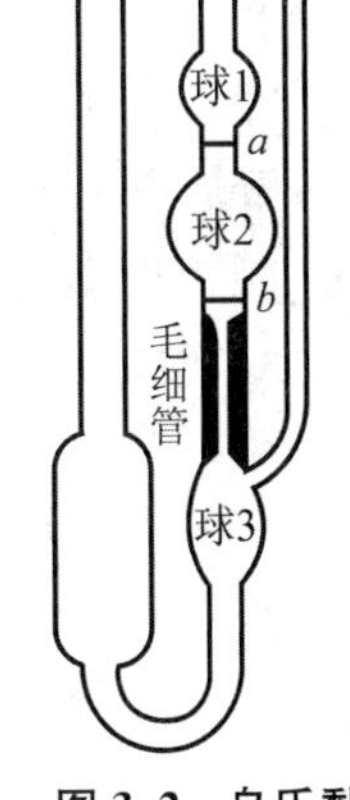


**图3.2 乌氏黏度计**

### 3.1.3 仪器与药品

恒温槽装置1套(包括玻璃水浴、电加热器、电动搅拌器、电子继电器、水银接点温度计、0～50℃的0.1℃分度精密温度计1支、2 kW调压变压器)，贝克曼温度计1支，乌氏黏度计1支，停表1只，放大镜、吸球、胶管、夹子各1个。

蒸馏水，乙醇(B)水溶液(体积分数 $\varphi_B = 0.20$)。

### 3.1.4　实验步骤

1) 恒温槽的安装

恒温槽的工作原理及装置见第2章2.1节。

按照图3.3以及第2章2.1节中图2.7,装配恒温槽,接好线路。

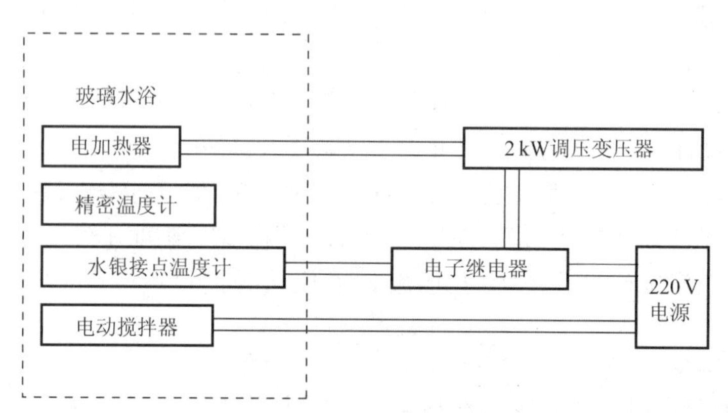


图3.3　恒温槽的接线示意图

在安装中,应注意各个部件的合理布局。布局的原则是搅拌器靠近加热器,水银接点温度计和精密温度计置于需要恒温的系统附近。

2) 调节恒温槽的温度

开启电子继电器,开动搅拌器,将与加热器相连的调压变压器调至220 V或某指定值,调节水银接点温度计,使其标铁上端与辅助温度标尺相切的温度示值较所需控制的温度低1～2℃,及时锁住固定螺钉。这时,电子继电器的红色指示灯亮,表示加热器工作;直至电子继电器的绿色指示灯亮,表示加热器停止加热。观察恒温槽中的精密温度计,根据其与所需控制温度的差距,进一步调节水银接点温度计中金属丝的位置。细心地反复调节,直至在红、绿灯交替出现期间,精密温度计的示值恒定在所需控制的温度为止(第一个指定温度为25.0℃,冬季可取20.0℃,夏季可取30.0℃)。最后将固定螺钉锁紧,使磁铁不再转动。

3) 恒温槽灵敏度的测定

(1) 根据恒温槽的指定温度,调节好贝克曼温度计,使其在指定温度时的示值在2～3℃刻度间。

(2) 仔细观察恒温槽温度的微小波动。每隔30 s记录一次温度(同时读取贝克曼温度计和精密温度计的示值),共记录30个数据(至少测定温度波动的三个周期)。

4) 乙醇水溶液($\varphi_B$=0.20)黏度的测定

此实验可以与恒温槽灵敏度的测定实验同时进行。

(1) 取一支干燥、洁净的乌氏黏度计(见图3.2),由A管加入乙醇水溶液($\varphi_B$=0.20)约30 $cm^3$,在C管顶端套上一段胶管,用夹子夹紧,使其不漏气。

(2) 将乌氏黏度计置于恒温槽内,使球1完全浸没在恒温水中,并要求黏度计严格保持

垂直位置。在指定温度 25 ℃下恒温 5 min。

(3) 用吸球由 B 管将溶液吸至球 1。移去吸球，打开 C 管顶端的套管夹子，使球 3 与大气相通，让溶液在自身重力的作用下自由流出。当液面到达刻度 $a$ 时，按停表开始计时。当液面降至刻度 $b$ 时，再按停表，测得刻度 $a$、$b$ 之间的溶液流经毛细管的时间。反复操作三次，三次数据间相差应不大于 0.1 s，取平均值，即为流出时间 $t$。

(4) 从恒温槽中取出黏度计，用蒸馏水将黏度计洗涤干净。由 A 管加入蒸馏水约 30 $cm^3$。按上述方法测定此温度下蒸馏水的流出时间。

(5) 不同温度下，测定蒸馏水的流出时间。为此，调节恒温槽的温度至一系列任意指定温度(例如 30.0 ℃、35.0 ℃、40.0 ℃、45.0 ℃)，按步骤(3)再记录 4 个数据。

### 3.1.5　注意事项

(1) 恒温槽安装完毕后，须征得教师同意方能接通电源。

(2) 贝克曼温度计易损坏，操作前一定要仔细阅读第 2 章 2.1 节中有关贝克曼温度计的介绍。

(3) 每次在把水银接点温度计调节好以后，一定要锁紧固定螺钉。

(4) 乌氏黏度计的放置一定要保持垂直，它的 C 管易折断，操作时要细心。

### 3.1.6　数据记录与处理

1) 数据记录

(1) 恒温槽灵敏度的测定：

恒温槽温度：________

| $t$/s | 0 | 30 | 60 | 90 | 120 | …… |
|---|---|---|---|---|---|---|
| $T_B$/K(贝克曼温度计) | | | | | | |
| $T$/K(精密温度计) | | | | | | |

(2) 乙醇水溶液($\varphi_B$=0.20)黏度的测定：

恒温槽温度：________

| | 乙醇水溶液 | 水 |
|---|---|---|
| $T$/K | | |
| $t_1$/s | | |
| $t_2$/s | | |
| $t_3$/s | | |
| $\langle t \rangle$/s | | |

2) 数据处理

(1) 恒温槽灵敏度的测定。

以 $T_B$ 对 $t$ 作图,绘出本恒温槽装置(在指定操作条件下)的灵敏度曲线,由曲线上的 $T_{高}$ 和 $T_{低}$ 求出灵敏度 $T_E$。

(2) 乙醇水溶液($\varphi_B$=0.20)黏度的测定。

① 根据水在不同温度下的流出时间 $t$、体积质量和黏度(后两项数据可查附录 2 与附录 7 或有关手册),以$\frac{\eta t}{\rho}$对 $t^2$ 作图,由直线的斜率和截距,求 A、B 值。

| | $T$/K | $\rho$/kg·m$^{-3}$ | $\eta$/mPa·s | $t$/s | $\frac{\eta t}{\rho}\Big/\frac{\text{mPa·s}^2}{\text{kg·m}^{-3}}$ | $t^2$/s$^2$ |
|---|---|---|---|---|---|---|
| 乙醇水溶液 | | | | | | |
| 水 | | | | | | |
| 水 | | | | | | |
| 水 | | | | | | |
| 水 | | | | | | |
| 水 | | | | | | |

② 求算乙醇水溶液($\varphi_B$=0.20)在指定温度的黏度,乙醇水溶液($\varphi_B$=0.20)的体积质量 $\rho$ 如表 3.1 所示。

**表 3.1 不同温度下,乙醇水溶液($\varphi_B$=0.20)的体积质量 $\rho$**

| $t$/℃ | $\rho$/kg·m$^{-3}$ | $t$/℃ | $\rho$/kg·m$^{-3}$ |
|---|---|---|---|
| 20.0 | 968.6 | 30.0 | 964.0 |
| 25.0 | 966.4 | 35.0 | 961.4 |

### 3.1.7 思考题

(1) 恒温槽装置有哪些部件组成?

(2) 水银接点温度计的结构有什么特点?如何用它来控制恒温槽的温度?

(3) 为什么恒温槽的温度仍然会发生微小的波动?

(4) 液体的黏度与温度的关系如何?

### 3.1.8 应用

温度控制系统一般分为两种。

一种是利用物质的相变点温度来实现的。例如,液氮(−195.9 ℃)、冰—水(0 ℃)、干冰—丙酮(−78.5 ℃)、沸点水(100 ℃)、沸点萘(218.0 ℃)、沸点硫(444.6 ℃)、$Na_2SO_4$·

$10H_2O$(32.38℃)等。当这些物质处于相平衡时,构成一个恒温介质浴,可以获得一个高度稳定的恒温条件。

另一种是利用电子调节系统,对加热或制冷装置进行自动调节,通过介质达到温度控制的目的。对于工作介质的选择,可以根据恒温范围而定(见表3.2)。

**表3.2　某些液体介质的恒温范围**

| 液体介质 | 恒温范围/℃ |
| --- | --- |
| 乙醇或乙醇水溶液 | −60～30 |
| 水 | 0～90 |
| 甘油 | 80～160 |
| 液体石蜡或硅油 | 70～200 |

在实际应用方面,通过测定高分子溶液的黏度,可以从理论上确定高分子溶液的流型及摩尔质量等。黏度被用来鉴定润滑油及其他石油产品的质量。此外,流体在管路内输送所需要的能量与它的黏度密切相关。

测定较黏稠液体的黏度,可用落球法,即利用金属圆球在液体中下落的速度来表征液体的黏度。或者用转动法,即液体在同轴圆柱体间转动时,由液体的内切应力形成的摩擦力的大小来表征液体的黏度。

## 3.2 燃烧焓的测定

### 3.2.1　实验目的

(1) 使用氧弹式量热计测定萘的燃烧焓。

(2) 了解量热计的原理和构造,掌握其使用方法。

### 3.2.2　实验原理

物质B的标准摩尔燃烧焓 $\Delta_c H_m^{\ominus}$(B,相态,$T$)是指在温度为 $T$,物质B完全燃烧氧化成相同温度下指定产物时反应的标准摩尔焓[变],其相应的燃烧反应方程式中B的化学计量数 $v_B=-1$。所谓指定产物,例如C、H及S等完全氧化的指定产物,分别是 $CO_2(g)$、$H_2O(l)$及 $SO_2(g)$等。在恒容条件下,测得的燃烧热称恒容燃烧热 $Q_V$,其量值等于在燃烧反应前后系统的热力学能的改变 $\Delta U$。若反应系统中的气体物质均可视为理想气体,根据热力学推导,$\Delta_r H_m$ 与 $\Delta_r U_m$ 的关系为

$$\Delta_r H_m=\Delta_r U_m+RT\sum_B v_B(g) \tag{3.4}$$

式中,$T$ 为反应温度;$\Delta_r H_m$ 为反应的摩尔焓变;$\Delta_r U_m$ 为反应的摩尔热力学能变;$v_B(g)$为燃烧反应方程式中气体物质B的化学计量数;$R$ 为摩尔气体常数。

燃烧热通常是用氧弹式量热计(见图3.4)测定的。测实验得的是恒容反应热 $Q_V$(=

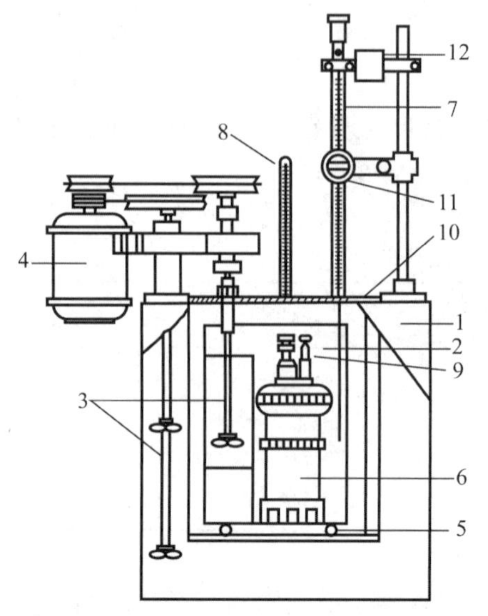


1—水夹套;2—内桶;3—搅拌器;4—搅拌电动机;5—绝热支柱;6—氧弹;7—贝克曼温度计;8—温度计;9—电极;10—弹盖;11—放大镜;12—电振动装置。

**图 3.4 氧弹式量热计**

$\Delta U$),通过式(3.4)即可计算出摩尔燃烧焓变 $\Delta_r H_m$。

氧弹量热计装置如图 3.5 所示,内桶(3)为仪器的主体,是本实验研究的系统。设这一系统为孤立系统,那么燃烧反应前后系统的 $\Delta U=0$。为了尽量减少系统与环境的热交换,采用了水夹套(1)和空气绝热层,水夹套(1)中的水温与测量温度相近,内桶(3)上方用热绝缘板覆盖。内桶(3)中盛满水,用以吸收燃烧反应放出的热量。搅拌器(5)可使内桶水温迅速达到均匀。燃烧反应前后水温的变化,可用贝克曼温度计(6)精确测量。

图 3.6 为氧弹剖面示意图。待测物质置于燃烧皿中,用燃烧丝与两电极相连(其中一根电极兼做进气管),弹体内充入 1~2 MPa 的氧气。当两电极通电,待测物及燃烧丝即燃烧,放出的热量全部被量热计系统所吸收。量热计系统包括内桶中的水、氧弹、搅拌器、贝克曼温度计以及氧弹内反应系统中的各物质等。用贝克曼温度计测出燃烧前后量热计的温度变化值 $\Delta T$ 代入式(3.5)即可求出燃烧热 $Q_{V,m}(=\Delta_r U_m)$。

$$\Delta U=\frac{m}{M}Q_{V,m}+lQ_l+K\Delta T=0 \tag{3.5}$$

式中,$m$ 为待测物的质量;$M$ 为待测物的摩尔质量;$Q_{V,m}$ 为待测物质在恒容条件下燃烧时放出的摩尔恒容热;$l$ 为燃烧掉的燃烧丝的长度;$Q_l$ 为单位长度燃烧丝燃烧后产生的热量;$K$ 为量热计系统的热容量(又称为量热计水当量)。

量热计水当量 $K$ 值可以通过已知燃烧热的热化学标准物质来标定,最常用的热化学标准物质是苯甲酸。已知量热计水当量 $K$ 值后,就可以利用式(3.5)来测定其他物质的燃烧热。

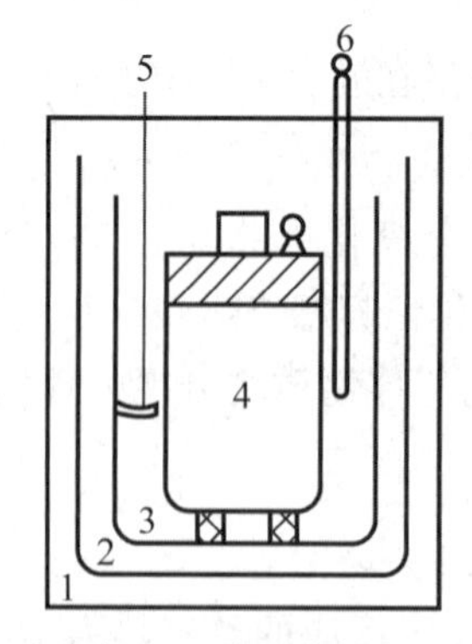


1—水夹套;2—空气隔热层;3—内桶;4—弹体;5—搅拌器;6—温度计。

**图 3.5 氧弹量热计装置示意图**

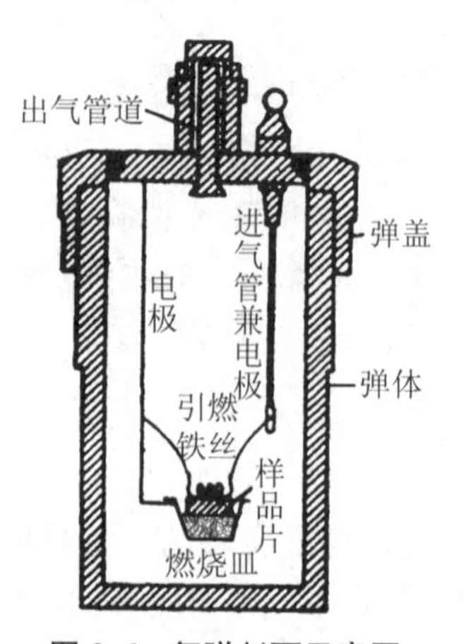


**图 3.6 氧弹剖面示意图**

苯甲酸的标准摩尔燃烧焓变 $\Delta_c H_m^{\ominus}$(苯甲酸,s,298.15 K)$=-3\,226.7\ kJ\cdot mol^{-1}$,引燃铁丝的燃烧热 $Q_l=-6.699\ J\cdot cm^{-1}$。

### 3.2.3　仪器与药品

弹式量热计 1 套,贝克曼温度计 1 支,1 000 $cm^3$ 和 2 000 $cm^3$ 容量瓶各 1 个,温度计 1 支,镊子、小扳手各 1 把,压片机,直尺,铁丝或镍丝,酸洗石棉,燃烧皿,万用电表,台秤,分析天平,氧气瓶等。

分析纯的苯甲酸和萘。

### 3.2.4　实验步骤

1) 用苯甲酸标定量热计热容量 $K$

(1) 准确截取 10～13 cm 铁丝或镍丝。用台秤称取 0.8～1 g 苯甲酸样品,在压片机上压成片状。将样品在干净的称量纸上轻击二三次后,再用分析天平准确称量。

(2) 拧开氧弹盖,将氧弹内壁擦干净。在燃烧皿底部放少许酸洗石棉,再将苯甲酸样品放入燃烧皿中,然后将燃烧皿放在氧弹盖金属弯杆的环上(见图 3.6)。在直径约 3 mm 的金属棒上,将引燃铁丝(或镍丝)中段绕成螺旋形 5～6 圈。将引燃铁丝(或镍丝)的螺旋部分紧贴在苯甲酸样品的表面,两端固定在电极上,如图 3.6 所示。引燃铁丝(或镍丝)切不可触及燃烧皿壁。

(3) 用万用电表检查两电极间电阻值,一般不应大于 20 Ω,也不应为零。慢慢旋紧氧弹盖,拧紧氧弹盖上的放气阀,卸下进气阀上的螺栓,然后将钢瓶中的氧气通过进气阀向氧弹缓缓充入 1～2 MPa 的氧气。氧气充毕,检查氧弹是否漏气。再次用万用电表检查,并确认氧弹的两极为通路。否则应放出氧气,开盖检查。

(4) 将氧弹放入干燥的内桶中。然后将调节至低于室温 1 ℃的 3 000 $cm^3$ 自来水小心地倒入内桶。调节贝克曼温度计,使它在水中时水银柱指示在 1～2 ℃之间。

(5) 将点火插头插在氧弹电极上。装好搅拌器,把已调节好的贝克曼温度计插入内桶,使水银球位于氧弹高度的一半处,应注意勿与内桶或弹壁相碰。然后开动内、外桶搅拌器,经 3～5 min 后,待贝克曼温度计指示温度均匀变化后,即开始记录。

每套量热计均附有定时电动振动器,每隔 0.5 min 振动贝克曼温度计一次,以消除温度计毛细管壁对水银柱升降的黏滞现象。每次振动后读取温度,即每隔 0.5 min 读取温度一次。

为了便于处理实验数据,测定记录的全过程分为 3 个阶段。

① 前期:即样品燃烧前的阶段,共读取温度 10 次。

② 反应期:样品燃烧阶段,在初期最末一次读取温度的瞬间,扳动点火开关,点火时间不得超过 1 s。初期指自点火开始,直至两次温度读数差值小于 0.005 ℃为止。

③ 后期:共读取温度 10 次。

(6) 从量热计内桶取出氧弹,将内桶中的水倒掉,并将内桶擦干。缓缓打开氧弹放气阀,使气体缓缓放出,降至常压。拧开并取下氧弹盖,仔细检查氧弹内,若发现氧弹内有烟黑或

未燃尽的样品微粒,则这次实验无效。

(7) 为了求算实验中燃烧掉的燃烧丝的放热量,应该量取剩余燃烧丝的长度,以求得实际燃烧掉的燃烧丝的长度。

2) 测定萘的恒容燃烧热

实验步骤同上。

### 3.2.5 注意事项

(1) 氧弹充气时,严禁钢瓶、阀门、工具扳手及操作者手上沾有油脂,以防燃烧和爆炸。

(2) 开启阀门时,人不要站在钢瓶出气处,头不要在钢瓶头之上,以确保人身安全。

(3) 开启总阀门前,氧气表调压阀应处于关闭状态,以免突然打开时发生意外。

(4) 钢瓶内压力不得低于1 MPa,否则不能使用。

### 3.2.6 数据记录与处理

(1) 将苯甲酸及萘的燃烧热的测量数据,分别按下表列出。

样品的名称:________　　样品的质量 $m$:________

燃烧丝的长度:________　　剩余燃烧丝的长度:________

已燃烧的燃烧丝长度 $l$:________

水夹套中水浴的温度:________

| 前期 | | 反应期 | | 后期 | |
|---|---|---|---|---|---|
| $t$/min | $T$/K | $t$/min | $T$/K | $t$/min | $T$/K |
| | | | | | |

以上表格应不少于20个空行。

(2) 求算 $\Delta T$ 值:实际上,系统与环境的热交换是无法完全避免的,它对温差测量值的影响可用雷诺温度校正图来校正。

首先,根据实验数据绘出 $T-t$ 曲线,如图3.7或图3.8所示。然后,光滑联结实验数据点成 $FHDG$ 曲线。再将直线 $FH$ 外推至 $A$ 点,同样将直线 $DG$ 外推至 $C$ 点。在两直线 $FA$ 和 $CG$ 之间,平行于纵坐标作一条垂直线 $ab$,分别相交于 $C$、$I$ 和 $A$ 点,并且使曲线 $IHA$ 所包围的面积与曲线 $CDI$ 所包围的面积相等。$CA$ 两点间的温差即为校正后的 $\Delta T$ 值。

雷诺校正图中的 $I$ 点也可以用另一种方法确定:取 $H$ 点和 $D$ 点的温度平均值,即取 $0.5\times(T_H+T_D)$,在纵轴上找到该平均值对应的点并平行于横轴作一条水平线,水平线会和温度上升曲线交于一点,该点即为 $I$ 点。

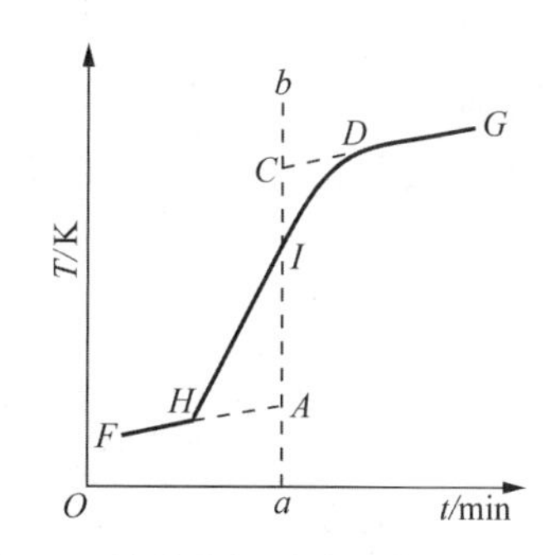


**图 3.7 绝热良好时的雷诺温度校正图**

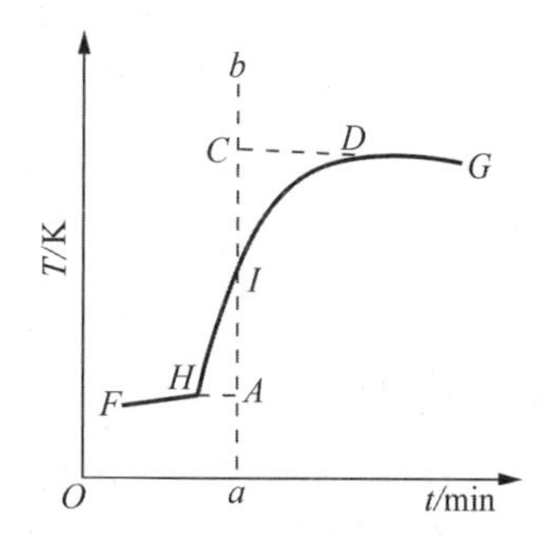


**图 3.8 绝热较差时的雷诺温度校正图**

(3) $K$ 值的计算:根据式(3.5),$K$ 值可以表示为

$$K=-\frac{\frac{m}{M}Q_{V,\mathrm{m}}+lQ_l}{\Delta T} \tag{3.6}$$

将苯甲酸的实验数据代入式(3.6),即可求出 $K$ 值。

(4) 计算萘的摩尔燃烧焓:根据式(3.5),萘的燃烧热计算公式可以表示为

$$Q_{V,\mathrm{m}}=\frac{-M(K\Delta T+lQ_l)}{m} \tag{3.7}$$

将萘的实验数据代入式(3.7),计算 $Q_{V,\mathrm{m}}(=\Delta_{\mathrm{r}}U_{\mathrm{m}})$。再根据式(3.4),即可计算出萘的摩尔燃烧焓变 $\Delta_{\mathrm{c}}H_{\mathrm{m}}$。

### 3.2.7 思考题

(1) 将实验测定的萘的燃烧热与手册上的数据对比,计算实验误差,并予以讨论。

(2) 在使用氧气钢瓶及氧气减压阀时,应注意哪些规则?

(3) 试述贝克曼温度计与普通水银温度计的区别及其使用方法。

(4) 写出萘燃烧过程的反应方程式。如何根据实验测得的 $Q_{V,\mathrm{m}}$ 求出 $\Delta_{\mathrm{c}}H_{\mathrm{m}}$?

### 3.2.8 应用

燃烧焓是热化学中一种基本数据。一般化学反应的摩尔焓[变]$\Delta_{\mathrm{r}}H_{\mathrm{m}}$ 或大部分物质 B 的标准摩尔生成焓 $\Delta_{\mathrm{f}}H_{\mathrm{m}}^{\ominus}$(B,相态,$T$),往往由于反应太慢或反应不完全而很难用实验的方法来直接测定。但是,大部分可燃物质 B 的标准摩尔燃烧焓 $\Delta_{\mathrm{c}}H_{\mathrm{m}}^{\ominus}$(B,相态,$T$)则是可以通过实验准确测量的。利用热力学第一定律,可由这些物质的标准摩尔燃烧焓求出其他化学反应的标准摩尔焓[变]$\Delta_{\mathrm{r}}H_{\mathrm{m}}^{\ominus}(T)$。

氧弹量热计是一种较为精确的经典实验仪器,在生产实际中广泛应用于测定可燃物的热值,还可以利用燃烧焓判别燃料的质量。本试验装置可测绝大部分固态可燃物质,也可用来测定液态可燃物质。以药用胶囊本身做样品管,将液态可燃物质装入样品管内,胶囊的平

均燃烧焓值应预先标定加以扣除。

有些精密的测定,需对氧弹中所含氮气的燃烧焓值做校正。可预先在氧弹中加入 5 $cm^3$ 蒸馏水。样品燃烧以后,将所生成的稀溶液倒出,用少量蒸馏水洗涤氧弹内壁,一并收集于 150 $cm^3$ 锥形瓶中。微沸 5 min 后,加酚酞指示剂,用浓度为 0.1 $mol \cdot dm^{-3}$ 的 NaOH 溶液标定。这部分热值应从燃烧焓中扣除。

## 3.3 中和焓的测定

### 3.3.1 实验目的

(1) 通过实验理解中和焓的概念。
(2) 学会用量热器来直接测定化学反应的摩尔焓[变]的实验方法。
(3) 掌握使用温度温差测量仪。
(4) 掌握用图解法进行数据处理以求得正确 $\Delta T$ 的方法。

### 3.3.2 实验原理

在温度 $T$ 时,无限稀释的 $H^+$ 和 $OH^-$ 发生作用生成相同温度下的 $H_2O(l)$ 所产生的焓变称为摩尔中和焓 $\Delta_{中和} H_m$。书写化学反应方程式时,要使 $H_2O$ 的化学计量数 $v(H_2O,l)=+1$。摩尔中和焓的单位为 $J \cdot mol^{-1}$ 或 $kJ \cdot mol^{-1}$。

摩尔中和焓与温度有关。在 18 ℃ 时,$\Delta_{中和} H_m = -57.74\ kJ \cdot mol^{-1}$;在 20 ℃ 时,$\Delta_{中和} H_m = -57.11\ kJ \cdot mol^{-1}$。所以,测定摩尔中和焓时应注明温度。原则上,不论所取何种酸和碱,中和作用总是可以归结为 $H^+$ 和 $OH^-$ 生成 $H_2O(l)$ 的反应,在相同温度下必然放出相同的热量,用离子方程式表示为

$$H^+(aq) + OH^-(aq) \rightleftharpoons H_2O(l)$$

$$\Delta_{中和} H_m(298.15\ K) = -55.90\ kJ \cdot mol^{-1}$$

实际上,所用的酸和碱均有一定的浓度,在中和反应发生的同时,还发生酸碱的稀释,也伴随有热量产生,故在测定中和焓时,应进行稀释焓的校正。

当酸(碱)为弱电解质时,在酸碱中和的同时,除发生稀释外,还发生弱酸(弱碱)的电离。电解质电离时,要吸收热量。所以用弱酸(弱碱)来测定中和焓时,除进行稀释焓的校正外,还应进行电离焓的校正。

中和焓的测定有直接测定和间接测定两种,直接测定又称量热法。量热法是在一绝热的量热器内进行的。由测量系统温度的升高而求得中和焓:

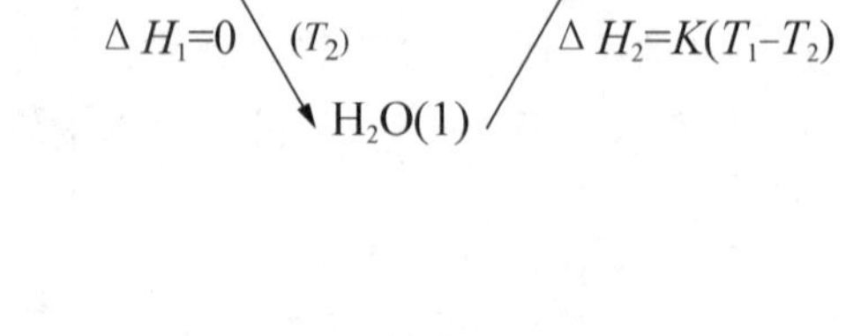

$$H^+(aq) + OH^-(aq) \xrightarrow[(T_1)]{\Delta_{中和} H_m} H_2O(1)$$

$\Delta H_1 = 0$ $(T_2)$ ↘ $H_2O(1)$ ↗ $\Delta H_2 = K(T_1 - T_2)$

$$\Delta_{中和} H_m = \Delta H_1 + \Delta H_2 = K(T_1 - T_2) = -K\Delta T \tag{3.8}$$

由过程图可知：欲计算出中和反应的焓变，必须知道量热器常数 $K$（表示量热器各部热容量之和，亦即加热此量热器系统，升高单位温度所需的热量）。测定 $K$ 的方法很多，本实验中采用电加热标定法：

$$K = Q_{电} / \Delta T_{电} \tag{3.9}$$

电加热器给系统的热量 $Q_{电}$，可由通电时间 $t$、电流强度 $I$、电压 $E$ 进行计算：

$$Q_{电} = IEt \tag{3.10}$$

如在绝热的情况下，由于通电引起系统温度升高的 $\Delta T_{电}$ 可测出，$K$ 值便可求得。所以量热法测定中和焓的方法：在绝热容器中，先求得量热器常数 $K$，然后根据 $K$ 值和测得的 $\Delta T_{中和}$ 求出预测的热量，再将其进行校正以算出中和焓。

由于搅拌器的作用，以及量热计不是严格的绝热系统，系统与环境总会发生微小的热交换。这样测得的反应前后的温度差 $\Delta T$ 并不是绝热条件下的温度差 $\Delta T$，所以，需要对所测的温度差进行校正。通常先根据实验数据作出 $T-t$ 曲线（见图 3.9），从曲线上相当于反应前后平均温度的 $M$ 点引出垂直于 $t$ 坐标的垂线并与温度读数的延长线交于 $A$、$B$ 两点，相应的 $\Delta T$ 即为所求的真实温差。

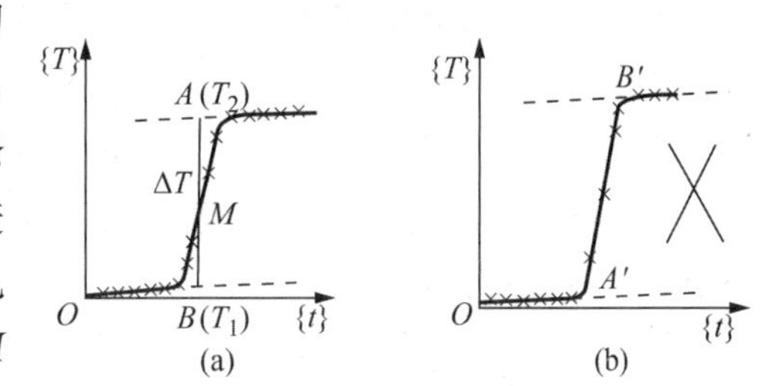


图 3.9　系统绝热时的雷诺温度校正图

### 3.3.3　仪器与药品

实验前准备：量热器 1 套，直流稳压电源 1 套，电动搅拌器 1 套，洗瓶 1 只，移液管（胖肚）50 $cm^3$、10 $cm^3$ 各 1 只，吸球 1 个，放大镜 1 个，温度温差测量仪 1 套，安培表（0.5 级）1 只，伏特表 1 只，导线若干，500 $cm^3$ 和 250 $cm^3$ 量筒各 1 只；1 $mol \cdot dm^{-3}$ 左右 NaOH 溶液，6 $mol \cdot dm^{-3}$ HCl 溶液。

量热器的构造如图 3.10 所示，在容量为 850 $cm^3$ 的杜瓦瓶（即大口保温杯）上，装有用传热不良材料制成的盖，通过盖子固定热敏电阻温度计、电热器、电动搅拌器和插有玻璃棒的试管。

电热器用阻值 5～6 Ω 的镍铬电热丝，装在 U 形管中制成，具有一定的散热面积，使电热器的热量很容易散出。玻璃试管内装酸，实验开始时，只需用玻璃棒击破试管即可。

电热器采用直流稳压电源加热，安培计和伏特计分别串联和并联在线路中，如图 3.11 所示。

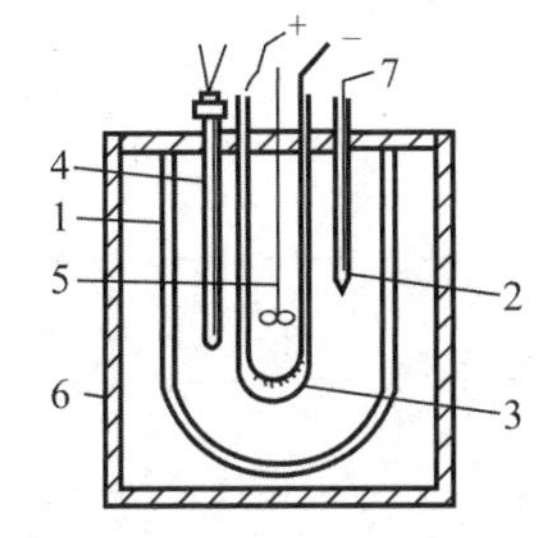


1—杜瓦瓶；2—玻璃试管；3—电热器；4—热敏电阻温度计；
5—电动搅拌器；6—木制外壳；7—玻璃棒。

图 3.10　量热器的构造图

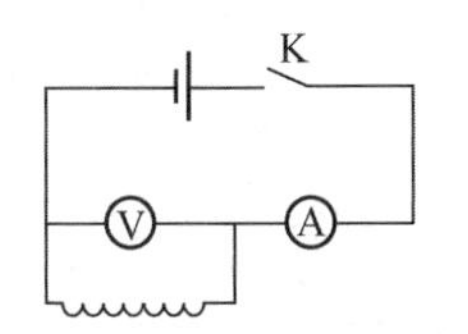


图 3.11　电热器的线路图

### 3.3.4 实验步骤

(1) 在杜瓦瓶中,加入 650 $cm^3$ 蒸馏水和移入已知浓度的 NaOH 溶液 50.00 $cm^3$。在玻璃试管中移入 6 $mol \cdot dm^{-3}$ HCl 溶液 10.00 $cm^3$,同时放入玻璃棒。

(2) 按要求接好搅拌线路及温度温差仪线路;按图 3.11 接好电加热器的线路,由教师检查后,开动搅拌器;调节温度温差测量仪零点;开启加热线路,并正确读得电流、电压值。进行实验前各项仪器的检查。

(3) 关闭加热电路,待稳定一段时间后,按动秒表,开始实验。

(4) 每隔 0.5 min 记录一次温度变化。10 min 后,立即击破试管,此刻温度急速上升,在 1 min 内增加读数次数(每 10 s 读数一次,此时应注意两人的配合),1 min 后仍恢复为每隔 0.5 min 记录一次温度变化。9 min 后(即自开始至此 20 min)立即通电(这时温度又较快上升),并继续温度读数,同时记录电压和电流数值。通电 15 min 后,切断电源(切断电源前应记下电压和电流数值)并记下通电时间,继续搅拌与读数,10min 后终止实验。

(5) 拆除所有接线,仪器按要求归位;倾去杜瓦瓶中液体,并洗涤干净;清理桌面;将实验数据交指导老师检查、签字。

### 3.3.5 注意事项

击破试管应果断,击破试管后,应汼意时间与温度的测量必须同步。温度应测量至小数点后第 3 位。

### 3.3.6 数据记录和处理

1) 实验数据记录

NaOH 溶液的体积 $V(OH^-)$=________ $cm^3$;

NaOH 溶液的浓度 $c(OH^-)$=________ $mol \cdot dm^{-3}$;

HCl 溶液的体积 $V(H^+)$=________ $cm^3$;

HCl 溶液的浓度 $c(H^+)$=________ $mol \cdot dm^{-3}$;

加热线路电压:$E_{始}$=________ V,$E_{终}$=________ V,$\langle E \rangle$=________ V;

加热线路电流:$I_{始}$=________ A,$I_{终}$=________ A,$\langle I \rangle$=________ A;

通电时间 $t$=________ s;

稀释焓 $\Delta_{稀释} H$=________。

2) 测量数据表

| 时间 $t$/min | 温度 $T$/K |
|---|---|
| 0 | |
| 0.5 | |
| 1 | |

（续表）

| 时间 $t$/min | 温度 $T$/K |
|---|---|
| … | |
| 45.0 | |

3）作图并图解求 $\Delta T$

以时间为横坐标，温度为纵坐标作 $T-t$ 曲线，并按图3.9方法求得 $\Delta T$，将结构填入下表。

| $T_2=$ | $T_1=$ | $T_4=$ | $T_3=$ |
|---|---|---|---|
| | $\Delta T_{反}=T_2-T_1$ | | $\Delta T_{电}=T_4-T_3$ |

4）计算

电加热器系统的热量　$Q_{电}=\langle E\rangle\langle I\rangle t$；

量热器常数　$K=Q_{电}/\Delta T_{电}$；

系统在反应前后的焓变　$\Delta H=-K\Delta T_{反}$；

摩尔中和焓　$\Delta_{中和}H_m=(\Delta H-\Delta_{稀释}H)/cV$。

### 3.3.7 思考题

(1) 温度温差测量仪与一般水银温度计有何不同？

(2) 本实验中 HCl 和 NaOH 何者是过量的？既然过量为何要用移液管吸取？

(3) 为何在测定量热器常数 $K$ 时，必须把温度计、试管、玻璃棒等放在量热器内？

(4) 如何求稀释焓？当 HCl 溶液重新配制时，稀释焓会改变否？为什么？

(5) 本实验得出的 $\Delta_{中和}H_m$ 应有几位数字？为什么？

### 3.3.8 应用

量热法除用来测定反应的摩尔[变]外，还可用来测定未知酸、碱的浓度，此法称为热滴定法。

## 3.4 差热分析

### 3.4.1 实验目的

(1) 掌握差热分析的一般原理及其数据处理方法。

(2) 初步学会 ZCR-IV 差热实验装置的使用方法。

(3) 分别对 $KNO_3$ 和 $BaCl_2\cdot 2H_2O$ 进行差热分析。

### 3.4.2 实验原理

许多物质在加热或冷却过程中,当达到某一温度时,会发生熔化、凝固、晶型转变、分解、脱水、吸附及解吸等物理、化学变化,并伴随有吸热或放热的现象。在实验温度范围内不发生任何物理、化学变化(当然也没有任何放热或吸热现象产生)的物质称为参比物,常用的参比物为 $\alpha-Al_2O_3$。当将试样和参比物在相同的条件下加热或冷却,一旦试样发生某种物理、化学变化而引起吸热或放热时,试样与参比物之间就会产生温度差。差热分析(DTA)是在程序控制温度下,测量物质与参比物之间的温度差与温度关系的一种技术。差热分析曲线(DTA 曲线)是描述试样与参比物之间的温差随温度(或时间)的变化关系。

将试样(S)与参比物(R)一同放置在导热良好的铜盒中,将铜盒放在一个可调节升温速率的电炉内,让铜盒以一定的速率升温。当试样没有发生变化时,它的温度与参比物的温度相同,两者之间的温差 $\Delta T=(T_S-T_R)$ 等于零。当试样发生伴有热效应的物理、化学变化时,由于传热速率的限制,试样的温度会由于放热而高于参比物的温度或由于吸热而低于参比物的温度,于是两者之间产生了温差,$\Delta T$ 不等于零。当试样发生放热变化,$\Delta T>0$;当试样发生吸热变化,$\Delta T<0$。

若以温差 $\Delta T$ 对温度 $T$ 作图(见图 3.12),刚开始升温时,$\Delta T=0$,得水平线,称为基线;随着温度升高,当试样发生变化而放热时,$\Delta T>0$,出现峰状曲线,称为放热峰;当试样发生变化而吸热时,$\Delta T<0$,出现反向峰,也称吸热峰;当热效应结束后,经过热传导,试样与参比物的温度又趋于一致,温差消失,$\Delta T=0$,又重现水平线。这种试样与参比物之间的温差随时间变化的曲线就是差热曲线。差热曲线上峰的数目表明试样在测定温度范围内发生伴有热效应的变化的次数,峰所对应的温度代表试样发生变化的温度,峰的面积代表热效应的相对大小。可以用外推法确定试样发生变化起始时的温度(见图 3.12)。作基线的延长线和起峰曲线上最大斜率处的延长线,两直线交点的横坐标即为试样发生变化的起始温度 $T_e$。图 3.12 中 $T_p$ 为峰顶温度。国际热分析会议决定,以 $T_e$ 为物理或化学变化的起始温度,用以表征某一特定物质。至于要弄清楚试样在加热过程中发生的是什么变化,变化的机理如何,则还必须配合其他测试手段才能做出判断。

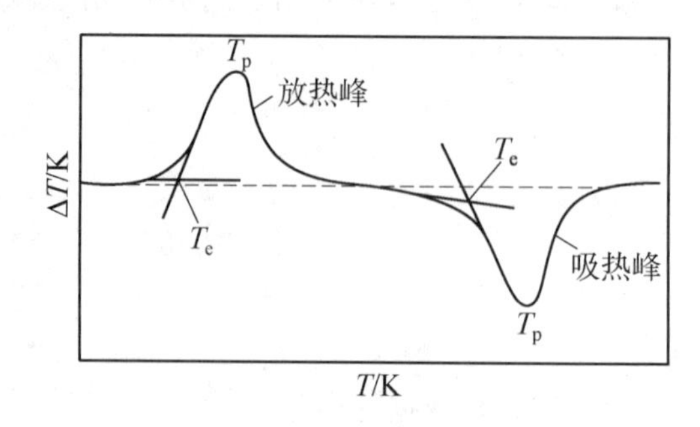


图 3.12 差热分析曲线

有些差热分析测定采用双笔记录仪分别记录温差 $\Delta T$ 和温度 $T$，而以时间 $t$ 作为横坐标，如图 3.13 所示。显然，通过温度曲线也可以确定差热分析曲线上各点对应的温度值。

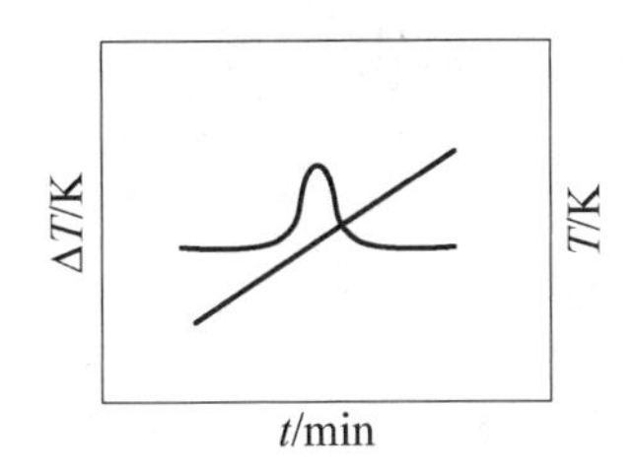


**图 3.13 差热曲线与温度曲线**

参比物是在测定温度范围内具有热稳定性的物质，如 $\alpha$ - $Al_2O_3$、$SiO_2$、MgO 等。为了确保参比物对热稳定，使用前应先经较高温度灼烧。此外，所选择的参比物的热容、导热系数、颗粒度以及装填情况还应尽可能与试样相接近。由于两者之间在诸多性质方面不可能完全相同，再加上试样在测定过程中会发生膨胀或收缩，因而差热曲线的基线不一定与时间轴平行，峰前与峰后的基线也不一定在一条直线上，从而产生所谓基线的漂移。

升温速率 $\beta$ 对测定结果的影响较大。一般地说，升温速率 $\beta$ 较小时，可以使基线漂移减少，但测定所需的时间较长，峰矮而宽，不利于变化温度的确定。升温速率 $\beta$ 较大时，则会造成基线漂移明显，使变化温度的测定误差较大。因此，升温速率 $\beta$ 要恰当，一般选取 $\beta$ 为 5～10 ℃ · $min^{-1}$。

本实验被测样品 $KNO_3$ 为晶相转变：

$$KNO_3(\text{斜方}) \longrightarrow KNO_3(\text{三斜})$$

被测样品 $BaCl_2 \cdot 2H_2O$ 为脱水反应：

$$BaCl_2 \cdot 2H_2O \longrightarrow BaCl_2 \cdot H_2O$$
$$BaCl_2 \cdot H_2O \longrightarrow BaCl_2$$

ZCR - IV 差热实验装置和原理分别如图 3.14 和 3.15 所示：

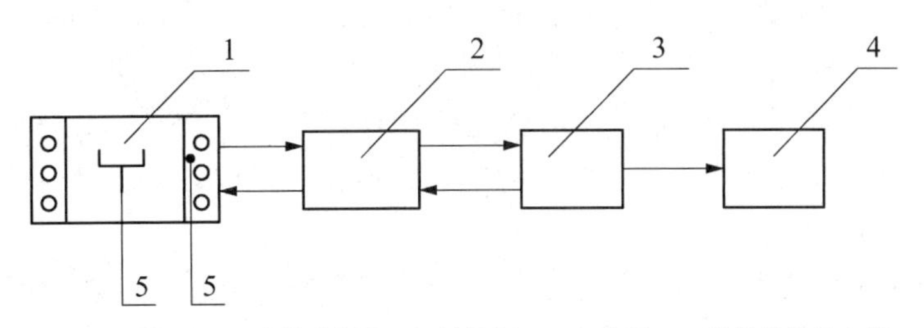


1—差热分析炉；2—差热分析仪；3—计算机；4—打印机；5—温控温差热电偶。

**图 3.14 差热分析装置图**

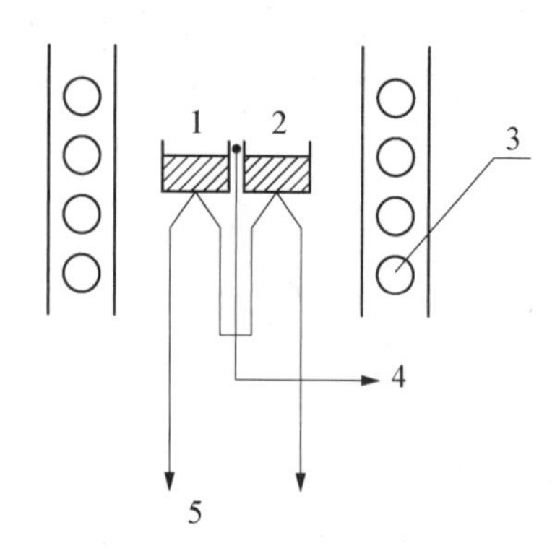


1—试样;2—参比物;3—电炉丝;4—温度 $T_0$;5—温差 DTA 信号。

**图 3.15 差热分析原理图**

### 3.4.3 仪器与药品

小坩埚若干,镊子。

$KNO_3$(A. R.,100 目),$BaCl_2 \cdot 2H_2O$(A. R.,100 目),$\alpha-Al_2O_3$(A. R.,100 目,300 ℃以上灼烧 2 h)。

### 3.4.4 实验步骤

(1) $KNO_3$ 差热曲线的测定。

① 取下加热炉顶盖网罩和炉管隔热盖板,露出炉管,观察坩埚托盘刚玉支架是否处于炉管中心,若有偏移应按 3.4.8 节应用部分要求调整。

② 双手小心轻轻向上托取炉体,在此过程中应注意观察保证炉体不与样品支架接触碰撞,至最高点后(右定位杆脱离定位孔),将炉体逆时针方向推移到底(90°)。

③ 取 2 个坩埚,分别装入适量(约 10 mg)的 $KNO_3$ 及 $\alpha-Al_2O_3$,装好后将坩埚振动一下,使样品微粒自然堆积成紧密状。以面向差热炉正面为准,左边托盘放置试样坩埚,右边托盘放置参比物坩埚。然后反序操作向下轻轻放下炉体,依次盖上炉管隔热盖板和加热炉顶盖网罩。

④ 接通差热分析仪电源,仪器进入准备工作状态,以 10 ℃ · $min^{-1}$ 的升温速率,从室温升温至 200 ℃,记录 $KNO_3$ 相变过程的 DTA 曲线。测定结束后停止加热,并保存文件,用镊子取下加热炉顶盖网罩和炉管隔热盖板,防止烫伤,将炉体抬起旋转固定(同步骤②),露出坩埚托盘支架。打开冷却风扇电源,将风扇放置在炉体顶部吹风冷却 10~15 min,至软件界面上炉温“$T_s$(℃)”低于 50 ℃。

(2) $BaCl_2 \cdot 2H_2O$ 差热曲线的测定:参比物坩埚保留不动,在一个新坩埚内装入 $BaCl_2 \cdot 2H_2O$,按上述操作步骤对 $BaCl_2 \cdot 2H_2O$ 做差热分析。

### 3.4.5 注意事项

(1) 对于一般热分解反应(或相变化),装样紧密有利于热传导,使峰形及反应温度(或相

变温度)区间变窄。但对有气体产生的热分解反应,装样太紧会影响气体的扩散,从而影响峰形。所以在做 $BaCl_2 \cdot 2H_2O$ 实验时,样品不要装得太紧,一般坩埚在桌面上敲 2 ~ 3 下即可。

(2) 用镊子取放坩埚要轻拿轻放,特别小心。实验完毕,坩埚不要遗弃,可反复使用。

(3) 托、放炉体时不得挤压、碰撞放坩埚的托架;炉体的升降虽有定位保护装置,但在放下炉体时,务必将炉体转回原处,将定位杆插入定位孔后,再缓慢向下放入。

### 3.4.6 数据记录与处理

1) 数据记录

| 样品 | 参比物 | $\beta$/℃ · $min^{-1}$ | $T_e$/℃ | $T_p$/℃ |
|---|---|---|---|---|
| $KNO_3$ | $\alpha-Al_2O_3$ | | | |
| $BaCl_2 \cdot 2H_2O$ | $\alpha-Al_2O_3$ | | | |

2) 数据处理

对差热曲线用外推法,确定 $KNO_3$ 的晶型转变起始温度 $T_e$ 及峰顶温度 $T_p$ 和 $BaCl_2 \cdot 2H_2O$ 的第一、第二脱水起始温度 $T_e$ 及峰顶温度 $T_p$。

### 3.4.7 思考题

(1) 差热分析中的参比物起什么作用?对它有哪些要求?

(2) 差热曲线的基线发生漂移的主要原因是什么?

### 3.4.8 应用

差热分析是热分析技术中的一种。按照第五届国际热分析会议提出的热分析定义:在程序控制温度下,测量物质的物理性质与温度的关系的一类技术。除了差热分析以外,其他几种常用的热分析法:热重法(TG),是在程序控温下,测量物质的质量与温度的关系的技术;微商热重法(DTG),是热重曲线对时间或温度的一阶微商的方法;差示扫描量热法(DSC),是在程序控温下,测量输入物质和参比物的功率差与温度的关系的技术;热机械分析(TMA),是在程序控温下,测量物质在非振动负荷下的形变与温度的关系的技术;动态热机械分析(DMA),是在程序控温下,测量物质在振动负荷下的动态模量和(或)力学损耗与温度的关系的技术。另外还有热膨胀法、逸出气分析(EGA)、逸出气检测(EGD)、热电学法、热光学法、热发声法、热传声法等。随着热分析技术的发展,常常采用多种技术的联用。

热分析技术是一种动态测量方法,有快速、简便和连续等优点,而且不少仪器已商品化。热分析方法属仪器分析法,它既与其他仪器分析法并驾齐驱,又与它们互相补充和印证。热分析技术在无机、有机、物化、催化、高分子材料、制药、生化、冶金、矿物、环保、地球化学等方面都有广泛的应用。

ZCR-Ⅳ 差热实验装置是专为大专院校及科研单位进行化学热力学实验而研制的较为

理想的专用实验仪器。其主要特点：

(1) 采用数字技术，控温稳定、可靠，显示清晰、直观。键入式的温度设定和键入式选择显示温度，操作灵活，简单方便。

(2) 自整定 PID 技术，自动地按设置的升温速率调整加热系统，达到良好的控温目的。

(3) 内置模拟输出参比物(TO)、DTA($\Delta T$)信号，可直接与记录仪连接，方便地观测、分析波形，绘制图形。

(4) 丰富的软件及接口，软件界面直观，操作简便。与电脑连接可自动记录数据、绘制图形和进行图形处理。

(5) 内设“采零”开关，随时清除差热分析仪元器件等因素，产生的初始偏差。保证实验数据更为准确、可靠。

(6) 还备有定时提醒、报警功能，便于定时观测、记录。

差热分析装置的结构如图 3.16 所示。

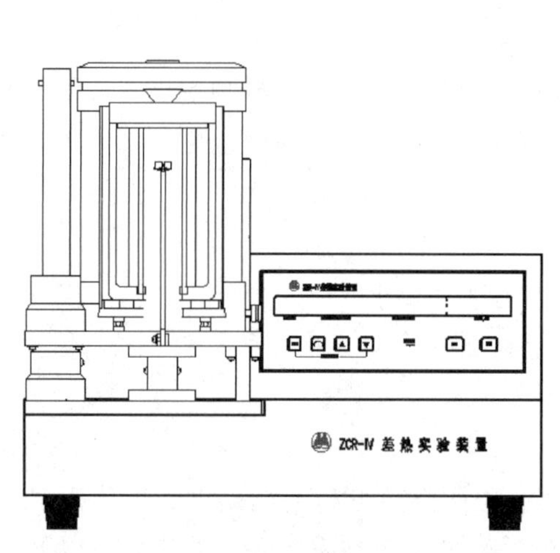


图 3.16　ZCR－IV 差热实验装置结构示意图

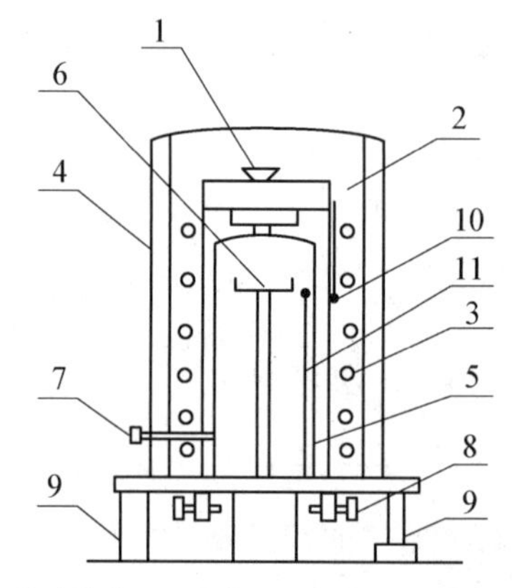


1—炉膛端盖；2—炉体；3—电炉丝；4—保护罩；
5—炉管；6—坩埚托盘及差热热电偶；
7—炉管调节螺栓；8—炉体固紧螺栓；
9—炉体定位(右)及升降杆(左)；
10—炉温热电偶；11—参比物测温热电偶。

图 3.17　ZCR－IV 炉体结构示意图

差热实验装置炉体(见图 3.17)的使用方法如下。

(1) 炉管中心位置的调节：取下保护罩盖(4)，取去炉膛端盖(1)，观察炉管(5)，应在炉膛内，调节三只炉管调节螺栓(7)，使炉管(5)处于炉膛中央。拧紧三只炉管调节螺栓(7)，使炉管稳固地置于炉膛中央，避免因样品杆、坩埚等因素引起的基线偏移。

(2) 试样和参比物坩埚的放置：逆时针旋松两只炉体固定螺栓(8)，双手小心轻轻向上托取炉体至最高点后(右定位杆脱离定位孔)，将炉体逆时针方向推移到底(90°)，此时将符合试验要求的两坩埚分别放置在托盘(6)上，左边托盘放置试样坩埚，右边托盘放置参比物坩埚。然后反序操作放下炉体，并旋紧炉体紧固螺栓(8)。

(3) 配备的一根数据线是差热实验装置与计算机的连接线，用时只需两端分别插入差热实验装置后板 USB 接口，计算机 USB 插入插座即可。

差热实验装置显示示意图如图 3.18 所示。

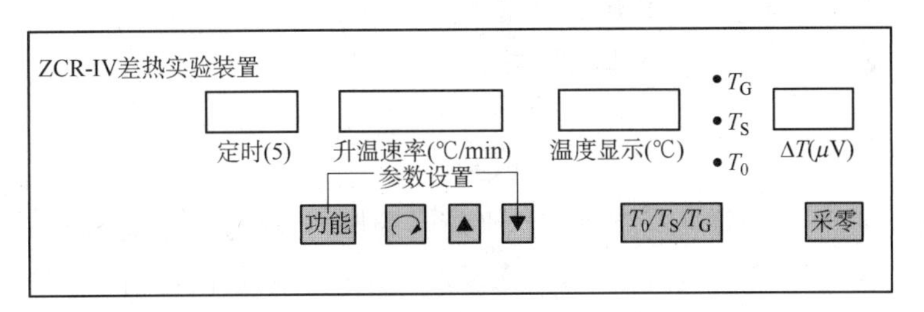


**图 3.18　差热实验装置显示示意图**

(1) 功能:选择参数设置项目(定时、升温速率、差热分析炉最高炉温设置)。只有在 $T_G$ 指示灯亮时,按此键参数设置才起作用。

(2) [↻]:移位键。选择参数设置项目位。

(3) [▲]、[▼]:加、减键。增加或减少设置数值。

(4) [$T_0/T_S/T_G$]:温度显示键。$T_0$——参比物温度。$T_S$——加热炉温度。$T_G$——设定差热分析最高控制温度。

(5) 指示灯:$T_0$、$T_S$、$T_G$ 仅其中某一指示灯亮时,温度显示器显示值为与之对应的温度值,三只指示灯同时亮时,显示器显示值为冷端温度。(作热电偶自动冷端补偿用)

(6) [采零]:清除 $\Delta T$ 的初始偏差。

(7) $\Delta T$(uV):DTA 显示窗口。

(8) 温度显示(℃):$T_0$、$T_S$、$T_G$ 及冷端温度显示窗口 0～500 ℃。

(9) 升温速率(℃/min):升温速率窗口 1～20 ℃/min。

(10) 定时(s):定时器显示窗口 0～99 s(10 s 内不报警)

差热实验装置后、侧面板示意图如图 3.19 所示。

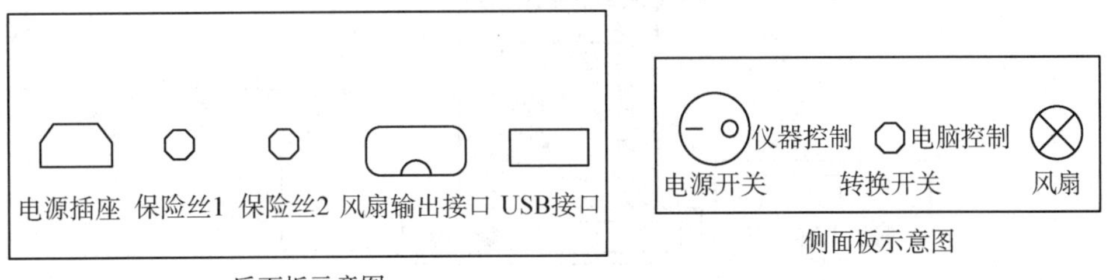


**图 3.19　差热分析仪后、侧面板示意图**

## 3.5 液体纯物质蒸气压的测定

### 3.5.1 实验目的

(1) 用平衡管测定乙醇在不同温度下的蒸气压。

(2) 求算乙醇的平均摩尔汽化焓和正常沸点。

(3) 熟练掌握气压计的使用及其读数校正。

### 3.5.2 实验原理

在一定温度下,液体纯物质与其气相达平衡时的压力,称为该温度下该纯物质的饱和蒸气压,简称蒸气压。若设蒸气为理想气体,实验温度范围内摩尔汽化焓 $\Delta_{vap}H_m$ 可视为常数,并略去液体的体积,纯物质的蒸气压 $p$ 与温度 $T$ 的关系可用克劳修斯-克拉贝龙(Clausius-Clapeyron)方程来表示

$$\ln(p/\mathrm{Pa}) = -\frac{\Delta_{vap}H_m}{R}\frac{1}{T} + C \tag{3.11}$$

式中,$R$ 为摩尔气体常数;$C$ 为不定积分常数。

通过实验测定不同温度 $T$ 下的蒸气压 $p$,以 $\ln(p/\mathrm{Pa})$ 对 $\frac{\mathrm{K}}{T}$ 作图,得一直线,由直线可求得直线的斜率 $m$ 和截距 $C$。乙醇的平均摩尔汽化焓 $\Delta_{vap}H_m$ 为

$$\Delta_{vap}H_m = -mR$$

由式(3.11)还可以求算乙醇的正常沸点。

本实验采用静态法直接测定乙醇在一定温度下的蒸气压,实验装置如图 3.20 所示,测定在平衡管(4)(也称等张力仪)中进行。

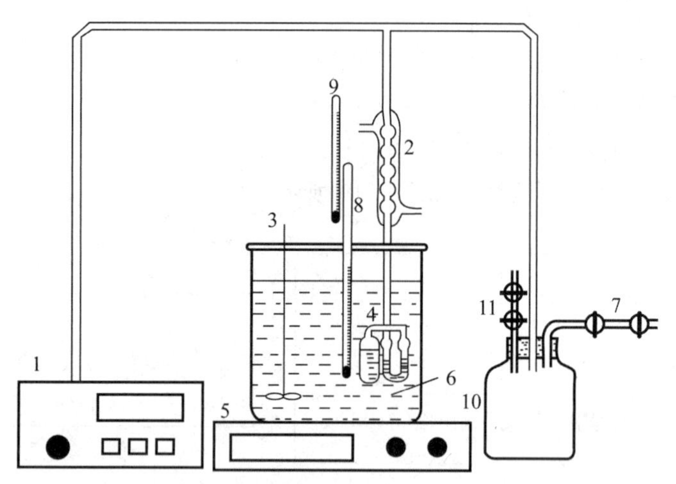


1—精密数字压力计;2—冷凝器;3—搅拌器;4—平衡管;5—恒温槽电加热器;6—恒温水浴;7—抽气活塞;8—精密温度计;9—辅助温度计;10—缓冲瓶;11—进气活塞。

**图 3.20 测定蒸气压的装置**

平衡管的构造如图 3.21 所示。它由液体储管 A、B 和 C 管组成,管内装有被测液体。若在 A、C 管液面上方的空间内充满了该液体纯物质的饱和蒸气,而且当 B、C 两管的液面处于同一水平(见图 3.21)时,该液体纯物质的蒸气压 $p$(也就是作用于 C 管液面上的压力)正好与 B 管液面上的外压 $p_{外}$ 相等。所以,该液体纯物质的蒸气压就可由外接的精密数字压力计(见图 3.20)测得。

在上述测定中，必须保证在A、C管液面上方的封闭空间内纯粹是被测液体的蒸气。如果在这个封闭空间内同时有其他气体存在（例如在测定开始前就有空气存在），则压力计的示值将是被测液体的蒸气压与其他气体的分压之和。况且，液面上有其他气体存在对被测液体的蒸气压有微小的影响。所以，把A、C管液面上方封闭空间内的空气排除干净，是本实验的操作要点之一。

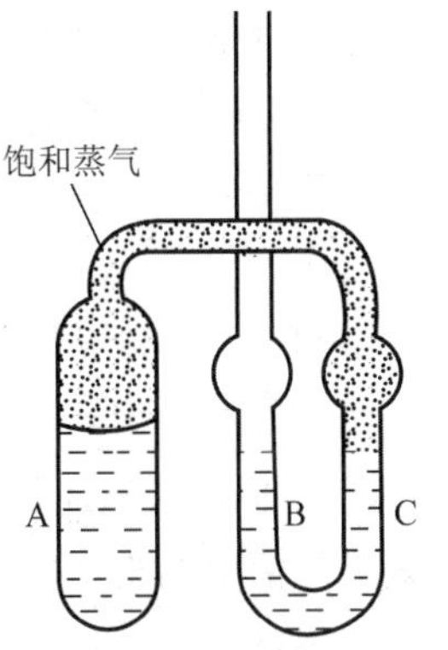

饱和蒸气

A　B　C

图3.21　平衡管

采用静态法测定蒸气压适用于蒸气压比较大的液体。测定蒸气压还可采用另外2种方法。

1）动态法

在不同外压下测定液体纯物质的沸点。该外压即为沸点温度下该液体纯物质的蒸气压。此法可在温度较高的范围内使用，也能达到一定的精确度。

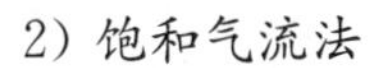

2）饱和气流法

在一定的温度和压力下，以干燥的惰性气体为载气，让它以一定的流速缓慢地通过被测液体，使其为该物质所饱和。然后测定所通过的气体中被测物质蒸气的含量，根据分压定律就可算出被测物质的蒸气压。

### 3.5.3　仪器与药品

静态法测定蒸气压的装置1套，30 $dm^3$ 机械真空泵（公用）1台。

无水乙醇（A. R.）等。

### 3.5.4　实验步骤

1）读取当日室温与大气压力

2）加料和安装

从装置（见图3.20）中取下平衡管（4），从其顶端加料。加入的无水乙醇的量约占A管体积的2/3，并在B、C管内保留一定量的无水乙醇，然后放回原处加以固定。必须使恒温水浴的水面高出平衡管2 cm以上。应设法将精密温度计（8）安置在A管与B管之间，并要把它的0℃刻度大致与水浴水面持平。

3）检查是否漏气

打开冷凝器（2）的冷却水阀门。关闭进气活塞（11）。开启抽气活塞（7）进行减压，在系统的压力降低到93 kPa以下的真空度后，再关闭抽气活塞（7）。这时系统处在真空下，仔细观察精密数字压力计（1）的数值是否改变。若精密数字压力计（1）的数值恒定不变（开始时可能有微小变化，其后要求做到2 min内保持不变），则表示系统的封闭性良好。若数值不恒定，则表示系统漏气，必须查出原因予以排除。

4）排除平衡管内的空气

将恒温槽电加热器（5）调整到25℃左右（可以取略高于室温的某个温度为第一测定点，如在夏季可以取30℃或35℃）。开启电子继电器，启动搅拌器（3），调节其转速使之产生良

好的搅拌效果。由于系统处在真空下,乙醇的温度很快地超出了它的沸点,就不断有气泡自B管向上冒出。这时过热的乙醇在剧烈沸腾,乙醇蒸气夹带着A、C管液面上方封闭空间内的空气不断冒出,使平衡管内的空气被排出,乙醇蒸气则在冷凝器内凝聚,回流到平衡管内,在U形管内形成液封。维持沸腾3 min,就可认为空气已被排除干净。

5) 第一组数据的测定

分别微微启开前后两只进气活塞(11),微开后应立即关闭,要求做到仅有微量空气进入B管上部,B管液面随系统真空度的略微下降而微微跌落。反复上述微开又随即关闭前后两只进气活塞的操作,直至B管液面与C管液面基本处于同一水平(注意上述操作每次进入的空气不可太多,以免发生空气倒灌。如发生空气倒灌,则必须重做排除空气的操作)。保持恒温2 min,注意观察B、C两管的液面。当两液面处在同一水平时,准确读取精密温度计(8)的示值$t$(精密),同时记录精密数字压力计(1)的数值,以及辅助温度计(9)的示值$t$(辅助),至此就完成第一组数据的测定。

6) 多组数据的测定

将水银接点温度计逐次调高5℃左右,照第一组数据测定的操作步骤,测定另外5个温度(例如30℃、35℃、40℃、45℃及50℃)下的数据。注意在升温过程中,要逐次放入少量空气,既要防止液体暴沸,又要避免空气倒灌。

7) 实验结束后

再读一次大气压力。关闭电源,待平衡管内乙醇冷却后,关掉冷凝器的冷却水。

### 3.5.5 注意事项

(1) 平衡管中A、C管液面间的空气必须排除。

(2) 抽气的速度要适中,避免平衡管内液体沸腾过剧致使B管内液体被抽尽。

(3) 液体蒸气压与温度有关,因此在测定过程中温度需控制在±0.2 K。

(4) 在升温时,需随时注意调节进气活塞(11),使B、C两管的液面保持等位,不发生沸腾,也不能使液体倒灌入A管内。

### 3.5.6 数据记录与处理

1) 数据记录

室温:________

大气压力(实验前):________　　大气压力(实验后):________

大气压力(平均值):________

记录表格:

| | $t$(精密)/℃ | $t$(辅助)/℃ | $t$(液面刻度)/℃ | $p_t$/kPa |
|---|---|---|---|---|
| 1 | | | | |
| 2 | | | | |

（续表）

| | $t$(精密)/℃ | $t$(辅助)/℃ | $t$(液面刻度)/℃ | $p_t$/kPa |
|---|---|---|---|---|
| 3 | | | | |
| 4 | | | | |
| 5 | | | | |
| 6 | | | | |

上表中 $p_t$ 为温度为 $t$ 时的精密数字压力计示值；$t$(液面刻度)为精密温度计和恒温槽液面相交的地方对应的精密温度计刻度值。

2）数据处理

（1）温度和压力的正确测量是本实验的关键。因此，必须对大气压力、精密温度计的读数进行校正(校正方法见第2章2.1节和2.2节)。其中温度的读数校正公式为

$t=t$(精密)$+\Delta t_{露}$，$\Delta t_{露}=\alpha L[t$(精密)$-t$(辅助)$]$，$L=t$(精密)$-t$(液面刻度)，其中$\alpha=0.000\,16$ ℃$^{-1}$，为水银对玻璃的相对膨胀因子。

将校正后的数据列表：

| $t$/℃ | $T$/K | $\frac{1}{T}\times10^3$/K$^{-1}$ | $p_t$/kPa | $p$/kPa | $\ln(p/\mathrm{Pa})$ |
|---|---|---|---|---|---|
| | | | | | |

上表中，$p$ 为乙醇的饱和蒸气压，它是大气压力 $p$(大气)与精密数字压力计示值 $p_t$ 的差值：

$p=p$(大气)$-|p_t|$，其中$|p_t|$为精密数字压力计示值 $p_t$ 的绝对值。

（2）以$(p/\mathrm{Pa})$对$\frac{1}{T}\Big/\mathrm{K}^{-1}$作图，求算直线的斜率 $m$、乙醇的摩尔汽化焓 $\Delta_{vap}H_m$ 及正常沸点 $T_b$。

（3）或者将 $T$ 和 $p$ 的数据输入计算机，求乙醇的摩尔汽化焓 $\Delta_{vap}H_m$、正常沸点 $T_b$ 及相关系数。

### 3.5.7　思考题

（1）为什么在测定前必须把平衡管储管内的空气排除干净？如果在操作过程中发生空气倒灌，应如何处理？

（2）如何检查系统是否漏气？能否在加热升温的过程中检查漏气？

(3) 升温过程中如液体急剧汽化,应如何处理?

(4) 如何由U形压力计两侧汞柱的高度差来求得被测液体的蒸气压?

(5) 试导出误差传递表达式(参见第1章1.3节)。

### 3.5.8 应用

蒸气压是液体纯物质的一个基本属性,蒸气压及其随温度的变化率的测定,可用于物质沸点、熔点、溶解度、汽化焓等的讨论。

本实验使用了真空技术,包括真空的产生、真空的测量、真空的控制以及真空系统的检漏等。真空技术及超高真空技术广泛地应用于生产和科研工作中。

## 3.6 凝固点降低法测定物质的摩尔质量

### 3.6.1 实验目的

(1) 用凝固点降低法测定萘的摩尔质量。

(2) 掌握溶液凝固点的测定技术。

(3) 掌握温差测量仪的使用方法。

### 3.6.2 实验原理

化合物的摩尔质量是一种重要的物理化学数据。凝固点降低法是一种简单而比较准确的测定摩尔质量的方法。凝固点降低法在实用方面和对溶液的理论研究方面都很重要。稀溶液服从拉乌尔定律和亨利定律。

拉乌尔定律:在等温等压下的稀溶液中,溶剂的蒸气压等于纯溶剂的蒸气压乘以溶剂的摩尔分数。亨利定律:在恒温的平衡状态下,某种气体在液体里的溶解度与该气体的平衡压力成正比。

某一稀溶液中,溶剂的化学势为

$$\mu_A(T,p,x_A)=\mu_A^{\ominus}(T,p)+RT\ln x_A \tag{3.12}$$

式中,$\mu_A(T,p,x_A)$为纯溶剂($x_A=1$)的化学势。由于溶质的加入,$x_A<1$,所以溶液中溶剂的化学势小于纯溶剂的化学势。即$\mu_A<\mu_A^{\ominus}$。当纯溶剂A的固相与溶液达到平衡时,两相化学势相等,即

$$\mu_A^{s}=\mu_A^{l}=\mu_A^{\ominus}(T,p)+RT\ln x_A \tag{3.13}$$

由式(3.13)可以得到$x_A$与凝固点$T$的关系:

$$-\ln x_A=\frac{\Delta_{fus}H_{m,A}}{R}\left(\frac{1}{T}-\frac{1}{T_0}\right) \tag{3.14}$$

式中,$T_0$为纯溶剂A的正常凝固点;$T$为溶剂浓度为$x_A$时的凝固点。由于是稀溶液,所以,$\ln x_A=\ln(1-x_B)\approx -x_B$,代入式(3.14)得

$$T_0-T=\Delta T=x_B\frac{RTT_0}{\Delta_{fus}H_{m,A}}\approx x_B\frac{RT_0^2}{\Delta_{fus}H_{m,A}}$$

$$x_B=\frac{n_B}{n_A+n_B}\approx\frac{n_B}{n_A}=\frac{m_B/M_B}{m_A/M_A}=M_Ab_B$$

$$\Delta T=\frac{RT_0^2M_A}{\Delta_{fus}H_{m,A}}b_B=K_fb_B \tag{3.15}$$

式中,$M_B$ 为溶液中溶质B的摩尔质量;$K_f$ 为溶剂的摩尔凝固点降低常数,它与溶剂的溶解焓、正常沸点 $T_0$ 及摩尔质量 $M_A$ 有关。

若称取一定量的溶质($m_B$)和溶剂($m_A$)配成一稀溶液,则此溶液的质量摩尔浓度 $b_B$ 为

$$b_B=\frac{m_B/M_B}{m_A} \tag{3.16}$$

式中,$m_A$(溶剂A的质量)为1.000 kg。

如果已知溶剂的 $K_f$ 值,则测定此溶液的凝固点降低值即可按下式计算出溶质摩尔质量。

$$M_B=\frac{K_f}{T_0-T}\times\frac{m_B}{m_A} \tag{3.17}$$

纯溶剂的凝固点是它的液相和固相共存的平衡温度。若将纯溶剂逐步冷却,其冷却曲线如图3.22中的(a)所示。但实际过程中往往发生过冷现象,即在过冷而开始析出固体后,温度才回升到稳定的平衡温度,待液体全部凝固后,温度再逐渐下降,其冷却曲线呈图3.22(b)所示的形状。

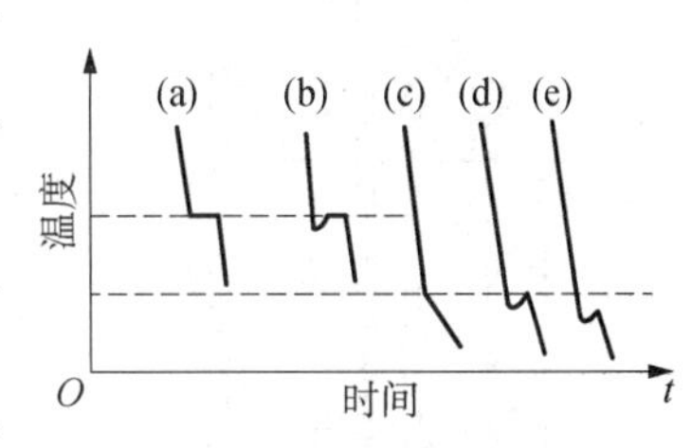


图3.22 冷却曲线

溶液的凝固点是该溶液的液相与溶剂的固相共存的平衡温度。若将溶液逐步冷却,其冷却曲线与纯溶剂不同[见图3.22(c)(d)]。由于部分溶剂凝固而析出,使剩余溶液的浓度逐渐增大,因而剩余溶液与溶剂固相的平衡温度也逐渐下降。本实验所要测定的是浓度已知的溶液的凝固点。因此,所析出的溶剂固相的量不能太多,否则要影响原溶液的浓度。若稍有过冷现象如图3.22中曲线(d)所示,对相对分子质量的测定,无显著影响;若过冷严重,则冷却曲线如图3.22(e)所示,测得凝固点将偏低,影响相对分子质量的测定结果。因此在测定过程中必须设法控制适当的过冷程度,一般可通过控制寒剂的温度和搅拌速度等方法来达到。

由于稀溶液的凝固点降低值不大,因此温度的测量需要用较精密的仪器,在本实验中采用温差测量仪。在测定溶剂凝固点时可参考苯的体积质量(见表3.3)。

表3.3 苯的体积质量

| $T$/℃ | $\rho$/kg·m$^{-3}$ | $T$/℃ | $\rho$/kg·m$^{-3}$ |
|---|---|---|---|
| 0 | 900.1 | 30 | 868.5 |
| 10 | 889.5 | 40 | 857.6 |
| 20 | 879.0 | | |

### 3.6.3 仪器与药品

凝固点测量仪,温度计(−10～50 ℃),温度测量仪。

苯(A. R.),萘(A. R.),冰。

### 3.6.4 实验步骤

(1) 调节水浴的温度:将冰水浴槽加入水及少量冰,调节温度至 3 ℃左右。在实验过程中不断搅拌并补充少量冰,使水浴温度保持在 3 ℃左右。

(2) 溶剂凝固点的测定:在室温下,用移液管移取 10 $cm^3$ 苯,加入干燥的凝固点测量内管(A)中,将精密电子温差测量仪的探头插入凝固管内溶液的中间位置,并塞上软木塞,把 A 管直接放入冰水浴槽中。

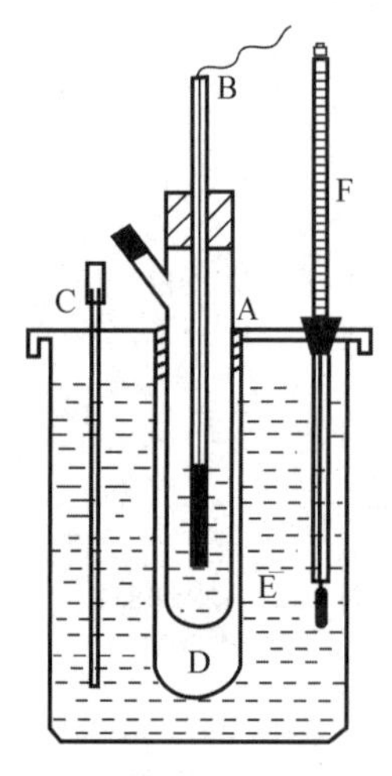


A—凝固点测量内管;
B—稳差测量仪的探头;
C—搅拌棒;D—空气套管;
E—冰槽;F—温度计。

**图 3.23 凝固点测量仪**

将温差测量仪的电源开关打开,预热 5 min。不断上下移动搅拌棒(C),使冰槽中水温均匀,使凝固点测量内管(A)中苯液逐步冷却。当看见有固体析出时,将凝固点测量内管(A)取出并擦干冰水,插入空气套管(D)中,缓慢而均匀地晃动。当温差测量仪上的读数基本保持不变时,记下此数值,此值即为苯的凝固点 $T_0$(但仅是相对值,若在测量前校正了测量温度,则此值为绝对值)。

(3) 取出凝固点管,用手温热,待固体全部熔化后,再重复实验步骤(2),反复 3 次,准确测定苯的凝固点。(注意:直到做完实验,不要再通过温差仪上的调零旋扭,改变显示温度的数值)

(4) 溶液凝固点的测定:取出凝固点测量内管(A),使管中苯熔化成液体。准确称取萘 0.1 g,放入含有苯液的凝固点测量内管(A)中,晃动凝固点测量内管(A),使萘均匀溶解在苯中。测定溶液的凝固点方法与测定纯溶剂方法相同,即重复实验步骤(3),反复测定溶液凝固点 3 次。

(5) 实验完毕后,关闭电源,将废液倒入回收瓶中。

注意:冰水槽温度最好始终保持在 3 ℃左右,以确保 3 次数据相同。

### 3.6.5 注意事项

做好本实验的关键:一是控制搅拌速度,每次测量时的搅拌条件和速度尽量一致。二是溶剂的温度,过高则冷却太慢,过低则测不准凝固点,一般要求较溶剂凝固点低 3～4 ℃,因此本实验中采用冰水混合物做冰槽。

### 3.6.6 数据记录与处理

(1) 根据室温及苯的体积质量,计算苯的质量。

(2) 计算萘在苯中的摩尔质量。

(3) 计算测量结果的相对误差。

### 3.6.7 思考题

(1) 为什么产生过冷现象?如何控制过冷程度?

(2) 根据什么原则考虑加入溶质的量?太多太少影响如何?

(3) 为什么测定溶剂的凝固点时,过冷程度大一些对测定结果影响不大,而测定溶液凝固点时却必须尽量减少过冷现象?

### 3.6.8 应用

$K_f$ 值和 $M_B$ 值的测定:配置一系列不同 $b_B$ 的稀溶液,测定一系列 $\Delta T_f$ 值,代入式(3.15),计算出一系列 $K_f$,然后作 $K_f - b_B$ 图。外推至 $b_B=0$ 的那个纵坐标就是准确的 $K_f$ 值。反之,若已知 $K_f$,则测定了 $\Delta T_f$ 就可求出溶质的摩尔质量。

也可由 4 个以上的实测值 $\Delta T_f$ 算出 $M_B$,然后再作 $M_B$ 对 $b_B$ 的图,外推至 $b_B=0$ 的那个纵坐标就为 $M_B$ 的准确值。还可配制一系列不同质量浓度 $\rho_B$ 的稀溶液($\rho_B$ 的单位为 $kg \cdot m^{-3}$),测定该稀溶液的渗透压力 $\Pi$(适当测定高分子化合物的平均摩尔质量),用 $\Pi/\rho_B$ 对 $\rho_B$ 作图得一直线,将直线外推到 $\rho_B=0$ 的那个纵坐标就是 $M_B$。

沸点升高常数 $K_b$ 的测定类同 $K_f$ 的测定。

## 3.7 分配系数及平衡常数的测定

### 3.7.1 实验目的

(1) 测定碘在四氯化碳和水中的分配系数。

(2) 测定碘和碘离子反应的标准平衡常数。

(3) 了解温度对分配系数及平衡常数的影响。

### 3.7.2 实验原理

在两种互不相溶的液体中(如水与四氯化碳)加入溶质(如碘),在达到平衡后,这个溶质在两种溶剂间的分配是不一样的,在恒定温度时,溶质在两种溶剂中的浓度之比是一个常数(分配定律)。

$$\frac{c^{\alpha}}{c^{\beta}}=K_d \tag{3.18}$$

式中,$c^{\alpha}$ 为溶质在 $\alpha$ 相(第一种溶剂)中的浓度;$c^{\beta}$ 为溶质在 $\beta$ 相(第二种溶剂)中的浓度;$K_d$ 为分配系数,它与温度有关。式(3.18)仅适用于稀薄溶液,若溶液浓度较大,则应以活度代替浓度。

碘溶于碘化物(如 KI)溶液中,主要生成 $I_3^-$,并形成下列平衡:

$$I_3^- \rightleftharpoons I_2 + I^- \tag{3.19}$$

其标准平衡常数即 $I_3^-$ 的解离常数 $K^{\ominus}$ 为

$$K^{\ominus}=\frac{a(I_2)a(I^-)}{a(I_3^-)}=\frac{\frac{c(I_2)}{c^{\ominus}}\cdot\frac{c(I^-)}{c^{\ominus}}}{\frac{c(I_3^-)}{c^{\ominus}}}\cdot\frac{\gamma(I_2)\gamma(I^-)}{\gamma(I_3^-)} \tag{3.20}$$

式中,$a$、$c$、$\gamma$ 分别为活度、浓度和活度因子;$c^{\ominus}$ 为标准浓度。显然,$K^{\ominus}$ 值越大,越不稳定,所以 $K^{\ominus}$ 称为不稳定常数。在离子强度不大的稀溶液中,由于 $\gamma(I^-)\approx\gamma(I_3^-)$,且 $\gamma(I_2)\approx 1$,即

$$\frac{\gamma(I_2)\gamma(I^-)}{\gamma(I_3^-)}\approx 1 \tag{3.21}$$

$$K^{\ominus}\approx\frac{\frac{c(I_2)}{c^{\ominus}}\cdot\frac{c(I^-)}{c^{\ominus}}}{\frac{c(I_3^-)}{c^{\ominus}}} \tag{3.22}$$

但是,要在 KI 溶液中用碘量法直接测出平衡时各物质的浓度是不可能的。因为当用 $Na_2S_2O_3$ 滴定 $I_2$ 时,式(3.19)平衡会向右移动,直到 $I_3^-$ 消耗完毕,因而这样测得的 $I_2$ 量实际上是 $I_2$ 及 $I_3^-$ 量之和。

$$I_2+2S_2O_3^{2-}=\!=\!=S_4O_6^{2-}+2I^- \tag{3.23}$$

为了解决这个问题,本实验用溶有适量碘的 $CCl_4$ 和 KI 溶液混合,经充分振荡,达成复相平衡,$I^-$ 和 $I_3^-$ 不溶于 $CCl_4$,而 KI 溶液中的 $I_2$ 不仅与水层中的 $I^-$ 和 $I_3^-$ 达成平衡,而且与 $CCl_4$ 中的 $I_2$ 也建立了平衡。

由于在一定温度下达到平衡时,碘在四氯化碳层中的浓度和在水中的浓度之比为一常数 $K_d$(即分配系数)。

$$K_d=\frac{c(I_2,CCl_4\text{ 相})}{c(I_2,KI\text{ 水溶液相})} \tag{3.24}$$

因此,当测定了碘在四氯化碳水溶液相中的浓度后,便可通过预先测定出的分配系数求出碘在 KI 溶液中的浓度:

$$c(I_2,KI\text{ 水溶液相})=\frac{c(I_2,CCl_4\text{ 相})}{K_d} \tag{3.25}$$

而分配系数可借助碘在 $CCl_4$ 和纯水中的分配来确定:

$$K_d=\frac{c(I_2,CCl_4\text{ 相})}{c(I_2,H_2O\text{ 相})} \tag{3.26}$$

再分析出上面的水相即 KI 水溶液相(用 KI 溶液相代替水相)中的总碘量为 $c(I^-)+c(I_3^-)$,然后减去 $c(I_2,KI\text{ 相})$ 即得 $c(I_3^-)$。由于形成一个 $I_3^-$,需要消耗一个 $I^-$,所以水层中 $[c(I^-)+c(I_3^-)]$ 与原来 KI 溶液中 $I^-$ 的浓度 $c(I^-)$ 相等,于是平衡时有式(3.27)。

$$c(I^-)=c_0(I^-,\text{即 KI 溶液的原始浓度})-c(I_3^-) \tag{3.27}$$

将 $c(I_2,KI\text{ 溶液})$、$c(I^-)$、$c(I_3^-)$ 代入式(3.27)和式(3.26)即得解离常数 $K^{\ominus}$。

### 3.7.3　仪器与药品

恒温水浴振荡器1套(公用),滴定台1套,250 $cm^3$ 碘瓶2个,250 $cm^3$ 锥形瓶4只,量筒3只(2只100 $cm^3$,1只25 $cm^3$),移液管3只(1只25 $cm^3$,2支5 $cm^3$),滴定管2只(25 $cm^3$、5 $cm^3$ 各1只)。

0.100 $mol \cdot dm^{-3}$ KI溶液,0.025 $mol \cdot dm^{-3}$ $Na_2S_2O_3$ 标准溶液,KI固体(A.R.),0.02% $I_2$ 的水溶液,0.04 $mol \cdot dm^{-3}$ $I_2$ 的 $CCl_4$ 溶液,0.5%淀粉指示剂。

### 3.7.4　实验步骤

(1) 控制恒温水浴温度为(25±0.5)℃(或调为其他值,一般要求比室温高5～10℃)。

(2) 取2个250 $cm^3$ 碘瓶,标上号码,按下表配制系统。

| 编号 | $V$(0.02% $I_2$ 水溶液)/$cm^3$ | $V$(0.100 $mol \cdot dm^{-3}$ KI溶液)/$cm^3$ | $V$(0.04 $mol \cdot dm^{-3}$ $I_2[CCl_4]$)/$cm^3$ |
|---|---|---|---|
| 1 | 100 | — | 25 |
| 2 | — | 100 | 25 |

(3) 配好后随即塞紧瓶盖,然后置于恒温水浴中恒温均匀振荡1 h,每个样品至少要振荡5次,如果取出水浴振荡,每次不要超过0.5 min,以免温度改变,影响结果。最后一次振荡后,须将附在水层表面的 $CCl_4$ 振荡下去,待两液层充分分离后,才可吸取样品进行分析。

(4) 在各号样品瓶中,准确吸取25 $cm^3$ 水溶液层样品2份,用 $Na_2S_2O_3$ 标准溶液滴定(1号水层用5 $cm^3$ 滴定管,2号水层用25 $cm^3$ 滴定管),滴到淡黄色时再加几滴淀粉指示剂,此时溶液呈蓝色,继续用 $Na_2S_2O_3$ 标准溶液滴至蓝色刚好消失为止。

(5) 在各号样品瓶中,准确吸取5 $cm^3$ $CCl_4$ 层样品2份,放入盛有10 $cm^3$ 蒸馏水的锥形瓶中,加入少许固体KI,以保证 $CCl_4$ 相中的 $I_2$ 被完全提取到水相中,同样用 $Na_2S_2O_3$ 标准溶液滴定(1号 $CCl_4$ 相用25 $cm^3$ 滴定管,2号 $CCl_4$ 相用5 $cm^3$ 滴定管)。

标定 $Na_2S_2O_3$ 标准溶液用 $K_2Cr_2O_7$,淀粉做指示剂,其计算公式为

$$c(Na_2S_2O_3)=\frac{6c(K_2Cr_2O_7)\cdot V(K_2Cr_2O_7)}{V(Na_2S_2O_3)}=\frac{6m(K_2Cr_2O_7)}{M(K_2Cr_2O_7)\cdot V(Na_2S_2O_3)}$$

式中,$m$、$M$ 分别表示 $K_2Cr_2O_7$ 的质量和摩尔质量。

### 3.7.5　注意事项

(1) 碘溶于碘化物溶液中时,还形成少量的等离子,但因量少,本实验可以忽略不计。

(2) 由于所用的KI溶液浓度很稀,溶液中离子的影响很小,因此可用碘在 $CCl_4$ 和纯水中的分配系数代替碘在 $CCl_4$ 和KI溶液中的分配系数。

(3) 测定分配系数 $K_d$ 时,为了使体系较快达到平衡,水中预先溶入超过平衡时的碘量(约为0.02%),使水中的碘向 $CCl_4$ 层移动达到平衡。

### 3.7.6 数据记录与处理

(1) 数据记录:

水浴温度________℃,$c(Na_2S_2O_3)$=________ $mol \cdot dm^{-3}$,$c(KI)$=________ $mol \cdot dm^{-3}$。

(2) 由1号样品的数据计算分配系数 $K$。

(3) 由2号样品的数据计算 $c(I_2, KI溶液)$、$c(I^-)$、$c(I_3^-)$,然后计算标准平衡常数 $K^{\ominus}$。

| 样品编号 | 1号 | | | | 2号 | | | |
|---|---|---|---|---|---|---|---|---|
| 取样对象 | 25 $cm^3$ 水层 | | 5 $cm^3$ $CCl_4$ 层 | | 25 $cm^3$ 水层 | | 5 $cm^3$ $CCl_4$ 层 | |
| $V(Na_2S_2O_3)/cm^3$ | 一次 | 二次 | 一次 | 二次 | 一次 | 二次 | 一次 | 二次 |
| $\langle V \rangle(Na_2S_2O_3)/cm^3$ | $V_1$ 号上: | | $V_1$ 号下: | | $V_2$ 号上: | | $V_2$ 号下: | |

### 3.7.7 思考题

(1) 测定分配系数 $K$ 的意义是什么?

(2) 测定分配系数 $K$ 和标准平衡常数 $K^{\ominus}$ 为什么要严格控制温度?

(3) 在有KI存在下,$I_2$ 在水相和 $CCl_4$ 相中如何分配?

(4) 取各相样品时应注意什么问题?

### 3.7.8 应用

标准平衡常数与温度有关,本实验的 $K^{\ominus}$ 也不例外,在间隔不太大的温度范围内,测定相应的 $K^{\ominus}$ 值,按下列公式可求得 $I_3^-$ 在测定温度范围内的解离焓 $\Delta_r H_m^{\ominus}$:

$$\ln K^{\ominus} = \frac{-\Delta_r H_m^{\ominus}}{RT} + B$$

式中,$\frac{-\Delta_r H_m^{\ominus}}{R}$ 为直线的斜率;$B$ 为截距。

## 3.8 二组分系统气-液相图的绘制

### 3.8.1 实验目的

(1) 测定在常压下环己烷-乙醇系统的气、液平衡数据,绘制系统的沸点组成图。

(2) 确定系统的恒沸温度及恒沸混合物的组成。

(3) 了解阿贝折射仪的测量原理和掌握阿贝折射仪的使用方法。

### 3.8.2 实验原理

将两种完全互溶的挥发性液体组分A和组分B混合后,在一定的温度下,平衡共存的

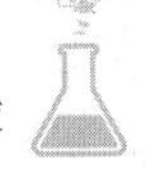

气、液两相的组成通常并不相同。因此，如果在定压下将液态混合物蒸馏，测定馏出物(气相)和蒸馏液(液相)的组成，就可得到平衡时气、液两相的组成并绘制出沸点-组成图(即 $T-x$ 图)。

如果液态混合物与拉乌尔定律的偏差不大，在 $T-x$ 图上液态混合物的蒸气压及沸点介于组分 A、B 两纯物质的蒸气压及沸点之间，如图 3.24 所示。对于那些与拉乌尔定律的偏差较大的真实液态混合物系统，在 $T-x$ 图上可能出现最高或最低点，如图 3.25 所示。这些点称为恒沸点，其对应的系统称为恒沸点混合物。恒沸点混合物蒸馏所得到的气相与液相的组成相同，依靠蒸馏无法改变其组成，达不到分离的目的。例如，盐酸与水的系统具有最高恒沸点，苯与乙醇的系统则具有最低恒沸点。

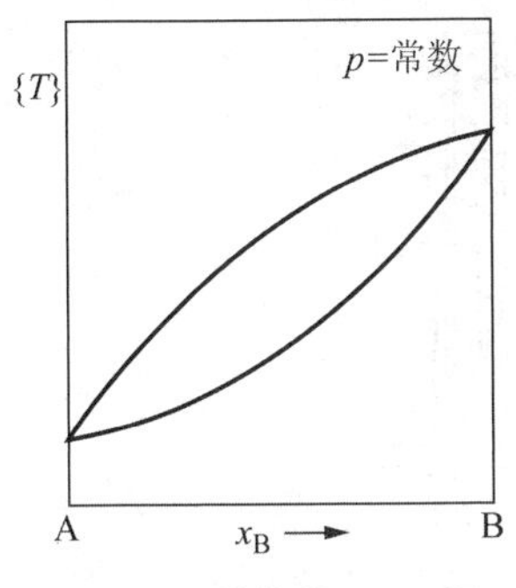


**图 3.24 简单的 $T-x$ 图**

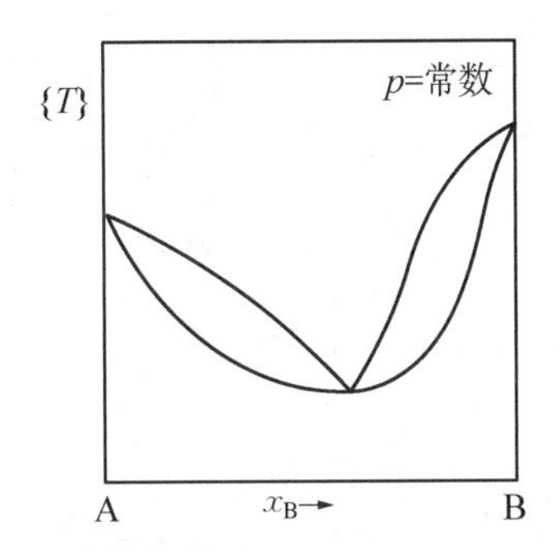


**图 3.25 具有最低恒沸点的 $T-x$ 图**

本实验采用的环己烷(B)-乙醇(A)系统是完全互溶的二组分系统，其沸点-组成图属于具有最低恒沸点的类型。在 101.325 kPa 下，环己烷的沸点为 80.75 ℃，乙醇的沸点为 78.37 ℃，最低恒沸点 $t=64.8$ ℃，最低恒沸点混合物的组成 $x_B=0.55$。

实验采用的是沸点仪装置，如图 3.26 所示。它是一只带有回流冷凝管(1)的长颈圆底烧瓶(7)，冷凝管底部有球形小室(2)，用以收集冷凝下来的气相样品。烧瓶上的支管用于混合物的加入和液相样品的吸取。电热丝(4)直接浸在混合物中加热混合物，以减少过热暴沸现象。精密温度计(5)的水银球的一半浸在液面下，一半露在蒸气中，以使测得的沸点数据较为准确。

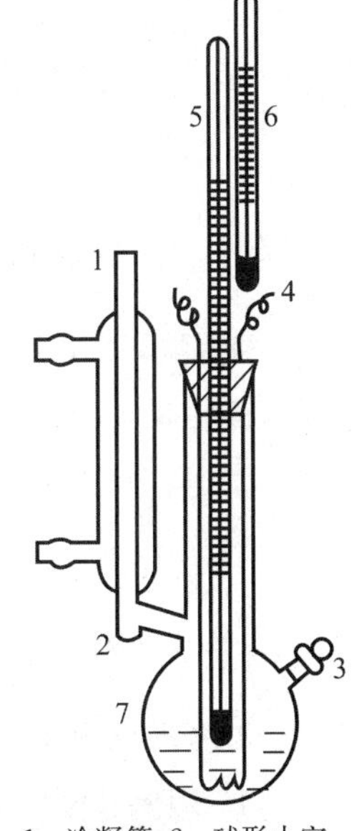


1—冷凝管；2—球形小室；3—支管；4—电热丝；5—精密温度计；6—辅助温度计；7—烧瓶。

**图 3.26 沸点仪**

用沸点仪直接测定一系列不同组成液态混合物的气液平衡温度(即沸点)，并收集少量馏出物[气相组成，在球形小室(2)中]及吸取少量蒸馏液[液相组成，在圆底烧瓶(7)中]，分别用阿贝折射仪(阿贝折射仪的使用原理及方法参见第 2 章中 2.3.1 节)测定其折射率。利用附录 5 中“环己烷(B)-乙醇(A)组分系统的折射率-组成对照表”查出对应于样品折射率的组成。

沸点仪的种类有很多，除了以上介绍的这种外，还有一种称为 Ellis 平衡蒸馏仪的沸点仪。Ellis 平衡蒸馏仪的结构如图 3.27 所示。被测液态混合物在温度计套管(7)处加入蒸馏仪中，由加热元件(2)加热。在加热一定时间以后，液态混合物开始沸腾，并从小孔(4)进入沸

腾室(3)。沸腾产生的蒸气夹带平衡蛇管(6)上升,在蛇管口喷出,喷及温度计套管(7)中的温度计。喷出的液滴下落回到液相,蒸气则经蒸馏器内套(8)至冷凝器(10),凝聚后滴落在冷凝液接收器(13)中。冷凝液在聚满后溢流而出,经毛细管(5)回流到沸腾室,与液相混合。物料在整个器内连续进行这样的内循环,最后可以达到真正的气-液平衡,两相的组成各自保持不变。此时温度计套管(7)中的温度计的示值不再变动。记下这时的温度(即该组成混合物的沸点)。分别在取样口(14、15)取样分析,就可得到平衡时气、液两相的组成。

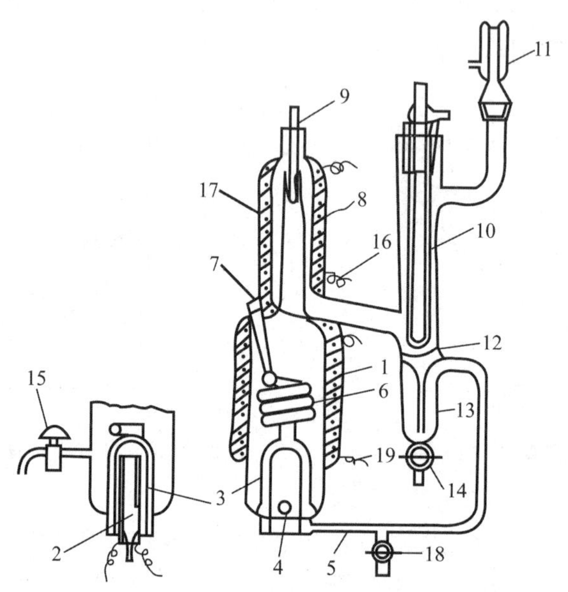


1—聚四氯乙烯保温层;2—加热元件;3—沸腾室;4—小孔;5—毛细管;6—平衡蛇管;7、9—温度计套管;8—蒸馏器内套;10、11—冷凝器;12—滴数计数器;13—冷凝液接收器;14、15—取样口;16—上保温电热丝;17—石棉保温层;18—放料口;19—下保温电热丝。

**图 3.27 Ellis 平衡蒸馏仪**

### 3.8.3 仪器和药品

沸点仪(或 Ellis 平衡蒸馏仪)1 套,阿贝折射仪(公用)1～2 台,超级恒温槽(多组共用)1 台,福廷式气压计 1 台,500 W 调压变压器 2 只,500 $cm^3$ 量筒 1 只,取样瓶,长、短滴管,吸球 1 只,0.1 ℃分度温度计(50～100 ℃),1 ℃分度温度计(0～100 ℃)。

环己烷(A. R.),无水乙醇(A. R.)。

### 3.8.4 实验步骤

1) 沸点仪方法

(1) 用漏斗从支管(3)(见图 3.26)加入约 30 $cm^3$ 的无水乙醇样品,以液面位于温度计水银球的中部为度。接通冷却水和电源,调节电热丝的电压,将系统缓缓加热。

(2) 当液体沸腾后,为使系统达到气液平衡,必须待其温度计的示值保持恒定 3～5 min,然后记下此时精密温度计的读数(即实验压力下乙醇的沸点)和辅助温度计读数,并记录室

温和大气压。

(3) 用滴管从冷凝管口逐滴加入环己烷，形成混合系统，在此过程中，不时将小球中的液体倾入烧瓶，观察沸腾液体的温度变化，每次加入的环己烷的量以使沸点比上一个沸点降低2.5 ℃左右为宜。待测温温度计的读数稳定 3～5 min 后，记录精密温度计和辅助温度计的读数，停止加热。用一支干燥的长滴管，自冷凝管口伸入球形小室，吸取全部气相冷凝液，另用一支干燥的短滴管，从支管(3)吸取一定量混合液，分别迅速装入取样瓶中，待冷却到 30 ℃左右后，测定该沸点下气、液相样品的折射率，由附录 5 确定样品的组成。

(4) 调节电热丝的电压，再次加热使液体沸腾。继续滴加入环己烷，按照步骤(3)相同的方法，逐一测定不同沸点及其气液相的折光率，待沸点降低到 66 ℃左右为止。停止加热，切断电源，将混合液倒入指定的回收瓶中。

(5) 用少量环己烷洗涤烧瓶及冷凝管数次，按上述步骤(2)(3)(4)逐一测定纯环己烷及加入乙醇后各溶液的沸点，测定各沸点下两相的折光率，待沸点降低到 66 ℃左右为止。记录室温和大气压力。

(6) 实验结束后，关闭电源及水源。

2) Ellis 平衡蒸馏仪方法

(1) 见沸点仪方法(1)。

(2) 实验室已配制一系列组成的环己烷(B)-乙醇(A)液态混合物，$x_B$ 分别为 0.02、0.05、0.08、0.18、0.50、0.70、0.85、0.90。

(3) 检查 Ellis 仪器装置中的 3 只考克，仔细涂好凡士林油，对号插入。用量筒量取约 200～230 $cm^3$ 某一定组成的液态混合物，取下温度计套管(7)，将样品加入蒸馏仪内。用橡皮筋将套管牢系在仪器上，以防止液体沸腾时，套管连同温度计冲出。慢慢打开冷凝器的水源。

(4) 检查加热元件(2)及上、下保温层电热丝(16、19)的线路，推上电源闸刀开关，开始加热。下保温层电热丝(19)的电压由调压变压器在 0～20 V 范围内调节。

(5) 由观察孔观察蒸馏仪内液体的加热情况，同时注意两支温度计的读数，正常情况下，温度逐渐上升。加热 5～10 min 后，液体开始沸腾，蛇管内开始有气泡冲出。此后气泡夹带液体从蛇管口喷向温度计套管(7)的水银球，同时有气相冷凝液滴入冷凝液接收器(13)。为防止蒸气在蒸馏器内套(8)冷凝，用一只调压变压器使上保温层电热丝(16)加热，要求在温度计套管(9)处测得的气相温度较温度计套管(7)处测得的沸腾液相温度高出 0.5～1.0 ℃。继续加热，气相冷凝液在接收器内聚满后，就溢流出来，经毛细管(5)流回沸腾室(3)。

(6) 待温度计套管(7)处温度计示值恒定约 10 min，就可认为气、液两相已达平衡，记下此时的温度，即为实验大气压力下该液态混合物的沸点。

(7) 先用一只样品瓶自取样口(14、15)各放出样品约 0.5 $cm^3$，弃去不用。然后用两只干燥、洁净的样品瓶，迅速自取样口(14、15)各取出样品 1～2 $cm^3$。待冷却至 30 ℃左右，用干燥的滴管吸取数滴，在阿贝折射仪中测定其折射率(取 3 次读数的平均值)。

(8) 共需对 8 个样品进行实验，测得环己烷-乙醇系统的 8 组 $T - x_B - y_B$ 数据。有 8 台仪器各装有一定组成的液态混合物，供轮流操作。

(9) 实验结束后,关闭电源及水源。

### 3.8.5 注意事项

(1) 电阻丝不能露出液面,一定要被液体所浸没,否则通电加热会引起有机液体的燃烧。通过电流不能太大,所加电压不能大于 10 V,只要能使液体沸腾即可。

(2) 一定要使系统达到气、液平衡,即温度读数要稳定。

(3) 只能在停止加热后才可取样分析。

(4) 取样及分析样品时动作要迅速,以防止由于蒸发而改变成分。每份样品需读数 3 次,取其平均值。在环己烷含量较高的部分,折光率随组成的变化率较小,实验误差略大。

(5) 阿贝折射仪使用时,棱镜上不能触及硬物(如滴管),擦拭棱镜须用擦镜纸。

(6) 实验过程中,必须在冷凝管中通入冷却水,以使气相全部冷凝。

### 3.8.6 数据记录与处理

1) 数据记录

记录表格:

| 样品编号 | $t$(精密)/℃ | $t$(辅助)/℃ | $\Delta t_{示}$/℃ | 液相分析 | | 气相分析 | |
|---|---|---|---|---|---|---|---|
| | | | | $n$ | $x_B$ | $n$ | $y_B$ |
| 1 | | | | | | | |
| 2 | | | | | | | |
| … | | | | | | | |
| 8 | | | | | | | |
| … | | | | | | | |

2) 数据处理

(1) 对温度计读数进行示值校正和露茎校正(参见第 2 章中 2.1.2 节水银温度计部分)。

(2) 对沸点进行压力校正。液体的沸点与大气压力有关。为了将实验大气压力下的沸点数据换算成正常沸点,可以由特鲁顿(Trouton)规则及克劳修斯-克拉贝龙(Clausius-Clapeyron)方程导出压力校正的公式为

$$\Delta t_{压}/℃=\frac{273.15+t(精密)/℃}{10}\times\frac{101\,325-p/\text{Pa}}{101\,325}$$

式中,$\Delta t_{压}$ 为压力校正值;$t$(精密)为实验大气压力下样品的沸点;$p$ 为实验大气压力。

(3) 经校正后系统的正常沸点 $t_b$ 应为

$$t_b=t(精密)+\Delta t_{示}+\Delta t_{露}+\Delta t_{压}$$

(4) 由附录 5 确定各个样品的组成。将各组数据填入下表内(纯物质的沸点及恒沸混合物的恒沸点和组成见实验原理部分)。

| 样品编号 | $t$(精密)/℃ | $\Delta t_{示}$/℃ | $\Delta t_{露}$/℃ | $\Delta t_{压}$/℃ | $t_b$/℃ | $x_B$ | $y_B$ |
|---|---|---|---|---|---|---|---|
| 1 | | | | | | | |
| 2 | | | | | | | |
| …… | | | | | | | |
| 9(纯 A) | | | | | | 0.000 | 0.000 |
| 10(纯 B) | | | | | | 1.000 | 1.000 |
| 11(恒沸混合物) | | | | | | | |

(5) 绘制环己烷-乙醇系统在 101 325 Pa 下的沸点-组成图，并由图确定系统的恒沸点及恒沸混合物的组成。(环己烷-乙醇二组分系统绘图所用方格纸不小于 12 cm×18 cm。)

### 3.8.7　思考题

(1) 在本实验中，气、液两相是怎样达到平衡的？

(2) 如何判断气、液两相达到平衡？

(3) 平衡时，气、液两相温度是否应该一样？实际是否一样？

(4) 为什么工业上常生产 $w$(乙醇)=0.95 的酒精？只用精馏含水酒精的方法能否获得无水酒精？

### 3.8.8　应用

气、液平衡相图的实用意义在于只有掌握了气、液相图，才有可能利用蒸馏方法使液态混合物有效分离。在石油工业和溶剂、试剂的生产过程中，常利用气、液相图来指导并控制分馏、精馏的操作条件。

在一定压力下，恒沸混合物的组成恒定。利用恒沸点盐酸溶液，可以配制容量分析用的标准盐酸溶液。

精馏是最常用的一种分离方法。对一个混合物系统设计精馏装置，要求算精馏塔所需的理论塔板数，系统的气、液平衡数据是必不可少的。工业生产中遇到的系统，其气、液平衡数据往往很难由理论计算，可以由本实验装置直接测定。

## 3.9　二组分固-液相图的绘制

### 3.9.1　实验目的

(1) 用热分析法(步冷曲线法)测绘 Bi－Sn 二组分金属相图。

(2) 了解固液相图的特点，进一步学习和巩固相律等有关知识。

(3) 掌握热电偶测量温度的基本原理。

### 3.9.2　实验原理

较为简单的二组分金属相图主要有 3 种：一种是液相完全互溶，凝固后，固相也能完全

互溶成固熔体的系统,最典型的为 Cu-Ni 系统;另一种是液相完全互溶而固相完全不互溶的系统,最典型的是 Bi-Cd 系统;还有一种是液相完全互溶,而固相是部分互溶的系统,如 Pb-Sn 系统,本实验研究的 Bi-Sn 系统就是这一种。在低共熔温度下,Bi 在固相 Sn 中最大溶解度为 21%(质量分数)。

热分析法(步冷曲线法)是绘制相图的基本方法之一。它是利用金属及合金在加热和冷却过程中发生相变时,潜热的释出或吸收及热容的突变,来得到金属或合金中相转变温度的方法。

通常的做法是先将金属或合金全部熔化,然后让其在一定的环境中自行冷却,画出冷却温度随时间变化的步冷曲线(见图 3.28)。

当熔融的系统均匀冷却时,如果系统不发生相变,则系统的冷却温度随时间的变化是均匀的,冷却速率较快(如图中 *ab* 线段);如果在冷却过程中发生了相变,由于在相变过程中伴随着放热效应,所以系统的温度随时间变化的速率发生改变,系统的冷却速率减慢,步冷曲线上出现转折(如图中 *b* 点)。当熔液继续冷却到某一点时(如图中 *c* 点),此时熔液系统以低共熔混合物的固体析出。在低共熔混合物全部凝固以前,系统温度保持不变.因此步冷曲线上出现水平线段(如图中 *cd* 线段);当熔液完全凝固后,温度才迅速下降(如图中 *de* 线段)。

由此可知,对组成一定的二组分低共熔混合物系统,可以根据它的步冷曲线得出有固体析出的温度和低共熔点温度。根据一系列组成不同系统的步冷曲线的各转折点,即可画出二组分系统的相图(温度-组成图)。不同组成熔液的步冷曲线对应的相图如图 3.29 所示。

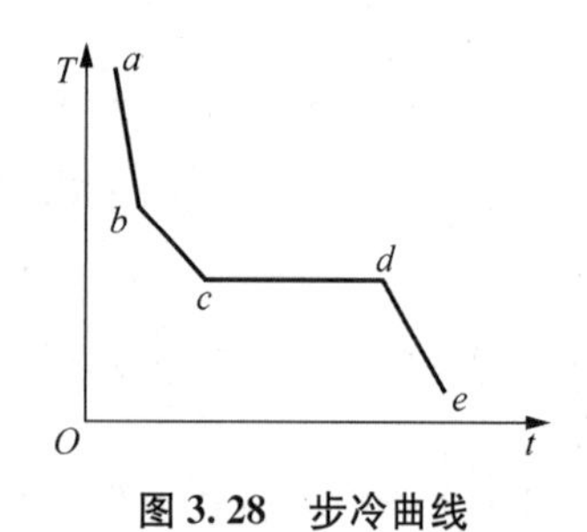


图 3.28 步冷曲线

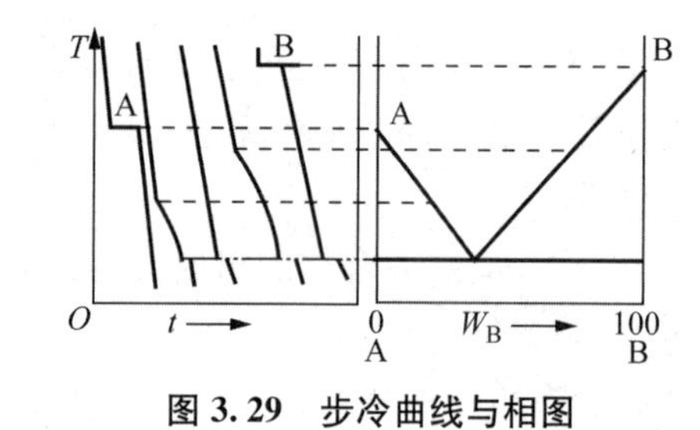


图 3.29 步冷曲线与相图

用热分析法(步冷曲线法)绘制相图时,被测系统必须时时处于或接近相平衡状态,因此冷却速率要足够慢才能得到较好的结果。

### 3.9.3 实验仪器与药品

KWL 可控升降温度电炉(1000 W)1 台,硬质玻璃套管 8 只,炉膛保护筒 1 个,SWKY 数字控温仪 1 台,托盘天平(精确至 0.1 g)1 台。

Bi(化学纯),Sn(化学纯),石墨粉(化学纯)。

### 3.9.4 实验步骤

1) 样品配制

用感量 0.1 g 的台秤分别称取纯 Bi、纯 Sn 各 50 g,另配制含锡 20%、30%、40%、60%、

70%、80%的铋锡混合物各 50 g，分别置于硬质玻璃套管中，在样品上方各覆盖一层石墨粉，以防金属在加热过程中接触空气而被氧化。

2）绘制步冷曲线

按如图 3.30 所示的实验装置图所示，将 SWKY 数字控温仪与 KWL－08 可控升降温电炉连接好，接通电源。将电炉置于外控状态。

测量样品的步冷曲线。将热电偶的热端插入装入少量液体石蜡的细玻璃管中，接通电源，逐渐加大电压，待样品熔化后，(橡胶塞可以活动）用装热电偶的细玻璃管搅拌已熔融的金属，同时观察细玻璃管的底部是否在距样品试管底部 1 cm 处，尽可能让细玻璃管的端部处于熔融金属的中心。单击开始。对纯锡和纯铋，最好在加热的原炉中将电压推到零缓慢冷却，30%、57%、80%的样品可以放在冷炉中自然冷却。待样品完全凝固后，单击完成，并命名存盘。

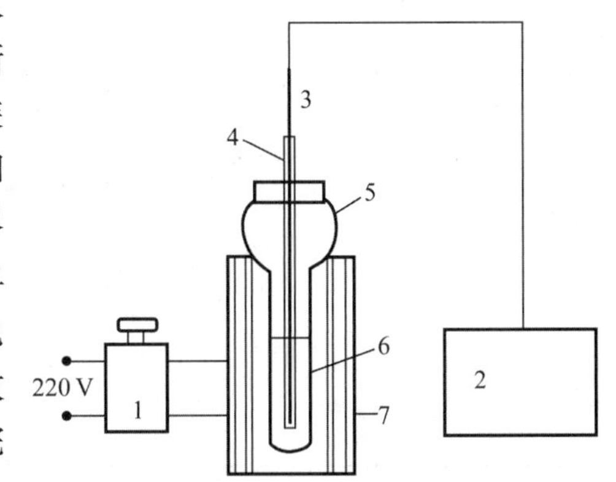


1—调压器；2—电子温度计；3—热电偶；4—细玻璃管；5—试管；6—试样；7—电炉。

**图 3.30　装置图**

测量水的沸点。将热电偶的热端插入沸点仪的气液喷口处，测水的沸点，作为标定热电偶温度值的一个定点。

注意：调压器的电压不能超过 40 V。

### 3.9.5　注意事项

(1) 为使步冷曲线上有明显的相变点，必须将热电偶结点放在熔融体的中间偏下处，同时将熔体搅匀。冷却时，将纯金属样品管放在加热的原炉中，把电压推到零缓慢冷却，样品降温不宜过快，否则拐点或平台不易出现。

(2) 熔化样品时，升温电压不能一下子加得太快，要缓慢升温。一般金属熔化后，继续加热 2 min 即可停止加热。

### 3.9.6　数据记录与处理

(1) 用水的沸点、纯锡和纯铋的熔点作为标准温度，以冷却曲线上转折点的读数作为横坐标，标准温度作为纵坐标，作出热电偶的工作曲线。

已知的标准温度如下：

| 物　质 | $t$(沸点或熔点)/℃ |
|---|---|
| 水 | 100 |
| Sn | 232 |
| Bi | 271 |

(2) 从工作曲线上查出30%、57%、80%的铋合金的熔点温度,以横坐标表示质量分数,纵坐标表示温度,绘出Bi-Sn二组分合金相图。

固熔体区相界线的坐标点数据如下:

| $t$/℃ | $w_B \times 100$ |
|---|---|
| 210 | 5 |
| 185 | 10 |
| 162 | 15 |
| 所测低共熔温度 | 21 |
| 120 | 15.8 |
| 100 | 11.6 |
| 80 | 8.2 |
| 60 | 5.3 |
| 40 | 2.7 |
| 20 | 1.0 |

(3) 在作出的相图上,用相律分析低共熔混合物、熔点曲线及各区域内的相数和自由度数。

### 3.9.7 思考题

(1) 用相律分析各条步冷曲线上出现平台、拐点的原因。

(2) 为什么在不同组成样品的步冷曲线上,最低共熔点的水平线长度不同?

(3) 通常认为,体系发生相变时热效应很小,则热分析法很难获得准确相图,为什么?

### 3.9.8 应用

相图系表示系统的组成、温度、压力之间的关系。对于不同对象可以采用不同的测定方法。除步冷曲线这样的热分析方法外,对于水盐体系采用测不同温度下的溶解度,对于气、液平衡可以采用蒸馏法测沸点和平衡两相的组成等。

## 3.10 氨基甲酸铵分解反应的标准平衡常数的测定

### 3.10.1 实验目的

(1) 用等压法测定各种温度下氨基甲酸铵的分解压力。

(2) 计算标准平衡常数以及其他热力学函数。

### 3.10.2 实验原理

氨基甲酸铵是合成尿素的中间产物,不稳定、易分解,在一定温度下达到平衡时可用下式表示：

$$NH_4COONH_2(s) \rightleftharpoons 2NH_3(g) + CO_2(g)$$

其标准平衡常数可表示为

$$K^{\ominus} = \left[\frac{p(NH_3)}{p^{\ominus}}\right]^2 \left[\frac{p(CO_2)}{p^{\ominus}}\right] \tag{3.28}$$

因为固体氨基甲酸铵的蒸气压在一定温度时是定值，而且很小，可忽略。所以系统的总压 $p_{总}$ 等于 $NH_3$ 与 $CO_2$ 的分压之和，即

$$p_{总} = 2p(NH_3) + p(CO_2)$$

从化学计量式可知：

$$p(NH_3) = \frac{2}{3}p_{总}, p(CO_2) = \frac{1}{3}p_{总}$$

代入式(3.28)得

$$K^{\ominus} = \left[\frac{p(NH_3)}{p^{\ominus}}\right]^2 \left[\frac{p(CO_2)}{p^{\ominus}}\right] = \frac{\left(\frac{2}{3}p_{总}\right)^2\left(\frac{1}{3}p_{总}\right)}{p^{\ominus}} = \frac{4}{27}\frac{p_{总}^3}{(p^{\ominus})^3} \tag{3.29}$$

因此，在给定的温度下达到平衡后，测定其总压 $p_{总}$，即可从式(3.29)计算出标准平衡常数。

温度对 $K^{\ominus}$ 的影响可用下式表示：

$$\frac{d\ln K^{\ominus}}{dT} = \frac{\Delta_r H_m^{\ominus}}{RT^2} \tag{3.30}$$

式中，$\Delta_r H_m^{\ominus}$ 是反应的标准摩尔焓[变]。

当温度在不大的范围内变化时，$\Delta_r H_m^{\ominus}$ 可视为常数，由式(3.30)积分得

$$\ln K^{\ominus} = -\frac{\Delta_r H_m^{\ominus}}{RT} + C \tag{3.31}$$

实验中测定不同温度下的 $p_{总}$，求出相应的 $K^{\ominus}$，再用计算机求出实验温度范围内的 $\Delta_r H_m^{\ominus}$。根据 $\Delta_r G_m^{\ominus} = -RT\ln K^{\ominus}$ 关系式可求出给定温度下的 $\Delta_r G_m^{\ominus}$。并根据

$$\Delta_r S_m^{\ominus} = \frac{\Delta_r H_m^{\ominus} - \Delta_r G_m^{\ominus}}{T} \tag{3.32}$$

关系式可近似求出某温度下的 $\Delta_r S_m^{\ominus}$。

### 3.10.3　实验仪器与药品

全套测定装置(见图 3.31)，氨基甲酸铵(C. P.)，液体石蜡。

### 3.10.4　实验步骤

(1) 检漏：把未装样的小球泡用厚壁真空胶管连接在盛料小球(10)的位置，打开一通活塞(5)，使三通活塞(6)处于(c)位置，缓慢打开二通活塞(13)(注意勿开启过猛，而使石蜡有外溢)，使等压计中气泡通过石蜡油液封缓慢逸出，抽气几分钟后，关闭二通活塞(5)，检查系统

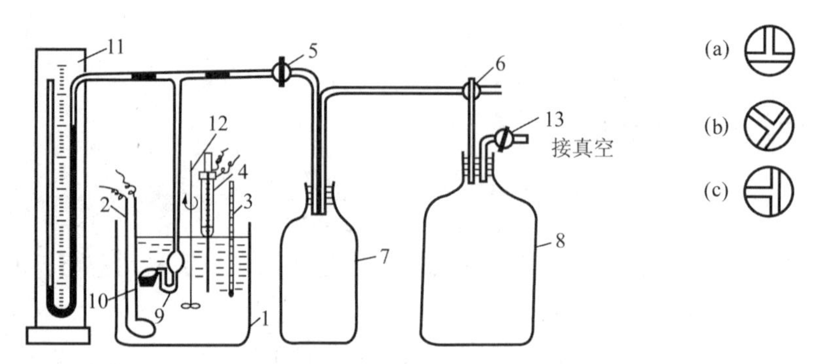


1—玻璃水浴；2—电加热棒；3—0.1℃分度温度计；4—水银接点温度计；5—二通活塞；6—三通活塞；7—缓冲球；8 —缓冲瓶；9—等压计；10—盛料小球；11—U形水银压差计；12—电动搅拌器；13—二通活塞。

**图3.31　氨基甲酸铵分解压测定实验装置**

是否漏气，若U形压差计水银面在10 min内维持不动，则表示系统不漏气，然后置三通活塞(6)位于(a)位置，缓慢开启二通活塞(5)(为什么?)，使系统与大气相通。用装有氨基甲酸铵的小球换下空小球。水浴中加水至等压计全部浸没。

(2) 调节恒温槽温度在(25.0±0.1)℃，关闭二通活塞(5)，置三通活塞(6)于(c)的位置，再缓慢开启二通活塞(5)，使系统中空气排出，约10 min后，关闭二通活塞(5)及二通活塞(13)，并置三通活塞(6)于(b)的位置，恒温10 min，置三通活塞(6)于(a)的位置又立即置于(c)的位置(为什么?)，打开二通活塞(5)，使系统中有少量空气进入。反复调节二通活塞(5)及三通活塞(6)，直到等压计中两面石蜡油液面保持齐平不变，即可读取压差计上的汞高差(精确在0.1 kPa)及恒温槽中的精确温度(精确到0.05℃)。

(3) 为了检验小球内空气是否全部排尽，打开二通活塞(13)，置三通活塞(6)于(c)的位置，缓慢打开二通活塞(5)(为什么?)，继续排气1～2 min。按上述操作重新读取压差。两次读数相差小于0.2 kPa，则可以认为球内的空气已经抽尽。征得教师的同意后方可进行另一温度的测量。

(4) 调节恒温槽温度在(30.0±0.1)℃，在升温过程中，由于分解压增大，石蜡油液面又发生变化。为使内部气体不致通过石蜡油鼓泡，应经常调节二通活塞(5)与三通活塞(6)，恒温15 min，在10 min内保持石蜡油液面不变，即可读取温度和压差。

(5) 继续测定35℃、40℃、50℃时的分解压力。

(6) 试验完毕后，将空气缓缓放入系统，放气时应防止石蜡油倒灌入小球(考虑应如何操作?)，直到压差计汞高差接近为零，吸去水浴中的水，取下小球，洗净，烘干。

### 3.10.5　数据记录及处理

1) 数据记录

| 温　度 | | 汞高差/Pa | | $\Delta p$/Pa | 分解压 $p_{总}$/Pa | $p_{总}/p^{\ominus}$ | $K^{\ominus}$ |
|---|---|---|---|---|---|---|---|
| $t$/℃ | $T$/K | 左 | 右 | | | | |
| | | | | | | | |

2）数据处理

（1）计算不同温度下氨基甲酸铵的标准平衡常数 $K^{\ominus}$。

（2）用作图法求出氨基甲酸铵分解反应的标准摩尔焓[变]$\Delta_r H_m^{\ominus}$。

（3）用最小二乘法算出氨基甲酸铵分解反应的标准摩尔焓[变]$\Delta_r H_m^{\ominus}$。

（4）计算 25 ℃时氨基甲酸铵分解反应的 $\Delta_r G_m^{\ominus}$ 及 $\Delta_r S_m^{\ominus}$。

### 3.10.6　思考题

（1）如何检查漏气？是否可以有微漏？

（2）为了防止石蜡油的外吸或倒灌，应注意哪些操作？

（3）为什么叫分解压？氨基甲酸铵的分解属于哪种类型的反应？

（4）如小球泡中空气未排尽对结果有什么影响？

（5）如何选用等压密封液？根据哪些原则？

（6）如何判断反应已达平衡？如未充分平衡，对 $K^{\ominus}$ 有何影响？

### 3.10.7　应用

应用此方法可同样测定硫酸盐、重硫酸盐、晶体水化物、氨合物、晶体氧化物、硫化物等分解反应的标准平衡常数。

# 第 4 章

# 电化学实验

## 4.1 电导率的测定及其应用

### 4.1.1 实验目的

(1) 测量 KCl 水溶液的电导率，计算它的无限稀释摩尔电导率。

(2) 用电导法测量醋酸在水溶液中的解离平衡常数。

(3) 掌握 SLDS－1 型电导率仪的测量原理和使用方法。

### 4.1.2 实验原理

电解质溶液的导电能力通常用电导 $G$ 来表示，它的单位是西门子(Siemens)，用符号 S(西)表示。若将某电解质溶液放入两平行电极之间，设电极间距离为 $l$，电极面积为 $A$，则电导可表示为

$$G=\kappa \frac{A}{l} \tag{4.1}$$

式中，$\kappa$ 为该电解质溶液的电导率，$\kappa$ 的单位为 $S \cdot m^{-1}$，它的数值与温度、溶液组成及电解质的种类有关；$\frac{l}{A}$ 称为电导池常数，它的单位为 $m^{-1}$。

在讨论电解质溶液的导电能力时，常用摩尔电导率 $\Lambda_m$ 这个物理量，它与电导率 $\kappa$、溶液浓度 $c$ 之间的关系如下：

$$\Lambda_m=\frac{\kappa}{c} \tag{4.2}$$

摩尔电导率的单位是 $S \cdot m^2 \cdot mol^{-1}$。

$\Lambda_m$ 总是随溶液浓度的降低而增大。对强电解质稀溶液而言，其变化规律可用科尔劳施(Kohlrausch)经验公式表示：

$$\Lambda_m=\Lambda_m^{\infty}-A\sqrt{c} \tag{4.3}$$

式中，$\Lambda_m^{\infty}$ 为无限稀释摩尔电导率。对特定的电解质和溶剂来说，在一定温度下，$A$ 是一个常数。所以，将 $\Lambda_m$ 对 $\sqrt{c}$ 作图得到的直线外推，可求得该强电解质溶液的无限稀释摩尔电导率 $\Lambda_m^{\infty}$。

对于弱电解质 $\Lambda_m^\infty$ 无法利用式(4.3),而要通过实验直接测得。通常是根据离子独立运动定律,应用强电解质无限稀释摩尔电导率计算出弱电解质无限稀释摩尔电导率,也可以从正、负两种离子的无限稀释摩尔电导率加和求得

$$\Lambda_m^\infty = \nu_+ \Lambda_{m,+}^\infty + \nu_- \Lambda_{m,-}^\infty \tag{4.4}$$

式中,$\Lambda_{m,+}^\infty$、$\Lambda_{m,-}^\infty$ 分别表示正、负离子的无限稀释摩尔电导率。不同温度下醋酸溶液的 $\Lambda_m^\infty$ 如表 4.1 所示。

**表 4.1 不同温度下醋酸溶液的 $\Lambda_m^\infty$**

| $t$/℃ | $\Lambda_m^\infty \times 10^2/(S\cdot m^2\cdot mol^{-1})$ | $t$/℃ | $\Lambda_m^\infty \times 10^2/(S\cdot m^2\cdot mol^{-1})$ | $t$/℃ | $\Lambda_m^\infty \times 10^2/(S\cdot m^2\cdot mol^{-1})$ |
|---|---|---|---|---|---|
| 20 | 3.615 | 24 | 3.841 | 28 | 4.079 |
| 21 | 3.669 | 25 | 3.903 | 29 | 4.125 |
| 22 | 3.738 | 26 | 3.960 | 30 | 4.182 |
| 23 | 3.784 | 27 | 4.009 | | |

在弱电解质的稀溶液中,离子的浓度很低,离子间的相互作用可以忽略,可以认为它在浓度为 $c$ 时的解离度 $\alpha$ 等于它的摩尔电导率 $\Lambda_m$ 与其无限稀释摩尔电导率 $\Lambda_m^\infty$ 之比,即

$$\alpha = \frac{\Lambda_m}{\Lambda_m^\infty} \tag{4.5}$$

对 1—1 型弱电解质,例如醋酸,当它在溶液中达到解离平衡时,有

$$HAc \rightleftharpoons H^+ + Ac^- \tag{4.6}$$

该反应的标准解离平衡常数 $K^\ominus$ 与浓度为 $c$ 时的解离度 $\alpha$ 之间有如下关系:

$$K^\ominus = \frac{c\alpha^2}{c^\ominus(1-\alpha)} \tag{4.7}$$

式中,$c^\ominus$ 为溶质 B 的标准浓度,$c^\ominus = 1.00\ mol\cdot dm^{-3}$。合并式(4.5)、式(4.7),即得

$$K^\ominus = \frac{c\Lambda_m^2}{c^\ominus \Lambda_m^\infty(\Lambda_m^\infty - \Lambda_m)} \tag{4.8}$$

式(4.8)可改写为

$$\frac{1}{\Lambda_m} = \frac{c\Lambda_m}{c^\ominus K^\ominus (\Lambda_m^\infty)^2} + \frac{1}{\Lambda_m^\infty} \tag{4.9}$$

式(4.9)为奥斯特瓦尔德(Ostwald)稀释定律。根据式(4.9),以 $\frac{1}{\Lambda_m}$ 对 $c\Lambda_m$ 作图可得一直线,其斜率为 $\frac{1}{c^\ominus K^\ominus (\Lambda_m^\infty)^2}$。根据前面所给醋酸的无限稀释摩尔电导率 $\Lambda_m^\infty$ 数据,即可求得 $K^\ominus$。

### 4.1.3 仪器与药品

SLDS-1 型电导率仪 1 台,铂黑电导电极 1 支,恒温槽装置 1 套,25 $cm^3$ 移液管 3 支,50 $cm^3$ 移液管 1 支,三角烧瓶 3 只。

KCl 溶液($c$=0.0100 $mol\cdot dm^{-3}$),HAc 溶液($c$=0.100 $mol\cdot dm^{-3}$),电导水。

### 4.1.4 实验步骤

(1) 调节恒温槽温度至指定温度(25℃或30℃±0.1℃)。打开电导率仪电源开关预热数分钟。

(2) 用移液管准确量取0.0100 mol·$dm^{-3}$ KCl溶液25 $cm^3$,放入三角烧瓶中。在另一三角烧瓶中,放入供电导法测定用的电导水。将它们放置在恒温槽内恒温5~10 min。

(3) 电导池常数的测定。

① 将电导电极用0.0100 mol·$dm^{-3}$ KCl溶液淋洗3次,用滤纸吸干(注意滤纸不能擦及铂黑)后,置入已恒温的KCl溶液中。

② 将"测量/校正"开关扳在"校正",设定常数为1;再扳回"测量",测量0.0100 mol·$dm^{-3}$ KCl溶液的电导,读取数据3次,取平均值。根据式(4.1),求出电导池常数(0.0100 mol·$dm^{-3}$ KCl溶液电导率参见附录4)。将电导池常数值调至已求得的电导池常数的数值。测量0.0100 mol·$dm^{-3}$ KCl溶液的电导率。此时仪表示值应与该实验温度下0.0100 mol·$dm^{-3}$ KCl溶液电导率的文献值一致。如果不一致,应重复步骤②的操作。在调整好以后,就不能再调节电导池常数值。

(4) KCl溶液的电导率测定。

① 测定0.0100 mol·$dm^{-3}$KCl溶液的电导率,读取数据3次,取平均值。

② 取一支洁净的25 $cm^3$移液管,准确量取25 $cm^3$已恒温的电导水,加入原先的KCl溶液中,使KCl溶液的浓度稀释为0.0500 mol·$dm^{-3}$。恒温2 min,测定其电导率,读取数据3次,取平均值。

③ 依次分别加入50 $cm^3$、100 $cm^3$、200 $cm^3$已恒温的电导水,恒温2 min后,测量各个被稀释了的KCl溶液的电导率。

(5) 醋酸溶液的电导率测定。

① 将电导电极分别用电导水及0.100 mol·$dm^{-3}$HAc溶液各淋洗3次,用滤纸吸干。

② 用移液管准确量取0.100 mol·$dm^{-3}$HAc溶液25 $cm^3$,放入三角烧瓶中。将它放置在恒温槽内,恒温5 min后,测定其电导率。

③ 依次分别加入25 $cm^3$、50 $cm^3$、25 $cm^3$电导水。恒温2 min后,测量各个被稀释了的HAc溶液的电导率。

(6) 电导水的电导率测定:将电导电极用电导水淋洗3次,放入已恒温的电导水中。恒温2 min后,测量电导水的电导率。

(7) 实验结束后,将电导电极用电导水洗净,养护在电导水中。关闭各仪器开关。

### 4.1.5 注意事项

(1) 普通蒸馏水常溶有$CO_2$和氨等杂质,所以存在一定电导。因此做电导实验时,需要纯度较高的水,称为电导水。电导水的制备方法是在蒸馏水中加入高锰酸钾,用石英或玻璃蒸馏器再蒸馏一次。

(2) 温度对电导有较大的影响,所以整个实验必须在同一温度下进行。每次稀释溶液用的电导水必须温度相同,可以预先把电导水装入三角烧瓶,置于恒温槽中恒温。

(3) 铂电极镀铂黑在于减小极化现象和增加电极表面积，使测定电导时有较高的灵敏度。铂黑电极在不使用时，应保存在电导水中，不可使其干燥。

### 4.1.6 数据记录与处理

1) 数据记录

恒温槽温度：________。

(1) KCl溶液的电导率测定：

0.0100 $mol \cdot dm^{-3}$ KCl溶液的电导 G/S：________。

电导池常数$\frac{l}{A}/m^{-1}$：________。

| $c/mol \cdot m^{-3}$ | $\kappa/S \cdot m^{-1}$ | | | |
|---|---|---|---|---|
| | 第1次 | 第2次 | 第3次 | 平均值 |
| 10.0 | | | | |
| 5.00 | | | | |
| 2.50 | | | | |
| 1.25 | | | | |
| 0.625 | | | | |

(2) 醋酸溶液的电导率$\kappa'$测定：

电导水的电导率$\kappa(H_2O)/S \cdot m^{-1}$：________。

| $c/mol \cdot m^{-3}$ | $\kappa'/S \cdot m^{-1}$ | | | |
|---|---|---|---|---|
| | 第1次 | 第2次 | 第3次 | 平均值 |
| 100 | | | | |
| 50.0 | | | | |
| 25.0 | | | | |
| 20.0 | | | | |

2) 数据处理

(1) 将KCl溶液的各组数据填入下表内。

| $c/mol \cdot m^{-3}$ | 10.0 | 5.00 | 2.50 | 1.25 | 0.625 |
|---|---|---|---|---|---|
| $\Lambda_m/S \cdot m^2 \cdot mol^{-1}$ | | | | | |
| $\sqrt{c}/mol^{\frac{1}{2}} \cdot m^{-\frac{3}{2}}$ | | | | | |

以KCl溶液的$\Lambda_m$对$\sqrt{c}$作图，由直线的截距求出KCl的$\Lambda_m^\infty$。

(2) HAc 溶液的各组数据填入下表内。

| $c$/ ($\mathrm{mol \cdot m^{-3}}$) | $\kappa'$/ ($\mathrm{S \cdot m^{-1}}$) | $\kappa$/ ($\mathrm{S \cdot m^{-1}}$) | $\Lambda_m$/ ($\mathrm{S \cdot m^2 \cdot mol^{-1}}$) | $\alpha$ | $K^{\ominus} \times 10^5$ | $1/\Lambda_m$/ ($\mathrm{S^{-1} \cdot m^{-2} \cdot mol}$) | $c\Lambda_m$/ ($\mathrm{S \cdot m}$) |
|---|---|---|---|---|---|---|---|
| 100 | | | | | | | |
| 50.0 | | | | | | | |
| 25.0 | | | | | | | |
| 20.0 | | | | | | | |

注：$\kappa'$为所测 HAc 溶液的电导率，$\kappa$ 为扣去同温下电导水的电导率 $\kappa(H_2O)$后的数值，即

$$\kappa = \kappa' - \kappa(H_2O)$$

求出 HAc 溶液标准解离平衡常数的平均值$\langle K^{\ominus} \rangle$。

以 HAc 溶液的$\dfrac{1}{\Lambda_m}$对 $c\Lambda_m$ 作图，由直线的斜率求算 $K^{\ominus}$，并与$\langle K^{\ominus} \rangle$进行比较。

(3) 将 KCl 溶液和 HAc 溶液的电导率数据输入计算机，分别求出 KCl 溶液的 $\Lambda_m^{\infty}$ 和 HAc 溶液的 $K^{\ominus}$。

### 4.1.7 思考题

(1) 为什么要测定电导池常数？电导池常数是否可用尺来测量？

(2) 如果配制醋酸溶液的水不纯，将对结果产生什么影响？

### 4.1.8 应用

由于电解质稀溶液的电导与离子浓度之间存在简单的线性关系，电导测定作为一种仪器分析方法，被广泛应用于分析化学(如电导滴定、弱电解质解离平衡常数的测定、难溶盐溶解度的测定等)、化学动力学(如测定速率系数及研究反应机理)。在环境监测中，可用来测定水的纯度。在一些工厂，也利用电导法快速测定溶液的浓度(如硫酸浓度的测定、海水含盐量的测定、工业气体及钢铁中碳和硫元素的定量分析等)，为生产控制的自动化服务。

## 4.2 电池电动势的测定及其应用

### 4.2.1 实验目的

(1) 掌握用补偿法测定电池电动势的测量原理。

(2) 掌握电位差计的使用方法。

(3) 学会一些电极及盐桥的制备和使用。

### 4.2.2 实验原理

(1) 原电池至少由两个电极(半电池)组成。电池电动势是两电极电势的代数和。当电

极电势均以还原电势表示时，有

$$E = E(\text{正极}) - E(\text{负极}) \tag{4.10}$$

以丹尼尔电池为例：

$$Zn(s)\,|\,ZnSO_4(0.100\ mol\cdot kg^{-1})\,\|\,CuSO_4(0.100\ mol\cdot kg^{-1})\,|\,Cu(s)$$

该电池的电极反应为

负极反应：$Zn(s) \longrightarrow Zn^{2+}(0.100\ mol\cdot kg^{-1}) + 2e^-$

正极反应：$Cu^{2+}(1.00\ mol\cdot kg^{-1}) + 2e^- \longrightarrow Cu(s)$

电池反应：$Zn(s) + Cu^{2+}(0.100\ mol\cdot kg^{-1}) \longrightarrow Zn^{2+}(0.100\ mol\cdot kg^{-1}) + Cu(s)$

$$E(\text{负极}) = E^{\ominus}(Zn^{2+}\,|\,Zn) - \frac{RT}{2F}\ln\frac{1}{a(Zn^{2+})} \tag{4.11}$$

$$E(\text{正极}) = E^{\ominus}(Cu^{2+}\,|\,Cu) - \frac{RT}{2F}\ln\frac{1}{a(Cu^{2+})} \tag{4.12}$$

$$E = E^{\ominus} - \frac{RT}{2F}\ln\frac{a(Zn^{2+})}{a(Cu^{2+})} \tag{4.13}$$

式中，$E^{\ominus}(Zn^{2+}\,|\,Zn)$、$E^{\ominus}(Cu^{2+}\,|\,Cu)$分别为锌电极和铜电极的标准电极电势。$E^{\ominus}$为丹尼尔电池的标准电动势。

电池电动势不能用伏特计直接测量，而要用电位差计测量。因为，当把电池与伏特计接通后，由于电池中发生了化学反应，在构成的电路中便有电流通过，电池中溶液浓度不断变化，因而电池电动势也发生变化。另外电池本身也存在内电阻，因此，伏特计量出的电池两极间的电势差比电池电动势小。利用补偿法，电池在无电流（或极小电流）通过时测量两极间的电势差，其数值等于电池电动势。电位差计就是利用补偿法原理测量电池电动势的仪器（参阅第 2 章 2.4.2 节电化学测量技术部分）。

(2) 通过对电池电动势的测定，可以测定难溶盐的溶度积。例如，利用电动势法求 AgCl 的溶度积，需设计如下电池：

$$Ag(s)\,|\,AgCl(s)\,|\,KCl(b)\,\|\,AgNO_3(b')\,|\,Ag(s)$$

该电池的电极反应为

负极反应：$Ag(s) + Cl^-(b) \longrightarrow AgCl(s) + e^-$

正极反应：$Ag^+(b') + e^- \longrightarrow Ag(s)$

电池反应：$Ag^+(b') + Cl^-(b) \longrightarrow AgCl(s)$

电池电动势为

$$E = E^{\ominus} - \frac{RT}{F}\ln\frac{1}{a(Ag^+)a(Cl^-)} \tag{4.14}$$

因为：

$$\Delta_r G_m^{\ominus} = -zFE^{\ominus} = -RT\ln\frac{1}{K_{sp}^{\ominus}} \tag{4.15}$$

由于 $z=1$，所以：

$$E^{\ominus} = \frac{RT}{F}\ln\frac{1}{K_{sp}^{\ominus}} \tag{4.16}$$

将式(4.16)代入式(4.14)后,得

$$\ln K_{sp}^{\ominus}=\ln[a(Ag^{+})a(Cl^{-})]-\frac{EF}{RT} \tag{4.17}$$

测定溶液的 pH 值是电池电动势测定的又一重要应用。其原理是将氢离子指示电极与参比电极组成电池,然后测定该电池的电动势 $E$。由于参比电极的电势恒定,电动势 $E$ 的数值只与被测溶液的氢离子活度 $a(H^{+})$有关。因此可根据 $E$ 的数值求出溶液的 pH 值。常用的氢离子指示电极有氢电极、醌氢醌电极和玻璃电极。本实验用醌氢醌电极或玻璃电极为指示电极,饱和甘汞电极为参比电极组成电池,以测定溶液的 pH 值。

醌氢醌电极与饱和甘汞电极组成电池的表示式为

$$饱和甘汞电极 \,\|\, 待测溶液(pH=?)\,|\,Q,QH_2\,|\,Pt$$

式中,Q 表示醌;$QH_2$ 表示氢醌。此电池电动势:

$$E=E(H^{+},Q,QH_2\mid Pt)-E(甘汞) \tag{4.18}$$

醌氢醌电极的电极反应为

$$Q+2H^{+}+2e^{-}\longrightarrow QH_2$$

由于醌和氢醌是由微溶的醌氢醌等分子分解而得,并且浓度很低(在 25 ℃时,醌氢醌在水中的溶解度约为 0.005 mol·kg$^{-1}$),所以

$$a(醌)\approx a(氢醌) \tag{4.19}$$

醌氢醌电极的电极反应的能斯特方程为

$$\begin{aligned}E(H^{+},Q,QH_2\,|\,Pt)&=E^{\ominus}(H^{+},Q,QH_2\,|\,Pt)-\frac{RT}{2F}\ln\frac{a(氢醌)}{a(醌)a^{2}(H^{+})}\\&\approx E^{\ominus}(H^{+},Q,QH_2\,|\,Pt)+\frac{RT}{F}\ln a(H^{+})\\&=E^{\ominus}(H^{+},Q,QH_2\,|\,Pt)-\frac{RT\ln 10}{F}pH\end{aligned} \tag{4.20}$$

将式(4.20)代入式(4.18),则

$$E=\left[E^{\ominus}(H^{+},Q,QH_2\,|\,Pt)-\frac{RT\ln 10}{F}pH\right]-E(甘汞)$$

$$pH=\frac{F}{RT\ln 10}[E^{\ominus}(H^{+},Q,QH_2\,|\,Pt)-E(甘汞)-E] \tag{4.21}$$

因此,测定了电池的电动势,根据式(4.21)便可以求得待测溶液的 pH 值。式(4.21)中,标准醌氢醌电极和饱和甘汞电极的数值与温度关系如下:

$$E^{\ominus}(H^{+},Q,QH_2\,|\,Pt)/V=0.6997-0.00074(T/K-298.15) \tag{4.22}$$

$$E(甘汞)/V=0.2415-0.00076(T/K-298.15) \tag{4.23}$$

如果玻璃电极与饱和甘汞电极组成电池:

$$玻璃电极 \,\|\, 待测溶液(pH=?)\,\|\, 饱和甘汞电极$$

该电池的电动势可用下式表示:

$$E=E(饱和甘汞)-E(玻) \tag{4.24}$$

$$E=E(甘汞)-\left[E^{\ominus}(玻)-\frac{RT\ln 10}{F}pH\right]$$

$$\mathrm{pH}=\frac{F}{RT\ln 10}[E-E(\text{甘汞})+E^{\ominus}(\text{玻})] \tag{4.25}$$

式(4.24)中,$E$(玻)为玻璃电极的电极电势;式(4.25)中,$E^{\ominus}$(玻)为玻璃电极的标准电极电势,其数值因不同的玻璃电极而异。因此在酸度计的设计中需要用已知 pH 值的缓冲溶液标定后,方可测定试样的 pH 值。

### 4.2.3 仪器与药品

UJ－25 型电位差计 1 台,检流计 1 台,甲电池 2 节,pHS－2 型酸度计 1 台,惠斯通标准电池 1 只,锌电极、铜电极、银电极、银-氯化银电极、饱和甘汞电极、铂电极等各 1 支,饱和硝酸铵盐桥 1 根,电极杯,电极管,烧杯(50 $cm^3$),移液管(10 $cm^3$),移液管(15 $cm^3$)等。

$ZnSO_4$ 溶液($b$=0.100 $mol\cdot kg^{-1}$),$CuSO_4$ 溶液($b$=0.100 $mol\cdot kg^{-1}$),KCl 溶液($b$=0.100 $mol\cdot kg^{-1}$),$AgNO_3$($b$=0.100 $mol\cdot kg^{-1}$),HAc 溶液($b$=1.00 $mol\cdot kg^{-1}$),NaAc 溶液($b$=1.00 $mol\cdot kg^{-1}$),pH 标准试液(pH=4.003),饱和 KCl 溶液,醌氢醌(A. R.),饱和 $NH_4NO_3$ 盐桥。

### 4.2.4 实验步骤

1) 电动势的测定

(1) 按 UJ－25 型电位差计的线路图,接好测量线路(参阅本书第 2 章 2.4 节电化学测量技术部分)。

(2) 将检流计的量程开关打到最大,将表头的机械零点调准,打开电源,将状态开关打到“ON(量程)”,视指针偏移程度粗略调节电器零点。

(3) 利用惠斯通标准电池电动势温度校正公式:

$$E/\mathrm{V}=1.018\,45-4.05\times10^{-5}(T/\mathrm{K}-29.315)-9.5\times10^{-7}(T/\mathrm{K}-293.15)^2+1\times10^{-8}(T/\mathrm{K}-293.15)^3$$

计算室温下惠斯通标准电池的电动势,以此值校正电位差计的工作电流。

(4) 电极制备。

① 锌电极。取一根电极管,装入 0.100 $mol\cdot kg^{-1}$ $ZnSO_4$ 溶液,使溶液低于电极管的虹吸管。用稀硫酸浸洗锌电极以除去表面上的氧化层,取出后用水洗涤,再用蒸馏水淋洗,然后浸入饱和硝酸亚汞溶液中 3~5 s,取出后用滤纸擦拭锌电极,使锌电极表面上有一层均匀锌汞齐,再用蒸馏水淋洗(汞有毒,用过的滤纸应投入指定的有盖的广口瓶中,瓶中应有水淹没滤纸,不要随便乱丢),把处理好的锌电极插入装有 $ZnSO_4$ 溶液电极管内并塞紧,同时使电极管的虹吸管内充满溶液至管口。电极管的虹吸管内(包括管口)不可有气泡,也不能有漏液现象。

② 铜电极。将铜电极用金相砂纸磨光,除去氧化层和杂物,然后取出用水冲洗,再用蒸馏水淋洗。将铜电极置于电镀烧杯中作为阴极,另取一个经清洁处理的铜片作为阳极,进行电镀,电流密度控制在 20 $mA\cdot cm^{-2}$。其电镀装置如图 4.1 所示。电镀 0.5 h,使铜电极表面有一层均匀的新鲜铜,再取出。装配铜电极的方法与铜锌电极相同。

(5) 电池组合:将饱和 KCl 溶液注入 50 $cm^3$ 的小烧杯内,作为盐桥,再将上面制备的锌电极和铜电极置于小烧杯内,即成 Cu－Zn 电池,电池装置如图 4.2 所示。

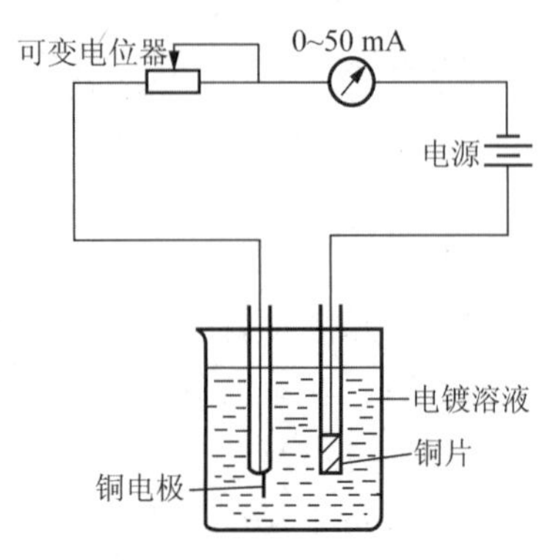


1—锌电极;2—铜电极;3—盐桥。

**图 4.1　制备铜电极的电镀装置**

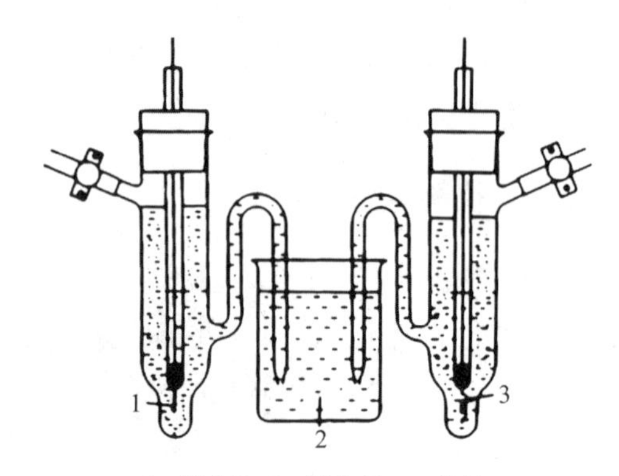


1—锌电极;2—铜电极;3—盐桥。

**图 4.2　Cu－Zn 电池装置示意图**

AgCl－Ag 电池中,要用饱和 $NH_4NO_3$ 做盐桥,其装置如图 4.3 所示。

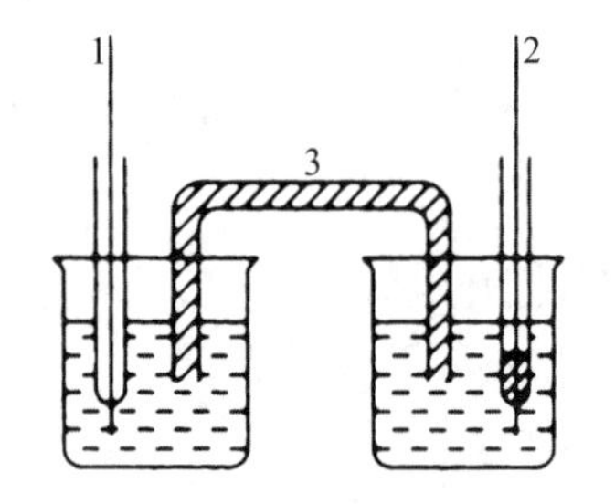


1—银电极;2—银-氯化银电极;3—盐桥。

**图 4.3　AgCl－Ag 电池装置示意图**

(6) 分别测量下列各电池电动势。

Zn(s) | $ZnSO_4$(0.100 mol·$kg^{-1}$) ‖ $CuSO_4$(0.100 mol·$kg^{-1}$) | Cu(s)

Zn(s) | $ZnSO_4$(0.100 mol·$kg^{-1}$) ‖ 饱和甘汞电极

Ag(s) | AgCl(s) | KCl(0.100 mol·$kg^{-1}$) ‖ $AgNO_3$(0.100 mol·$kg^{-1}$) | Ag(s)

2) 电动势法测溶液 pH 值

取 1.00 mol·$kg^{-1}$ HAc 及 1.00 mol·$kg^{-1}$ NaAc 溶液各 20.0 $cm^3$ 于烧坏中,加入约 0.02 g 醌氢醌,搅拌均匀后,将光亮铂片电极和饱和甘汞电极插入溶液中,测定电池电动势。

3) 用酸度计测定溶液的 pH 值

酸度计的工作原理及使用方法可参见本书第 2 章 2.4 节电化学测量技术部分。

用 pH 值一定的标准溶液校正酸度计,再将 1.00 mol·$kg^{-1}$ HAc 及 1.00 mol·$kg^{-1}$ NaAc 溶液各 20.0 $cm^3$ 于烧杯中,测定此溶液的 pH 值。

4) 实验结束后关闭电源

将饱和甘汞电极、烧杯等洗干净,将玻璃电极浸泡在蒸馏水中。

### 4.2.5　注意事项

(1) 在连接线路时,切勿将标准电池、工作电池、待测电池的正负极接错。

(2) 测试时必须先按电位计上“粗”按钮,待检流计示零后,再按“细”按钮,以免检流计偏转过猛而损坏,按按钮时间要短,不超过 1 s,以防止过多电量通过标准电池和待测电池,造成

严重极化现象，破坏电池的电化学可逆状态。

(3) 在使用惠斯通标准电池时应注意：使用温度在 4～40 ℃之间；切勿将标准电池倒置、倾斜或摇动；正负极不能接错；标准电池只用作校正电位差计，不能用作电源；不可用伏特计测量标准电池的端电压，也不可用万用电表测试其是否通路；每隔一年左右需要重新校正标准电池的电动势一次。

(4) 在使用饱和甘汞电极时，电极内应充满饱和氯化钾溶液。

(5) 使用方便，但有一定使用范围。由于 pH＞8.5 时，醌氢醌会发生电离，改变了分子状态的组成，对系统氧化还原电势产生很大影响。此外，醌氢醌在碱性溶液中容易氧化，也会影响测定结果。醌氢醌电极绝不能在含硼酸盐的溶液中使用，因为醌氢醌要与其生成络合物，在有其他强氧化剂或还原剂存在时也不能使用。

### 4.2.6　数据记录与处理

1) 数据记录

| 电　池 | $E$/V | | | |
|---|---|---|---|---|
| | 第 1 次 | 第 2 次 | 第 3 次 | 平均值 |
| Zn - Cu | | | | |
| Zn -甘汞 | | | | |
| AgCl - Ag | | | | |
| 甘汞-醌氢醌 | | | | |
| 玻璃-甘汞 | | | | |

2) 数据处理

(1) 计算铜锌电池电动势的理论值，并与实验值进行比较，讨论产生误差的原因。计算时所需的一些电解质离子平均活度因子如表 4.2 所示。

**表 4.2　25 ℃时，一些电解质($b_B$=0.100 mol·kg$^{-1}$)的离子平均活度因子 $\gamma_\pm$**

| 电解质 | $ZnSO_4$ | $CuSO_4$ | $AgNO_3$ | KCl |
|---|---|---|---|---|
| $\gamma_\pm$ | 0.148 | 0.160 | 0.732 | 0.769 |

(2) 计算室温下饱和甘汞电极的电极电势。

(3) 利用 Zn -甘汞电池电动势的实验值，计算锌电极的标准电极电势，并与文献值进行比较。

(4) 计算 AgCl 的活度积。

(5) 计算醌氢醌电极的标准电极电势。

(6) 根据式(4.21)，计算未知溶液的 pH 值，与酸度计测定值进行比较。

### 4.2.7 思考题

(1) 为什么不能用电压表直接测量原电池的电动势?

(2) 为什么每次测量前均需用标准电池对电位表计进行标定?

(3) 在测量过程中,检流计光点总是在一个方向偏转,可能是什么原因?

### 4.2.8 应用

电动势的测定在物理化学中占有重要的地位,应用广泛。通过测定电动势,可以间接地求得电池反应的标准平衡常数、各种热力学函数(如 $\Delta_r G_m$、$\Delta_r H_m$、$\Delta_r S_m$ 和 $Q_r$)、电解质溶液的活度因子、pH 值、难溶盐的溶度积等。

除了上述提到的各种应用以外,电动势的测定还可以应用于化学物质的定量分析,如氧化还原反应的电位滴定。

## 4.3 分解电压及极化曲线的测定

### 4.3.1 实验目的

(1) 掌握分解电压的测定方法,测定硫酸的分解电压。

(2) 掌握恒电流极化曲线的测定方法,测定氢的析出电势。

(3) 通过实验进一步理解析出电势和超电势的关系、不可逆电极的意义及影响超电势的因素。

### 4.3.2 实验原理

1) 分解电压的测定原理

电解时,电解池中会产生与外加电压方向相反的极化电动势(通常称返电动势),故只有当外加电压超过此极化电动势时,才能长时间进行电解。此时,外加于电解池的最小电压称为分解电压。

分解电压测量装置如图 4.4 所示。

在 $H_2SO_4$ 溶液中插入两个铂电极,接上外加直流电源。线路中的毫安表(mA)和电压表(V)分别用来测定电解池的电压和电流。滑线电阻 $R$ 构成的分压线路,用来调节电解池上的外加电压。

实验测定时,逐渐加大外加电压,测出相应的电流值,并绘出 $I-E$ 曲线如图 4.5 所示。当外加电压不大时电流很小,这时电极上观察不到电解现象,当电压逐渐增加到某一数值时,电流几乎直线上升,两极上开始有气泡逸出,继续加大电压,电解显著进行,气泡大量产生。将图 4.5 中直线 $DC$ 延长交横轴于 $E_{分}$ 点,则 $E_{分}$ 所示数值为 1 mol·dm$^{-3}$ ($1/2H_2SO_4$) 溶液的分解电压。也有以两直线 $AB$、$DC$ 的延长线交点 $E'$ 所对应的槽电压作为分解电压数值的。

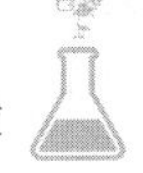

实验证明,分解电压不仅与电解质的性质及浓度有关,而且还与温度、电流密度、电极材料的种类及电极表面加工的光洁度等诸多因素有关。由于电解过程为不可逆过程,实际维持电解进行的外加电压总是比相应的可逆电池的电动势大,两者之差为超电势。

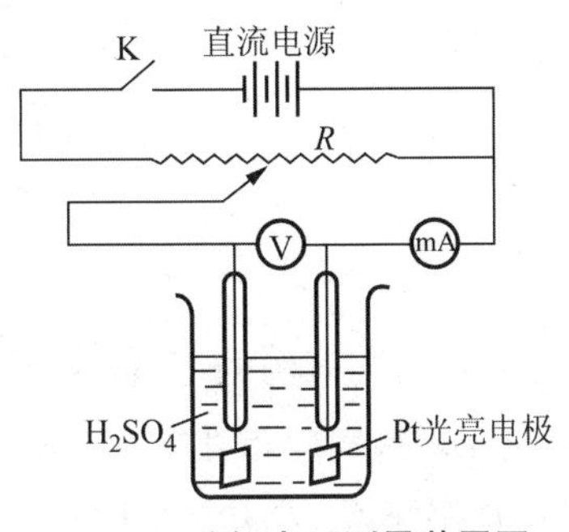


图 4.4 分解电压测量装置图

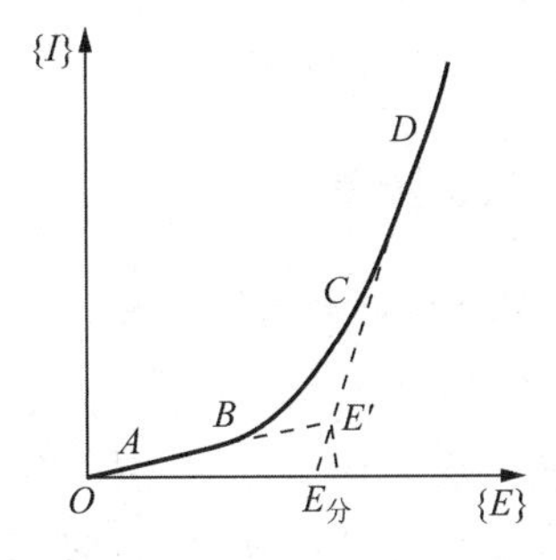


图 4.5 *I*－*E* 曲线图

2) 析出电势的测定原理

对电极而言,实际维持电解进行的电势也不等于其平衡时的电极电势。使某种物质在电极上开始显著析出所需的实际电势称为析出电势,它与平衡电势之差称为物质的超电势(也有称为超电压的)。

析出电势可以用恒电流极化曲线测量装置进行测量,如图 4.6 所示。

为了较准确测量电极电势,可将一对铂电极(一支作待测电极,另一支作辅助电极)分别放在一个 H 形电解槽的两支管内,以减少因电解对测量的干扰。通过盐桥组成一个电池并与电位差计(5)相连,测电池电动势 $E$ 值。在一定温度下,甘汞电极的电势为已知,故阴极的析出电势可以求得。实验时,调节电阻 $R$,使流经电解槽的电流由小逐渐到大,并相应地通过测量电动势求出在不同电流下的阴极析出电势值。

将求出的不同电流密度 $j$ 下的析出电势值作 $j-\Delta\varphi$ 图,如图 4.7 所示。此曲线形状与 $I-E$ 曲线相似,称为电极的极化曲线。$CB$ 的延长线与横坐标的交点 $\Delta\varphi_{析}$ 所示数值即为硫酸溶液中 $H_2$ 的析出电势。

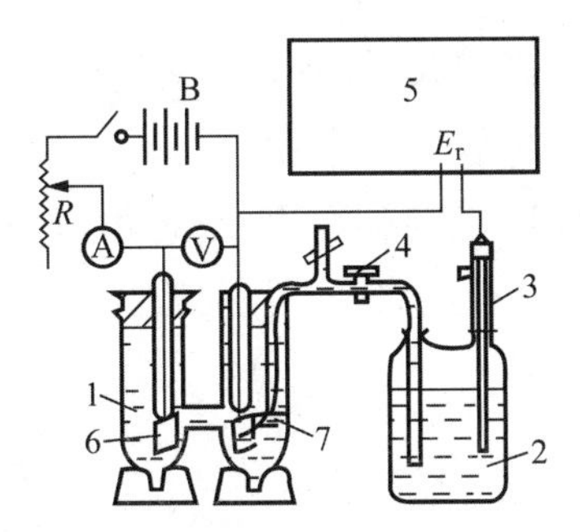


1—$H_2SO_4$ 溶液($1/2\ mol\cdot dm^{-3}$);2—饱和 KCl 溶液;3—甘汞电极;4—液体盐桥;5—电位差计;6—钳电极;7—鲁金毛细管。

图 4.6 析出电势测量装置示意图

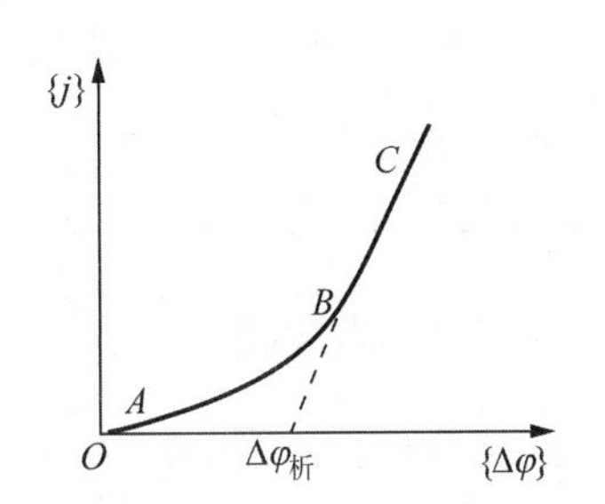


图 4.7 *j*－Δφ 曲线图

### 4.3.3 仪器与药品

分解电压测量装置1套(见图4.4),恒电流极化曲线测量装置1套(见图4.6)(包括电位差计全套装置)。

$1\,mol \cdot dm^{-3}(1/2H_2SO_4)$溶液。

### 4.3.4 实验步骤

1) 硫酸溶液分解电压的测定

(1) 按图4.4所示接好线路,注意电压表与毫安表不要与电源的正、负极接错。

(2) 将滑线电阻调至右端,然后接通电源,此时电压表指针应指在零点左右。

(3) 由右向左逐渐移动滑动电阻的触头,使电压逐渐增高,至0.2 V时停1 min,测出相应电压下通过电解槽的电流数值,直至电流突然上升后再读数3次。转折点附近应每隔0.1 V测量1次。所测数据应在电压表及毫安表达到平衡时才能记录。

(4) 实验完毕后切断电源,将仪器复原,并整理实验桌。

2) 氢析出电势的测定

(1) 按图4.6所示组装仪器,对电位差计进行较正。

(2) 将滑线电阻$R$调至最大值,接通电源,此时电流数值应为零。慢慢减少电阻使电解进行,直至阴极显著产生气泡,经一定时间后将电阻调回至最大值处,即可开始进行实验测定。如果是在刚进行分解电压测定后做本实验,那么在铂电极上就有电解产物$H_2$存在,一般可以逐步移动电阻,使电压不断升高,电流逐渐增大。电流建议按如下大小增加:0.4 mA、0.8 mA、1.2 mA、1.8 mA、2.4 mA、3.0 mA、5.0 mA、7.0 mA、9.0 mA、13.0 mA、15.0 mA、17.0 mA、19.0 mA。

(3) 待各次加大的电流稳定后,再用电位差计测定相应不同电流时甘汞电极与电解槽待测电极(阴极)所组成的电池的电动势,测量10~12个数据。

### 4.3.5 数据记录与处理

(1) 将分解电压测定数据列表并注明实验条件(如温度、药品浓度等),绘出$I-E$曲线,求出$1mol \cdot dm^{-3}(1/2H_2SO_4)$的分解电压。

(2) 从测得的$E$值和待测电极面积计算不同电流密度$j$下的$\Delta\varphi_{待}$值,并将数据列表(包括$\ln\{j\}$值一并列出,且注明实验条件,绘制$j-\Delta\varphi$极化曲线。从曲线找出氢离子在光亮的铂电极上的析出电势,计算氢的超电势。

### 4.3.6 思考题

(1) 为什么很多酸(或碱)的分解电压相近?

(2) 在氢的析出电势测定中,为什么要预先电解使之产生氢气?

(3) 图4.6中3个电极的作用各是什么?

### 4.3.7 应用

超电势的存在使电解时需要多消耗能量。但从另一角度来看，正因为有超电势存在，才能使某些本来在 $H^+$ 之后在阴极上还原的反应，能顺利地较 $H^+$ 先在阴极上进行。例如，可以在阴极镀上 Zn、Cd、Ni 等而不会析出氢气。在金属活泼顺序中，氢以前的金属即使是 Na，也可以用汞作为电极使 $Na^+$ 在电极上放电，生成钠汞齐而不会放出氢气（因为氢气在汞上有很大的超电势）。又如铅蓄电池在充电时，如果氢没有超电势，就不能使铅沉积到电极上，而只会放出氢气。在铅电池的阳极上，$OH^-$ 先氧化而放出氧气，而 $SO_4^{2-}$ 氧化则比较困难。

超电势的存在，可降低金属电化学腐蚀速率，起到阻碍腐蚀进行的作用。

## 4.4 离子迁移数的测定

### 4.4.1 实验目的

(1) 加深理解离子迁移数的基本概念。

(2) 用希托夫法和界面移动法分别测定 $H_2SO_4$ 水溶液和 HCl 水溶液中离子迁移数，掌握其方法与技术。

### 4.4.2 希托夫法测定离子迁移数

**1. 实验原理**

当电流通过电解质溶液时，溶液中的正负离子各自向阴阳两极迁移，由于各种离子的迁移速度不同，各自所运载的电流也必然不同。每种离子所运载的电流与通过溶液的总电流之比，称为该离子在此溶液中的迁移数。迁移数与浓度、温度、溶剂的性质有关。

希托夫法测定离子迁移数的示意图如图 4.8 所示。

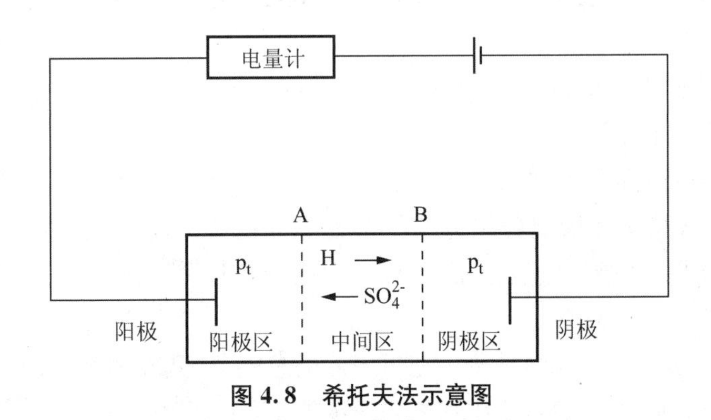


图 4.8 希托夫法示意图

将已知浓度的硫酸放入迁移管中，若有 $Q$ 库仑电量通过体系，在阴极和阳极上分别发生如下反应：

阳极：
$$2OH^- \longrightarrow H_2O + \frac{1}{2}O_2 + 2e$$

阴极：
$$2H^+ + 2e \longrightarrow H_2$$

此时溶液中 $H^+$ 离子向阴极方向迁移，$SO_4^{2-}$ 离子向阳极方向迁移。电极反应与离子迁移引起的总后果是阴极区的 $H_2SO_4$ 浓度减少，阳极区的 $H_2SO_4$ 浓度增加，且增加与减小的浓度数值相等，因为流过小室中每一截面的电量都相同，因此离开与进入假想中间区的 $H^+$ 离子数相同，$SO_4^{2-}$ 离子数也相同，所以中间区的浓度在通电过程中保持不变。由此可得计算离子迁移数的公式如下：

$$t(SO_4^{2-}) = \frac{n\left(\frac{1}{2}H_2SO_4, \text{阴极区}\right)F}{Q} = \frac{n\left(\frac{1}{2}H_2SO_4, \text{阳极区}\right)F}{Q} \tag{4.26}$$

$$t(H^+) = 1 - t(SO_4^{2-}) \tag{4.27}$$

式(4.26)中，$F = 96\,500\ C \cdot mol^{-1}$ 为法拉第(Farady)常数；$Q$ 为总电量。

图 4.8 所示的三个区域是假想分割的，实际装置必须以某种方式给予满足。图 4.9 的实验装置提供了这一可能，它使电极远离中间区，中间区的连接处又很细，能有效地阻止扩散，保证了中间区浓度不变的可信度。

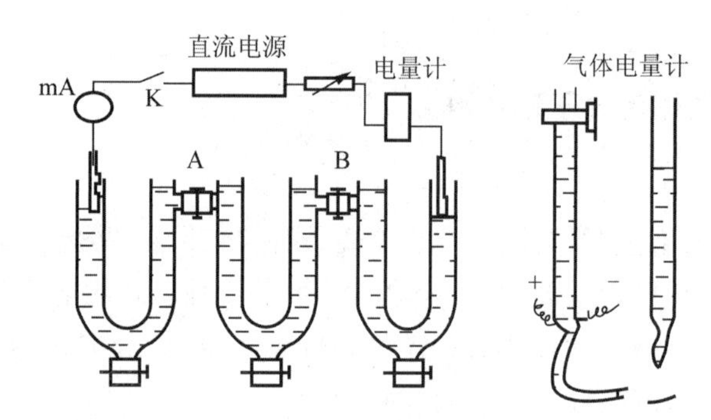


**图 4.9　希托夫法测定离子迁移数装置示意图**

希托夫法虽然原理简单，但由于不可避免的对流、扩散、振动而引起溶液一定程度的相混，所以不易获得正确结果。

必须注意希托夫法测迁移数至少包括了两个假定：①电量的输送者只是电解质的离子，溶剂(水)不导电，这和实际情况较接近。②离子不水化。否则，离子带水一起运动，而阴阳离子带水不一定相同，则极区浓度改变，部分是由水分子迁移所致。这种不考虑水合现象测得的迁移数称为希托夫迁移数。

可用图 4.9 所示的气体电量计测定通过溶液的总电量，其准确度可达±0.1%，它的原理实际上就是电解水(为减小电阻，水中加入几滴浓 $H_2SO_4$)。

阳极：
$$2OH^- \longrightarrow H_2O + \frac{1}{2}O_2 + 2e$$

阴极：
$$2H^+ \longrightarrow H_2 - 2e$$

根据法拉第定律及理想气体状态方程，据 $H_2$ 和 $O_2$ 的体积得到求算电量(库仑)公式如下：

$$Q=\frac{4(p-p_{\mathrm{w}})VF}{3RT} \tag{4.28}$$

式中，$p$ 为实验时大气压；$p_{\mathrm{w}}$ 为温度为 $T$ 时水的饱和蒸气压；$V$ 为 $H_2$ 和 $O_2$ 混合气体的体积；$F$ 为法拉第(Farady)常数。

**2. 仪器与药品**

迁移管 1 套，铂电极 2 只，直流稳流电源(250 V)1 台，气体电量计 1 套，直流毫安表(50 mA)1 只，分析天平(精度为 0.000 1)1 架，碱式滴定管(50 $cm^3$)1 只，具塞三角瓶(100 $cm^3$)5 只，移液管(10 $cm^3$)3 只，烧杯 3 只，容量瓶(250 $cm^3$)1 只。

浓 $H_2SO_4$，标准 NaOH 溶液(0.1 $mol\cdot dm^{-3}$)。

**3. 实验步骤**

(1) 配制 $c\left(\frac{1}{2}H_2SO_4\right)$ 为 0.1 $mol\cdot dm^{-3}$ 的 $H_2SO_4$ 的溶液 250 $cm^3$，并用标准 NaOH 溶液标定其浓度。

(2) 用 $H_2SO_4$ 溶液冲洗迁移管后，装满迁移管(注意：①溶液不要沾到塞子；②中间管与阴极管、阳极管连接处不留气泡)。

(3) 打开气体电量计活塞，移动水准管，使量气管内液面升到起始刻度，关闭活塞，比平后记下液面起始刻度。

(4) 按图接好线路，将稳压电源的“调压旋钮”旋至最小处。

(5) 经教师检查后，接通开关 K，打开电源开关，旋转“调压旋钮”使电流强度为 10～15 mA，通电约 1.5 h 后，立即夹紧两个连接处的夹子，并关闭电源。

(6) 将阴极液(或阳极液)放入一个已称重的洁净干燥的烧杯中，并用少量原始 $H_2SO_4$ 液冲洗阴极管(或阳极管)一并放入烧杯中，然后称重。中间液放入另一洁净干燥的烧杯中。

(7) 取 10 $cm^3$ 阴极液(或阳极液)放入三角瓶内，用标准 NaOH 液标定(要平行滴定两份)。再取 10 $cm^3$ 中间液标定，检查中间液浓度是否变化。

(8) 轻弹气量管，待气体电量计气泡全部逸出后，比平后记录液面刻度。

**4. 注意事项**

(1) 电量计使用前应检查是否漏气。

(2) 阴、阳极区上端应使用带缺口的塞子。

**5. 数据记录与处理**

1) 将所测数据列表

饱和水蒸气压：________　　　　气体电量计产生气体体积 $V$：________

标准 NaOH 溶液浓度：________

| 溶　液 | $m$(烧杯)/g | $m$(烧杯+溶液)/g | $m$(溶液)/g | $V_{\mathrm{NaOH}}/cm^3$ | $c\left(\frac{1}{2}H_2SO_4\right)$ |
|---|---|---|---|---|---|
| 原始溶液 | | | | | |
| 中间液 | | | | | |

(续表)

| 溶 液 | $m$(烧杯)/g | $m$(烧杯+溶液)/g | $m$(溶液)/g | $V_{NaOH}/cm^3$ | $c\left(\frac{1}{2}H_2SO_4\right)$ |
|---|---|---|---|---|---|
| 阴极液 | | | | | |
| 阳极液 | | | | | |

注:表中,$V_{NaOH}$ 为标定 $H_2SO_4$ 液消耗的 NaOH 体积;$c$ 为 $H_2SO_4$ 液的浓度。

2)计算通过溶液的总电量 $Q$

$$Q=\frac{4(p-p_w)VF}{3RT}$$

3)计算阴极液通电前后减少的 $n\left(\frac{1}{2}H_2SO_4\right)$

$$n=(c_0-c)V \tag{4.29}$$

式中,$c_0$ 为 $c\left(\frac{1}{2}H_2SO_4\right)$原始浓度;$c$ 为通电后 $c\left(\frac{1}{2}H_2SO_4\right)$浓度;$V$ 为阴极液体积($cm^3$),由 $V=\frac{m}{\rho}$求算($m$ 为阴极液的质量,$\rho$ 为阴极液的体积质量,20 ℃时为 $0.1\ mol\cdot dm^{-3}$ $c\left(\frac{1}{2}H_2SO_4\right)$的 $\rho=1.002\ g\cdot cm^{-3}$)。

4)计算离子的迁移数 $t(H^+)$及 $t(SO_4^{2-})$

5)据阳极液的滴定结果再计算 $t(H^+)$及 $t(SO_4^{2-})$

**6. 思考题**

(1)如何保证气体库仑计中测得的气体体积是在实验大气压下的体积?

(2)中间区浓度改变说明什么?如何防止?

(3)为什么不用蒸馏水而用原始溶液冲洗电极?

### 4.4.3 界面移动法测定离子迁移数

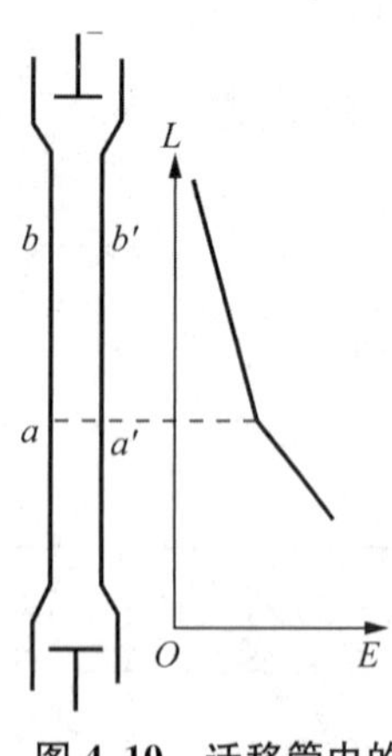

**图 4.10 迁移管中的电位梯度**

**1. 实验原理**

利用界面移动法测定离子迁移数的实验可分为两类:一类是使用两种指示离子,造成两个界面;另一类是只用一种指示离子,有一个界面,近年来这种方法已经代替了第一类方法,其原理如下。

实验在图 4.10 所示的迁移管中进行。设 $M^{Z+}$ 为欲测的阳离子,$M'^{Z+}$ 为指示阳离子。$M'^{Z+}$ 放在上面或下面,须视其溶液的密度而定。为了保持界面清晰,防止由于重力而产生搅动作用,应将密度大的溶液放在下面。当有电流通过溶液时,阳离子向阴极迁移,原来的界面 $aa'$ 逐渐上移动,经过一定时间 $t$ 到达 $bb'$。设 $aa'$ 和 $bb'$ 间的体积为 $V$,$t(M^{Z+})$为 $M^{Z+}$ 的迁移数。据定义有

$$Q=\frac{4(p-p_w)VF}{3RT} \tag{4.30}$$

$$t(M^{z+})=\frac{VFc(M^{z+})}{Q} \tag{4.31}$$

式中，$F=96\,500\ C\cdot mol^{-1}$；$c$ 为$\left(\frac{1}{z}M^{z+}\right)$的浓度；$Q$ 为通过溶液的总电量；$V$ 为界面移动的体积，可用称量充满 $aa'$和 $bb'$间的水的质量进行校正。

本实验用 $Cd^{2+}$ 作为指示离子，测定 $H^+$ 在 $0.1\ mol\cdot dm^{-3}$ HCl 中的迁移数。因为 $Cd^{2+}$ 电迁移率 $u$ 较小，即

$$u(Cd^{2+})<(u)(H^+) \tag{4.32}$$

在图 4.10 的实验装置中，通电时，$H^+$ 向上迁移，$Cl^-$ 向下迁移，在 Cd 阳极上 Cd 氧化，进入溶液生成 $CdCl_2$，逐渐顶替 HCl 溶液，在管中形成界面。由于溶液要保持电中性，且任一截面都不会中断传递电流，$H^+$ 迁移走后的区域，$Cd^{2+}$ 紧紧地跟上，离子的移动速度是相等的，$v(Cd^{2+})=v(H^+)$，由此可得

$$u(Cd^{2+})\frac{dE'}{dl}=u(H^+)\frac{dE}{dl} \tag{4.33}$$

比较式(4.32)和式(4.33)，得

$$\frac{dE'}{dl}>\frac{dE}{dl} \tag{4.34}$$

即在 $CdCl_2$ 溶液中电位梯度是较大的，如图 4.10 所示。因此若 $H^+$ 因扩散作用落入 $CdCl_2$ 溶液层。它就不仅比 $Cd^{2+}$ 迁移得快，而且比界面上的 $H^+$ 也要快，能赶回到 HCl 层。同样若任何 $Cd^{2+}$ 进入低电位梯度的 HCl 溶液，它就要减速，一直到它重新又落后于 $H^+$ 为止，这样界面在通电过程中保持清晰。

**2. 仪器与药品**

直流稳压电源，直流毫安表，秒表，气体电量计 1 套。

HCl($0.1\ mol\cdot dm^{-3}$)，甲基橙(或甲基紫)指示剂。

**3. 实验步骤**

1）电流-时间测总电量法

实验装置如图 4.11 所示。先用少许 $0.1\ mol\cdot dm^{-3}$ HCl 溶液将迁移管 P 洗两次，再将其垂直地插入大试管 B 中。在管 P 中装入含有甲基橙(或甲基紫)指示剂的 $0.1\ mol\cdot dm^{-3}$ HCl 溶液至图示位置，勿使管中留有气泡，上端装好电极管 C，内中放 Pt 电极，B 中充满自来水。按图接好线路，经教师检查无误才能开始实验。

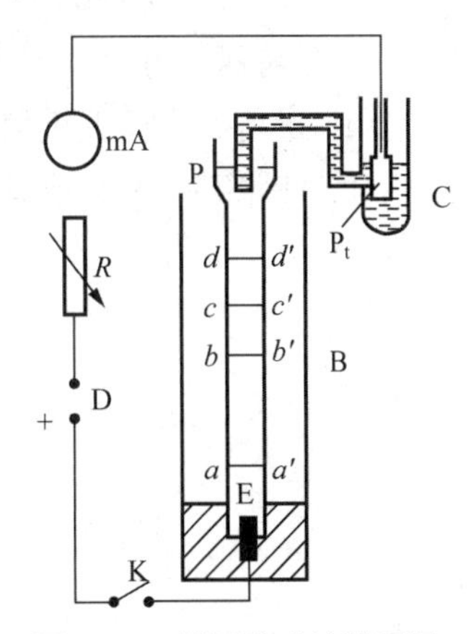

图 4.11　界面移动法装置图

按通开关 K 与电源 D 相通，调节电位器 $R$ 保持电流在 3～5 mA 之间。随电解进行 Cd 电极 E 不断失去电子而变成 $Cd^{2+}$ 溶解下来，由于 $Cd^{2+}$ 的迁移速度小于 $H^+$，因而，过一段时间后，在 P 管下部就会形成一个清晰的界面，界面以下是中性的 $CdCl_2$ 溶液呈橙色(甲基紫为紫色)；界面以上是酸性的 HCl 溶液呈红

色(甲基紫为蓝色),从而可以清楚地观察界面在移动。当界面移动到 $aa'$ 时,立即开动秒表,此时要随时调节电位器 $R$,使电流 $I$ 保持定值。当界面移到 $bb'$ 时,立即记下时间(但不停秒表),继续通电记时,记录界面达到 $cc'$ 和 $dd'$ 的时间。

切断开关,过数分钟后观察界面有何变化?再接通开关K,过数分钟后,再观察界面又有何变化?试解释其原因。

2) 气体电量计测总电量法

(1) 在小烧杯中倒入 0.1 mol·$dm^{-3}$ HCl 约 10 $cm^3$,加入少许甲基紫(橙),使溶液呈深蓝色。

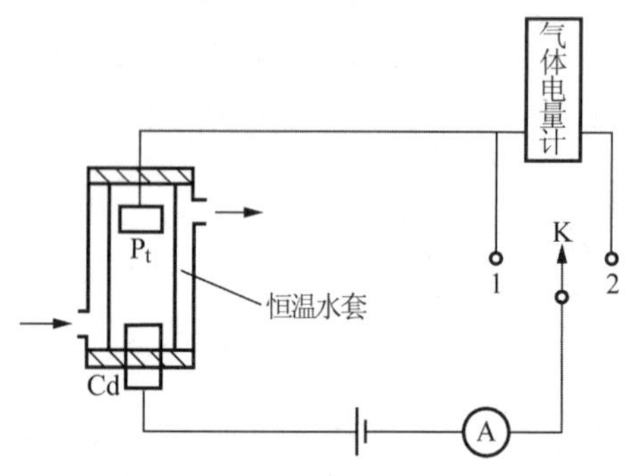


图 4.12 气体电量计测总电量法装置示意图

(2) 用少许溶液洗涤迁移管后,将溶液装满迁移管,并插入 Pt 电极。

(3) 打开气体电量计活塞,移动水准管使气量管液面升至上部起始刻度,关闭活塞,比平后读取气量管液面起始刻度。

(4) 按图 4.12 连接线路,将稳压电源的"电压调节旋钮"旋至最小处,开关K打向"1"。

(5) 经教师检查线路后,方可接通电源,并旋转"调压旋钮",使电流强度为 4~5 mA,注意实验过程中如变化较大要及时调节。

(6) 当迁移管内蓝紫色界面达到起始刻度时,立即将开关K打向"2",当蓝紫色界面迁移 1 $cm^3$ 后,立即关闭电源开关,用手弹气量管,待全部气体自液体中逸出,比平后读取气量管液面刻度。

### 4. 注意事项

通过后由于 $CdCl_2$ 层的形成电阻加大,电流会渐渐变小,因此应不断调节电流使其保持不变。

### 5. 数据记录与处理

计算 $t(H^+)$ 及 $t(Cl^-)$。讨论与解释观察到的实验现象,将结果与文献值加以比较。

### 6. 思考题

(1) 进行本实验关键何在?应注意什么?

(2) 测量某一电解质离子迁移数时,指示离子应如何选择?指示剂应如何选择?

# 第 5 章

# 化学动力学实验

## 5.1 蔗糖水解反应速率系数的测定

### 5.1.1 实验目的

(1) 测定蔗糖水解反应的速率系数和半衰期。

(2) 了解该反应的反应物浓度与旋光角之间的关系。

(3) 了解旋光仪的基本原理,并掌握其正确的操作技术。

### 5.1.2 实验原理

转化速率只与某反应物浓度的一次方成正比的反应称为一级反应。其微分速率方程(简称速率方程)表示为

$$-\frac{dc}{dt}=kc \tag{5.1}$$

将微分速率方程移项并定积分可得积分速率方程(也称速率方程):

$$\int_{c_0}^{c}-\frac{dc}{c}=\int_0^t k\,dt \quad \ln\frac{c_0}{c}=kt \tag{5.2}$$

式中,$c_0$ 为反应物的初始物浓度;$c$ 为 $t$ 时刻反应物的浓度;$k$ 为反应的速率系数。当$c=\frac{c_0}{2}$时,$t$ 可用 $t_{1/2}$ 表示,称为反应的半衰期,即为反应物总量(浓度)反应掉一半所用的时间。由式(5.2)很容易得到一级反应的半衰期为

$$t_{1/2}=\frac{\ln 2}{k}=\frac{0.6931}{k} \tag{5.3}$$

由式(5.3)可以看出,一级反应的半衰期与反应物的起始浓度无关。这是一级反应的一个特点。

蔗糖水解反应为

$$\underset{(蔗糖)}{C_{12}H_{22}O_{11}}+H_2O \xrightleftharpoons{H^+} \underset{(葡萄糖)}{C_6H_{12}O_6}+\underset{(果糖)}{C_6H_{12}O_6}$$

在反应温度恒定不变的条件下,此反应的转化速率与蔗糖的浓度、水的浓度以及催化剂

$H^+$的浓度有关。但反应过程中,由于水是大量的,可视为水的浓度不变,且$H^+$是催化剂,其浓度也保持不变,故转化速率只与蔗糖的浓度有关,所以蔗糖水解反应可看作是一级反应。这种由于某反应物浓度过量很大的稀溶液,在反应过程中可视为常数,所以使反应表现为一级反应的反应称为假一级反应,或准一级反应。

在本实验中反应物蔗糖及其转化产物葡萄糖与果糖均含有不对称的碳原子,它们都具有旋光性。但它们的旋光能力不同,故可以利用系统在反应过程中旋光角的变化来量度反应的进程。

测量物性旋光角所用的仪器称为旋光仪。溶液的旋光角与溶液中所含旋光物质的旋光能力、溶剂性质、溶液的浓度、样品管长度、光源波长及温度等均有关系,当其他条件均固定时,旋光角$\alpha$与反应物浓度$c$呈线性关系,即

$$\alpha = Kc \tag{5.4}$$

式中,比例常数$K$与物质的旋光能力、溶剂性质、样品管长度、温度等有关。旋光角$\alpha$的单位是 rad。

物质的旋光能力用质量旋光本领来度量,质量旋光本领$\alpha_m$用下式表示

$$\alpha_m = \frac{\alpha A}{m} \tag{5.5}$$

式中,$m$为旋光性组元在横截面$A$的线性偏振光途径中的质量。质量旋光本领$\alpha_m$的单位是$\mathrm{rad \cdot m^2 \cdot kg^{-1}}$。

质量旋光本领$\alpha_m$与温度和线性偏振光的波长有关。例如某物质在25 ℃,用钠光D线测定,其质量旋光本领可表示为$[\alpha_m]_D^{25}$。本实验中,蔗糖是右旋性的物质,其质量旋光本领$[\alpha_m]_D^{25} = 1.162\ \mathrm{rad \cdot m^2 \cdot kg^{-1}}$。生成物中葡萄糖也是右旋性的物质,其质量旋光本领$[\alpha_m]_D^{25} = 0.9163\ \mathrm{rad \cdot m^2 \cdot kg^{-1}}$;但果糖却是左旋性的物质,其质量旋光本领$[\alpha_m]_D^{25} = -1.587\ \mathrm{rad \cdot m^2 \cdot kg^{-1}}$。因此,随着反应的进行,物质的右旋角不断减小,反应到某一瞬间,系统的旋光角恰好等于零,而后就变成左旋,直至蔗糖完全转化,这时左旋角达到最大值$\alpha_\infty$。设最初系统的旋光角为

$$\alpha_0 = K_{反} c_{A,0} \quad (t=0,\text{蔗糖尚未转化}) \tag{5.6}$$

最终系统的旋光角为

$$\alpha_\infty = K_{生} c_{A,0} \quad (t=\infty,\text{蔗糖完全转化}) \tag{5.7}$$

两式中$K_{反}$和$K_{生}$分别为反应物和生成物的比例常数。当时间为$t$时,蔗糖浓度为$c_A$,此时旋光度$\alpha_t$为

$$\alpha_t = K_{反} c_A + K_{生}(c_{A,0} - c_A) \tag{5.8}$$

由式(5.6)和式(5.7)得

$$c_{A,0} = \frac{\alpha_0 - \alpha_\infty}{K_{反} - K_{产}} = K'(\alpha_0 - \alpha_\infty) \tag{5.9}$$

由式(5.7)和式(5.8)得

$$c_A = \frac{\alpha_t - \alpha_\infty}{K_{反} - K_{产}} = K'(\alpha_t - \alpha_\infty) \tag{5.10}$$

将式(5.9)、式(5.10)代入式(5.2)得

$$t=\frac{1}{k}\ln\frac{c_{A,0}}{c_A}=\frac{1}{k}\ln\frac{\alpha_0-\alpha_\infty}{\alpha_t-\alpha_\infty} \tag{5.11}$$

即

$$\ln(\alpha_t-\alpha_\infty)=-kt+\ln(\alpha_0-\alpha_\infty) \tag{5.12}$$

如以 $\ln(\alpha_t-\alpha_\infty)$对 $t$ 作图,从直线的斜率可求得反应速率常数 $k$。根据式(5.3)可求出反应的半衰期。

### 5.1.3 仪器与药品

WXG-4 型圆盘旋光仪,LB-801 型超级恒温器,50 $cm^3$ 容量瓶,100 $cm^3$ 烧杯,500 $cm^3$ 细口瓶,25 $cm^3$ 移液管,100 $cm^3$ 磨口锥形瓶,洗耳球。

蔗糖(AR),3 $mol\cdot dm^{-3}$ 盐酸。

### 5.1.4 实验步骤

(1) 参阅附录“旋光仪”,了解和熟悉旋光仪的构造、原理和使用方法。

(2) 使用旋光仪时,先接通电源,开启电源开关(ON),光源显示窗将出现红紫色光,仪器预热一会儿红紫色光将慢慢变为黄色钠光,仪器打开后需预热 5 min 后才能正常工作。

(3) 用蒸馏水校正仪器的零点。蒸馏水为非旋光性物质,可以用它找出仪器的零点(即 $\alpha=0$ 时仪器对应的刻度)。洗净样品管,拆开后,玻片、垫圈要单独拿着洗,以防掉入下水道!洗好后关闭一端并充满蒸馏水,盖上玻片,管中应尽量避免有气泡存在,然后旋紧套管,使玻片紧贴于旋光管之上,勿使其漏水。但必须注意旋紧套盖时不能用力过猛,以免玻璃片压碎,用滤纸擦干样品管,再用镜头纸将样品管两端的玻璃片擦净,将样品管放入旋光仪内,放入样品管时,使管中残存的微小气泡进入凸出部分而不影响测量,盖上旋光仪盖,从目镜观察三分视野图像,调节刻度盘旋扭,使图像由三分图像变为暗色,从放大镜中读取旋光度值。

(4) 配置溶液。用粗天平称取 5.0 g 蔗糖于 100 $cm^3$ 锥形瓶中,加入 25 $cm^3$ 水使之溶解,此溶液近似为 0.6 $mol\cdot dm^{-3}$。

(5) 用移液管量取 25 $cm^3$ 3.0 $mol\cdot dm^{-3}$ 盐酸溶液,当从移液管中流出一半时开始计时,加完盐酸溶液立即摇匀,迅速用少量反应液淌洗样品管 2 次,然后将反应液装满样品管,盖好盖子并擦干净放入样品槽内,记录时间,读取读数。反应开始时速度较快,前 15 min 可以每 2 min 测量一次,以后 5 min 测量一次,连续测量 60 min。

(6) $\alpha_\infty$ 的测量。在上述测定开始以后,同时将所剩下的蔗糖反应混合溶液的磨口锥形瓶置于 50～60 ℃的水浴中反应 30～60 min,然后冷却至室温,测其旋光度即为 $\alpha_\infty$ 值。但必须注意水温不可太高,否则将产生副反应使颜色发黄。同时锥形瓶不要浸得太深,在加热的过程中要盖好瓶塞,防止溶液蒸发影响浓度。

(7) 旋光仪使用完毕后,关闭电源,取出旋光管倒掉反应液(避免存放时间过长,腐蚀旋光管盖),将旋光管洗干净后放回原处。

### 5.1.5 注意事项

(1) 蔗糖在配制溶液前,须先经 380 K 烘干。

(2) 在进行蔗糖水解速率系数测定以前,要熟练掌握旋光仪的使用,能正确而迅速地读出其读数。

(3) 旋光管管盖只要旋至不漏水即可,过紧地旋扭会造成损坏,或因玻片受力产生应力而致使有一定的假旋光。

(4) 旋光仪中的钠光灯不宜长时间开启,测量间隔较长时,应将其熄灭,以免损坏。

(5) 转化速率与温度有关,故叉形管两侧的溶液需待恒温至实验温度后才能混合。

(6) 实验结束时,应将旋光管洗净干燥,防止酸对旋光管的腐蚀。

### 5.1.6 数据记录与处理

1) 数据记录

反应温度:________℃。

| $t$/min | | |
|---|---|---|
| $\alpha_t$/rad | | |
| $(\alpha_t-\alpha_\infty)$/rad | | |
| $\ln(\alpha_t-\alpha_\infty)$ | | |
| 速度常数 $k=$ | 斜率 $m=$ | 半衰期 $t_{1/2}=$ |

2) 数据处理

(1) 以 $\ln(\alpha_t-\alpha_\infty)$为纵坐标,$t$ 为横坐标作图,从所得直线的斜率求出反应速率系数 $k$ 值。

(2) 计算反应的半衰期 $t_{1/2}$。

### 5.1.7 思考题

(1) 蔗糖的转化速率和哪些因素有关?

(2) 测定 $\alpha_\infty$时为什么要将反应液放入 60 ℃水浴中加热 30~60 min?

(3) 本实验中所测的旋光度 $\alpha$ 为什么不必进行零点校正?

(4) 在测量蔗糖转化速率系数时,选用长的旋光管好?还是短的旋光管好?

### 5.1.8 应用

(1) 测定旋光度有以下几种用途:检定物质的纯度,决定物质在溶液中的组成或含量,测定溶液中溶质 B 的质量浓度 $\rho_B$,光学异构体的鉴别等。

(2) 蔗糖溶液与盐酸混合时,由于开始时蔗糖水解较快,若立即测定容易引入误差,所以第一次读数需待旋光管放入恒温槽后约 15 min 进行,以减少测定误差。

(3) 蔗糖水解作用通常进行得很慢,但加入酸后会加速反应,其速率的大小与 $c(H^+)$有

关。当 $c(H^+)$ 较低时，水解速率系数 $k$ 正比于 $c(H^+)$；但在 $c(H^+)$ 较高时，$k$ 和 $c(H^+)$ 不成比例。同一浓度的不同酸液（如 HCl、$HNO_3$、$H_2SO_4$、HAc、$ClCH_2COOH$ 等），因 $H^+$ 活度不同，其水解速度也不一样，故由水解速度比可求出两酸液中 $H^+$ 活度比，如果知道其中一个活度，则可以求得另一个活度。

## 5.2 乙酸乙酯皂化反应速率系数的测定

### 5.2.1 实验目的

(1) 掌握用电导法测定乙酸乙酯皂化反应速率系数和活化能的方法。
(2) 了解二级反应的特点，学会用图解计算法求出二级反应的速率系数。
(3) 掌握电导率仪的使用方法。

### 5.2.2 实验原理

乙酸乙酯的皂化是一个典型的二级反应，其化学计量式为

$$CH_3COOC_2H_5 + OH^- \longrightarrow CH_3COO^- + C_2H_5OH$$

在反应过程中各物质浓度随时间而改变，不同时间的生成物或反应物的浓度可用化学分析法测定（例如用标准酸溶液滴定求 $OH^-$ 的浓度），也可用物理化学分析法测定（如测量电导）。本实验选用电导法测定。为了处理问题时方便，在设计这个实验时，反应物 $CH_3COOC_2H_5$ 和 NaOH 采用相同的初始浓度 $c_0$。设反应时间为 $t$ 时，反应所生成的 $CH_3COO^-$ 和 $C_2H_5OH$ 的浓度为 $c_x$，那么 $CH_3COOC_2H_5$ 和 NaOH 的浓度则为 $(c_0-c_x)$：

可得该反应的动力学方程式为

| | $CH_3COOC_2H_5$ | + NaOH | $\longrightarrow CH_3COONa$ | $+ C_2H_5OH$ |
|---|---|---|---|---|
| $t=0$ | $c_0$ | $c_0$ | 0 | 0 |
| $t=t$ | $c_0-c_x$ | $c_0-c_x$ | $c_x$ | $c_x$ |
| $t=\infty$ | 0 | 0 | $c_0$ | $c_0$ |

该反应的速率方程为

$$\frac{dc_x}{dt} = k(c_0 - c_x)(c_0 - c_x) = k(c_0 - c_x)^2 \tag{5.13}$$

对上式取定积分可得

$$\frac{c_x}{c_0 - c_x} = kc_0 t \tag{5.14}$$

将 $\frac{c_x}{c_0-c_x}$ 对 $t$ 作图，若所得图形为一直线，则证明该反应为二级反应，从直线的斜率可求出反应速率系数 $k$。

用电导法测定转化速率系数 $k$ 的理论依据：①在稀薄溶液中，每种离子的电导 $G$ 与其浓度 $c$ 成正比。②溶液的总电导就等于溶液中各种离子的电导之和（由离子独立运动定律可得

出)。③溶液中 $OH^-$ 离子的电导比 $CH_3COO^-$ 离子的电导大得多(即反应物与生成物的电导差别很大)。因此,随着反应的进行,$OH^-$ 离子浓度不断减少,溶液的电导也就随着下降。依据上述三点,对于乙酸乙酯皂化反应,当反应在稀薄溶液下进行,设 $G_0$、$G_t$ 和 $G_\infty$ 分别为在 $t=0$、$t=t$ 和 $t=\infty$ 时溶液的电导,则:

$$G_0 = K_1 c_0 \tag{5.15}$$

$$G_t = K_1(c_0 - c_x) + K_2 c_x \tag{5.16}$$

$$G_\infty = K_2 c_0 \tag{5.17}$$

式中,$K_1$、$K_2$ 是与温度、溶剂、电解质 NaOH 及 $CH_3COONa$ 的性质有关的比例常数。由式(5.15)~式(5.17)可得

$$\frac{c_x}{c_0 - c_x} = \frac{G_0 - G_t}{G_t - G_\infty} \tag{5.18}$$

将式(5.18)代入式(5.14),得

$$\frac{G_0 - G_t}{G_t - G_\infty} = k c_0 t \tag{5.19}$$

即

$$G_t = \frac{1}{k c_0} \cdot \frac{G_0 - G_t}{t} + G_\infty \tag{5.20}$$

以 $G_t$ 对 $\dfrac{G_0 - G_t}{t}$ 作图可得一直线,其斜率等于 $\dfrac{1}{k c_0}$,由此可求出转化速率系数 $k$。转化速率系数 $k$ 与温度 $T$ 的关系一般可用阿仑尼乌斯方程式表示:

$$\ln k = -\frac{E_a}{RT} + C \tag{5.21}$$

式中,$R$ 为摩尔气体常量;$E_a$ 为反应的阿仑尼乌斯活化能;$C$ 为不定积分常数。式(5.21)亦可写成定积分的形式:

$$\ln \frac{k_2}{k_1} = -\frac{E_a}{R}\left(\frac{1}{T_2} - \frac{1}{T_1}\right) \tag{5.22}$$

式中,$k_1$、$k_2$ 分别代表在 $T_1$、$T_2$ 下的转化速率系数。测定不同温度下的 $k$ 值,就可以求出反应的阿仑尼乌斯活化能 $E_a$。

### 5.2.3 仪器与药品

SLDS-Ⅰ型电导率仪 1 台,恒温槽 1 套;试管 2 根;秒表 1 块,移液管($15\ cm^3$)2 支,移液管($10\ cm^3$)2 支,具有刻度的移液管($1\ cm^3$)1 支,洗耳球 1 个,容量瓶($250\ cm^3$)1 只,Y 形管($100\ cm^3$)2 只,烧杯 1 只。

NaOH 标准溶液(约 $0.020\,0\ mol \cdot dm^{-3}$),乙酸乙酯(A. R.)。

### 5.2.4 实验步骤

1) 乙酸乙酯溶液的配制

配制 $250\ cm^3$ 乙酸乙酯溶液,其浓度要与 NaOH 标准溶液浓度相同。配制时所需乙酸

乙酯的体积 $V$ 可根据它的体积质量 $\rho$ 及摩尔质量 $M$ 计算：

$$V=\frac{M\times c}{\rho}\times 250 \tag{5.23}$$

式中，$M$ 为乙酸乙酯的摩尔质量；$\rho$ 为乙酸乙酯的体积质量；$c$ 为氢氧化钠的摩尔浓度；$V$ 为所需乙酸乙酯的体积。乙酸乙酯的体积质量 $\rho$ 与温度 $T$ 的关系如下：

$$\rho=924.54-1.168\times(T-273.15)-1.95\times10^{-3}\times(T-273.15)^2 \tag{5.24}$$

测量室温，根据式(5.24)计算乙酸乙酯的体积质量 $\rho$，然后再利用式(5.23)计算所需乙酸乙酯的体积 $V$(乙酸乙酯摩尔质量 $M=88.052\,\text{g}\cdot\text{mol}^{-1}$)。在 $250\,\text{cm}^3$ 容量瓶中装入2/3体积的电导水。再用 $1\,\text{cm}^3$ 刻度移液管吸取所需的乙酸乙酯，滴入容量瓶中，加水至刻度，混合均匀待用。

2) $G_0$ 的测定

调恒温槽至25℃。用移液管取 $15\,\text{cm}^3$ 约 $0.0200\,\text{mol}\cdot\text{dm}^{-3}$ 的NaOH溶液于一干燥的Y形管内，再用另一支移液管移取 $15\,\text{cm}^3$ 电导水加入瓶内，NaOH溶液稀释1/2。将电导电极用电导水淋洗后，再用少量稀释后的NaOH溶液(约 $5\,\text{cm}^3$)淋洗，然后将电导电极插入Y形管里的NaOH溶液中，把Y形管放到恒温槽内恒温10 min。调节电导率仪电导池常数为1并测量溶液的电导。

3) $G_t$ 的测定

取两支已干燥好的洁净试管，用移液管移取 $15\,\text{cm}^3$ 约 $0.0200\,\text{mol}\cdot\text{dm}^{-3}$ 的NaOH溶液放入一干燥的Y形管A支管内，将清洁、干燥的电导电极浸入NaOH溶液后；另用一移液管取 $15\,\text{cm}^3$ 乙酸乙酯溶液放入同一干燥的Y形管B支管内，塞好塞子置于恒温槽内。恒温10 min后，将乙酸乙酯溶液倒入NaOH溶液中，并开启秒表记录反应时间，然后将溶液在Y形管来回倾倒2～3次，以便溶液混合均匀。最后将溶液全部倾倒入A支管内，并插入电极。按测定 $G_0$ 的方法，测定混合溶液的电导率 $G_t$。4 min之后开始记录第一个电导率数值，此后每隔2 min测一次，共测5次，然后改为每4 min测电导率一次，测6次(共测12个数据)。

以上测量完成后，将试管洗净，用电吹风干燥。再按上述2)、3)步骤测定在35℃下乙酸乙酯皂化反应的 $G_0$、$G_t$ 值。

实验完成后，将电极用电导水淋洗干净，并插入有电导水的小烧杯中。

### 5.2.5 注意事项

(1) 温度对反应速率及溶液电导率值影响颇为显著，应尽量使反应系统在恒温下进行反应。

(2) 配置的乙酸乙酯反应液浓度必须与NaOH浓度相等。

(3) 用电导率仪进行测量前，电导池常数设定为1，然后进行数据测量，测量过程中，电导率仪的读数单位为mS/cm或μS/cm，当电导池常数设定为1时，电导率显示的是电导值，因此读数的单位记作电导对应单位mS或μS。

(4) 由于空气中的 $CO_2$ 会溶入电导水和配制的NaOH溶液中，而使溶液浓度发生改变。

因此在实验中可用煮沸的电导水,同时在配好的 NaOH 溶液瓶上装配碱石灰吸收管等方法处理。由于乙酸乙酯溶液水解缓慢,且水解产物又会部分消耗 NaOH,所以所用溶液都应新鲜配制。

### 5.2.6 数据记录与处理

(1) 数据记录:

记录表格:

恒温槽温度:________　　　　　　　　　　初始浓度 $c_0$:________

| $t$/min | 0 | 2 | 4 | 8 | 12 | 16 | 20 | 24 | 28 | … |
|---|---|---|---|---|---|---|---|---|---|---|
| $G_t$/S | | | | | | | | | | |
| $\dfrac{G_0-G_t}{t}\Big/\mathrm{S\cdot min^{-1}}$ | | | | | | | | | | |

(2) 以 $G_t$ 对 $\dfrac{G_0-G_t}{t}$ 作图,由所得直线斜率求 25 ℃时转化速率系数 $k_1$。

(3) 同法求出 35 ℃时的反应速率系数 $k_2$。

(4) 根据阿仑尼玛斯公式(5.22),利用反应速率系数 $k_1$、$k_2$,计算该反应的阿仑尼乌斯活化能 $E_a$。

### 5.2.7 思考题

(1) 为什么本实验中必须使用乙酸乙酯与 NaOH 的稀薄溶液?

(2) 在测定 $G_0$ 时,为什么必须将所配 NaOH 溶液用电导水浓度稀释 1/2?

(3) 影响实验测定 $G_0$ 及 $G_t$ 数据的因素有哪些?

(4) 若乙酸乙酯和 NaOH 的初始浓度不等,应如何计算 $k$ 值?

(5) 乙酸乙酯皂化反应为吸热反应,试问在实验过程中如何处置这一影响而使实验得到较好结果?

### 5.2.8 应用

电导测量在工业上常用于浓度自动检测。在物理化学实验中,常用于反应级数、反应速率系数以及平衡常数的测定等。

测定反应速率系数的方法可分为化学分析法和物理分析法两类。化学分析法是在一定时间内从反应系统中取出一部分样品,并使反应立即终止(例如使用骤冷、稀释或除去催化剂等方法),直接测量其浓度。这种方法虽然设备简单,但是时间长、操作麻烦。物理分析法有测量体积、压力、电导、旋光、折光、分光光度等方法。根据不同的系统可用不同的方法。这些方法的优点是实验时间短、速度快、操作简便、不中断反应、并可采用自动化装置。但是

需要一定的设备，并只能测量间接的数据，而且并不是所有的反应能够找到合适的物理分析法。

## 5.3 甲酸氧化反应速率系数及活化能的测定

### 5.3.1 实验目的

用电动势法测定甲酸被溴氧化的反应级数和速率系数，并通过阿伦尼乌斯方程计算反应活化能。

### 5.3.2 实验原理

在水溶液中，甲酸被溴氧化的化学计量式为

$$HCOOH + Br_2 \longrightarrow 2HBr + CO_2$$

此转化的速率不仅与反应物的浓度有关，也与产物 $H^+$ 和 $Br^-$ 的浓度有关。为了简化，反应前加入过量的 $H^+$ 和 $Br^-$，以保持这两种离子的浓度在整个反应中近似不变，则转化速率方程可表示为

$$-\frac{dc(Br_2)}{dt} = k[c(HCOOH)]^{\alpha}[c(Br)]^{\beta} \tag{5.25}$$

其中，α、β 为反应分级数。

如果甲酸的初始浓度比溴大得多，在反应过程中可认为近似不变，令

$$k' = k[c(HCOOH)]^{\alpha} \tag{5.26}$$

则式(5.25)可简化为

$$-\frac{dc(Br_2)}{dt} = k'[c(Br_2)]^{\beta} \tag{5.27}$$

$k$ 可直接从实验结果获得。在相同条件下，取过量的两种已知浓度的甲酸溶液分别进行实验，可得 $k'_1$ 及 $k'_2$。根据式(5.26)，有

$$k'_1 = k[c(HOOH, 1)]^{\alpha} \tag{5.28}$$

$$k'_2 = k[c(HOOH, 2)]^{\alpha} \tag{5.29}$$

将上两式联立，可得

$$a = -\frac{\ln\frac{k'_1}{k'_2}}{\ln\frac{c(HCOOH, 1)}{c(HCOOH, 2)}} \tag{5.30}$$

将式(5.30)代入式(5.58)或式(5.29)，即能得出 $k$。

实验采用电动势法跟踪 $c(Br_2)$随时间的变化，电池以饱和甘汞电极为负极，放在含 $Br^-$ 的反应溶液中的铂电极为正极：

$$(-)Hg|Hg_2Cl_2|KCl(\text{饱和溶液})||Br^-, Br^2|Pt(+)$$

电池电动势为

$$E = E^{\ominus}(Br_2) - E(甘汞) + \frac{RT}{2F}\ln\left\{\frac{c(Br_2)}{[c(Br^-)]^2}\right\} \tag{5.31}$$

在一定温度下，$c(Br^-)$不变，则式(5.31)写成：

$$E = \frac{RT}{2F}\ln\{c(Br_2)\} + 常数 \tag{5.32}$$

假定在上述条件下，氧化反应对 $Br_2$ 是一级的，则式(5.27)可写成

$$-\frac{dc(Br_2)}{dt} = k'c(Br_2) \tag{5.33}$$

对上式进行积分，得

$$\ln\{c(Br_2)\} = -k't + 常数 \tag{5.34}$$

将式(5.34)代入式(5.32)，并对 $t$ 微分，得

$$k' = -\frac{2F}{RT}\frac{dE}{dt} \tag{5.35}$$

如果 $E-t$ 是直线关系，则证实反应对 $Br_2$ 是一级的，并可从直线斜率求得 $k'$。

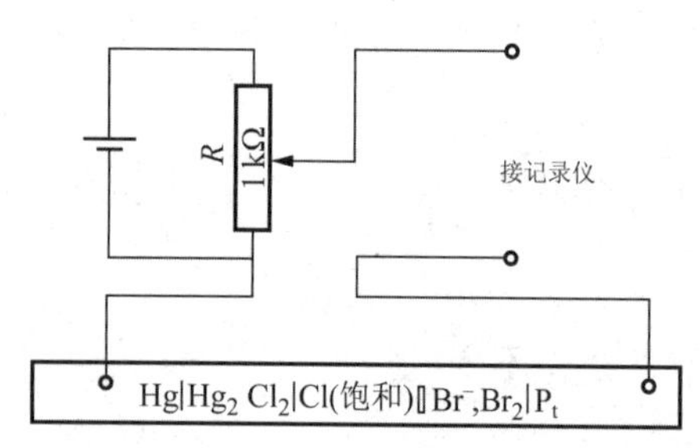


**图 5.1　测电池电动势变化的接线图**

上述电池电动势约为 0.8 V，而反应中电动势的变化值 $\Delta E$ 只有 30 mV 左右。为提高记录仪测量 $\Delta E$ 的精度，采用差示测量。其方法采用图 5.1 所示的连接方法，通过调节合适的 $R$ 来抵消掉一部分电池电动势，以此提高精度。

转化速率系数 $k$ 与温度 $T$ 的关系可用阿伦尼乌斯方程表示。即

$$\frac{d\ln\{k\}}{dT} = \frac{E_a}{RT^2} \tag{5.36}$$

若 $k_1$、$k_2$ 分别为温度 $T_1$、$T_2$ 时的转化速率系数，从 $T_1$ 到 $T_2$ 积分得

$$\ln\frac{k_2}{k_1} = \frac{E_a}{R}\left(\frac{T_2 - T_1}{T_1T_2}\right) \tag{5.37}$$

式中，$E_a$ 为表现活化能，只要测得两个温度下的转化速率系数，便能由式(5.34)计算得到活化能 $E_a$。

### 5.3.3　实验仪器和药品

XWT 型台式记录仪 1 台，78-1 型磁力搅拌器 1 台，圆底三口烧瓶(250 $cm^3$)1 个，烧杯(1 $dm^3$)1 个，217 型甘汞电极 1 支；213 型铂电极 1 只，1 kΩ 线绕电位器 1 个，甲电池 2 个，计时器 1 个，50 $cm^3$ 容量瓶 2 只，精密温度计 1 只。

HCOOH(0.40 $mol \cdot dm^{-3}$)，HCl(1.00 $mol \cdot dm^{-3}$)；KBr(1.00 $mol \cdot dm^{-3}$)；溴水(0.01 $mol \cdot dm^{-3}$ $Br_2$ + 0.05 $mol \cdot dm^{-3}$ KBr)。

### 5.3.4　实验步骤

(1) 调节恒温槽温度到指定温度。按图 5.2 所示装配好仪器，在反应器夹套中通恒温水循环。

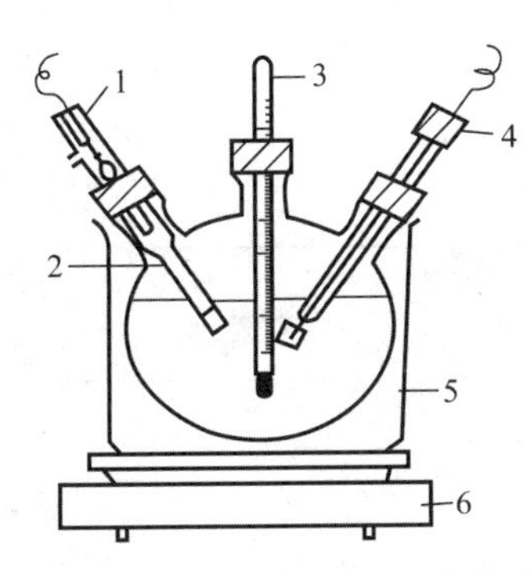


1—甘汞电极；2—盐桥；3—温度计；4—铂电极；5—恒温水浴；6—电磁搅拌器。

**图 5.2　反应器示意图**

(2) 用蒸馏水冲洗反应器和经硝酸处理过的铂电极，并用滤纸擦干(为什么?)，把干燥的搅拌珠放入反应器。

(3) 按下表规定量，精确吸取甲酸溶液和蒸馏水置于反应器中恒温，另在 50 $cm^3$ 容量瓶中加入规定量的盐酸、溴化钾、溴水溶液，用蒸馏水稀释至刻度。置恒温槽中恒温 15 min。

| 编号 | $T$/K | 甲酸溶液 | | | 溴水溶液 | | |
|---|---|---|---|---|---|---|---|
| | | $V(HCOOH)$/$cm^3$ | $V(H_2O)$/$cm^3$ | $V(HCl)$/$cm^3$ | $V(KBr)$/$cm^3$ | $V(Br_2)$/$cm^3$ | $V(H_2O)$/$cm^3$ |
| 1 | 298.15 | 25.0 | 25.0 | 10.0 | 5.0 | 10.0 | 稀释至满刻度 |
| 2 | 298.15 | 50.0 | 0 | 10.0 | 5.0 | 10.0 | 同上 |
| 3 | 303.15 | 25.0 | 25.0 | 10.0 | 5.0 | 10.0 | 同上 |

(4) 打开记录仪预热。按图 5.1 所示接线(注意电位器 $R$ 的接法)。走纸速度按实验编号分别为 4 $mm\cdot min^{-1}$、8 $mm\cdot min^{-1}$、18 $mm\cdot min^{-1}$。

(5) 开启磁力搅拌器。当反应器中溶液的温度到达指定温度时，把容量瓶中已恒温的溶液全部倒入反应器中混合。

(6) 先把量程置于 1 V 档，反电位器调到零(逆时针)，此时记录笔指示在 0.8 V 左右。调节电位器使记录笔指示稍小于 0.05 V。再把量程置于 50 mV，再次调节电位器，使记录笔指示在接近满刻度，放下记录笔架。

(7) 准备好计时器，当记录笔精确地指示在 40 mV 时开始计时，以后每当 $\Delta E$ 变化 10 mV 时读取一次时间(切不可中断计时)，共读 3 次。从精密温度计读取反应温度。

(8) 按实验编号依次实验，在做下一组实验前反应器必须冲洗擦干。容量瓶必须冲洗干净。

(9) 实验完毕后，弃去溶液，用蒸馏水冲洗反应器及电极，在反应器中加蒸馏水后浸入铂电极，切断电源。

### 5.3.5 数据记录与处理

1) 数据记录

| 编号 | $c$(HCOOH) /(mol·dm$^{-3}$) | $c$(HCl) /(mol·dm$^{-3}$) | $c$(KBr) /(mol·dm$^{-3}$) | $c$($Br_2$) /(mol·dm$^{-3}$) | 纸速 /(mm·min$^{-1}$) | $t$/S | $\frac{k'\times10^3}{[k']}$ | $\frac{k\times10^3}{[k]}$ |
|---|---|---|---|---|---|---|---|---|
| 1 | | | | | | | | |
| 2 | | | | | | | | |
| 3 | | | | | | | | |

2) 数据处理

(1) 从 $k_1$、$k_2$ 求反应级数 $\alpha$。

(2) 计算反应的表观活化能。

### 5.3.6 思考题

(1) 在混合后的溶液中,各组分的起始浓度各为多少?

(2) 根据溶液中的 $Br_2$、$Br^-$ 的起始浓度,计算在 25 ℃时溴电极和饱和甘汞电极组成的电池的电动势为多少?(25 ℃时 KBr 的活度因子约为 0.77)

(3) $k'$和 $k$ 的单位是什么? 怎样得出?

(4) 在配溶液时,如发生下列错误,在实验过程中反应器中溶液和记录纸上会出现什么现象?

① 没有加甲酸或溴水。

② 没有加盐酸或溴化钾。

③ 在恒温前溴水已加到甲酸中。

(5) 本实验是否要求自反应开始即需记录电动势与时间?

(6) 如果甲酸氧化反应对溴不是一级,是否仍能采用本实验提出的方法测定反应速度系数?

### 5.3.7 应用

差示测量技术可用于提高变化前后物理量改变量的测量精度。由于在许多物理化学实验中,只要求测定物理量的变化值,所以应用较为普遍。如燃烧焓、中和焓测定中使用的贝克曼温度计及精密温差测量仪测量差,差势分析中用热电偶测量试样与参比物的温差等均属差示测量。

## 5.4 流动法测定氧化锌的催化活性

### 5.4.1 实验目的

(1) 测量不同温度下氧化锌催化剂对甲醇分解反应的活性。

(2) 熟悉流动系统的特点和操作，掌握流动法测量催化剂活性的实验方法。

### 5.4.2 实验原理

催化反应按反应物、产物及催化剂是否处于同一相而分为均相催化反应和多相催化反应。本实验研究的固体氧化锌催化剂对气相甲醇的反应为多相催化分解反应。甲醇的催化分解反应的化学计量式为

$$CH_3OH(g) \xrightarrow{ZnO(s)} CO(g) + 2H_2(g)$$

氧化锌由硝酸锌分解制得，然后将它置于特定的温度下进行灼烧处理，使其处于活化状态。这个过程称为催化剂的活化。催化剂的活性大小，表现在它对转化速率影响的程度。气、固多相催化反应实际上是在固体催化剂表面上进行的，催化剂的比表面大小，直接影响其活性，所以催化剂的活性是用单位表面积上的转化速率系数来表示的。在工厂，常以单位质量(或单位体积)的催化剂对反应物的转化率来表示催化剂的活性。

本实验采用流动法的装置来测定催化剂的活性。流动法是使反应物保持稳定的流速，连续不断地进入反应器，在反应器内进行反应，在物料离开反应器后，形成了产物与反应物的混合物。实验要设法分离、分析产物，从而确定反应物的转化率。流动法的特点是便于自动控制，故广泛应用于动力学实验。但流动法的操作需要长时间地控制整个装置的实验条件(如温度、压力、流量等)稳定不变，所以对设备和技术有较高的要求。

催化剂的活性以实验条件下单位质量(或单位体积)催化剂对甲醇的分解率表示。由反应化学计量式可知，甲醇分解是一个增体积反应，催化剂的活性越大，则反应系统的体积增量也越大。本实验用 $N_2$ 做载气，将甲醇蒸气以恒定的流速送入催化反应器，只要测量原料气(甲醇蒸气与载气 $N_2$)经过催化反应器及捕集器(其作用是将未分解掉的甲醇蒸气在器皿内冷凝成液体而除去)后的体积增量，便可计算催化剂活性的大小。

### 5.4.3 仪器与药品

催化剂活性量装置。

甲醇(A. R.)，$Zn(NO_3)_2 \cdot 6H_2O$(C. P.)，液体石蜡油(C. P.)。

### 5.4.4 实验步骤

1) 氧化锌催化剂的制备

将 $Zn(NO_3)_2 \cdot 6H_2O$ 溶于水中，再将活性氧化铝放入此溶液中，$Zn(NO_3)_2 \cdot 6H_2O$ 与氧化铝的质量比为 1∶2.4。将溶液搅拌均匀，然后在红外烘箱中将水分蒸发，再置入马弗炉内，在 350 ℃下焙烧 2 h，得到白色颗粒状催化剂，取出后自然冷却备用。实验前必须将制得的催化剂在 350 ℃马弗炉内再活化 1 h。(实验前预先制备好)

2) 空白试验

取一支干燥的反应管，不装催化剂，置入管式炉内，如图 5.3 所示。

按图 5.3 所示检查装置的各个部件是否装妥。调节恒温槽(9)的温度为(40±0.1)℃。

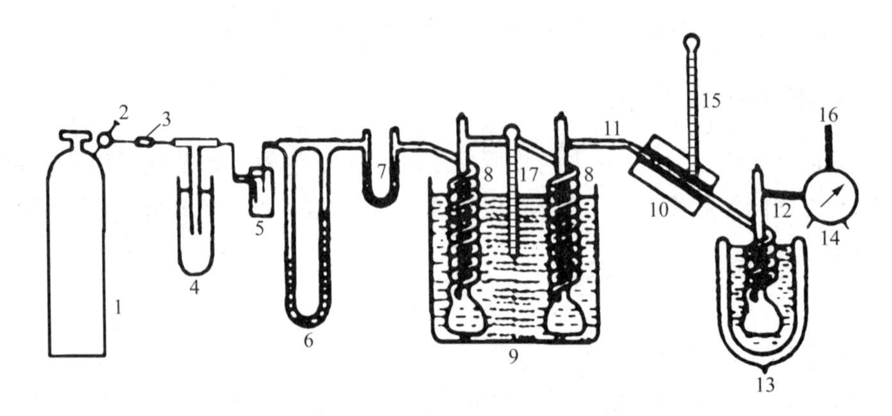


1—氮气钢瓶;2—减压阀;3—针形阀;4—石蜡油稳压管;5—缓冲瓶;6—锐孔流量计;7—干燥管;8—饱和器;9—恒温槽;10—管式电炉;11—反应管;12—捕集器;13—杜瓦瓶;14—湿式流量计;15、16、17—温度计。

**图 5.3 测定催化剂活性的装置**

将冰屑和食盐按质量比 3∶1混匀,制成冷却剂,装入杜瓦瓶(13)中用来冷凝尾气中的甲醇蒸气。检查各个气路阀门是否关闭,打开各个乳胶连接管上的夹子。

开启氮气钢瓶(1),通过减压阀(2)减压至 $1.5\times10^3$ kPa。微开针形阀(3),调节石蜡油稳压管(4)中 T 形管的高度,使锐孔流量计(6)两侧的液面差控制在某一数值。此时必须保持有少量气泡从 T 形管底部稳定地逸出,使进入饱和器(8)的气流压力 $p$ 稳定在一定数值,如图 5.4 所示,其值为

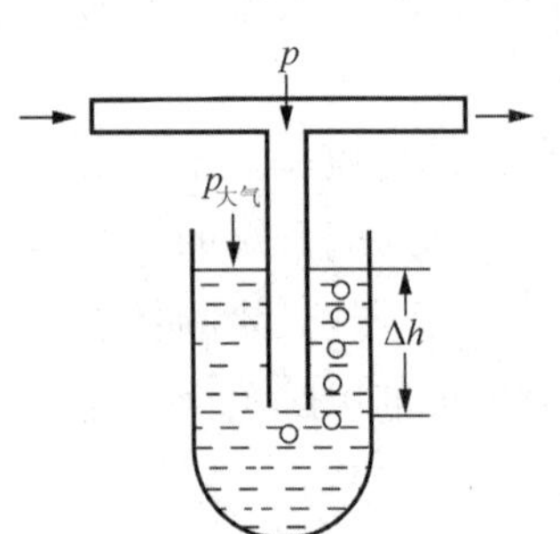


**图 5.4 稳压管的工作**

$$p = p_{大气} + \rho_{油} g\Delta h \tag{5.38}$$

式中,$p$、$p_{大气}$ 分别为系统的气流压力和大气压力;$\rho_{油}$ 为石蜡油的体积质量;$g$ 为重力加速度;$\Delta h$ 为 T 形管中石蜡油的高度。所以,通过调节 T 形管在石蜡油中的高度 $\Delta h$,可以改变气流的压力 $p$。T 形管的高度应以湿式流量计(14)的读数控制在(90~100) $cm^3\cdot min^{-1}$ 为宜。如果不能调节到此范围,应适当调节针形阀。

用台秤称取 5.0 g 颗粒状催化剂。取一支烘干的反应管,在进口一端的挡板上填入少量玻璃纤维,倒入催化剂,转动反应管使催化剂装匀,再盖上一层玻璃纤维。

做空白试验时,电炉(10)不加热,所以甲醇不发生分解反应。恒温槽则必须恒温在(40±0.1)℃,以保证气流载着该温度下甲醇的饱和蒸气,进入反应管。待气流稳定以后,就可以开始计时,记录此时湿式流量计的读数,以后每隔 3 min 读一次流量,至 24 min 止。同时记录实验时的室温、大气压力、气体出口温度、锐孔流量计的液面差。

3) 测定不同温度下 ZnO 催化剂的活性

(1) 接通电炉电源,通过电阻炉温度控制器,将电炉升温到 270 ℃,视情况再次调节温度控制器,逐渐使电炉的温度最后稳定在(280±5)℃。

由于反应管内温度升高,气体流量会略有改变。此时必须稍微调节一下稳压管中 T 形管的高度,使锐孔流量计两侧液面差的数值与空白试验时完全一样,以确保氮气流量与空白

试验时完全一致。

在(280±5)℃下，炉温保持稳定10 min后，就可以开始计时，记录此时湿式流量计的读数，以后每隔3 min读一次流量，至24 min止。同时记录炉温、气体出口温度、锐孔流量计的液面差。

(2) 将电炉温度升高并稳定在(320±5)℃，按上述步骤(1)同样的操作方法测定该温度下的数据。

(3) 实验结束后，关闭氮气钢瓶总阀、减压阀、针形阀、电源，将调压变压器的电压降至零，并将各个乳胶连接管上的夹子锁紧。

### 5.4.5 注意事项

(1) 系统必须不漏气。

(2) $N_2$ 的流速在实验过程中必须保持恒定。

(3) 实验前需检查湿式流量计的水平和水位，并预先使其运转数圈，使水与气体饱和后才可进行计量。

(4) 在对比不同温度下ZnO催化剂的活性时，实验条件(例如装样、催化剂在电炉中的位置)应尽量保持相同。

(5) 甲醇对人体有毒，严重的可导致眼睛失明，实验时必须严格防止甲醇泄漏。另外，尾气中含有CO、$H_2$、少量甲醇蒸气，必须排放至室外或下水道中。

(6) 实验结束后，需用夹子使饱和器(8)不与反应管(11)和干燥管(7)相通，以免因炉温下降甲醇倒吸入反应管内。

### 5.4.6 数据记录与处理

1) 数据记录

(1) 空白试验。

锐孔流量计液面差:________ 气体出口温度:________

| $t$/min | $V_{示值}$/$dm^3$ | $V_1$/$dm^3$ | $V_2$/$dm^3$ |
|---|---|---|---|
| 0 | | — | — |
| 3 | | | |
| …… | | | |
| 24 | | | |

上表中 $V_{示值}$ 代表湿式流量计示值显示的体积，$V_1$ 代表3 min累计体积，$V_2$ 代表24 min累计体积(或用 $V_{空}$ 表示)。

(2) 280 ℃下催化反应试验。

电炉温度:________ 气体出口温度:________

锐孔流量计液面差：________

| $t$/min | $V_{示值}/dm^3$ | $V_1/dm^3$ | $V_2/dm^3$ |
| --- | --- | --- | --- |
| 0 | | — | — |
| 3 | | | |
| …… | | | |
| 24 | | | |

(3) 320 ℃下催化反应试验：记录表格同(2)中的表格。

2) 数据处理

(1) 以 $V_2$ 对 $t$ 作图，将 $V_2-t$ 直线延长至 60 min，读取 60 min 时空白曲线相应的 $V_{空}$ 以及加入催化剂后各温度曲线的 $V_{催}$。

(2) 求算不同反应温度时的分解率。

① 计算通入甲醇物质的量。计算 60 min 内通入甲醇物质的量 $n$(甲醇,通入)：

$$
\begin{aligned}
n(\text{甲醇,通入}) &= \frac{p(\text{甲醇})}{p(N_2)} \times n(N_2) \\
&= \frac{p(\text{甲醇})}{p(\text{大气}) - p(\text{甲醇})} \times \frac{p(\text{大气})V_{空}}{RT}
\end{aligned}
\tag{5.39}
$$

式中，$T$ 为气体出口温度；$p$(大气)为大气压力；$p$(甲醇)为 40 ℃时甲醇的饱和蒸气压；$p(N_2)$为氮气的分压力；$V_{空}$ 为 60 min 内通入氮气的体积；$R$ 为摩尔气体常数。40 ℃时甲醇的饱和蒸气压为 35.28 kPa。

② 计算分解甲醇物质的量。计算在不同温度下，1 h 所分解甲醇物质的量 $n$(甲醇,分解)：

$$
n(\text{甲醇,分解}) = \frac{p(\text{大气}) \times (V_{催} - V_{空})}{3RT} \tag{5.40}
$$

式中，$V_{催}$ 为 60 min 内通过湿式流量计的总体积(即为气体 $N_2$、$H_2$ 和 CO 的总体积)，其他物理量的意义同式(5.39)。

③ 计算甲醇的分解率。计算在不同温度下，60 min 内甲醇的分解率 $\alpha$：

$$
\alpha = n(\text{甲醇,分解})/n(\text{甲醇,通入}) \tag{5.41}
$$

④ 计算所用催化剂中 ZnO 的质量，算出不同温度下单位质量 ZnO 在 1 h 内使甲醇分解的物质的量及分解率。

### 5.4.7 思考题

(1) 本实验为何要使用载气？选择载气的条件是什么？

(2) 用饱和器是为了达到什么目的？为什么用两只饱和器比用一只为好？

(3) 为什么必须控制并稳定 $N_2$ 的流量？在测定催化剂的活性时，如果 $N_2$ 的流量稍低于空白试验，这对实验将产生什么影响？

(4) 在催化反应的试验中，分解掉的甲醇的量是怎样计算的？

### 5.4.8　应用

甲醇分解是一个可逆反应，其正向反应是在常压下进行的，但其逆向反应需在高压下进行。由于压力一般对催化剂活性影响不大，因此只要通过实验筛选得到对正向反应是优良的催化剂，该催化剂通常也是 CO 和 $H_2$ 合成甲醇的优良催化剂，这就是选择甲醇分解反应的实际意义。

在本实验条件下，只要有甲醇分解为 $H_2$ 和 CO 的反应，而且通过测量反应前后体积的增量，就可求得催化剂的活性。但是对于众多的催化反应，其反应产物组分是很复杂的，不但有主反应，还有副反应，所以必须设法将产物分离、提纯。实验室研究这些反应时，通常运用色谱仪或质谱仪来鉴别和分析产物的各个组分。

在实验中，要求载气流量稳定在 $90\sim100\ cm^3\cdot min^{-1}$ 间的某一数值不变，此外，控制装有饱和器的恒温器温度为(40±0.1)℃，实际上是要维持进入反应器的甲醇流量恒定不变。然而，对于催化剂活性评选，不仅要找到较适宜的反应温度范围，而且也需要知道较适宜的原料甲醇的空速范围。所谓空速，是指每小时单位质量催化剂所通过的原料甲醇的体积。空速的大小是催化剂性能好坏的又一重要标志。

工业上的催化反应，以气、固相催化反应的应用最为广泛。本实验装置可应用于固体催化剂及其活性的研究。此外，通过本实验的操作训练，对工厂中广泛采用的流动系统连续生产法，也可以有初步的认识，是物理化学知识联系生产实际的一次实践。

## 5.5　丙酮碘化转化速率方程的测定

### 5.5.1　实验目的

(1) 掌握孤立法确定反应级数的方法，加深对复杂反应特征的理解。

(2) 测定酸催化下丙酮碘化反应的速率系数。

(3) 掌握 722S 分光光度计的使用方法。

### 5.5.2　实验原理

大多数化学反应是由若干个基元反应组成的，这类复杂转化速率和反应物活度之间的关系大多不能用质量作用定律预示，以实验方法测定转化速率和反应物活度的计量关系，是研究反应动力学的一个重要内容。对复杂反应，可采用一系列的实验方法获得可靠的实验数据，并根据此建立转化速率方程式，以此为基础，推测反应的机理，提出反应模式。

孤立法是动力学研究中常用的一种方法，是指设计一系列溶液，其中只有某一种物质的浓度不同而其他物质的浓度均相同，借此可以求得反应对该物质的级数的方法。同样利用孤立法还可以得到各种作用物的反应级数，从而确立速率方程。

本实验以丙酮碘化为例，说明如何应用孤立法和稳态近似条件来推得速率方程以及可能的反应机理。丙酮碘化反应是一个复杂反应，其反应式为

$$CH_3-\overset{\overset{\displaystyle O}{\|}}{C}-CH_3+I_2 = CH_3-\overset{\overset{\displaystyle O}{\|}}{C}-CH_2I+I^-+H^+$$

实验表明,转化速率几乎与碘的浓度无关,但却与溶液中的丙酮和氢离子的浓度密切相关。实际上,在一定浓度的范围内,通常可以用物质的浓度替代活度表示某一物质对转化速率的影响。

对于上述反应,首先假设其反应速率方程为

$$-\frac{dc_{碘}}{dt}=kc_{丙酮}^{\alpha}\ c_{H^+}^{\beta}\ c_{碘}^{\gamma} \tag{5.42}$$

式中,$\alpha$、$\beta$、$\gamma$ 分别代表丙酮、氢离子和碘的反应级数。将式(5.42)取对数得

$$\ln\left(-\frac{dc_{碘}}{dt}\right)=\ln k+\alpha\ln c_{丙酮}+\beta\ln c_{H^+}+\gamma\ln c_{碘} \tag{5.43}$$

如果固定两种物质的浓度,而改变第三种物质的浓度,配制出第三种物质浓度不同的一系列溶液,则转化速率将只是这种物质浓度的函数。

首先固定丙酮和盐酸的浓度,测出不同的碘浓度所对应的转化速率,然后以 $\ln(-dc/dt)$ 对 $\ln c_{碘}$ 作图,所得直线的斜率即为碘的反应级数。

同理可以确定其他两种物质的反应级数,当固定了碘的浓度,单一地改变丙酮或盐酸的浓度,测出不同的丙酮或盐酸浓度所对应的转化速率,同样可以用 $\ln(-dc_{碘}/dt)$ 对 $\ln c_{丙酮}$ 或 $\ln c_{酸}$ 作图,所得直线的斜率即为丙酮或盐酸的反应级数。

碘在可见光区有一个很宽的吸收带,因此可以方便地用分光光度计测定反应过程中碘浓度随时间变化的关系。按照比尔定律:

$$A=-\lg T=-\lg\frac{I}{I_0}=abc_{碘} \tag{5.44}$$

式中,$A$ 为吸光度;$T$ 为透光率;$I$ 和 $I_0$ 分别为某一定波长的光线通过待测溶液和空白溶液后的光强;$a$ 为吸光系数;$b$ 为样品池光程长度。以吸光度 $A$ 对时间 $t$ 作图,其斜率应 $m$ 为 $-ab(-dc_{碘}/dt)$。如已知 $a$ 和 $b$,则可计算出转化速率 $-dc_{碘}/dt$。

若 $c_{丙酮}\approx c_{酸}\gg c_{碘}$,可以发现,测定碘反应级数的一系列溶液的 $A$ 对 $t$ 的关系图为一组平行的直线。显然只有当 $-dc_{碘}/dt$ 不随时间而改变时,该组直线的平行关系才能成立。这也就意味着,转化速率与碘的浓度无关,从而可得知丙酮碘化反应对碘的级数为零。测定丙酮和盐酸反应级数的系列溶液的 $A$ 对 $t$ 的关系图为一组斜率绝对值依次增大的直线,这也说明了转化速率与丙酮和盐酸的浓度有关。

反应过程可认为 $c_{丙酮}$ 和 $c_{酸}$ 保持不变,又因为 $\gamma=0$,则由速率方程积分得

$$c_{碘,1}-c_{碘,2}=kc_{丙酮}^{\alpha}\ c_{酸}^{\beta}(t_2-t_1) \tag{5.45}$$

$$k=\frac{c_{碘,1}-c_{碘,2}}{c_{丙酮}^{\alpha}\ c_{酸}^{\beta}(t_2-t_1)} \tag{5.46}$$

将式(5.44)代入式(5.46),得

$$k=\frac{A_1-A_2}{abc_{丙酮}^{\alpha}\ c_{酸}^{\beta}(t_2-t_1)} \tag{5.47}$$

碘、丙酮及盐酸的测定结果都可以运用式(5.47)来计算转化速率系数。

### 5.5.3 仪器及试剂

722S分光光度计附恒温夹套1台，超级恒温水浴1台，计时秒表1块，移液管($10\ cm^3$，刻度)3只，碘量瓶($100\ cm^3$)5只。

丙酮溶液($2.00\ mol\cdot dm^{-3}$)：称取29.04 g丙酮倒入$250\ cm^3$的容量瓶中，稀释到刻度。

盐酸溶液($2.00\ mol\cdot dm^{-3}$)：取$41.67\ cm^3$浓盐酸倒入$250\ cm^3$的容量瓶中，稀释到刻度，并用无水$NaHCO_3$标定。

碘溶液($0.02\ mol\cdot dm^{-3}$)：由$KIO_3$、KI和HCl反应而得

$$KIO_3+5KI+6HCl \longrightarrow 3I_2+6KCl+3H_2O$$

准确称取$KIO_3$ 0.1427 g，在$50\ cm^3$烧杯中加少量水微热溶解，加入KI 1.1 g加热溶解，再加入$0.41\ mol\cdot dm^{-3}$的盐酸$10\ cm^3$混合，倒入$100\ cm^3$容量瓶中，稀释到刻度。

### 5.5.4 实验步骤

1) 调节分光光度计

将恒温用的恒温夹套接上超级恒温水浴槽输出的恒温水，并放入暗箱中。然后把恒温水浴调到25℃。

将分光光度计的测定波长调到520 nm处，然后将装有蒸馏水的比色皿(光程长度$b=1\ cm$)放入恒温夹套内，将光路对准装有蒸馏水的比色皿的透光孔。关上暗盒盖，将模式定在透射比档，按[100%]键，使示数显示为“100.0”，打开暗盒盖，按[0%]键，使示数显示为“0.0”，反复调整“0”点和“100”点，直至稳定。

2) $ab$值的测定

取$100\ cm^3$容量瓶4只，用移液管加入$1.00\ cm^3$、$2.00\ cm^3$、$3.00\ cm^3$、$4.00\ cm^3$、$5.00\ cm^3$的$0.02\ mol\cdot dm^{-3}$的碘溶液，并加蒸馏水至刻度线，摇匀后，测定其吸光度。

3) 反应级数的测定

将恒温用的恒温夹套接上超级恒温水浴槽输出的恒温水，并放入暗箱中。然后把恒温水浴调到25℃。取4只已编号的$100\ cm^3$容量瓶(1～4号)，分别用移液管加入如表5.1所示的盐酸溶液和碘溶液，再分别加入适量蒸馏水，约至$70\ cm^3$，置于恒温水浴中恒温5 min，达到恒温后，再用移液管移取相应量的丙酮溶液，迅速加入1号容量瓶，当丙酮加到一半时开始秒表计时。用已恒温的蒸馏水将此混合液稀释至刻度，迅速摇匀，用此混合液将干净的比色皿润洗2次，然后将此溶液注入比色皿，置于恒温夹套中(以上操作要迅速进行)，先用蒸馏水校正“0”点和“100”点，然后拉动活动杆使光路通过待测溶液的比色皿，按“模式”键将模式定在吸光度挡上，测定不同时间内的吸光度，每隔0.5 min记录吸光度一次，直到取得6～10个数据为止。然后用同样的方法测定2～4号反应液的吸光度，在测定过程中多次用蒸馏水校正“0”点和“100”点。

表 5.1　各组溶液的组成

| | $V_{碘}/cm^3$ | $V_{丙酮}/cm^3$ | $V_{酸}/cm^3$ |
|---|---|---|---|
| Ⅰ(25 ℃) | 5 | 10 | 10 |
| Ⅱ(25 ℃) | 2.5 | 10 | 10 |
| Ⅲ(25 ℃) | 5 | 5 | 10 |
| Ⅳ(25 ℃) | 5 | 10 | 5 |
| Ⅴ(35 ℃) | 5 | 10 | 10 |

4) 丙酮碘化反应活化能的估算

把恒温水浴调到 35 ℃,取编号为 5 的 100 $cm^3$ 容量瓶,按表 5.1 中第Ⅴ组数据测定,步骤同 3)。

### 5.5.5　注意事项

(1) 碘溶液见光分解,所以配置溶液时应尽量迅速。

(2) 因只测定反应开始一段时间内的吸光度,故反应液混合后应迅速测定。

(3) 计算 $k$ 值时,需要丙酮和盐酸溶液的初始浓度的数据,故实验中所用的丙酮和盐酸溶液的浓度要配准。

(4) 温度对实验的结果影响较大,应把反应温度准确控制在实验温度的±0.1 ℃之内。

### 5.5.6　数据记录与处理

恒温水浴:________

(1) 碘溶液的吸光系数的测定。

| $c_{碘}/mol·cm^{-3}$ | 吸光度 $A$ | $ab/dm^3·mol^{-1}$ |
|---|---|---|
| | | |

计算 $ab$ 的平均值。

(2) 混合溶液的时间-吸光度。

| $t/min$ | 吸光度 $A$ | | | | |
|---|---|---|---|---|---|
| | 1 | 2 | 3 | 4 | 5 |
| | | | | | |

(3) 以吸光度 $A$ 对时间 $t$ 作图，求出直线斜率 $m$。

(4) 计算速率系数 $k$ 及其平均值。

| | {斜率 $m$} | $-dc_{碘}/dt/(mol\cdot dm^{-3}\cdot min^{-1})$ | $k/(dm^3\cdot mol^{-1}\cdot min^{-1})$ | $\ln(-dc_{碘}/dt)$ | $\ln c$ |
|---|---|---|---|---|---|
| 1 | | | | | |
| 2 | | | | | |
| 3 | | | | | |
| 4 | | | | | |
| 5 | | | | | |

(5) 以斜率 $m$ 计算出转化速率 $-dc_{碘}/dt$，并依据 $\ln(-dc_{碘}/dt)$ 和 $\ln c$ 的关系从直线的斜率求得该物质的反应分级数。

(6) 根据阿伦尼乌斯公式估算丙酮碘化反应活化能。

### 5.5.7　应用

文献值：

(1) 吸光系数可采用 $0.02\ mol\cdot dm^{-3}$ 碘溶液自行测定，统计值为 $180\ dm^3(mol\cdot cm)^{-1}$。

(2) $\alpha=1,\beta=1,\gamma=0$。

(3) 反应速率系数：

| $T$/℃ | $10^5\ k/dm^3\cdot(mol\cdot s)^{-1}$ | $10^3\ k/dm^3\cdot(mol\cdot min)^{-1}$ |
|---|---|---|
| 0 | 0.115 | 0.069 |
| 25 | 2.86 | 1.72 |
| 27 | 3.60 | 2.16 |
| 35 | 8.80 | 5.28 |

(4) 活化能 $E_a=86.2\ kJ\cdot mol^{-1}$。

### 5.5.8　思考题

(1) 在本实验中，将丙酮溶液加入含有碘、盐酸的容量瓶时，并不立即开始计时，而注入比色皿时才开始计时，这样做是否可以？为什么？

(2) 本实验中，将蒸馏水从比色皿倒出后，样品池不一定能完全在样品加上正确复位，如稍有变动，致使 $I_0$ 变成 80 或 120，这样对结果有何影响？

(3) 为何本实验中要求碘的浓度远小于盐酸以及丙酮的浓度？

## 5.6 草酸钙热分解反应动力学参数的测定

### 5.6.1 实验目的

(1) 掌握综合热分析仪(热重分析仪)的基本原理,学会操作技术,了解数据处理的基本方法。

(2) 用综合热分析仪对 $CaC_2O_4 \cdot H_2O$ 进行热重分析以及差热分析,并定性解释热分析曲线。

(3) 对热分析曲线进行动力学分析,求得热分解反应的级数、活化能、频率因子和速率系数。

### 5.6.2 实验原理

热分析是在程序控制温度的条件下,测量物质的性质随温度变化关系的技术,它包括质量、温度、焓、声、光、电、磁以及膨胀和机械性质等。按照第五届国际热分析会议提出的热分析定义:热分析是在程序控制温度下,测量物质的物理性质与温度的关系的一类技术。

常用的热分析法有以下几种。

(1) 热重法(TG):在程序控温下,测量物质的质量与温度的关系的技术。

(2) 微商热重法(DTG):是热重曲线对时间或温度的一阶微商的方法。

(3) 差热分析(DTA):在程序控温下,测量物质和参比物的温差与温度的关系的技术。

(4) 差示扫描量热法(DSC):在程序控温下,测量输入物质和参比物的功率差与温度的关系的技术。

(5) 热机械分析(TMA):在程序控温下,测量物质在非振动负荷下的形变与温度的关系的技术。

(6) 动态热机械分析(DMA):在程序控温下,测量物质在振动负荷下的动态模量和(或)力学损耗与温度的关系的技术。

另外还有热膨胀法、逸出气分析(EGA)、逸出气检测(EGD)、热电学法、热光学法、热发声法、热传声法等。随着热分析技术的发展,常常采用多种技术的联用。其中以差热分析(DTA)和热重法(TG)的历史最长,使用也最广泛;微商热重法(DTG)和差示扫描量热法(DSC)近年来也得到较迅速的发展。

热分析技术是一种动态测量方法,有快速、简便和连续等优点,而且不少仪器已商品化。热分析方法属仪器分析法,它既与其他仪器分析法并驾齐驱,又与它们互相补充和印证。热分析技术在无机、有机、物化、催化、高分子材料、制药、生化、冶金、矿物、环保、地球化学等方面都有广泛的应用。

综合热分析仪能够同时进行热重分析、差热分析、微分热重分析并测定温度和时间的关系。热重分析是研究试样在恒温或等速升温时,其质量随时间或温度变化的关系。专门用于热重分析测定的仪器称为热天平,而具有多种功能联用型的热分析仪,则便于从不同角度

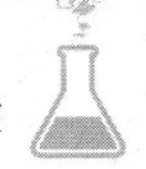

对试样进行综合分析。

许多物质在加热过程中常发生质量的变化如含水化合物的脱水、化合物的分解、固体的升华、液体的蒸发等均会引起试样失重；此外，待测试样与周围气氛的化合又将导致质量的增加。热重分析就是以试样的质量对温度 $T$ 或时间 $t$ 作图得到热分析结果；而测试质量变化速度 $\mathrm{d}m/\mathrm{d}t$ 对温度 $T$ 的曲线则称为微分热重曲线。图 5.5 所示为热重分析和微分热重分析曲线示意图。

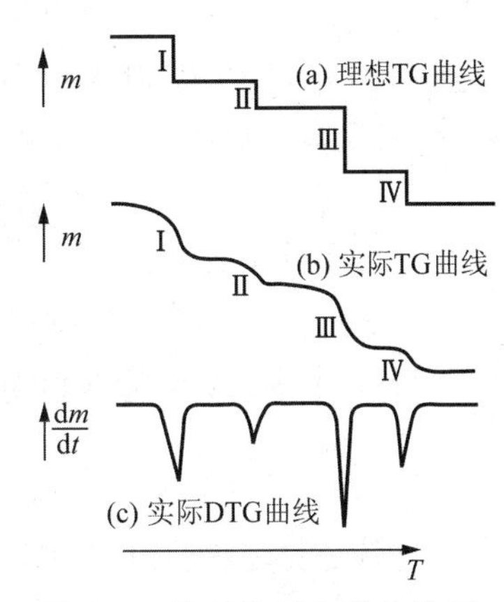


**图 5.5　热重分析和微分热重分析曲线示意图**

理想热重曲线(a)表示热重过程是在某一特定温度下发生并完成的。曲线上每一个阶梯都与一个热重变化机理相对应。每一条水平线意味着某一稳定化合物的存在；而垂直线的长短则与试样变化时质量的改变值成正比。然而由实际热重曲线(b)可见，热重过程实际上是在一个温度区间内完成的，曲线上往往并没有清晰的平台。两个相继发生的变化有时不易划分，因此，也就难以分别计算出质量的变化值。微分热重曲线(c)已将热重曲线对时间微分，结果提高了热重分析曲线的分辨力，可以较准确地判断各个热重过程的发生和变化情况。

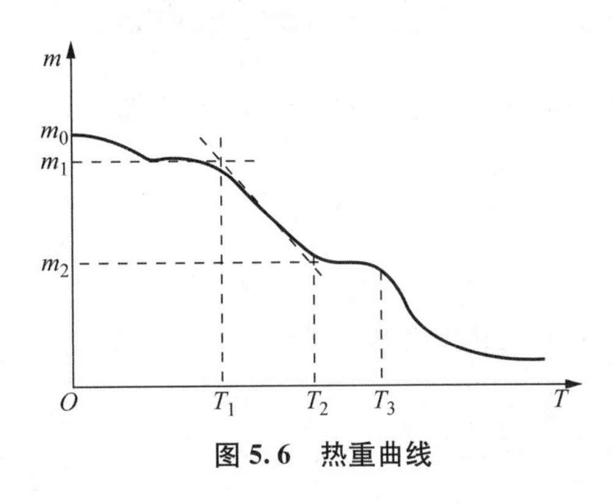


**图 5.6　热重曲线**

图 5.6 所举的热重曲线，试样质量为 $m_0$，在初始阶段有一定的质量损失$(m_0-m_1)$，这是由于吸附在试样中的物质受热解吸所致，而水是最常见的吸附质。一个热重过程的温度由曲线的直线部分外延相交加以确定。图中的 $T_1$ 为一种稳定相的分解温度。在 $T_2$ 至 $T_3$ 温度区间内，存在着另一种稳定相，两者的质量差为$(m_1-m_2)$，其质量损失的关系也可由此进行计算。测定过程中升温速率过快，会使温度测得值偏高。所以要有合适的操作条件才能得到再现性良好的可靠结果。通常，升温速率可控制在 5～10 ℃$\cdot\mathrm{min}^{-1}$范围。试样颗粒如果太小，测得温度会偏低，太大影响热量的传递。试样还宜铺成层，以免逸出的气体将试样粉末带走。

本实验被测样品 $CaC_2O_4\cdot H_2O$ 在室温至 300 ℃为脱水反应：

$$CaC_2O_4\cdot H_2O \longrightarrow CaC_2O_4 + H_2O$$

在 400 ℃以上为 $CaC_2O_4$ 的分解反应：

$$CaC_2O_4 \longrightarrow CaCO_3 + CO$$

$$CaCO_3 \longrightarrow CaO + CO_2$$

热动力学的研究方法有等温和非等温两种，本实验采用的是非等温方法。利用程序升温所得热分析曲线，可以求得受热过程的反应级数 $n$、活化能 $E_a$、频率因子 $k_0$ 和速率系数 $k$ 等参数。

设某一化合物在加热过程中发生变化其速率方程可用以下通式表示：

$$d\alpha/dt = k \cdot f(\alpha) = k_0 \cdot \exp(-E_a/RT) \cdot f(\alpha) \tag{5.48}$$

式中，$\alpha$ 为化合物的转化率，或称反应的程度；$f(\alpha)$取决于反应的性质和机理。Sěstak 等人提出，对于简单反应，$f(\alpha)$常可表示为$(1-\alpha)^n$，则式(5.48)变成

$$d\alpha/dt = k_0 \cdot \exp(-E_a/RT) \cdot (1-\alpha)^n \tag{5.49}$$

令程序升温速率 $\beta$ 为

$$\beta = dT/dt \tag{5.50}$$

将式(5.50)代入式(5.49)后，得

$$\frac{d\alpha}{dT} = \frac{k_0}{\beta} \cdot \exp\left(\frac{-E_a}{RT}\right) \cdot (1-\alpha)^n \tag{5.51}$$

这就是测定热动力学参数的基本公式，如再进一步微分或积分，可导出许多不同形式的动力学方程。Coats 等人对式(5.51)积分并做了若干近似处理后，假设 $20 \leqslant \frac{E}{RT} \leqslant 60$，则可导出如下结果：

$$当\ n=1\ 时，\ln\left[\frac{-\ln(1-\alpha)}{T^2}\right] = \ln\left[\frac{k_0 R}{E_a \beta}\left(1-\frac{2RT}{E_a}\right)\right] - \frac{E_a}{RT} \tag{5.52}$$

$$当\ n \neq 1\ 时，\ln\left[\frac{1-(1-\alpha)^{1-n}}{(1-n)T^2}\right] = \ln\left[\frac{k_0 R}{E_a \beta}\left(1-\frac{2RT}{E_a}\right)\right] - \frac{E_a}{RT} \tag{5.53}$$

由实验数据求得一系列 $T$ 时所对应的 $\alpha$，再以尝试法用不同的 $n$ 值代入，以若干个 $\ln\left[\frac{1-(1-\alpha)^{1-n}}{(1-n)T^2}\right]$对 $1/T$ 线性作图，就可求得反应级数 $n$、活化能 $E_a$、频率因子 $k_0$ 和速率系数 $k$。

### 5.6.3 仪器与药品

综合热分析仪(TG－DTG－DTA)TA Q600，或 ZRY－2P 综合热分析仪(上海精密科学仪器有限公司)。

试样 $CaC_2O_4 \cdot H_2O$，$\alpha-Al_2O_3$(A. R.，100 目，1 000 ℃以上灼烧 2 h)。

### 5.6.4 实验步骤

在两个刚玉坩埚中分别紧密装填大约 15 mg 的 $CaC_2O_4 \cdot H_2O$ 和 $\alpha-Al_2O_3$。按照操作规程测量试样 $CaC_2O_4 \cdot H_2O$ 自室温至 1 000 ℃温度范围内的热重、微分热重和差热分析曲线。

热分析仪的技术要求都较严格，试样的颗粒度、数量、装填紧密程度都会影响测定结果。所以实验中要详细记录各种测定操作条件，包括试样名称、规格、粒度、质量，参比物名称、粒度、质量，仪器量程、灵敏度，升温速率，以及测定气氛及流量，大气压、室温等。

### 5.6.5 注意事项

由于热分析曲线受实验条件的影响较大，因此每次实验条件要尽可能重复，其中包括升

温速率$\beta$、样品质量、装样松紧、样品颗粒度等。对于一般热分解反应(或相变化),装样紧密有利于热传导,使峰形尖锐及反应温度(或相变温度)区间变窄。但对有气体产生的热分解反应,装样太紧会影响气体的扩散,从而影响峰形。所以在做$CaC_2O_4 \cdot H_2O$时,样品不要装得太紧。

### 5.6.6　数据记录与处理

(1) 讨论$CaC_2O_4 \cdot H_2O$受热过程中发生变化的诸步骤,计算各步骤的质量分数的变化并指明其相对应的温度。

(2) 热重分析法测定热动力学参数。在热重分析中,化合物在某温度$T_i$时的转化率$\alpha_i$可表示如下:

$$\alpha_i = \frac{m_0 - m_i}{m_0 - m_f} \tag{5.54}$$

式中$m_0$是试样的初始质量,$m_f$是残留的质量,$m_i$为温度$T_i$时的质量。由热重曲线可得到一系列温度$T_i$所对应的$\alpha_i$。根据反应机理推论,尝试设定若干个$n$值代入式(5.53),然后以$\ln\left[\frac{1-(1-\alpha)^{1-n}}{(1-n)T^2}\right]$对$1/T$作图。由最佳线性关系确定反应级数,再由该直线的斜率计算摩尔活化能,由该直线的截距计算频率因子$k_0$,最后计算出速率系数$k$。

### 5.6.7　思考题

(1) 微分热重曲线有何用处?

(2) 升温速率对测定结果的影响?

## 5.7　碳酸氢钾热分解反应的摩尔焓变测定

### 5.7.1　实验目的

(1) 学习热分析方法的基本原理,掌握差示扫描量热仪的使用。

(2) 用差示扫描量热法测定碳酸氢钾的DSC曲线和热分解反应的摩尔焓变计算。

### 5.7.2　实验原理

#### 1. 差示扫描量热法(DSC)原理

随着温度的变化,物质发生各种物理变化和化学变化时会产生相应的能量变化,依据试样在升温与降温过程中的这些能量变化就可以对试样进行定性和定量分析。如果将试样和一种惰性参比物在相同的条件下加热或冷却,由于在温度达到某一特定值时会发生物理变化或化学变化,而产生热效应,此时试样和参比物之间就会出现温度差异,连续测量和记录这种温度差,就得到差热分析(DTA)图谱。差热分析法能测定试样发生物理变化或化学变化的温度,并能应用于分解反应的速率分析、催化剂活性筛选等研究。但是,应用DTA进行

$\Delta H$ 的精确定量测定是困难的,因为 DTA 的测定结果与试样内的热传导有密切关系,而且 DTA 获得的温差信号只能间接地描述热量的变化,并且不够准确。

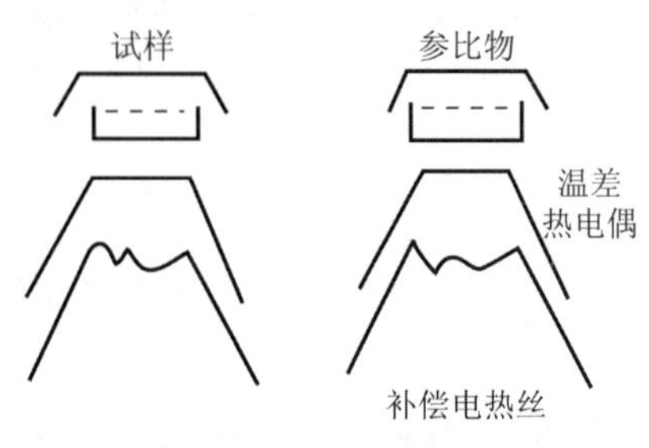


**图 5.7 DSC 工作原理示意图**

差示扫描量热法(Differential Scanning Calorimetry,简称 DSC)是在程控温度下,测量输入物质和参比物之间的功率差与温度关系的技术。DSC 有功率补偿式差示扫描量热法和热流式差示扫描量热法两种类型。在 DTA 基础上改进而获得的差示扫描量热法是使试样和参比物绝热分离并分别输入能量,测量使两者的温度相等所需要的能量值。DSC 法中热能是通过电热丝来供给的,即在温差热电偶和试样、参比物之间加入一对补偿电热丝,如图 5.7 所示。

在试样与参比物的加热过程中,由于试样产生热效应而与参比物出现温度差 $\Delta T$ 时,此温差信号被输入差热放大器、功率补偿放大器,随即使流入补偿电热丝的电流发生变化。例如,当样品吸热时,功率补偿放大器使流过试样一边电热丝的电流增大;反之,在试样放热时,则使流过参比物一边电热丝的电流增大,直至两边热量平衡、温差 $\mathrm{d}T$ 消失为止。换言之,试样在加热过程中发生的热量变化,由于及时输入电能而得到补偿,所以,只要记录电功率的大小,就可以知道吸收(或放出)多少热量。这种记录补偿能量所得到的曲线称为 DSC 曲线。功率补偿式 DSC 的原理如图 5.8 所示。

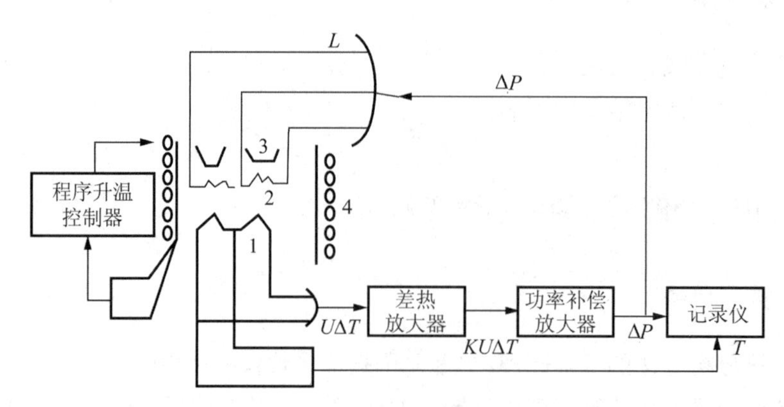


1—温差热电偶;2—补偿电热丝;3—试样;4—电炉。

**图 5.8 功率补偿式 DSC 原理图**

典型的 DSC 曲线以 $\mathrm{d}H/\mathrm{d}t$ 为纵坐标,以 $t$(时间)或 $T$(温度)为横坐标,如图 5.9 所示。曲线离开基线的位移代表样品吸热或放热的速率,单位常以 $\mathrm{J \cdot s^{-1}}$ 表示,而曲线波峰或波谷所包围的面积代表了热量的大小。因此,根据差示扫描量热法可以直接测量试样在发生变化时的热效应。在 DSC 图上,常用另一条曲线标出试样的温度,依此可测定试样发生变化时的温度。

进行 DSC 测定的仪器称为差示扫描量热仪,国内有时也叫差动热分仪器。影响 DSC 测定的因素可从仪器和操作两方面分析。

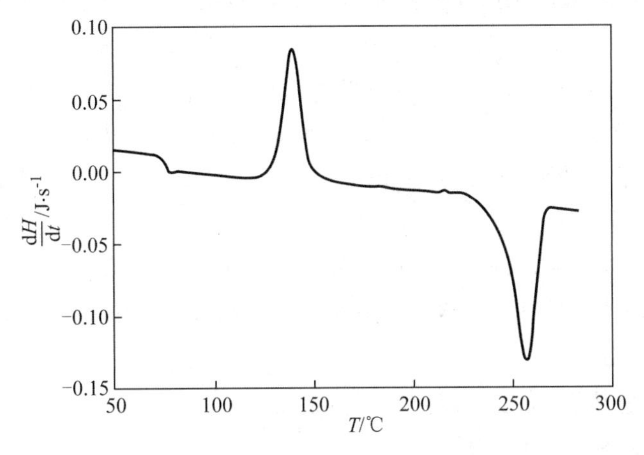


图 5.9　典型的 DSC 曲线

1）参比物的选定

参比物必须在测定的温度范围内保持热稳定。另外，在选定参比物时应尽量采用与试样的热容、导热系数和颗粒度相近的物质，以便提高测定的精度。常用的参比物有 α-$Al_2O_3$、煅烧过的 $ZrO_2$、MgO、石英砂、不锈钢、铂、镍、硅烷等。

2）试样的处理

减小试样的粒度可改善测定时试样的导热条件，但若将试样研磨得过细就有可能破坏晶格或造成试样的分解。一般试样的粒度常采用 200 目左右，对于那些会分解而释放出气体的样品，颗粒则应更大些。

参比物的粒度以及装填松紧度应同试样一致，为了确保参比物的热稳定性，使用前可将它高温灼烧一次。

样品用量应尽可能少些，这样不仅可以节省样品，更重要的是可以得到尖锐的峰，并能分辨靠得很近的峰；样品过多往往形成大包，并使相邻的峰互相重叠而无法分辨。当然，样品也不能过少，应根据仪器的灵敏度、稳定性等因素加以考虑。一般用量为十毫克至几十毫克，如果仪器的灵敏度很高，甚至可以只用几毫克试样。

有时由于相对密度大，试样体积太小，不足以占满坩埚底面，或试样因烧结、熔融而结块，可掺入一定量的参比物或其他热稳定材料。

3）气氛及压力的选择

许多测定受气氛及压力的影响很大，例如，碳酸钙、氧化银的分解温度分别受气氛中二氧化碳、氧气分压的影响；液体或溶液的沸点或熔点受外压的影响则是十分明显的；许多金属在空气中测定会被氧化等。因此，应根据被测试样的性质，选择适当的气氛和压力。一般可采用氮气或其他惰性气体。

4）升温速率的选择

升温速率对测定结果的影响十分明显，一般说来，升温速率低时，基线漂移小，所得的峰显得矮而稍宽，可以分辨出靠得很近的变化过程，测定的精度较高，但测定时间较长；升温速率高时,峰形比较尖锐,测定的时间短,而基线漂移明显,与平衡条件相距较远,出峰温度误差较大,分辨能力也下降。

为便于比较,在测定一系列样品时,应采用相同的升温速率。

升温速率一般采取 2～20 $K \cdot min^{-1}$,在特殊情况下,最慢可为 0.1 $K \cdot min^{-1}$,最快可达 200 $K \cdot min^{-1}$,而最常用的是 5～20 $K \cdot min^{-1}$。

5) 热补偿量程选择

量程越小,仪器越灵敏,所测峰高越大,但有时会引起基线漂移,因此,要选择合适的量程。如果无法估计确切的量程,可将量程放在较大的位置,先预做一次,再逐步减小量程,直至选准合适的量程为止。

应用差示扫描量热法,除了可以测定固体物质不同晶型的相变焓以及液固相变焓等,还能够测定固体物质热分解反应的焓变。

从 DSC 曲线上可以得到 DSC 峰的数目、位置、方向、高度、宽度、对称性以及峰面积等信息。峰的数目显然就是在测定温度范围内待测样品发生变化的次数,峰的位置标志着发生转化的温度范围,峰的方向表明是吸热还是放热;峰面积则正比于热效应的大小。

在实际测定中,由于试样与参比物间往往存在着比热、导热系数、粒度、装填疏密程度等方面的差异,再加上试样在测定过程中可能发生收缩或膨胀,DSC 曲线会发生漂移。其基线不再平行于时间轴,峰的前后基线不在一条直线上,DSC 峰可能变得平坦,使转折点不明显,这时可通过作切线的方法来确定转换点及峰面积。

**2. 差示扫描量热法(DSC)原理**

由于仪器常数往往随温度的不同而稍有变动,所以在精确确定 $\Delta H$ 时,常在不同温度区间选用合适的纯物质进行标定。表 5.2 列出了几种常用的标定物质。大多数的 DSC 仪(测定的温度范围由室温到大约 600 ℃)通常根据所测定样品的不同,选用与变化温度相近的标准物质来标定仪器。在应用铅和铝时要小心,铅特别容易与 DSC 的坩埚材料形成低熔点合金,而铝很容易氧化。

**表 5.2　几种标准物质的熔点和熔化焓**

| 样品名 | $t_m$/℃ | $\Delta h$/($J \cdot g^{-1}$) | 样品名 | $t_m$/℃ | $\Delta h$/($J \cdot g^{-1}$) |
|---|---|---|---|---|---|
| 苯 | 80.3 | 149 | 苯甲酸 | 122.4 | 148 |
| 铟 | 156.5 | 28.5 | 锡 | 231.9 | 60.7 |
| 铅 | 327.9 | 22.6 | 锌 | 419.5 | 113 |
| 铝 | 660.2 | 396 | 银 | 960.8 | 105 |
| 金 | 1063.0 | 62.8 | | | |

**3. 碳酸氢钾热分解反应的摩尔焓变测定**

本实验测定碳酸氢钾热分解反应的摩尔焓变。取一定质量的碳酸氢钾,按 5 $K \cdot min^{-1}$ 的速率升温,测定其 DSC 曲线,就可得到碳酸氢钾碳热分解反应的 DSC 峰。

测定碳酸氢钾热分解反应的摩尔焓变时,可用铟为标准物质来标定仪器常数。

4. 仪器与药品

CDR-34P差示扫描量热仪(上海精密科学仪器有限公司)或差示扫描量热仪DSC Q100(美国TA),铝坩埚、镊子、样品匙,分析天平。

$\alpha-Al_2O_3$(A. R.、粉末状),$KHCO_3$(A. R.、粉末状),铝坩,氮气钢瓶等。

### 5.7.3 实验步骤

(1) 打开氮气钢瓶,氮气流量控制在$60\ cm^3\cdot min^{-1}$左右。

(2) 用镊子取出炉体的上罩组件、中盖、内盖,将使用的坩埚放在样品支架上,放好坩埚后将炉子复原。

打开主机、加热炉,各预热30 min。检查仪器各开关。然后,接通仪器电源,并逐个打开各控制单元的电源开关,使仪器预热10~20 min。

(3) 打开电炉,选择合适的坩埚两只(一般可用铝坩埚),分别轻轻地在左边托盘放入带有10 mg的$\alpha-Al_2O_3$铝坩埚,在右边托盘中放入盛有10 mg $KHCO_3$试样的铝坩埚。

(4) 调整仪器零位。将"差动、差热"选择开关置于"差动"位置,差热放大器单元量程选择开关置于"短路"位置,转动调零旋钮,使差热指示仪表指在"0"位。

(5) 按下温度程序控制单元上的"工作"按钮及电炉电源开关,使电炉按$5\ ℃\cdot min^{-1}$($10\ ℃\cdot min^{-1}$)速率升温,测定升温过程中$KHCO_3$热分解反应的DSC曲线,DSC曲线回到基线为止。

(6) 当电炉降温至50 ℃左右后,关机。关闭氮气钢瓶。

### 5.7.4 注意事项

(1) 每次装样的量不能太多,样品量太大,会污染差示扫描量热仪的电极。

(2) 装完样品后,铝坩底要擦干净,将铝坩放在样品支架时要十分小心,避免污染电极。

### 5.7.5 数据处理

(1) 根据DSC曲线确定碳酸氢钾热分解反应温度。

(2) 根据碳酸氢钾的质量和分解峰面积计算出碳酸氢钾热分解反应的摩尔焓变$\Delta_r H_m$值。

(3) 将所得结果与文献值对照,求出实验误差并进行讨论。

### 5.7.6 思考题

(1) 试比较差示扫描量热法和差热分析法的异同点。

(2) 影响DSC测定结果的主要因素有哪些?

(3) 根据DSC峰确定变化的平衡温度,是以起始点好,还是以终点为好?为什么?

(4) 在什么条件下,升温过程与降温过程所做的DSC结果相同?在什么情况下只能用升温过程?

# 第6章

# 表面现象与胶体分散系统实验

## 6.1 气泡最大压力法测定溶液的表面张力

### 6.1.1 实验目的

(1) 掌握用气泡最大压力法测定液体表面张力的方法。

(2) 了解溶液表面吸附对表面张力的影响。

(3) 测定不同浓度下正丁醇水溶液的表面张力，从 $\sigma - c$ 曲线求溶液表面的吸附量和正丁醇分子的截面积。

### 6.1.2 实验原理

当溶剂中加入溶质时，溶剂的表面张力或者升高或者降低，表面张力变化的数值随溶液的浓度而异。由于溶质会影响表面张力，因此溶质在溶液表面的浓度将自发地向小于或大于溶液本体浓度的趋势发展，以降低系统的表面吉布斯(Gibbs)函数(表面张力)，这就是溶液表面的吸附现象。

吉布斯用热力学方法导出理想稀薄溶液中表面张力随浓度的变化率与表面过剩物质的量的关系式为

$$\Gamma = -\frac{c}{RT}\frac{\mathrm{d}\sigma}{\mathrm{d}c} \tag{6.1}$$

该式称吉布斯吸附等温式。式中，$\Gamma$ 是溶液浓度为 $c$ 时表面过剩物质的量，单位为 $\mathrm{mol \cdot m^{-2}}$；$c$ 为溶液浓度，单位为 $\mathrm{mol \cdot dm^{-3}}$；$\sigma$ 为表面张力，单位为 $\mathrm{N \cdot m^{-1}}$。对于极性有机物质和表面活性物质，当浓度增加时溶液的表面张力降低，即 $\frac{\mathrm{d}\sigma}{\mathrm{d}c} < 0$，则 $\Gamma > 0$，溶液表面浓度大于本体浓度，称为正吸附。

对于发生正吸附的物质，开始时随着 $c$ 的增加 $\sigma$ 迅速下降，以后逐渐平缓，其 $\sigma - c$ 曲线如图 6.1 所示。如在图中曲线上某点 $a$ 作切线，由此切线的斜率就可以计算对应浓度 $c'$ 的表面过剩物质的量 $\Gamma$。

溶液表面的吸附是单分子层吸附，按 Langmuir 吸附等温式，有

$$\Gamma = \Gamma_{\infty} \times \frac{bc}{1+bc} \tag{6.2}$$

式中，$\Gamma_{\infty}$ 为最大表面过剩物质的量，其意义是溶液单位面积上全铺满单分子吸附层溶质时的吸附量。$b$ 为一常数。将式(6.2)两边取倒数可得

$$\frac{c}{\Gamma} = \frac{c}{\Gamma_{\infty}} + \frac{1}{b\Gamma_{\infty}} \tag{6.3}$$

由式(6.3)可知，以 $c/\Gamma$ 对 $c$ 作图，可得一直线，此直线斜率的倒数即为 $\Gamma_{\infty}$。

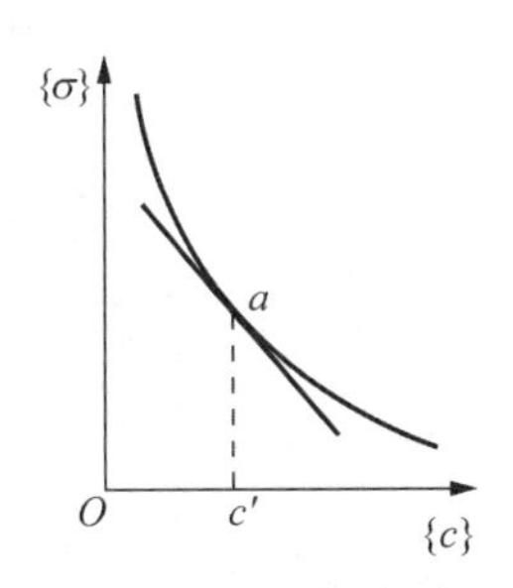

图 6.1　正吸附物质的 $\sigma - c$ 图

如果以 $N$ 代表 1 m² 表面上溶质的分子数，则得 $N = \Gamma_{\infty} L$，$L$ 为阿伏伽德罗常数，每个分子在溶液表面上所占的面积为

$$q = \frac{1}{\Gamma_{\infty} L} \tag{6.4}$$

本实验用气泡最大压力法测定溶液的表面张力。此法是将毛细管的一端与液面相接触，如果设法降低溶液表面的压力，使毛细管内气体压力大于溶液表面的压力，则在毛细管与溶液相接触处将产生一气泡，随着压力差加大气泡也逐渐增大，此压力差在毛细管端面上所产生的作用力稍大于毛细管口液体的表面张力时，气泡就脱离毛细管口而逸出，压力差又重新减少。气泡逸出瞬间的最大压力差可以从 U 型压力计上读出。最大压力差 $\Delta p$ 应为

$$\Delta p = \Delta h \rho g \tag{6.5}$$

式中，$\Delta h$ 为 U 形压力计两边读值差；$\rho$ 为压力计内液体的体积质量；$g$ 为重力加速度。

气泡在毛细管口受到由表面张力起的作用力为 $2\pi\sigma r$，$r$ 为毛细管的半径，$\sigma$ 为表面张力。气泡逸出时所受到的压力与表面张力的作用大小应相等，即

$$\pi r^2 \Delta h \rho g = 2\pi r \sigma$$

$$\sigma = \frac{r}{2} \Delta h \rho g \tag{6.6}$$

对于同一毛细管和同一压力计而言，$r$ 和 $\rho$ 为定值，将 $r/2\rho g$ 合并为常数 $K$，得

$$\sigma = K \Delta h \tag{6.7}$$

$K$ 称为仪器常数，可用已知表面张力的液体标定而求得。

### 6.1.3　仪器和药品

具支试管，毛细管，滴液漏斗，小烧杯，T 形管，倾斜式酒精压力计，恒温水槽。

正丁醇溶液。

### 6.1.4　实验步骤

1）装置检漏与仪器常数测定

仪器装置如图 6.2 所示。

本实验的关键在于毛细管尖端的洁净，所以首先应洗净毛细管，通常先用温热的洗液浸洗，用水冲洗后，再用蒸馏水淋洗数次，就可供测定用。

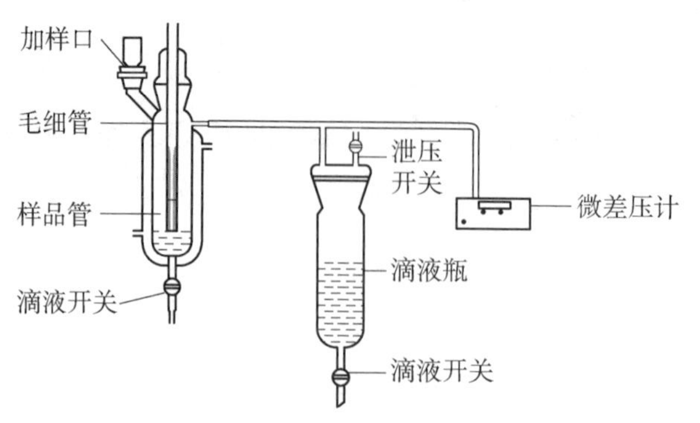


**图 6.2　测定表面张力的装置**

(1) 开启超级恒温槽电源,设定恒温槽温度为 25 ℃。打开精密数字压力计电源开关,预热压力计。

(2) 打开样品管上端加液口活塞,加入蒸馏水,盖紧活塞,并轻轻盖紧毛细管与样品管磨砂口。打开滴液开关,调节蒸馏水液面刚好与毛细管端口相切(从底面看毛细管与待测样品成一个喇叭口状),恒温 5 min。

(3) 打开滴液瓶上端磨砂口,加入水并盖紧磨砂口,将上端泄压开关打开,按一下精密数字压力计"单位"键,选择单位为 $mmH_2O$,"采零"后关闭泄压开关。打开滴液瓶的滴液开关,缓慢放水,以降低体系内压力,待压力计显示一定数值后关闭滴液瓶开关。2~3 min 内压力计数字不变,表明体系不漏气。

(4) 打开滴液瓶滴液开关,调节放液速度,使毛细管气泡以每分钟 3~5 个均匀逸出。当气泡刚脱离毛细管管端破裂的瞬间,精密数字压力计显示压力最大值,记录压力值,连续测定 3 次,取其平均值。由附录查出水的表面张力,依据水的 $\Delta h$ 值计算仪器常数 $K$。

2) 测定不同浓度下正丁醇水溶液的表面张力

配置不同浓度的正丁醇溶液,分别为 0.35 mol·dm$^{-3}$、0.3 mol·dm$^{-3}$、0.25 mol·dm$^{-3}$、0.2 mol·dm$^{-3}$、0.1 mol·dm$^{-3}$、0.05 mol·dm$^{-3}$、0.02 mol·dm$^{-3}$。

放出样品管中蒸馏水,关闭滴液开关。将配置好的正丁醇待测溶液,从加液口倒入少量溶液清洗毛细管及样品管 2~3 次,放出淋洗液后关闭滴液开关,加入待测溶液。用同样的方法测定不同浓度正丁醇水溶液的表面张力,顺序由稀到浓依次测定。

### 6.1.5　数据记录与处理

(1) 列出实验数据表:

| 被测液 | | 纯 水 | $c$(正丁醇水溶液)/(mol·dm$^{-3}$) | | | | | | |
|---|---|---|---|---|---|---|---|---|---|
| | | | 0.020 | 0.050 | 0.100 | 0.200 | 0.250 | 0.300 | 0.350 |
| $\Delta h$/mm | 1 | | | | | | | | |
| | 2 | | | | | | | | |
| | 3 | | | | | | | | |
| | 平均 | | | | | | | | |

(2) 在方格纸上作 $\sigma-c$ 图,要描成光滑曲线。

(3) 在 $\sigma-c$ 曲线上取 6～7 个点例如浓度为(0.03、0.05、0.10、0.15、0.20、0.25、0.30)$mol\cdot dm^{-3}$,作各点的切线,并分别求出各切线的斜率 $d\sigma/dc$ 值,并将 $d\sigma/dc$ 值代入吉布斯等温式中算出各对应浓度的 $\Gamma$ 值。将所得数据列表如下:

| | $c$/ ($mol\cdot dm^{-3}$) | $\sigma$/ ($10^{-3}N\cdot m^{-1}$) | $\frac{d\sigma}{dc}$/ ($10^{-3}N\cdot m^{-1}\cdot dm^3\cdot mol^{-1}$) | $\Gamma$/ ($mol\cdot m^{-2}$) | $c\cdot\Gamma^{-1}$/ ($m^2\cdot dm^{-3}$) |
|---|---|---|---|---|---|
| 1 | | | | | |
| 2 | | | | | |
| 3 | | | | | |
| 4 | | | | | |
| 5 | | | | | |

(4) 作 $c/\Gamma-c$ 图,由直线的斜率求出 $\Gamma_\infty$,并计算正丁醇分子的截面积。

### 6.1.6　思考题

(1) 为什么要读取 U 形压力计中最大的压力差?

(2) 本实验为什么采用倾斜式 U 形压力计,它与垂直放置的 U 形压力计有何不同?

(3) 如果气泡从毛细管逃逸出速率较快,或气泡连续逸出,对实验结果有什么影响?

(4) 如果毛细管的尖端沾有油污,则测得的表面张力将偏高还是偏低?

### 6.1.7　应用

表面张力在胶体分散系统、表面活性剂研究中是一个重要数据,它可确定表面活性剂的表面活性,计算表面活性剂在溶液表面的吸附量,也是影响浮选矿石过程的重要因素。由表面张力可求得等张比容为

$$P=\frac{\sigma^{\frac{1}{4}}M}{\rho}$$

式中,$P$ 为等张比容,为体积质量;$M$ 为摩尔质量;$\sigma$ 为表面张力。等张比容是决定有机物结构的辅助数据。最大气泡法可以遥控,故可用以测定熔融金属的表面张力。

## 6.2　溶胶和乳状液的制备与性质测试

### 6.2.1　实验目的

(1) 学会溶胶的制备。

(2) 测定溶胶的聚沉值,判断不同电解质对溶胶稳定性的影响。

(3) 掌握乳状液的性质及不同类型乳状液的鉴别方法。

### 6.2.2 实验原理

按照分散程度的大小可以将分散系统分为三大类:低分子分散系统(包括小分子溶液及电解质溶液)、胶体系统(包括溶胶、缔合胶体及高分子溶液)以及粗分散系统(悬浮液、乳状液、泡沫)。胶体分散系统的粒子的大小在1～1 000 nm范围内。

溶胶一般是由许多原子或分子聚集成的,其三维空间尺寸均在$1\times10^{-9}$～$1\times10^{-6}$ m之间的粒子分散于另一相分散介质之中,并且与分散介质间存在相界面的分散系统,其主要特征是高度分散的、多相的、热力学不稳定的系统,也称憎液溶胶。

缔合胶体通常是由结构中含有非极性的碳氢化合物部分和较小的极性集团的电解质分子(如表面活性剂分子)缔合成的粒子,通常称为胶束。胶束可以是球状、层状、棒状等,其三维空间尺寸在$1\times10^{-9}$～$1\times10^{-6}$ m之间的大分子(蛋白质分子、高分子化合物分子等)分散于分散介质中形成的高度分散的、均相的热力学稳定系统;此外,在性质上它与溶胶也有某些相似之处(如扩散慢、高分子不通过半透膜),所以把它称为亲液胶体,也作为胶体分散系统研究的对象。

制备溶胶的方法在原则上可分为两类:分散法及凝结法。分散法是把较大的物质颗粒变为溶胶大小的质点,使其分散于分散介质中。凝结法又可分为3种。

① 物质汽化后在适当条件下凝结。

② 改变溶剂或实验条件(如降温),降低溶解度从而使溶质凝结成胶体颗粒。

③ 在适当条件下借助化学反应形成胶体大小的难溶物质粒子。

第③种方法是制备溶胶最常用的方法。

应当指出在不同方法中及不同条件下制得溶胶粒子结构和性质往往不同。制成的溶胶往往有杂质存在,因而影响其稳定性,所以常常需要经过纯化,纯化的方法通常采用半透膜进行渗析。

在溶胶中加入电解质可引起溶胶聚沉,电解质中与胶粒所带电荷相反的离子价数越高则聚沉能力越强,聚沉值越小。所谓聚沉值是指在一定条件下(一定的时间、一定的静置或离心条件、一定的温度等)使溶胶发生聚沉所需电解质的最小浓度,其单位以$mol\cdot dm^{-3}$表示。

如果将一些高分子化合物加入溶胶中,则大多数可以增加这些溶胶对电解质的稳定性,这种现象称保护作用,相反电荷的溶胶相互混合后,其所带的电荷也能互相被中和,而使溶胶发生聚沉作用。

乳状液是一种液体分散在另一种与之互不相溶的液体中所成的分散系统。如果水分散在油中(水为内相,油为外相)则叫油包水型乳状液,反之,称水包油型,分别以水/油(W/O)及油/水(O/W)表示。两种不互溶的液体用力摇动后可以得到乳状液,但极不稳定,很快分层,要得到稳定的乳状液,往往也要加入"第三组分",它能吸附于液滴表面降低表面张力,并形成一定强度的薄膜,这种物质通常称为乳化剂。乳化剂的性质与乳状液的类型有密切关系,例如易溶于水不溶于油的钠皂可用作油/水型乳状液的乳化剂,而铝皂则可作为水/油型的乳化剂。如果加入某些物质后能改变乳化剂的性质,则乳状液可以从一种类型转变为另一种类型。鉴别乳状液的类型可以用混合法、染色法及测定电导等方法。混合法是在玻璃上滴上两小滴乳状液,另外各取一滴油及一滴水分别放在两滴乳状液旁边。倾斜玻璃片,使

乳状液与水滴、油滴混合。若乳状液与油滴很快混合，则说明是水/油型，反之为油/水型。染色法是将乳状液中的一相染色然后在显微镜下观察染色的一相是外相还是内相，以决定乳状液是水/油型还是油/水型。

### 6.2.3　仪器与药品

250 $cm^3$ 和 400 $cm^3$ 烧杯各 1 只，100 $cm^3$ 和 10 $cm^3$ 量筒各 1 只，离心试管 30 只，管架，锥形瓶，玻璃棒 2 根，电炉 1 台，玻片 2 片，显微镜 1 台，滴管 5 支，2 $cm^3$ 和 10 $cm^3$ 刻度移液管各 1 支，试管 2 支。

10% $FeCl_3$，0.5 mol·$dm^{-3}$ KCl，0.005 mol·$dm^{-3}$ $BaCl_2$，0.02 mol·$dm^{-3}$ $AlCl_3$，1%白明胶溶液，1%油酸钠溶液，白油，苏丹-Ⅲ染料，植物油溶液，3%蛋白溶液，1 mol·$dm^{-3}$ HAc 溶液，酒石酸氧锑钾(吐酒石)一小包，$H_2S$ 发生器。

### 6.2.4　实验步骤

1）溶胶的制备

(1) 氢氧化铁溶胶的制备：在 250 $cm^3$ 烧杯中加 100 $cm^3$ 蒸馏水加热至沸，慢慢滴入 5 $cm^3$ 10% $FeCl_3$ 溶液并不断搅拌，加完后继续沸腾 2～3 min，由于 $FeCl_3$ 水解，得到深红色透明的氢氧化铁溶胶，所制得的溶胶留作以下实验用。

(2) $Sb_2S_3$ 溶胶的制备：在 400 $cm^3$ 烧杯中加入 0.25 g 酒石酸氧锑钾(吐酒石)，加 200 $cm^3$ 蒸馏水使其完全溶解，通硫化氢气体使溶液饱和，即可得到桔黄色 $Sb_2S_3$ 溶胶，所制得的溶胶留作以下实验用。

2）聚沉值的测定

(1) $Sb_2S_3$ 溶胶聚沉值的测定：取 4 支洗净烘干的离心试管，分别加入 4.00 $cm^3$ 溶胶，然后再取 4 支洗净烘干的离心试管编上号码，按下表用移液管配出不同浓度的 KCl 溶胶。

| 管　号 | 1 | 2 | 3 | 4 |
|---|---|---|---|---|
| 0.5 mol·$dm^{-3}$ KCl 体积 $V/cm^3$ | 0.15 | 0.35 | 0.70 | 1.00 |
| 蒸馏水体积 $V_水/cm^3$ | 1.85 | 1.65 | 1.30 | 1.00 |

然后按上表依次将不同浓度的 KCl 溶液倾入盛有 $Sb_2S_3$ 溶胶的管中，倾时须迅速，并来回倾倒两次，以使电解质与溶胶充分混合。全部混合均匀后，静置 5 min，观察哪一支试管发生混浊或沉淀。

设结果如下：

| 管号 | 1 | 2 | 3 | 4 |
|---|---|---|---|---|
| 结果 | 清 | 清 | 混浊或沉淀 | 混浊或沉淀 |

则发生混浊或沉淀时，溶胶中含量低的 KCl 浓度(单位为 mol·$dm^{-3}$)是此溶胶的聚

沉值。

依照同样的方法与步骤，用 0.005 mol·$dm^{-3}$ $BaCl_2$ 和 0.002 mol·$dm^{-3}$ $AlCl_3$（用 0.02 mol·$dm^{-3}$ $AlCl_3$ 稀释制得）溶液测定 $BaCl_2$ 和 $AlCl_3$ 对 $Sb_2S_3$ 溶液的聚沉值。比较其聚沉能力，说明胶粒带电符号。

(2) 高分子溶液对溶胶的保护作用：取一支洗净烘干的离心试管，先加入 10 $cm^3$ 1%白明胶溶胶，然后加入 3.00 $cm^3$ $Sb_2S_3$ 溶胶，摇动混合均匀，再另取一支洗净烘干的离心试管，移入 0.07 $cm^3$ 0.005 mol·$dm^{-3}$ $BaCl_2$ 和 1.30 $cm^3$ 蒸馏水，按(1)的方法互相混合，观察实验现象，并说明原因。

(3) 溶胶的相互破坏：在一支洗净烘干的离心试管中，加入 4.00 $cm^3$ $Sb_2S_3$ 溶胶，在另一支洗净烘干的离心试管中加入 2.00 $cm^3$ $Fe(OH)_3$ 溶胶，迅速混匀后，静置 5 min，观察结果，并说明原因。

3) 乳状液的制备与鉴定

(1) 乳状液的制备。

① 油/水型乳状液的制备：在试管中加入苏丹-Ⅲ染料的植物油溶液 1 $cm^3$，再加入 1%的油酸钠溶液 5 $cm^3$，用塞子塞好后剧烈摇动，以成乳状液，留作下面实验用。

② 水/油型乳状液的制备：在试管中加 1 mol·$dm^{-3}$ HAc 溶液 1 $cm^3$ 及 3%蛋白的水溶液 1 $cm^3$，再加入有苏丹-Ⅲ的植物油 5 $cm^3$。用塞子塞好后剧烈摇动，以成乳状液，留作下面实验用。

(2) 乳状液类型的鉴定。

① 用混合法鉴定：在干净玻片上，分别滴上油/水型和水/油型乳状液各一滴，另外，各取一滴白油溶液及一滴水分别放在两滴乳状液旁边，观察结果，并说明原因。

② 用染色法鉴定：在干净玻片上，分别滴上油/水型和水/油型乳状液各一滴，盖上盖玻片，在显微镜下观察。

### 6.2.5 思考题

(1) 试根据聚沉值测定结果说明 $Sb_2S_3$ 胶粒的带电符号。胶粒带电符号还可由哪些方法进行测定？

(2) $Fe(OH)_3$ 溶胶能否用 KCl、$BaCl_2$、$AlCl_3$ 溶液进行聚沉？试估计聚沉值的差别，并说明理由。$Fe(OH)_3$ 溶液及 $Sb_2S_3$ 溶胶的胶团结构应如何表示？

(3) 破坏溶胶还有哪些方法？

(4) 乳化剂有什么作用？如何使乳状液类型发生转化？

(5) 溶胶和乳状液的稳定条件是什么？

### 6.2.6 应用

(1) 研究溶胶的稳定与破坏在工业中具有很重要的意义。特别在三废处理、石油勘探、染料染色等方面经常遇到这类问题。

(2) 乳状液的类型鉴定对乳状液性质的了解与使用具有较重要的意义。

##  黏度法测定高聚物的摩尔质量

### 6.3.1　实验目的

(1) 掌握用乌氏(ubbelohde)黏度计测定高聚物溶液黏度的原理和方法。

(2) 测定线型高聚物聚乙烯醇的粘均摩尔质量。

### 6.3.2　实验原理

高聚物是由单体分子经加聚或缩聚过程合成的。由于聚合度的不同,每个高聚物分子的摩尔质量大多是不均一的,所以高聚物摩尔质量是一个统计平均值。高聚物摩尔质量对于它的性能影响很大,如橡胶的硫化程度、聚苯乙烯和醋酸纤维等薄膜的抗张强度、纺丝黏液的流动性等,均与其摩尔质量有密切关系。通过摩尔质量的测定,可进一步了解高聚物的性能,指导和控制聚合时的条件,以获得具有优良性能的产品。另外,对于聚合和解聚过程机理和动力学的研究,高聚物的摩尔质量是必须掌握的重要数据之一。

黏性液体在流动过程中,必须克服内摩擦阻力而做功。黏性液体在流动过程中所受阻力的大小可用黏度 $\eta$ 来表示,$\eta$ 的单位为 $kg \cdot m^{-1} \cdot s^{-1}$。

高聚物溶液的特点是黏度特别大,主要是因为高聚物分子的链长远大于溶剂分子,加上溶剂化作用,使其在流动时受到较大的内摩擦阻力。高聚物稀薄溶液的黏度是液体流动对内摩擦力大小的反映。纯溶剂黏度 $\eta_A$ 反映了溶剂分子间的内摩擦力,而高聚物溶液的黏度 $\eta$ 则是高聚物分子间的内摩擦、高聚物分子与溶剂分子间的内摩擦以及 $\eta_A$ 三者之和。在相同温度下,通常 $\eta > \eta_A$。溶液的黏度 $\eta$ 与纯溶剂 A 的黏度 $\eta_A$ 的比值称为相对黏度 $\eta_r$,即

$$\eta_r \overset{\text{def}}{=} \frac{\eta}{\eta_A} \tag{6.8}$$

相对黏度 $\eta_r$ 的单位为 1,$\eta_r$ 反映了溶液的黏度行为。相对于纯溶剂 A,溶液黏度增加的分数称为增比黏度 $\eta_{sp}$,即

$$\eta_{sp} \overset{\text{def}}{=} \frac{\eta - \eta_A}{\eta_A} = \eta_r - 1 \tag{6.9}$$

增比黏度 $\eta_{sp}$ 的单位为 1,$\eta_{sp}$ 表示已扣除了溶剂分子间的内摩擦效应,仅反映了高聚物分子与溶剂分子间和高聚物分子间的内摩擦效应。

高聚物溶液的增比黏度 $\eta_{sp}$ 随高聚物 B 的质量浓度 $\rho_B$ 的增加而增加。为了便于比较,将增比黏度 $\eta_{sp}$ 与高聚物 B 的质量浓度 $\rho_B$ 的比值称为比浓黏度,而将相对黏度的对数 $\ln \eta_r$ 与高聚物 B 的质量浓度 $\rho_B$ 的比值称为比浓对数黏度。当溶液无限稀释时,高聚物分子彼此相隔甚远,它们的相互作用可以忽略,此时有

$$[\eta] \overset{\text{def}}{=} \lim_{\rho_B \to 0} \frac{\eta_{sp}}{\rho_B} \overset{\text{def}}{=} \lim_{\rho_B \to 0} \frac{\ln \eta_r}{\rho_B} \tag{6.10}$$

式中,$[\eta]$称为特性黏度,$[\eta]$的单位为 $m^3 \cdot kg^{-1}$。特性黏度$[\eta]$反映的是无限稀释溶液中高

聚物分子与溶剂分子间的内摩擦，其值取决于溶剂的性质及高聚物分子的大小和形态。

在高聚物的稀薄溶液中，比浓黏度 $\eta_{sp}/\rho_B$ 与高聚物 B 的质量浓度 $\rho_B$ 和比浓对数黏度 $\ln\eta_r/\rho_B$ 与质量浓度 $\rho_B$ 之间分别符合下述经验关系式：

$$\frac{\eta_{sp}}{\rho_B}=[\eta]+k'[\eta]^2\rho_B \tag{6.11}$$

$$\frac{\ln\eta_r}{\rho_B}=[\eta]-\beta[\eta]^2\rho_B \tag{6.12}$$

式中，$k'$ 和 $\beta$ 分别称为 Huggins 和 Kramer 常数。这是两条线性方程，通过 $\eta_{sp}/\rho_B$ 对 $\rho_B$ 和 $\ln\eta_r/\rho_B$ 对 $\rho_B$ 作图，外推至 $\rho_B=0$ 时所得截距即为$[\eta]$。显然，对于同一高聚物，由两线性方程作图外推所得截距交于同一点，如图 6.3 所示。

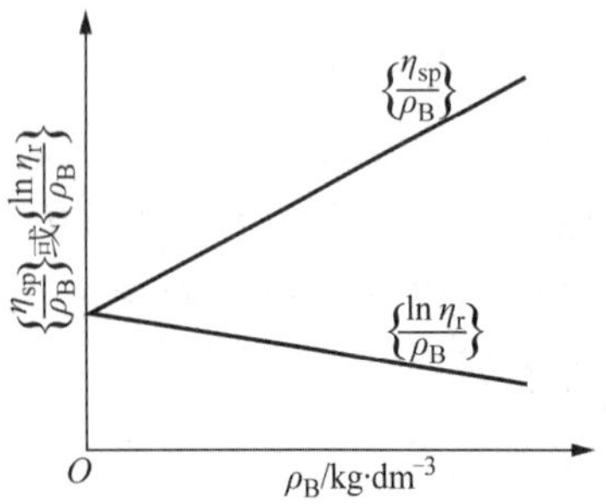

图 6.3　外推法求$[\eta]$

高聚物溶液的特性黏度$[\eta]$与高聚物摩尔质量之间的关系，通常用 Mark - Houwink 经验方程式来表示：

$$[\eta]=K\langle M_\eta\rangle^\alpha \tag{6.13}$$

式中，$\langle M_\eta\rangle$ 称为黏均摩尔质量，$\langle M_\eta\rangle$ 的单位为 $g\cdot mol^{-1}$；$[M]$为摩尔质量的单位；$K$、$\alpha$ 是与温度、高聚物及溶剂的性质有关的常数，只能通过一些其他实验方法(如膜渗透压法、光散射法等)测定。$K$ 的单位为 $dm^3\cdot mol^\alpha\cdot g^{-1-\alpha}$，$\alpha$ 的单位为 1。聚乙烯醇水溶液的 $K$、$\alpha$ 值如表 6.1 所示。

**表 6.1　聚乙烯醇水溶液的 $K$、$\alpha$ 值及摩尔质量 $M$ 的使用范围**

| $T/K$ | $K/(dm^3\cdot mol^\alpha\cdot g^{-1-\alpha})$ | $\alpha$ | $M\times10^{-3}/(g\cdot mol^{-1})$ |
|---|---|---|---|
| 298.15 | $2\times10^{-5}$ | 0.76 | 20～200 |
| 303.15 | 66.5 | 0.64 | 6.0～100 |

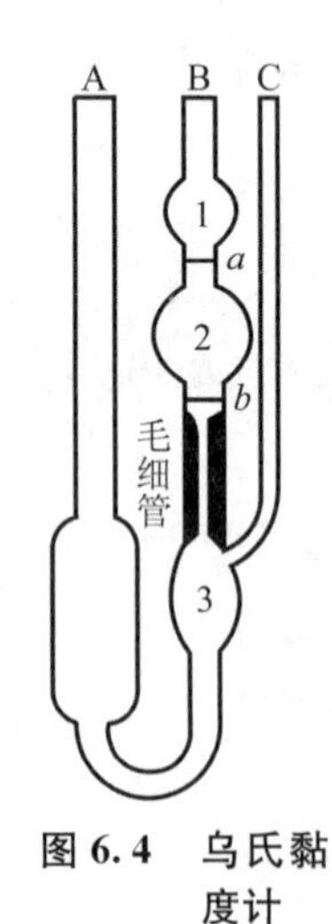

图 6.4　乌氏黏度计

本实验采用毛细管法测定黏度，通过测定一定体积的液体流经一定长度和半径的毛细管所需时间而获得。本实验使用的乌氏黏度计如图 6.4 所示。当液体在重力作用下流经毛细管时，其遵守泊塞叶(Poiseuille)公式：

$$\frac{\eta}{\rho}=\frac{\pi hgr^4t}{8lV}-m\frac{V}{8\pi lt} \tag{6.14}$$

式中，$\eta$ 为被测液体的黏度；$\rho$ 为被测液体的体积质量；$l$ 为毛细管长度；$r$ 为毛细管半径；$t$ 为流出时间；$h$ 为流过毛细管液体的平均液柱高度；$g$ 为重力加速度；$V$ 为流经毛细管的液体体积；$m$ 为毛细管末端校正系数。当流出时间 $t>100.0$ s 时，等式右边的第二相可以忽略，则

$$\eta=\frac{\pi h\rho gr^4t}{8lV} \tag{6.15}$$

对于稀薄溶液(高聚物 B 的质量浓度 $\rho_B<10\ kg\cdot m^{-3}$)，假设溶液的体积质量 $\rho$ 与纯溶剂 A 的体积质量 $\rho_A$ 近似相等，用同一黏度计在相同条件下测

定溶剂和溶液的黏度时，它们的黏度之比就等于流出时间之比：

$$\eta_r = \frac{\eta}{\eta_A} = \frac{t}{t_A} \tag{6.16}$$

式中，$t$ 为测定溶液的流出时间；$t_A$ 为测定纯溶剂 A 的流出时间。所以只需测定溶液和溶剂在毛细管中的流出时间就可得到相对黏度 $\eta_r$。

### 6.3.3　仪器与药品

恒温槽装置 1 套，乌氏黏度计 1 支(见图 6.4)，有塞锥形瓶(50 $cm^3$)2 只，洗耳球 1 只，移液管(5 $cm^3$)1 支，移液管(10 $cm^3$)2 支，细乳胶管 2 根，弹簧夹 2 个，恒温槽夹 3 个，容量瓶(25 $cm^3$)1 只，烧杯(50 $cm^3$)1 只，秒表 1 只。

聚乙烯醇(A. R.)。

### 6.3.4　实验步骤

(1) 将恒温水槽调至(25±0.1)℃。

(2) 配制溶液：称取 0.5 g 聚乙烯醇(称准至 0.001 g)，摩尔质量大的少称些，小的可多称些，使测定时最稀溶液和最浓溶液与溶剂的相对黏度 $\eta_r$ 在 1.1～2 之间。放入 50 $cm^3$ 烧杯中，注入约 15 $cm^3$ 的蒸馏水，稍加热使溶解。冷至室温，加入 2 滴正丁醇(去泡剂)，并移入 25 $cm^3$ 容量瓶中，加蒸馏水稀释至刻度。为了除去溶液中的固体杂质，溶液应经过玻璃砂漏斗过滤，过滤时不能用滤纸，以免纤维混入。一般高聚物不易溶解，往往要放置 1～2 天时间(溶液在实验前已配好)。

(3) 洗涤黏度计：先用热洗液浸泡，再用自来水、蒸馏水冲洗。经常使用的黏度计则用蒸馏水浸泡，去除留在黏度计中的高聚物。黏度计的毛细管要反复用水冲洗。

(4) 测定溶液流出时间 $t$：将蒸馏水及配好的溶液置恒温槽中恒温。取出黏度计，倒出溶剂，吹干。垂直地放入黏度计，使球 1 完全浸没在恒温水中，放置位置要适于观察液体流动情况。恒温槽的搅拌电动机的搅拌速度应调节合适，如产生剧烈震动，将会影响测定的结果。安装好后，用移液管准确注入已恒温好的 15 $cm^3$ 高聚物溶液，恒温数分钟。紧闭 C 管上的乳胶管，用洗耳球从 B 管上慢慢抽气，待液体升满球 1 时停止抽气。迅速打开 C 管乳胶管上夹子，拿走 B 管上的洗耳球，使毛细管内液体同球 3 分开，空气进入球 3。B 管中的液面逐渐下降。当水平面通过刻度 $a$ 时，按下秒表，开始记录时间；至液面通过 $b$ 时，按下秒表，记时结束。用秒表测定液面在 $a$、$b$ 两线间移动所需时间。由 $a$ 至 $b$ 所需的时间即为溶液的流出时间 $t$。重复测定 3 次，取平均值。每次相差不超过 0.2 s。如果相差过大，则应检查毛细管有无堵塞现象，查看恒温槽温度稳定状况是否良好。

再用移液管加入 5 $cm^3$ 已恒温的蒸馏水，用洗耳球从 C 管鼓气搅拌，并将溶液从 B 管慢慢地抽上流下数次使之混合均匀，再如上法测定流出时间。同样，依次加入 5 $cm^3$、10 $cm^3$、10 $cm^3$ 已恒温的蒸馏水，逐一测定溶液的流出时间。最后一次如果溶液太多，可在均匀混合后倒出一部分。由于溶液组成的计算由稀释得来，故所加蒸馏水的体积必须准确，混合必须均匀。测定结束后，将溶液倒入回收瓶内。

(5) 测定溶剂流出时间 $t_A$:用蒸馏水仔细冲洗黏度计 3 次。用移液管准确注入已率先恒温好的 10 $cm^3$ 蒸馏水,恒温数分钟。同上法测定纯溶剂的流出时间 $t_A$。

(6) 实验结束后,黏度计应洗净,用洁净的蒸馏水浸泡或倒置使其晾干. 在倒置干燥以前,黏度计内壁必须彻底洗净,以免所剩的高聚物在毛细管内形成薄膜。

### 6.3.5 注意事项

(1) 黏度计必须洁净,如毛细管壁上挂有水珠,需用洗液浸泡(洗液经砂芯漏斗过滤除去微粒杂质)。

(2) 测定时黏度计要垂直放置,否则影响结果的准确性。

(3) 本实验中溶液的稀释是直接在黏度计中进行的,所用溶剂必须先与溶液处同一恒温槽中恒温。然后用移液管准确量取并充分混合均匀方可测定。

(4) 高聚物在溶剂中溶解缓慢,配制溶液时必须保证其完全溶解,否则会影响溶液起始浓度,而导致结果偏低。

### 6.3.6 数据记录与处理

1) 数据记录

恒温槽温度:________

| $\rho_B/g\cdot m^{-3}$ | $t/s$ | | | |
|---|---|---|---|---|
| | 1 | 2 | 3 | 平均值 |
| 1 | | | | |
| 2 | | | | |
| 3 | | | | |
| 4 | | | | |
| 5 | | | | |

2) 数据处理

(1) 计算不同组成时的$\frac{\ln\eta_r}{\rho_B}$和$\frac{\eta_{sp}}{\rho_B}$。

| $\rho_B/g\cdot m^{-3}$ | $t/s$ | $\eta_r$ | $\eta_{sp}$ | $\frac{\ln\eta_r}{\rho_B}/(g\cdot m^{-3})$ | $\frac{\eta_{sp}}{\rho_B}/(m^3\cdot g^{-1})$ |
|---|---|---|---|---|---|
| 1 | | | | | |
| 2 | | | | | |
| 3 | | | | | |
| 4 | | | | | |
| 5 | | | | | |

(2) 分别以$\frac{\ln \eta_r}{\rho_B}$对$\rho_B$和$\frac{\eta_{sp}}{\rho_B}$对$\rho_B$作图，并作线性外推至0，求得截距，即得特性黏度$[\eta]$。

(3) 从表6.1中查出$K$、$\alpha$值，按式(6.13)计算出聚乙烯醇的黏均摩尔质量$\langle M_\eta \rangle$。

### 6.3.7　思考题

(1) 乌氏黏度计中支管C的作用是什么？能否去除C管改为双管黏度计使用？

(2) 高聚物溶液的$\eta_r$、$\eta_{sp}$和$[\eta]$物理意义是什么？

(3) 黏度法测定高聚物摩尔质量的范围是多少？

### 6.3.8　应用

黏性液体在毛细管中流出受各种因素的影响，如动能改正、末端改正、倾斜度改正、重力加速度改正、毛细管内壁粗度改正、表面张力改正等，其中影响最大的是动能改正，见式(6.14)。本实验使用的式(6.15)，忽略了上述诸因素的影响。

除了乌氏黏度计，生产实际中经常使用奥氏黏度计测定高聚物的平均摩尔质量。奥氏黏度计的结构如图6.5所示，其操作方法与乌氏黏度计类似。但是，由于乌氏黏度计有一支C管，测定时B管中的液体在毛细管下端出口处与A管中的液体断开。由于C管与大气相通，B管中的液体下流时所受压力差$\rho gh$与A管中液面高度无关，即与所加的待测液的体积无关，所以可以在黏度计中稀释液体。而奥氏黏度计测定时，标准液体和待测液体的体积必须相同，因为液体下流时所受的压力差$\rho gh$与A管中液面高度有关。

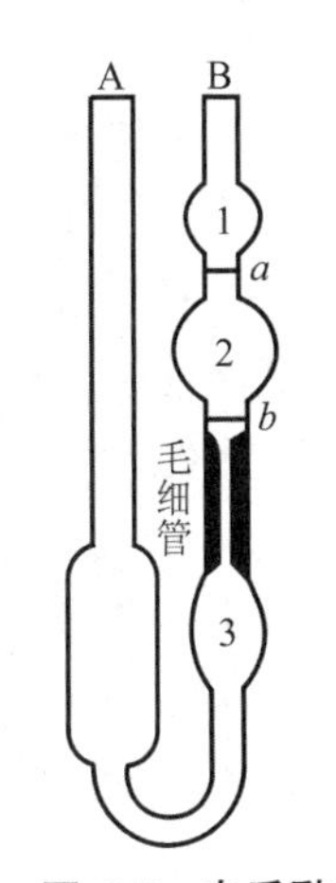


图6.5　奥氏黏度计

高聚物的平均摩尔质量可因测定方法不同而异，因为不同方法的测定原理和计算方法有所不同。本实验采用的黏度法具有设备简单、操作方便的特点，准确度可达±5%。各种高聚物平均摩尔质量的测定方法和适用范围如表6.2所示。

表6.2　各种平均摩尔质量测定法的适用范围

| 方法名称 | $M/g\cdot mol^{-1}$ | 平均摩尔质量类型 |
| --- | --- | --- |
| 端基分析法 | $<3\times10^4$ | 数均 |
| 沸点升高法 | $<3\times10^4$ | 数均 |
| 冰点降低法 | $<5\times10^3$ | 数均 |
| 气相渗透压法 | $<3\times10^4$ | 数均 |
| 膜渗透压法 | $2\times10^4\sim1\times10^6$ | 数均 |
| 光散射法 | $2\times10^4\sim1\times10^7$ | 重均 |
| 超速离心沉降速度法 | $1\times10^4\sim1\times10^7$ | 各种平均 |
| 超速离心沉降平衡法 | $1\times10^4\sim1\times10^6$ | 重均、数均 |
| 黏度法 | $1\times10^4\sim1\times10^7$ | 黏均 |
| 凝胶渗透色谱法 | $1\times10^3\sim5\times10^6$ | 各种平均 |

另外，可利用脉冲核磁共振仪、红外分光光度计和电子显微镜等实验技术测定高聚物的

平均摩尔质量。

## 6.4 固体在溶液中的吸附

### 6.4.1 实验目的

(1) 测定活性炭在醋酸水溶液中对醋酸的吸附量。

(2) 通过实验进一步理解吸附等温线及弗兰德利希吸附等温式的意义。

### 6.4.2 实验原理

溶质在溶液中被吸附于固体表面是一种普遍现象,也是物质提纯的主要方法之一。活性炭是用途广泛的吸附剂,它不仅可用于吸附气体物质,也可在溶液中吸附溶质。

吸附量通常以每克吸附剂吸附溶质的物质的量来表示。在一定温度下,达到吸附平衡的溶液中,吸附量与溶液浓度的关系,符合弗兰德利希吸附等温式:

$$\Gamma=\frac{n}{m}=kc^{\alpha} \tag{6.17}$$

式中,$n$ 为吸附物质的量,单位为 mol;$m$ 为吸附剂的质量,单位为 g;$\Gamma$ 为吸附量,单位为 $\mathrm{mol\cdot g^{-1}}$;$c$ 为平衡时溶液的浓度,单位为 $\mathrm{mol\cdot dm^{-3}}$;$k$、$\alpha$ 为两个常数,由温度、溶剂、吸附质及吸附剂的性质决定,一般由实验确定。

将式(6.17)取对数,则有

$$\ln\frac{n}{m}=\alpha\ln c+\ln k \tag{6.18}$$

若以 $\ln\frac{n}{m}$ 对 $\ln c$ 作图,可得一斜率为 $\alpha$,截距为 $\ln k$ 的直线,由直线可求得 $\alpha$ 和 $k$ 的值。

式(6.17)中,$n/m$ 可以通过吸附前后溶液浓度的变化及活性炭准确称量值求得,即

$$\frac{n}{m}=\frac{(c_0-c)}{m}V \tag{6.19}$$

式中,$V$ 为溶液的总体积,单位为 $\mathrm{dm^3}$;$m$ 为活性炭的质量,单位为 g。

### 6.4.3 仪器和药品

125 $\mathrm{cm^3}$ 锥形瓶 8 个,25 $\mathrm{cm^3}$ 酸式、碱式滴定管各 1 支,25 $\mathrm{cm^3}$ 移液管 1 支,5 $\mathrm{cm^3}$、10 $\mathrm{cm^3}$ 移液管各 1 支,漏斗 6 只,振荡机 1 台。

0.4 $\mathrm{mol\cdot dm^{-3}}$ HAc 标准溶液,0.1 $\mathrm{mol\cdot dm^{-3}}$ NaOH 标准溶液,酚酞指示剂 1 瓶,活性炭(颗粒状或粉状)若干。

### 6.4.4 实验步骤

1) 吸附液配制

将 0.4 $\mathrm{mol\cdot dm^{-3}}$ HAc 标准溶液按下列比例稀释配制成 50 $\mathrm{cm^3}$ 不同浓度的 HAc 溶液并

分别置于6个干燥洁净的锥形瓶中，编好号并盖好瓶塞，防止醋酸挥发。

| 编　号 | 1 | 2 | 3 | 4 | 5 | 6 |
|---|---|---|---|---|---|---|
| $0.4\ mol \cdot dm^{-3}$ HAc的体积 $V/cm^3$ | 50 | 25 | 15 | 7.5 | 4 | 2 |
| 蒸馏水的体积 $V_{水}/cm^3$ | 0 | 25 | 35 | 42.5 | 46 | 48 |

2）吸附过程

准确称量1 g左右的活性炭（经120℃温度下烘烤且准确称量到0.001 g），分别加入各锥形瓶中，塞好瓶塞，在振荡机上振荡1 h，或用手不时摇动后放置1.5 h。

3）平衡浓度测定

如果采用粉状活性炭，那么应将各溶液过滤并弃去最初10 $cm^3$ 滤液，在剩余溶液中取样。如果采用颗粒状活性炭，可直接从锥形瓶中取样，按1～6编号分别取5 $cm^3$、10 $cm^3$、25 $cm^3$、25 $cm^3$、25 $cm^3$、25 $cm^3$，再用0.1 $mol \cdot dm^{-3}$ NaOH标准溶液滴定，根据所用标准碱溶液的体积，确定平衡浓度 $c$。

实验结束后，倾去所有溶液，将锥形瓶洗净；清洁桌面；将实验数据交指导老师检查、签字。

### 6.4.5 注意事项

本实验的关键是吸附一定要达到平衡，6个瓶的吸附温度要相同。

### 6.4.6 数据记录和处理

(1) 根据 $c_1V_1=c_2V_2$，分别求出HAc溶液的初始浓度 $c_0$ 和平衡浓度 $c$。

(2) 将 $c_0$ 和 $c$ 代入式(6.19)算出 $n/m$。

(3) 算出 $\ln(n/m)$ 及 $\ln c$。

将以上数据分别填入下表内：

| 编　号 | 1 | 2 | 3 | 4 | 5 | 6 |
|---|---|---|---|---|---|---|
| $V(0.4\ mol \cdot dm^{-3}\ HAc)/cm^3$ | 50 | 25 | 15 | 7.5 | 4 | 2 |
| $V_{水}/cm^3$ | 0 | 25 | 35 | 42.5 | 46 | 48 |
| $m_{活性炭}/g$ | | | | | | |
| $V$(滴定用 $OH^-$)$/cm^3$ | | | | | | |
| $V$(取样HAc)$/cm^3$ | 5 | 10 | 25 | 25 | 25 | 25 |
| $\{c\}(HAc)/(mol \cdot dm^{-3})$ | | | | | | |
| $\frac{n}{m}/(mol \cdot g^{-1})$ | | | | | | |
| $\ln(n/m)$ | | | | | | |
| $\ln c$ | | | | | | |

(4) 根据表内数据作出 $n/m$ 对 $c$ 的吸附等温线。

(5) 以 $\ln(n/m)$ 对 $\ln c$ 作图,从所得直线斜率和截距求出常数 $k$ 及 $\alpha$。

### 6.4.7 思考题

(1) 影响固体对溶液的吸附有哪些因素?固体吸附气体与吸附溶液中的溶质有何不同?

(2) 如何加快吸附达到平衡?如何确定平衡已经达到?

(3) 降低吸附温度对吸附有什么影响?

### 6.4.8 应用

吸附等温线的测定对于定量地研究吸附作用有很重要的意义,从不同温度下的吸附等温线可获得吸附等量线,还可求得吸附热,用以确定吸附类型。

吸附作用在干燥、物质纯化、染色工艺等许多领域都得到广泛的应用。

## 6.5 BET 容量法测定固体的比表面积

### 6.5.1 实验目的

(1) 用 BET 容量法测定微球硅胶的比表面积。

(2) 了解 BET 多分子层吸附理论的基本假设和 BET 容量法测量固体比表面积的基本原理。

(3) 掌握 Micrometric ASAP2020 物理吸附仪的工作原理和使用方法。

### 6.5.2 实验原理

暴露于气体中的固体,其表面上的气体分子浓度会高于气相中的浓度,这种气体分子在相界面上自动聚集的现象称为吸附。通常把起吸附作用的物质称为吸附剂,被吸附剂吸附的物质称为吸附质。

按照吸附质和吸附剂相互作用的性质,可分为物理和化学两类吸附。化学吸附时,吸附质和吸附剂之间发生电子转移;物理吸附时不发生电子转移,吸附质分子依靠范德瓦耳斯(van der Waals)力作用而吸附在吸附剂表面上。这两种吸附的差别列于表 6.3。

**表 6.3 化学吸附和物理吸附的比较**

| 性　质 | 物理吸附 | 化学吸附 |
|---|---|---|
| 吸附热 | 约 $1\times10^2\sim1\times10^3$ J | 接近化学键生成热,$1\times10^3\sim1\times10^5$ J |
| 吸附温度 | 低 | 高 |
| 活化能 | 几乎不需要活化能 | 需要相当高的活化能 |
| 吸附层 | 单层、多层 | 单层 |
| 吸附平衡 | 快 | 慢 |
| 可逆性 | 可逆 | 不可逆 |

固体物质的比表面积大小和孔径分布情况，是评选催化剂、了解固体表面性质和研究电极性质的重要参数，而固体物质的宏观结构性质的测定，是以物理吸附为基础的。

固体物质的比表面积，是指 1 g 固体所具有的总表面积，包括外表面和内表面。显然，如果 1 g 吸附剂内外表面形成完整的单分子吸附层就达到饱和，那么只要将该饱和吸附量（吸附质分子数）乘以每个分子在吸附剂上占据的面积，就可以求得吸附剂的比表面积。朗谬尔（Langmuir）于 1916 年提出的吸附理论，就是建立在单分子吸附层假设上的。

然而，大量事实表明，大多数物理吸附不是单分子层吸附。1938 年，勃鲁瑙尔（Brunauer）、爱默特（Emmett）和泰勒（Teller）（简称 BET）等 3 人将朗谬尔吸附理论推广到多分子层吸附现象，建立了 BET 多分子层吸附理论。其基本假设是：固体表面是均匀的；吸附质与吸附剂之间的作用力是范德瓦耳斯力，吸附质分子之间的作用力也是范德瓦耳斯力，所以当气相中的吸附质分子被吸附在固体表面上之后，它们还可能从气相中吸附其同类分子，因而吸附是多层的。但被吸附在同一层的吸附质分子之间相互无作用；吸附平衡是吸附与解吸的动态平衡；第二层及其以后各层分子的吸附热等于气体的液化热。根据这些假设，推导得如下 BET 方程：

$$\frac{p}{V(p_s-p)}=\frac{1}{V_m\cdot C}+\frac{C-1}{V_m\cdot C}\cdot\frac{p}{p_s} \tag{6.20}$$

式中，$p$ 为平衡压力；$p_s$ 是吸附平衡温度下吸附质的饱和蒸气压；$V$ 为平衡时的吸附量（以标准状况毫升计）；$V_m$ 为单分子层饱和吸附所需的气体量（以标准状况计）；$C$ 为与温度、吸附热和液化热有关的常数。

通过实验可以测量一系列的 $p$ 和 $V$，以 $p/V(p_s-p)$ 对 $p/p_s$ 作图得一直线，其斜率为 $(C-1)/V_mC$，截距为 $1/V_mC$，由斜率和截距数据可算出 $V_m$。若知道一个吸附质分子的截面积，则可根据下式算出吸附剂的比表面积

$$A=\frac{V_m\cdot L\cdot\sigma_A}{V_0\cdot m} \tag{6.21}$$

式中，$L$ 为阿伏加德罗常数；$\sigma_A$ 为一个吸附质分子的截面积；$m$ 为吸附剂的质量；$V_0$ 为标准状况下 1 mol 气体的体积。

根据爱默特和勃鲁瑙尔建议，$\sigma_A$ 可按以下公式计算。

$$\sigma_A=4\times0.866\left(\frac{M}{4\sqrt{2}\cdot L\cdot\rho}\right)^{2/3} \tag{6.22}$$

式中，$M$ 为吸附质的摩尔质量；$\rho$ 为实验温度下吸附质的液体密度。

本实验以 $N_2$ 为吸附质，在 78 K 时其截面积 $\sigma_A$ 取 $16.2\times10^{-20}\,m^2$。将此数值代入式(6.21)。BET 公式的适用范围是相对压力 $p/p_s$ 在 0.05～0.35 之间，因而实验时气体的引入量应控制在该范围内。由于 BET 方法在计算时需假定吸附质分子的截面积，因此严格地说，该方法只能说是相对方法。本实验达到的精度一般可在±5%之内。

BET 容量法适用的测量范围为 $1\sim1\,500\,m^2\cdot g^{-1}$，作为基础物理化学实验，最好选择其比表面积为 $100\sim1\,000\,m^2\cdot g^{-1}$ 的固体样品。在测定之前，需将吸附剂表面上原已吸附的气体或蒸气分子除去，否则会影响比表面积的测定结果。这个脱附过程，在催化实验中又称为活

化。活化的温度和时间,因吸附剂的性质而异。本实验选用微球硅胶为吸附剂,活化温度为150 ℃,活化时间约 1 h,系统压力≤$10^{-2}$ Pa。

### 6.5.3 仪器与药品

Micrometric ASAP2020 全自动物理吸附仪(见图 6.6)。

微球硅胶、高纯氮、液氮、氦气等。

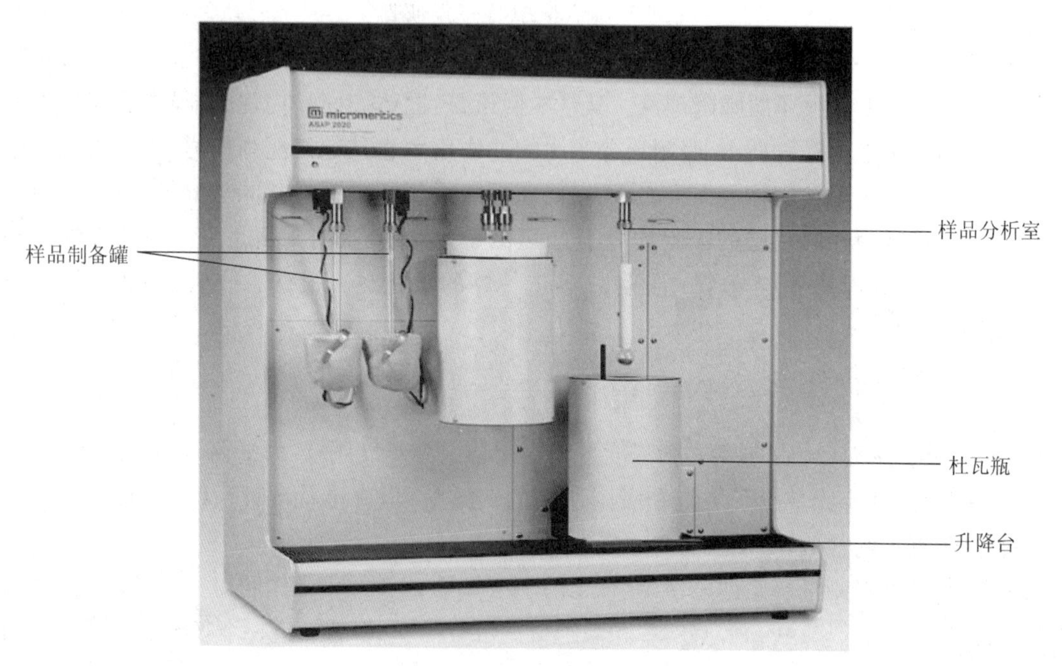


**图 6.6 BET 吸附测定装置示意图**

### 6.5.4 实验步骤

1) 样品的称量

取一个干净的样品管,在电子天平上准确称其质量,加入 0.2~0.3 g 微球硅胶,再称质量(粗称)。

2) 样品活化条件的设定

(1) 将样品管接到仪器的活化口。

(2) 打开计算机上 ASAP 的应用程序(见图 6.7),按主菜单上 File 键,选择 Open, Sample information(或直接按 F2 键),出现一个对话框。

(3) 输入样品的名称、质量(粗称),按 OK 键保存。

(4) 再次按主菜单上 File 键,选择 Open、Degas conditions,出现一个对话框,输入样品的名称,选择脱气(活化)的方法与条件,按 Save 键保存,按 Close 键退出。

(5) 按主菜单上 Unit1 键,选择 Start degas,浏览样品的名称,双击 OK 键,按 Start 键开始脱气(活化)。

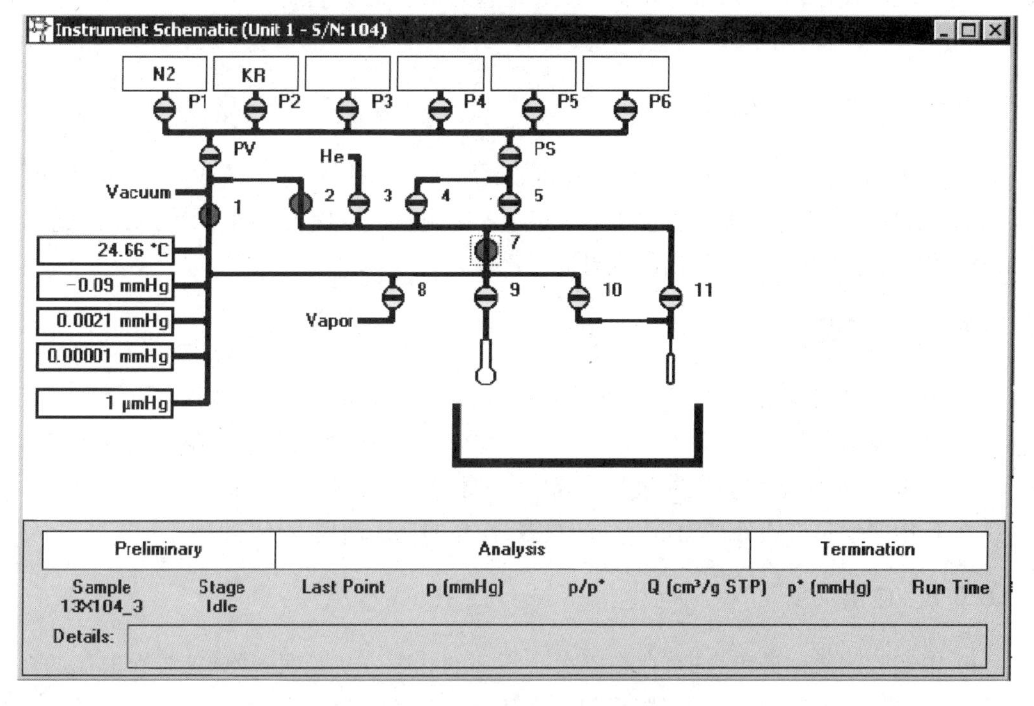


图 6.7　应用程序版面示意图

(6) 待活化结束后，取下样品管并在电子天平上准确称取其质量，计算出样品的最终质量，进入 Sample information 进行质量校正。

3) 测量文件的设定

(1) 按主菜单上 File 键，选择 Open，Analysis conditions，出现一个对话框，输入样品的名称，选择分析的方法与条件，按 Save 键保存，按 Close 键退出。

(2) 按主菜单上 Unit1 键，选择 Sample analysis，浏览样品的名称，双击 OK 键，按 Start 键开始分析。

4) 样品质量的校正

待测试结束后，取下样品管并在电子天平上准确称取其质量，计算出样品的最终质量，进入 Sample information 进行质量校正。

5) 测试报告

按主菜单上 File 键，选择 Open、Report options(或直接按 F8 键)，选择所测试文件的名称，按 OK 键出现测试报告，按 Print 键即可打印结果。

### 6.5.5　注意事项

死体积通常用氦气进行测量，因为在低温条件下氦气不会被吸附剂所吸附。但氦气的来源比较困难，价格又昂贵，因此当氢气对某些吸附剂几乎为惰性时，也可采用氢气来测量死体积，但要校正氢气测量死体积所带来的偏差。如果样品管内不放置吸附剂，也可直接用

氮气测量系统的死体积，此时空样品管外应套上盛有液氮的保温瓶，使测量条件与测吸附量(此时样品管内装有吸附剂)时完全一样。

### 6.5.6 数据记录与处理

从测量得到的一系列对应的吸附量 $V$ 和平衡压力 $p$ 的数据，作出 $p/V(p_s-p)$ 对 $p/p_s$ 的直线图，由直线的斜率和截距算出单分子层饱和吸附量 $V_m$，代入式(6.21)可求得微球硅胶的比表面积，结果可与计算机得出的结果进行比较。

### 6.5.7 思考题

(1) 为什么要测量死体积？试比较用氦气、氢气或氮气测量死体积的优缺点。

(2) 测量吸附量时，吸附平衡的建立需要有足够的时间，如何判断吸附已达到平衡？如果吸附平衡尚未达到，就测量吸附量和系统压力，对测量结果将有什么影响？

(3) 若用朗缪尔方法处理测量得到的数据，样品的比表面偏大还是偏小？

### 6.5.8 应用

(1) 本实验的微球硅胶表面，存在着大小不等的孔隙。实验时，微球硅胶在液氮的温度下吸附氮分子，如果将所测得的吸附量 $V$ 对吸附平衡压力 $p$ 作图，就得到了微球硅胶在液氮温度下的吸附等温线 $V=f(p)$。实际上根据吸附等温线的形状，可以定性地估计吸附剂孔结构的状况。如果扩大测量吸附的平衡压力范围，也就是 $p/p_s$ 大于 0.35，那么从吸附等温线的中比压和高比压(即 $p/p_s$ 较高)部分，能分别求出微球硅胶的孔径分布和孔体积。

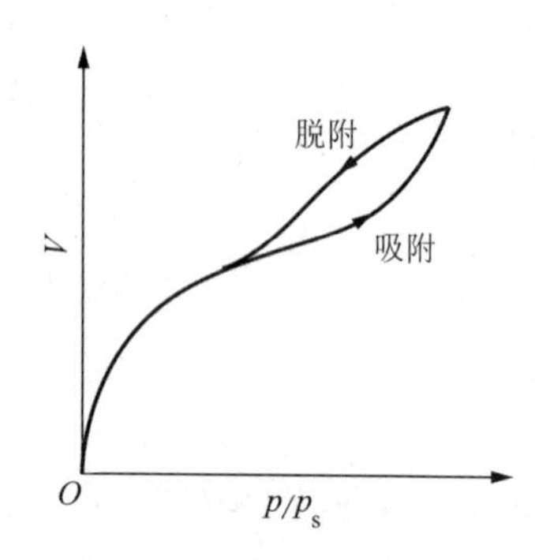

图 6.8 脱附与吸附等温线滞后现象示意图

在物理吸附中，脱附等温线和吸附等温线在高比压部分常常不能吻合而出现所谓的滞后圈(见图 6.8)。通常认为，滞后现象是由多孔结构造成的，而且大多数情况下脱附的热力学平衡更完全，所以常用脱附等温线计算孔径分布。

计算时可近似采用开尔文方程式，该公式表示蒸气凝结所需压力与孔半径的关系是

$$\ln\frac{p}{p_s}=\frac{-2\sigma V\cos\theta}{rRT} \tag{6.23}$$

式中，$\sigma$ 为凝聚态吸附质的表面张力；$V$ 为吸附质液体的摩尔体积；$r$ 为孔半径；$\theta$ 为凝聚态吸附质和吸附剂的接触角；$R$ 为摩尔气体常数；$T$ 为热力学温度。

应用开尔文公式需假设：①孔为圆筒型；②液氮在各种大小孔中的表面张力均相同；③计算的 $r$ 可称为临界半径 $r_K$，它并不是真实半径，真实半径 $r_p=r_K+t$，$t$ 为吸附层厚度。

对于氮的吸附，$t$ 可由下式(海耳赛方程)计算：

$$t=4.3\left[\frac{5}{\ln\dfrac{p}{p_s}}\right]^{1/3}\times 10^{-10}\,\mathrm{m} \tag{6.24}$$

假设 $\cos\theta=1$，与 $p/p_s$ 相应的 $r_p$ 可从表 6.3 查得。

**表 6.3 与 $p/p_s$ 相应的 $r_p$ 值**

| $p/p_s$ | $r_p/10^{-10}$ m | $p/p_s$ | $r_p/10^{-10}$ m | $p/p_s$ | $r_p/10^{-10}$ m | $p/p_s$ | $r_p/10^{-10}$ m |
|---|---|---|---|---|---|---|---|
| 0.9810 | 525 | 0.9592 | 250 | 0.9305 | 150 | 0.8655 | 80 |
| 0.9800 | 500 | 0.9574 | 240 | 0.9280 | 145 | 0.8560 | 75 |
| 0.9790 | 475 | 0.9534 | 220 | 0.9253 | 140 | 0.8452 | 70 |
| 0.9778 | 450 | 0.9511 | 210 | 0.9224 | 135 | 0.8316 | 65 |
| 0.9764 | 425 | 0.9485 | 200 | 0.9192 | 130 | 0.8180 | 60 |
| 0.9749 | 400 | 0.9472 | 195 | 0.9158 | 125 | 0.8000 | 55 |
| 0.9732 | 375 | 0.9458 | 190 | 0.9122 | 120 | 0.7800 | 50 |
| 0.9712 | 350 | 0.9442 | 185 | 0.9080 | 115 | 0.7545 | 45 |
| 0.9689 | 325 | 0.9425 | 180 | 0.9036 | 110 | 0.7226 | 40 |
| 0.9660 | 300 | 0.9408 | 175 | 0.8989 | 105 | 0.6825 | 35 |
| 0.9650 | 290 | 0.9390 | 170 | 0.8938 | 100 | 0.6280 | 30 |
| 0.9637 | 280 | 0.9371 | 165 | 0.8837 | 95 | 0.5550 | 25 |
| 0.9623 | 270 | 0.9350 | 160 | 0.8812 | 90 | 0.4525 | 20 |
| 0.9608 | 260 | 0.9328 | 155 | 0.8783 | 85 | 0.3080 | 15 |

从实验数据可作出吸附量随孔径变化的关系图，即 $dV/dr$ 与 $r$ 关系图(见图 6.9)，称为微孔孔径分布曲线。它表示随着孔的半径增大时吸附量变化的规律。曲线上的最大值表示半径为 $r_{max}$ 的孔在固体表面所占的比例最大，所以 $r_{max}$ 也称为最概然半径。在实际工作中也可用数字百分比来表示孔的大小的分布。

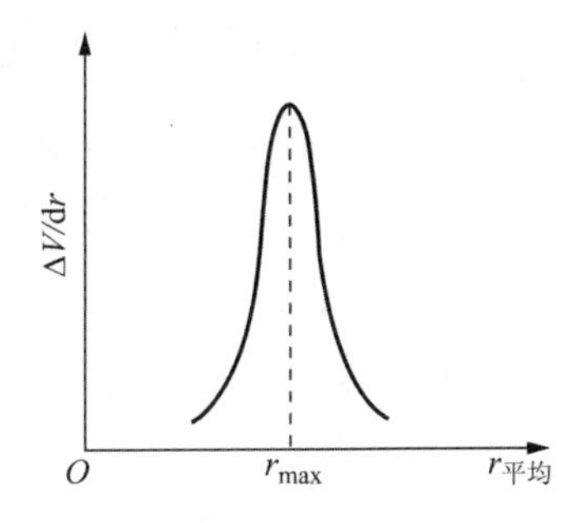


图 6.9 微孔孔径分布曲线

利用 MiCrometric ASAP20200 全自动物理吸附仪可得样品的孔径分布曲线。

(2) BET 多分子层吸附理论的基本假设，使 BET 公式只适用于相对压力 $p/p_s$(或称比压)在 0.05～0.35 之间的范围。因为在低压下，表面的不均匀性突出，各个部分的吸附热也不相同，建立不起多层物理吸附模型。在高压下，吸附分子之间有作用，脱附时彼此有影响，多孔性吸附剂还可能有毛细管作用，使吸附质气体分子在毛细管内凝结，所以也不符合多层物理吸附模型。

# 第7章

# 结构化学实验

## 7.1 溶液法测定极性分子的偶极矩

### 7.1.1 实验目的

(1) 用溶液法测定乙酸乙酯的偶极矩。

(2) 了解偶极矩与分子电性质的关系。

(3) 掌握溶液法测定偶极矩的实验技术。

### 7.1.2 实验原理

分子结构可以近似地看成是由外层电子和分子骨架(原子核及内层电子)构成的。由于分子空间构型的不同,其正、负电荷中心可能是重合的,也可能不重合,前者称为非极性分子,后者称为极性分子。

德拜提出"偶极矩"$\boldsymbol{\mu}$ 的概念来衡量分子极性大小,其定义

$$\boldsymbol{\mu}=q\boldsymbol{l} \tag{7.1}$$

式中,$q$ 是正负电荷中心所带的电荷量;$\boldsymbol{l}$ 是由正电中心指向负电中心的矢径;$\boldsymbol{\mu}$ 是一个矢量,其方向规定从正到负。因分子中原子间距离的数量级为 $10^{-10}\,\mathrm{m}$,电荷的数量级为 $10^{-20}\,\mathrm{C}$,所以偶极矩的数量级是 $10^{-30}\,\mathrm{C \cdot m}$。通过偶极矩的测定可以了解分子结构中有关电子云的分布和分子的对称性情况,还可以用来判别几何异构体和分子的立体结构等。极性分子具有永久偶极矩,但由于分子热运动,偶极矩指向各个方向的机会相等,所以偶极矩的统计值等于零。若将极性分子置于均匀的电场中则偶极矩在电场作用下会趋于电场方向排列。这时我们称这些分子被极化了,极化的程度可用摩尔取向极化度 $P_{取向}$ 来衡量。$P_{取向}$ 与永久偶极矩平方成正比,与热力学温度 $T$ 成反比

$$P_{取向}=\frac{4}{3}\pi L\,\frac{\mu^2}{3kT}=\frac{4}{9}\pi L\,\frac{\mu^2}{kT} \tag{7.2}$$

式中,$k$ 为玻尔兹曼常数;$L$ 为阿伏伽德罗常数。

在外电场作用下,不论极性分子还是非极性分子都会发生电子云对分子骨架的相对移动,分子骨架也会发生变形,这种现象称为诱导极化或变形极化,用摩尔诱导极化度 $P_{诱导}$ 来衡量。显然,$P_{诱导}$ 可分为两项,即电子极化度 $P_{电子}$ 和原子极化度 $P_{原子}$,因此 $P_{诱导}=P_{电子}+$

$P_{原子}$。$P_{诱导}$与外电场强度成正比，与温度无关。如果外电场是交变电场，极性分子的极化情况则与交变电场的频率有关。当处于频率小于 $1\times10^{10}\,s^{-1}$ 的低频电场或静电场中，极性分子所产生的摩尔极化度 $P$ 是取向极化、电子极化和原子极化的总和

$$P=P_{取向}+P_{电子}+P_{原子} \tag{7.3}$$

当频率增加到的中频(红外频率)时，电场的交变周期小于分子的弛豫时间，极性分子的取向运动跟不上电场的变化，即极性分子来不及沿电场定向，$P_{取向}=0$。此时极性分子的摩尔极化度等于摩尔诱导极化度 $P_{诱导}$。当交变电场的频率进一步增加到大于高频(可见光和紫外频率)时，极性分子的取向运动和分子骨架变形都跟不上电场的变化，此时极性分子的摩尔极化度等于电子极化度 $P_{电子}$。

因此，原则上只要在低频电场下测得极性分子的摩尔极化度 $P$，在红外频率下测得极性分子的摩尔诱导极化度 $P_{诱导}$，两者相减得到分子的摩尔取向极化度 $P_{取向}$，然后就可算出极性分子的永久偶极矩 $\boldsymbol{\mu}$ 来。

克劳修斯、莫索蒂和德拜从电磁理论得到了摩尔极化度 $P$ 与相对介电常数 $\varepsilon_r$ 之间的关系式

$$P=\frac{\varepsilon_r-1}{\varepsilon_r+2}\cdot\frac{M}{\rho} \tag{7.4}$$

式中，$M$ 为被测物质的摩尔质量；$\rho$ 是该物质的体积质量；$\varepsilon_r$ 可以通过实验测定。

但式(7.4)是假定分子与分子间无相互作用而推导得到的，所以它只适用于温度不太低的气相系统，然而测定气相的相对介电常数和体积质量，在实验上难度较大。因此后来提出了一种溶液法来解决这一困难。溶液法的基本想法：在无限稀释的非极性溶剂的溶液中，溶质分子所处的状态和气态时相近，于是无限稀释的溶液中溶质的摩尔极化度 $P_2^{\infty}$ 就可以看作为式(7.4)中的 $P$。

海德斯特兰首先利用稀溶液的近似公式：

$$\varepsilon_{r,溶}=\varepsilon_{r,1}(1+\alpha x_2) \tag{7.5}$$

$$\rho_{溶}=\rho_1(1+\beta x_2) \tag{7.6}$$

再根据溶液的加和性，推导出无限稀释时溶质的摩尔极化度的公式

$$P=P_2^{\infty}=\lim_{x_2\to0}P_2=\frac{3\alpha\varepsilon_{r,1}}{(\varepsilon_{r,1}+2)^2}\cdot\frac{M_1}{\rho_1}+\frac{\varepsilon_{r,1}-1}{\varepsilon_{r,1}+2}\cdot\frac{M_2-\beta M_1}{\rho_1} \tag{7.7}$$

式中，$\varepsilon_{r,溶}$、$\rho_{溶}$ 是溶液的相对介电常数和体积质量；$M_2$、$x_2$ 是溶质的摩尔质量和摩尔分数；$\varepsilon_{r,1}$、$\rho_1$ 和 $M_1$ 分别是溶剂的相对介电常数、体积质量和摩尔质量；$\alpha$、$\beta$ 是分别与 $\varepsilon_{r,溶}$- $x_2$ 和 $\rho_{溶}$- $x_2$ 直线斜率有关的常数。

上面已经提到，在红外频率的电场下可以测得极性分子的摩尔诱导极化度 $P_{诱导}=P_{电子}+P_{原子}$，但在实验上由于条件的限制，很难做到这一点，所以一般总是在高频电场下测定极性分子的电子极化度 $P_{电子}$。

根据光的电磁理论，在同一频率的高频电场作用下，透明物质的相对介电常数 $\varepsilon$ 与光的折射率 $n$ 的关系为

$$\varepsilon_r=n^2 \tag{7.8}$$

习惯上用摩尔折射度 $R_2$ 来表示高频区测得的极化度,因为此时,$P_{取向}=0$,$P_{原子}=0$,则

$$R_2=P_{电子}=\frac{n^2-1}{n^2+2}\cdot\frac{M}{\rho} \tag{7.9}$$

在稀溶液情况下也存在近似公式

$$n_{溶}=n_1(1+\gamma x_2) \tag{7.10}$$

同样,从式(7.9)可以推导出无限稀释时溶质的摩尔折射度的公式为

$$P_{电子}=R_2^{\infty}=\lim_{\chi_2\to 0}R_2=\frac{n^2-1}{n^2+2}\cdot\frac{M_2-\beta M_1}{\rho_1}+\frac{6n_1^2M_1\gamma}{(n_1^2+2)^2\rho_1} \tag{7.11}$$

式中,$n_{溶}$ 是溶液的折射率;$n_1$ 是溶剂的折射率;$\gamma$ 是与 $n_{溶}$-$x_2$ 直线斜率有关的常数。

考虑到原子极化度通常只有电子极化度的 5%~10%,而且 $P_{取向}$ 又比 $P_{原子}$ 大得多,故常常忽略原子极化度。

从式(7.2)、式(7.3)、式(7.7)和式(7.11)可得

$$P_{取向}=P_2^{\infty}-R_2^{\infty}=\frac{4}{9}\pi\cdot L\,\frac{\mu^2}{kT} \tag{7.12}$$

式(7.12)把物质分子的微观性质偶极矩和它的宏观性质相对介电常数、体积质量和折射率联系起来,分子的永久偶极矩的大小就可用下面简化式计算:

$$|\boldsymbol{\mu}|=0.042\,74\times 10^{-27}\sqrt{(P_2^{\infty}-R_2^{\infty})T}\,\mathrm{C\cdot m} \tag{7.13}$$

在某种情况下,若需要考虑影响 $P_{原子}$ 时,只需对 $R_2^{\infty}$ 做部分修正就行了。

相对介电常数是通过测量电容计算而得到的。本实验采用电桥法。

电容池两极间真空时和充满某物质时的电容分别为 $C_0$ 和 $C_x$,则某物质的相对介电常数 $\varepsilon_r$ 与电容的关系为

$$\varepsilon_{r,x}=\frac{C_x}{C_0}\approx\frac{C_x}{C_{空}} \tag{7.14}$$

式中,$\varepsilon_{r,0}$ 和 $\varepsilon_{r,x}$ 分别为真空和某物质的相对介电常数。$C_0$、$C_{空}$ 和 $C_x$ 分别为真空、空气和某物质的电容,因为空气的电容与真空电容非常接近,故常用空气的电容来代替真空电容。

但电容池插在小电容测量仪的插孔上所呈现的电容 $C'_x$ 可看作电容池充满待测物两极间电容 $C_x$ 和整个测试系统中的分布电容 $C_d$ 并联所构成,即 $C'_x=C_x+C_d$。显然 $C_x$ 值随介质而异,而 $C_d$ 是一个恒定值。如果直接将 $C'_x$ 当做 $C_x$ 值来计算就会引进误差,因此必须先求出 $C_d$ 值(又称底值),并在以后的各次测量中给予扣除。

测求的方法如下:用一已知相对介电常数的标准物质与空气分别测得电容 $C'_{标}$ 和 $C'_{空}$,有

$$C'_{标}=C_{标}+C_d \tag{7.15}$$

$$C'_{空}=C_{空}+C_d \tag{7.16}$$

如近似地认为空气与真空的电容相等,即 $C_{空}\approx C_0$,则可通过式(7.15)或式(7.16)求得 $C_d$ 和 $C_0$,则有

$$\varepsilon_{r,x}\approx\frac{C_x}{C_{空}}=\frac{C'_x-C_d}{C_{空}} \tag{7.17}$$

### 7.1.3　仪器与药品

阿贝折光仪，电容测量仪，电容池，超级恒温槽，电吹风，比重瓶。

乙酸乙酯(分析纯)，环己烷(分析纯)。

### 7.1.4　实验步骤

**1. 溶液的配制**

用称重法配制4种不同组成的乙酸乙酯，摩尔分数分别为0.05、0.10、0.15、0.20左右的乙酸乙酯-环己烷溶液。操作时应注意防止溶质和溶剂的挥发以及吸收极性较大的水汽，此溶液配好后应迅速盖好瓶盖，并置于干燥箱中。

**2. 折光率的测定**

在(25±0.1)℃条件下用阿贝折光仪测定环己烷和各配制溶液的折光率。测定时注意各样品需加样3次，每次读取3个数据，然后取平均值。

**3. 相对介电常数的测定**

(1) 电容$C_0$和$C_d$的测定：本实验采用环己烷为标准物质，其相对介电常数的温度公式为

$$\varepsilon_{r,标}=2.052-1.55\times10^{-3}(t/℃) \tag{7.18}$$

式中，$t$为恒温温度；25℃时$\varepsilon_{r,标}$应为2.0133，30℃时为2.0355。

用电吹风将电容池加样孔吹干，旋紧盖子，将电容池与电容测量仪接通，接通恒温水浴使电容池恒温在(25±0.1)℃。读取电容测量仪上的数据。重复测量3次，取3次测量的平均值。

用滴管将纯环己烷加入加样孔中，使液面与样杯上的凹槽线平齐，并盖紧盖子，以防液体挥发。保温数分钟后，同上法测量。然后打开盖子，倒去孔中的环己烷(回收瓶中)，重新装样再次测量。取两次测量的平均值。

(2) 溶液电容的测定：测定方法与环己烷的测量相同。但在进行测定前，为了证实电容池电极间的残余液确已除净，需先测量空气的电容值。如电容值偏高，则应再用电吹风将电容池吹干，方可加入新的溶液。每个溶液均应重复测定两次，其数据的差值应小于0.05 pF，否则要继续复测。所测电容读数取平均值，减去$C_d$，即为溶液的电容值$C_x$。由于溶液易挥发而造成浓度改变，故加样时动作要迅速，加样后迅速盖紧盖子。

(3) 溶液体积质量的测定：将比重瓶仔细干燥后称重$m_0$，然后滴入已恒温的蒸馏水至满，将有细管的瓶盖慢慢盖上，用滤纸擦去溢出的水称重得$m_1$。

同上法，对环己烷及各溶液分别进行测量，称得质量为$m_2$。则环己烷和各溶液的体积质量为

$$\rho^{25℃}=\frac{m_2-m_0}{m_1-m_0}\rho_{水}^{25℃} \tag{7.19}$$

### 7.1.5　注意事项

(1) 每次测定前要用冷风将电容池吹干，并重测$C'_{空}$，与原来的$C'_{空}$值相差应小于

±0.02 pF。严禁用热风吹样品室。

(2) 每次装样的量要严格相同,装样过多会腐蚀密封材料渗入恒温腔,实验无法进行。

(3) 注意不要用力扭曲电容仪连接电容池的电缆线,以免损坏。

### 7.1.6 数据记录与处理

(1) 数据记录(见表 7.1、7.2)。

**表 7.1 溶液的组成与折光率**

| 编号 | $x$ | 第一次 | 第二次 | 第三次 | 平均值 |
|---|---|---|---|---|---|
| 0 | | | | | |
| 1 | | | | | |
| 2 | | | | | |
| 3 | | | | | |
| 4 | | | | | |

$C_0$ ________;$C_d$ ________;$m_0$ ________。

**表 7.2 溶液的组成、电容与质量**

| $x_2$ | C/pF | | | $\varepsilon_r$ | $m$/g | $\rho$/kg·m$^{-1}$ |
|---|---|---|---|---|---|---|
| | 第一次 | 第二次 | 第三次 | | | |
| 0 | | | | | | |

(2) 根据测得的折光率数据查得各溶液的摩尔分数 $\chi_2$。

(3) 计算 $C_0$、$C_d$ 和各溶液的 $C_x$ 值,求出各溶液的相对介电常数 $\varepsilon_{r,溶}$;作 $\varepsilon_{r,溶}-x_2$ 图,由直线斜率求得 $\alpha$ 值。

(4) 计算纯环己烷及各溶液的体积质量,作 $\rho_{溶}-x_2$ 图,由直线斜率求得 $\beta$ 值。水的体积质量可查阅相关资料。

(5) 作 $n_{溶}-x_2$ 图,由直线斜率求得 $\gamma$ 值。

(6) 将 $\rho_1$、$\varepsilon_{r,1}$、$\alpha$ 和 $\beta$ 值代入式(7.7)计算 $P_2^{\infty}$。

(7) 将 $\rho_1$、$n_1$、$\beta$ 和 $\gamma$ 值代入式(7.11)计算 $R_2^{\infty}$。

(8) 将 $P_2^{\infty}$ 和 $R_2^{\infty}$ 代入式(7.13)即可计算乙酸乙酯分子的偶极矩 $\boldsymbol{\mu}$ 值。

### 7.1.7　思考题

(1) 分析本实验误差的主要来源,如何改进?

(2) 试说明溶液法测量分子永久偶极矩的要点,有何基本假定,推导公式时做了哪些近似?

## 7.2　络合物磁化率的测定

### 7.2.1　实验目的

(1) 通过对一些络合物磁化率的测定,推算其不成对电子数,判断这些分子的配键类型。

(2) 掌握古埃法磁天平测定物质磁化率的基本原理和实验方法。

### 7.2.2　实验原理

在外磁场的作用下,物质会被磁化产生附加磁感应强度,则物质内部的磁感应强度 $\boldsymbol{B}$ 为

$$\boldsymbol{B}=\boldsymbol{B}_0+\boldsymbol{B}'=\mu_0\boldsymbol{H}+\boldsymbol{B}' \tag{7.20}$$

式中,$\boldsymbol{B}_0$ 为外磁场的磁感应强度;$\boldsymbol{B}'$ 为物质磁化产生的附加磁感应强度;$\boldsymbol{H}$ 为外磁场强度;$\mu_0$ 为真空磁导率,$\mu_0=4\pi\times10^{-7}\,\mathrm{N\cdot A^{-2}}$。$\boldsymbol{B}$、$\boldsymbol{B}_0$ 和 $\boldsymbol{B}'$ 的单位为 T,$1\,\mathrm{T}=1\,\mathrm{N\cdot A^{-1}\cdot m^{-1}}=1\,\mathrm{Wb\cdot m^{-2}}=1\,\mathrm{V\cdot s\cdot m^{-2}}$。外磁场强度 $\boldsymbol{H}$ 的单位为 $\mathrm{A\cdot m^{-1}}$。

物质的磁化可用磁化强度 $\boldsymbol{M}$ 来表述,磁化强度 $\boldsymbol{M}$ 的单位为 $\mathrm{A\cdot m^{-1}}$。$\boldsymbol{M}$ 也是一个矢量,它与磁场强度成正比:

$$\boldsymbol{M}=\chi\boldsymbol{H} \tag{7.21}$$

式中,$\chi$ 称为物质的体积磁化率,是物质的一种宏观磁性质,磁化率 $\chi$ 的单位为 1。$\boldsymbol{B}'$ 与 $\boldsymbol{M}$ 的关系为

$$\boldsymbol{B}'=\mu_0\boldsymbol{M}=\chi\mu_0\boldsymbol{H} \tag{7.22}$$

由此得

$$\boldsymbol{B}=(1+\chi)\mu_0\boldsymbol{H}=\mu_r\mu_0\boldsymbol{H}=\mu\boldsymbol{H} \tag{7.23}$$

式中,$\mu_r$ 称为物质的相对磁导率,相对磁导率 $\mu_r$ 的单位为 1。$\mu_r=\mu/\mu_0$,其中 $\mu$ 称为物质的磁导率,磁导率 $\mu$ 的单位为 $\mathrm{N\cdot A^{-2}}$。

化学上常用单位质量磁化率 $\chi_g$ 或摩尔磁化率 $\chi_m$ 来表示物质的磁性质,它的定义为

$$\chi_g=\chi/\rho \tag{7.24}$$

$$\chi_m=M\chi/\rho \tag{7.25}$$

式中,$\rho$ 为物质的体积质量,单位为 $\mathrm{kg\cdot m^{-3}}$;$M$ 为物质的摩尔质量,单位为 $\mathrm{kg\cdot mol^{-1}}$。$\chi_m$ 的单位是 $\mathrm{m^3\cdot mol^{-1}}$。

物质的原子、分子或离子在外磁场作用下的磁化现象有 3 种情况。

第一种是物质本身并不呈现磁性,但由于它内部的电子轨道运动,在外磁场作用下会感

应出一个诱导磁矩来,表现为一个附加磁场,磁矩的方向与外电场相反,其磁化强度与外磁场强度成正比,并随着外磁场的消失而消失,这类物质称为逆磁性物质,其 $\mu<1$,$\chi_m<0$。

第二种情况是物质的原子、分子或离子本身具有永久磁矩 $\mu_m$,由于热运动,永久磁矩指向各个方向的机会相同,所以该磁矩的统计值等于零。但它在外磁场作用下,一方面永久磁矩会顺着外磁场方向排列,其磁化方向与外磁场相同,其磁化强度与外磁场强度成正比;另一方面物质内部的电子轨道运动也会产生拉摩进动,其磁化方向与外磁场相反,因此这类物质在外磁场下表现的附加磁场是上述两种作用的总结果,我们称具有永久磁矩的物质为顺磁性物质。显然,此类物质的摩尔磁化率 $\chi_m$ 是摩尔顺磁磁化率 $\chi_\mu$ 和摩尔逆磁磁化率 $\chi_0$ 两部分之和

$$\chi_m = \chi_\mu + \chi_0 \tag{7.26}$$

但由于 $\chi_\mu \gg |\chi_0|$,故顺磁性物质的 $\mu>1$,$\chi_m>0$,可以近似地把 $\chi_\mu$ 当作 $\chi_m$,即

$$\chi_m \approx \chi_\mu \tag{7.27}$$

第三种情况是物质被磁化的强度与外磁场强度之间不存在正比关系,而是随着外磁场强度的增加而剧烈地增加,当外磁场消失后,这种物质的磁性并不消失,呈现出滞后的现象。这种物质称为铁磁性物质。

假定分子间无相互作用,应用统计力学的方法,可以导出摩尔顺磁磁化率 $\chi_\mu$ 和永久磁矩 $\mu_m$ 之间的定量关系

$$\chi_\mu = \frac{L\mu_m^2\mu_0}{3kT} = \frac{C}{T} \tag{7.28}$$

式中,$L$ 为阿伏伽德罗常数;$k$ 为玻尔兹曼常数;$T$ 为热力学温度。物质的摩尔顺磁磁化率与热力学温度成反比这一关系,是居里在实验中首先发现的,所以该式称为居里定律,$C$ 称为居里常数。

分子的摩尔逆磁磁化率 $\chi_0$ 是由诱导磁矩产生的,它与温度的依赖关系很小。因此具有永久磁矩的物质的摩尔磁化率 $\chi_m$ 与磁矩间的关系为

$$\chi_m = \chi_0 + \frac{L\mu_m^2\mu_0}{3kT} \approx \frac{L\mu_m^2\mu_0}{3kT} \tag{7.29}$$

该式将物质的宏观物理性质 $\chi_m$ 与微观性质 $\mu_m$ 联系起来,因此只要实验测得 $\chi_m$,代入式(7.29)就可算出永久磁矩 $\mu_m$。永久磁矩 $\mu_m$ 的单位是 $A\cdot m^2$。

物质的顺磁性来自与电子的自旋相联系的磁矩。电子有两个自旋状态。如果原子、分子或离子中两个自旋状态的电子数不相等,则该物质在外磁场中就呈现顺磁性。这是由于每一轨道上不能存在两个自旋状态相同的电子,因而各个轨道上成对电子自旋所产生的磁矩是互相抵消的,所以只有存在未成对电子的物质才具有永久磁矩,它在外磁场中表现出顺磁性。

物质的永久磁矩 $\mu_m$ 和它所包含的未成对电子数 $n$ 的关系可用下式表示

$$\mu_m = \sqrt{n(n+2)}\,\mu_B \tag{7.30}$$

$\mu_B$ 称为玻尔磁子,其物理意义是单个自由电子自旋所产生的磁矩

$$\mu_B = \frac{eh}{4\pi m_e} = 9.274 \times 10^{-24}\ \mathrm{A \cdot m^2} \tag{7.31}$$

式中，$h$ 为普朗克常数；$m_e$ 为电子质量。

由实验测定物质的 $\chi_m$ 代入式(7.29)求出 $\mu_m$，再根据式(7.30)算得未成对电子数 $n$，这对于研究某些原子或离子的电子组态，以及判断络合物分子的配键类型是很有意义的。

本实验采用古埃磁天平法测量物质的摩尔磁化率 $\chi_m$。其实验工作原理如图7.1所示。将圆柱形样品物质悬挂在天平的一个臂上，使样品的底部处于电磁铁两极的中心，即磁场强度最强处，样品应足够长，使其上端所处的磁场强度可忽略。这样，圆柱形样品就处于一个不均匀磁场中，沿样品轴心方向 $z$，存在一磁场强度梯度 $\partial \boldsymbol{H}/\partial z$，则作用于样品的力 $f$ 为

$$f = \int_{\boldsymbol{H}}^{\boldsymbol{H}_0} (\chi - \chi_{空}) \mu_0 A \boldsymbol{H} \frac{\partial \boldsymbol{H}}{\partial z} \mathrm{d}z \tag{7.32}$$

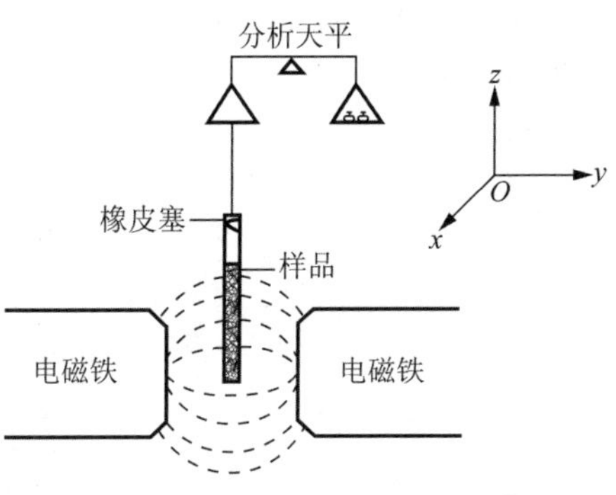


**图7.1 古埃磁天平工作原理示意图**

式中，$A$ 为样品截面积；$\chi_{空}$ 为空气的磁化率，积分边界条件 $\boldsymbol{H}$ 为磁场中心强度；$\boldsymbol{H}_0$ 为样品顶端的磁场强度。

假定空气的磁化率可以忽略，且 $\boldsymbol{H}_0 = 0$，将式(7.32)积分得

$$f = \frac{1}{2} \chi \mu_0^2 A \tag{7.33}$$

由天平称得装有被测样品管和不装样品的空管在加与不加磁场时的质量变化，求出：

$$f_2 = g \Delta m_{样品+空管} \tag{7.34}$$

$$f_1 = g \Delta m_{空管} \tag{7.35}$$

式中，$g$ 为重力加速度。显然，不均匀磁场作用于样品的力为 $f = f_2 - f_1$，于是有

$$\frac{1}{2} \chi \mu_0 H^2 A = \Delta m_{样品+空管} - \Delta m_{空管} \tag{7.36}$$

整理后得

$$\chi = \frac{2(\Delta m_{样品+空管} - \Delta m_{空管})}{\mu_0 H^2 A} \tag{7.37}$$

由于 $\chi_m = \frac{M\chi}{\rho}$，$\rho = \frac{m}{hA}$，则有

$$\chi_m = \frac{2(\Delta m_{样品+空管} - \Delta m_{空管}) ghM}{\mu_0 m H^2} \tag{7.38}$$

式中，$h$ 为样品的实际高度；$m$ 为无外加磁场时样品的质量；$M$ 为样品的摩尔质量。由于右边的各项都可通过实验测量，因此样品的摩尔磁化率可以算得，代入和式即可最后推算出样品物质的未成对电子数 $n$。

磁场两极中心处的磁场强度，可用高斯计直接测量，或用已知质量磁化率的莫尔氏盐进行间接标定。

$$\chi_g = \frac{4\pi \times 9\,500 \times 10^{-9}}{T+1} \tag{7.39}$$

### 7.2.3 仪器与药品

FM－2型古埃磁天平(见图7.2)，软质玻璃样品管，装样品工具。

莫尔氏盐$(NH_4)_2SO_4 \cdot FeSO_4 \cdot 6H_2O$(分析纯)，$FeSO_4 \cdot 7H_2O$(分析纯)，$K_4Fe(CN)_6 \cdot 3H_2O$(分析纯)。

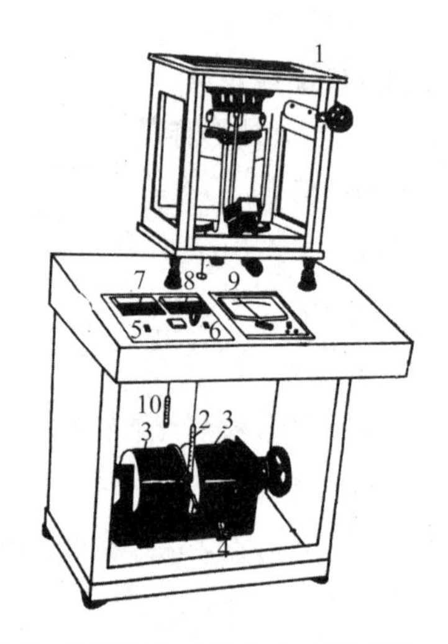


1—分析天平；2—样品管；3—电磁铁；4—霍尔挥拳；5—电源开关；
6—调节电位器；7—电流表；8—电压表；9—特斯拉计；10—温度计。

**图7.2 FMT－1型古埃磁天平结构示意图**

### 7.2.4 实验步骤

(1) 按操作规程及注意事项细心启动磁天平。

(2) 磁场两级中心处磁场强度 $\boldsymbol{H}$ 的测定。

用高斯计重复测量，分别读取励磁电流值和对应的磁场强度值。

用已知 $\chi_m$ 的莫尔氏盐标定对应于特定励磁电流值的磁场强度值。标定步骤如下。

① 取一支清洁、干燥的空样品管悬挂在磁天平的挂钩上，使样品管底部正好与磁极中心线平齐，准确称取此时空样品管的质量；然后将励磁电流开关接通，由小至大调节励磁电流至 $I_1=2.00$ A，迅速准确地称取此时空样品管的质量；继续由小至大调节励磁电流至 $I_2=3.00$ A，再称质量；继续将电流缓慢升至 $I_3=3.50$ A；接着又将励磁电流缓降至 $I_2$，再称空样品管的质量；又将电流降至 $I_1$，再称质量；称毕，将励磁电流降至零，断开电源开关，此时磁场无励磁电流，再次称取空样品管质量。

上述励磁电流由小至大、再由大至小的测定方法，是为了抵消实验时磁场剩磁现象。此外，实验时还须避免气流扰动对测量的影响，并注意勿使样品管与磁极碰撞，磁极距离不得随意变动，每次称重后应将天平盘托起等。

同法重复测定一次，将测得的数据取平均值。

② 取下样品管，将事先研细的莫尔氏盐通过小漏斗装入样品管，在装填时须不断将样品底部敲击桌面，务必使粉末样品均匀填实，直至装满为止(约15 cm高)。用直尺准确测量样品高度。同上法，将装有莫尔氏盐的样品管置于古埃磁天平中，在相应的励磁电流 $I_1$、$I_2$、$I_3$ 下测量样品加空管的质量，并将两次数据取平均值。并于开启电源开关前和关闭电源开关后(励磁电流为0)测定样品加空管的质量，取平均值。

测定完毕，将样品管中的莫尔氏盐倒入回收瓶，将样品管擦净备用。

③ 测定 $FeSO_4 \cdot 7H_2O$ 和 $K_4Fe(CN)_6 \cdot 3H_2O$ 的摩尔磁化率。

在标定磁场强度的同一样品管中，装入待测样品，重复上述②的实验步骤。

### 7.2.5　注意事项

(1) 标定和测定用的试剂要研细，填装时要不断敲击桌面，使样品填装得均匀没有断层。并且要达到15 cm以上。(此时试管的顶部磁场 $\boldsymbol{H} \approx 0$)。

(2) 吊绳和样品管必须垂直位于磁场中心的霍尔探头之上，样品管不能与磁铁和霍尔探头接触，相距至少3 mm以上。

(3) 测定样品的高度前，要先用小径试管将样品顶部压紧，压平并擦去沾浮在试管内壁上的样品粉末，避免在称量中丢失。

(4) 励磁电流的变化应平稳、缓慢，调节电流时不宜过快或用力过大。

(5) 测试样品时，应关闭玻璃门窗，对整机不宜振动，否则实验数据误差较大。

### 7.2.6　数据记录与处理

(1) 数据记录(见表7.3、7.4)。

**表7.3　数据记录表(1)**

| $I$/A | 空管A | | 空管A+莫尔氏盐 | |
|---|---|---|---|---|
| | $\boldsymbol{H}$/mT | $m$/g | $\boldsymbol{H}$/mT | $m$/g |
| 0.0 | | | | |
| 2.0 | | | | |
| 3.0 | | | | |
| 3.5 | | | | |
| 3.0 | | | | |
| 2.0 | | | | |
| 0.0 | | | | |
| 0.0 | | | | |
| 2.0 | | | | |
| 3.0 | | | | |
| 3.5 | | | | |
| 3.0 | | | | |
| 2.0 | | | | |
| 0.0 | | | | |

表 7.4 数据记录表(2)

| $I$/A | 空管 A | | 空管 A+莫尔氏盐 | |
|---|---|---|---|---|
| | $\overline{m}$/g | $\Delta\overline{m}_I$/g | $\overline{m}$/g | $\Delta\overline{m}_I$/g |
| 0.0 | | 0.00 | | 0.00 |
| 2.0 | | | | |
| 3.0 | | | | |

按同样的形式建立 $FeSO_4 \cdot 7H_2O$ 和 $K_4Fe(CN)_6 \cdot 3H_2O$ 测量的数据记录表。

(2) 由莫尔氏盐质量磁化率和实验数据计算相应励磁电流下的磁场强度值。

(3) 由 $FeSO_4 \cdot 7H_2O$ 和 $K_4Fe(CN)_6 \cdot 3H_2O$ 的测定数据,根据式(7.38)计算它们的 $\chi_m$,再根据式(7.29)和式(7.30)算出所测样品的 $\mu_m$ 和 $n$。

(4) 根据未成对电子数,讨论 $FeSO_4 \cdot 7H_2O$ 和 $K_4Fe(CN)_6 \cdot 3H_2O$ 中 $Fe^{2+}$ 的外层电子结构及由此构成的配键类型。

### 7.2.7 思考题

(1) 试比较用高斯计和莫尔氏盐标定的相应励磁电流下的磁场强度数值,分析造成两者测定结果差异的原因。

(2) 不同励磁电流下测得的样品摩尔磁化率是否相同?实验结果若有不同应如何解释?

(3) 根据式(7.38),分析各种因素对 $\chi_m$ 值的影响。

## 7.3 摩尔折射度的测定

### 7.3.1 实验目的

(1) 了解阿贝折光仪的构造和工作原理,正确掌握其使用方法。

(2) 测定某些化合物的折光率和密度,求算化合物、基团和原子的摩尔折射度,判断各种化合物的分子结构。

### 7.3.2 实验原理

摩尔折射度($R$)是由于在光的照射下分子中电子(主要是价电子)云相对于分子骨架的相对运动的结果。$R$ 可作为分子中电子极化率的度量,其定义为

$$R = \frac{n^2 - 1}{n^2 + 2} \times \frac{M}{\rho} \tag{7.40}$$

式中,$n$ 为折光率;$M$ 为摩尔质量;$\rho$ 为体积质量。摩尔折射度的单位为 $cm^3 \cdot mol^{-1}$。

摩尔折射度与波长有关,若以钠光 D 线为光源(属于高频电场,$\lambda = 589.3$ nm),所测得的折光率以 $n_D$ 表示,相应的摩尔折射度以 $R_D$ 表示。根据麦克斯韦的电磁波理论,物质的介电常数 $\varepsilon$ 和折射率 $n$ 之间的关系为

$$\varepsilon(\upsilon)=n^{2}(\upsilon) \tag{7.41}$$

ε 通常是在静电场或低频电场(λ 趋于∞)中测定的,因此折光率也应该用外推法求波长趋于∞时的 $n_{D}$,其结果才更准确,这时摩尔折射度以 $R_{\infty}$ 表示。$R_{D}$ 和 $R_{\infty}$ 一般较接近,相差约百分之几,只对少数物质是例外,如水 $n_{D}^{2}=1.75$,而 $\varepsilon=0.81$。

实验结果表明,摩尔折射度具有加和性,即摩尔折射度等于分子中各原子折射度及形成化学键时折射度的增量之和。离子化合物的摩尔折射度等于其离子折射度之和。利用物质摩尔折射度的加和性质,就可根据物质的化学式算出其各种同分异构体的摩尔折射度并与实验测定结果比较,从而探讨原子间的键型及分子结构。表 7.5 列出常见原子的折射度和形成化学键时折射度的增量。

**表 7.5　常见原子的折射度**

| 原　子 | $R_{D}/cm^{3}\cdot mol^{-1}$ | 原　子 | $R_{D}/cm^{3}\cdot mol^{-1}$ |
|---|---|---|---|
| H | 1.028 | S(硫化物) | 7.921 |
| C | 2.591 | CN(腈) | 5.459 |
| O(酯类) | 1.764 | 碳键的增量 | |
| O(缩醛类) | 1.607 | 单键 | 0 |
| OH(醇) | 2.546 | 双键 | 1.575 |
| Cl | 5.844 | 叁键 | 1.977 |
| Br | 8.741 | 三元环 | 0.614 |
| I | 13.954 | 四元环 | 0.317 |
| N(脂肪族的) | 2.744 | 五元环 | −0.19 |
| N(芳香族的) | 4.243 | 六元环 | −0.15 |

### 7.3.3　仪器与药品

阿贝折光仪 1 台,10 $cm^{3}$ 比重瓶 1 只。

四氯化碳(A. R.),乙醇(A. R.),乙酸甲酯(A. R.),乙酸乙酯(A. R.),二氯乙烷(A. R.)。

### 7.3.4　实验步骤

(1) 折光率的测定:使用阿贝折光率测定上述物质的折光率。

(2) 密度的测定:用比重瓶测定上述物质的密度。

### 7.3.5　数据处理

(1) 求算所测各化合物的密度,并结合所测各化合物的折光率数据由式(7.41)算出其摩尔折射度。

(2) 根据有关化合物的摩尔折射度,求出等基团或原子的摩尔折射度。

### 7.3.6 思考题

(1) 按表 7.3 数据,计算上述各化合物的摩尔折射度的理论值,并与实验结果做比较。

(2) 讨论有关化合物的摩尔折射度实验值的误差来源,估算其相对误差。

## 7.4 分光光度法测定$[Ti(H_2O)_6]^{3+}$的分裂能

### 7.4.1 实验目的

(1) 了解配合物的吸收光谱。

(2) 了解用分光光度法测定配合物分裂能的原理和方法。

(3) 学习 7230 型分光光度计的使用方法。

### 7.4.2 实验原理

$Ti^{3+}$离子($3d^1$)在没有电场时,5 个 d 轨道是简并的。如果将 $Ti^{3+}$ 离子放在球对称的负电场包围的球心上,则因负电场对 5 个简并的 d 轨道中电子产生均匀的排斥力,使 d 轨道的能量有所升高,但不会发生分裂。如果 6 个水分子处于 $Ti^{3+}$ 的周围,占据八面体的 6 个顶点形成八面体配离子时,$d_{x^2-y^2}$ 与 $d_{z^2}$ 轨道和配体处于迎头相碰的状态。如果 $Ti^{3+}$ 离子的 1 个 d 电子处于这些轨道,将受到带负电配体较大的静电排斥,因而它们的能量较球型场升高;而 $d_{xy}$、$d_{yz}$、$d_{xz}$ 3 个轨道因正好处在配体的空隙中,受斥力较小,因而这些轨道的能量较球形场降低,即 5 个简并的 d 轨道在八面体场中分裂成两组,一组是能量较高的 $d_{x^2-y^2}$ 和 $d_{z^2}$,称为 $t_{2g}$ 轨道;另一组是能量较低的 $d_{xy}$、$d_{yz}$、$d_{xz}$ 轨道,称为 $e_g$ 轨道。如图 7.3 所示。

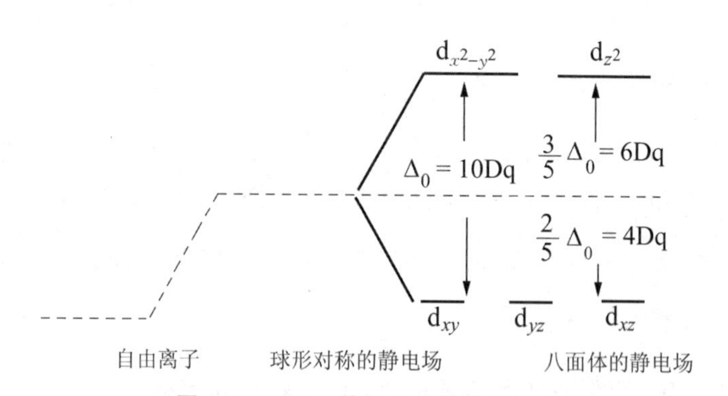


图 7.3 正八面体场中 *d* 轨道的分裂

配离子$[Ti(H_2O)_6]^{3+}$的中心离子 $Ti^{3+}$离子($3d^1$)仅有一个 3d 电子在基态时,这个电子处于能量较低的 $t_{2g}$ 轨道,当它吸收一定波长的可见光的能量后,就会在分裂的 d 轨道之间跃迁(称 d-d 跃迁),即由 $t_{2g}$ 轨道跃迁 $e_g$ 轨道。

3d 电子所吸收光子的能量应等于 $t_{2g}$ 轨道和 $e_g$ 轨道之间的能量差,即等于$[Ti(H_2O)_6]^{3+}$的分裂能 $\Delta_0$:

$$E_{光}=h\nu=E_{t_{2g}}-E_{e_g}=\Delta_0 \tag{7.42}$$

$$h\nu=\frac{hc}{\lambda} \tag{7.43}$$

式中,$h$ 为普朗克常量;$c$ 为光速;$E_{光}$ 为可见光光能;$\lambda$ 为波长。

当1 mol电子跃迁时,则 $hc=6.626\times10^{-34}\ \text{J·s}\times2.998\times10^{8}\ \text{m·s}^{-1}=1.986\times10^{-25}\ \text{J·m}$,故

$$\Delta_0=\frac{1.986\times10^{25}\ \text{J·m}}{\lambda} \tag{7.44}$$

$\lambda$ 值可以通过吸收光谱求得:选取一定浓度的$[Ti(H_2O)_6]^{3+}$溶液,用分光光度计测出在不同波长下的吸光度 $A$,作 $A-\lambda$ 吸收曲线,用曲线中能量最低的吸收峰所对应的波长 $\lambda_{max}$ 计算

$$\Delta_0=\frac{1.986\times10^{-25}\text{J·m}}{\lambda_{max}} \tag{7.45}$$

### 7.4.3　仪器与药品

分光光度计1台,烧杯(50 $cm^3$)1只,移液管(50 $cm^3$)1只,容量瓶(50 $cm^3$)1只,洗耳球1个。

15%TiCl 溶液。

### 7.4.4　实验步骤

(1) 吸取5 $cm^3$ TiCl 溶液(15%)于50 $cm^3$ 容量瓶中,加去离子水稀释至刻度。

(2) 以去离子水为参比液,用分光光度计在波长460~550 nm范围内,每隔10 nm测定上述溶液的吸光度,接近峰值附近时,每隔5 nm测定一次数据。

### 7.4.5　数据处理

(1) 以表格形式记录有关数据。

(2) 以 $A$ 为纵坐标、$\lambda$ 为横坐标作$[Ti(H_2O)_6]^{3+}$的吸收曲线图。

(3) 计算$[Ti(H_2O)_6]^{3+}$离子的 $\Delta_0$。

### 7.4.6　思考题

(1) 使用分光光度计有哪些注意事项?

(2) 配合物的分裂能受哪些因素影响?

(3) 本实验测定吸收曲线时,溶液浓度的高低对测定分裂能是否有影响?

# 第8章

# 综合性、设计性实验

## 8.1 电解聚合法合成导电高分子及其性能研究

### 8.1.1 实验目的

(1) 用电解法合成导电高分子聚苯胺。

(2) 用循环伏安法研究聚苯胺的电化学性能。

### 8.1.2 实验原理

#### 1. 导电聚合物

导电聚合物作为新兴的高分子功能材料，因具有高导电性以及若干特殊的物理化学性能，预期将在二次电池、抗静电和电磁屏蔽材料、电极催化材料、传感器、电致变色材料、选择性过滤膜等方面广泛应用。近来还发现，导电聚合物在金属防腐蚀工程领域也具有巨大的应用潜力。相对于其他导电聚合物而言，聚苯胺原料价廉易得、合成简便、电导率较高且具有良好的稳定性，因此具有很好的应用前景。1985 年，DeBerry 发现，聚苯胺能使不锈钢的电位维持在稳定钝化区，使其处于阳极保护状态。美国 Los Alamos 国家实验室(LANL)和美国航空航天局(NASA)联合研究组于 1991 年首次成功地将导电高分子聚苯胺应用于钢铁防腐蚀，在碳钢上涂覆聚苯胺底层，再外涂环氧树脂，获得了优良的防腐蚀效果。目前，导电聚合物在金属防腐蚀方面的研究大多集中在开发导电聚合物防腐蚀涂料上。

与化学涂料涂装法相比，电化学法合成导电聚合物膜具有较多优点。其一，电化学法简便易行，高聚物的聚合、掺杂、成膜过程可一步完成，工艺流程短，成本低；其二，通过调整电解液组成和改变相关工艺参数，可以方便地得到不同结构和性能的聚合物膜层，以适合不同用途的要求；其三，电化学法可使原料单体直接在基材(工件)上聚合成膜，克服了化学法成膜加工难的问题。这样不仅省去了费力耗时的聚合物涂料制备工序和涂装工序，而且避免了大量挥发性有机溶剂(如某些酮类)的使用，从而可以做到环保生产。因此，电化学法在导电聚合物的防腐蚀应用上应具有更大的优势。

#### 2. 电合成

所谓电解聚合(电合成)是将要聚合的单体，溶解在适当的电解质溶液中，在二电极或三

电极体系中进行电解，工作电极可用石墨、铂、金、不锈钢等多种金属、氧化物等，随着电解的进行，在阳极或阴极上生长出高分子膜。应用较多的是阳极氧化聚合。电解方法一般采用恒电位电解法、恒电流电解法和动电位扫描法。电解聚合可采用的单体有以下几类：苯环上有氨基和羟基等取代基的芳香烃化合物；吡咯、噻吩等杂环化合物；有乙烯基的化合物；二苯冠醚类化合物等。用电解聚合法已制得多种导电高分子材料。

电聚合反应的机理是用电化学方法引发的聚合反应。一般认为电聚合反应可以分为两种类型。一种是由电化学分解催化产生引发剂，或者单体在电极上反应变成聚合反应的活性物质，然后进行聚合。另一种是单体或聚合生成物由电解反应变成聚合反应的活性物质，然后进行聚合。

3. 循环伏安法研究电化学性质

与一般化学氧化还原过程不同，电化学过程可以利用对研究电极施加不同的电位(正于或负于 Nernst 电位)，来控制电极表面上的氧化或还原过程。

在电化学中常用到两种技术来研究一个电极过程：电化学循环伏安技术(cyclic voltammetry, CV)和电化学阶跃电位(CA)技术。

在电化学的各种研究方法中，电位扫描技术应用得最为普遍，而且这些技术的数学解析也有了充分的发展，已广泛用于测定各种电极过程的动力学参数和鉴别复杂电极反应的过程。当人们首次研究有关系统时，几乎总是选择电位扫描技术中的循环伏安法，进行定性的、定量的实验，推断反应机理和计算动力学参数等。

循环伏安法是指加在工作电极上的电势从原始电位 $E_0$ 开始，以一定的速度 $v$ 扫描到一定的电势 $E_1$ 后，再将扫描方向反向进行扫描到原始电势 $E_0$(或再进一步扫描到另一电势值 $E_2$)，然后在 $E_0$ 和 $E_1$ 或 $E_2$ 和 $E_1$ 之间进行循环扫描。其施加电势和时间的关系为

$$E = E_0 - vt \tag{8.1}$$

式中，$v$ 为扫描速度；$t$ 为扫描时间。电势和时间关系曲线如图 8.1(a)所示。循环伏安法实验得到的电流-电位曲线如图 8.1(b)所示。

依图 8.1(b)可见，在负扫方向出现了一个阴极还原峰，对应于电极表面氧化态物种的还原，在正扫方向出现了一个氧化峰，对应于还原态物种的氧化。值得注意的是，由于氧化-还原过程中双电层的存在，峰电流不是从零电流线测量，而是应扣除背景电流。循环伏安图上峰电位、峰电流的比值以及阴阳极峰电位差是研究电极过程和反应机理、测定电极反应动力学参数最重要的参数。

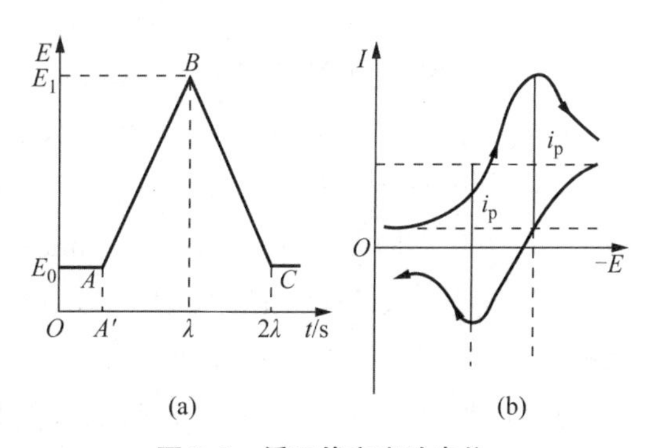


**图 8.1 循环伏安实验电位**

(a)电势-时间曲线；(b)电流-电位曲线

对于符合 Nernst 方程的电极反应(可逆反应)，其阳极和阴极峰电位差在 25℃为

$$\Delta E_p = E_{pa} - E_{pc} = \frac{57 \sim 63}{z}\,\mathrm{mV} \tag{8.2}$$

循环伏安法是研究电化学体系很方便的一种定性方法，对于一个新的系统，很快可以检测到反应物(包括中间体)的稳定性，判断电极反应的可逆性，同时还可以用于研究活性物质的吸附以及电化学-化学偶联反应机理。

### 8.1.3 仪器与药品

CHI660 电化学测量仪，不锈钢电极，铂电极，甘汞电极。

苯胺，硫酸(A. R)，硝酸(A. R)，硝酸钠(A. R)。

### 8.1.4 实验步骤

#### 1. 溶液配制

(1) 配制浓度为 $0.2\,\mathrm{mol \cdot dm^{-3}}$ 苯胺和 $0.2\,\mathrm{mol \cdot dm^{-3}}$ $H_2SO_4$ 的混合溶液作为电解聚合液。

(2) 配制浓度为 $0.1\,\mathrm{mol \cdot dm^{-3}}$ 硝酸和 $0.2\,\mathrm{mol \cdot dm^{-3}}$ 硝酸钠的混合溶液作为电化学性质测试液。

#### 2. 电极处理

(1) 铂电极的处理：将铂电极放入浓硝酸中浸洗片刻，随即取出，用蒸馏水冲洗，待用。

(2) 不锈钢电极：用金相砂纸将不锈钢电极表面打磨光亮，用蒸馏水冲洗，待用。

(3) 甘汞电极：用蒸馏水冲洗后待用。

#### 3. 电聚合

打开 CHI600 窗口，单击工具栏中的“Technique”，选择“Bulk Electrolysis Conlometry”，选定后，在工具栏中选参数设定(在“T”的右边)，设定参数：

(1) 电解电位 Electrolysis E(V)：0.7 V。

(2) 终态电流比 End Current Ratio(%)：0。

(3) 数据间隔 Date Storage Interval：0.01。

(4) 预电解电位 Preelectrolysis E(V)：0.7 V。

(5) 预电解时间 Preelectrolysis Time：2 s。

参数设置完成后，以铂电极为工作电极，以不锈钢为对电极，甘汞电极为参比电极，将三电极浸入含 $0.2\,\mathrm{mol \cdot dm^{-3}}$ 苯胺的 $0.2\,\mathrm{mol \cdot dm^{-3}}$ 的硫酸溶液中，按工具栏中的运行键(黑三角)进行电聚合，时间为 30 min，制得翡翠色聚苯胺。

#### 4. 循环伏安法研究膜的电化学性质

将镀聚苯胺膜后的工作电极、不锈钢电极和甘汞电极插入含 $0.2\,\mathrm{mol \cdot dm^{-3}}$ 硝酸和硝酸钠的溶液中。按以下步骤进行循环伏安法扫描：

打开 CHI600 窗口，单击工具栏中的“Technique”，选择“Cyclic voltammetry”。然后单击工具栏中的“Parameter”，设定参考参数：

| A组 | B组 |
| --- | --- |
| 1. Initi E(V)：−0.7 | 1. Initi E(V)：0.7 |
| 2. High E(V)：0.7 | 2. High E(V)：0.7 |
| 3. Low E(V)：−0.7 | 3. Low E(V)：−0.7 |
| 4. Initi Scan：P | 4. Initi Scan：N |
| 5. Scan Rate(V/s)：0.01 | 5. Scan Rate(V/s)：0.01 |
| 6. Segment：4 | 6. Segment：4 |
| 7. Sample Interval(V)：0.001 | 7. Sample Interval(V)：0.001 |
| 8. Quite Time：2 | 8. Quite Time：2 |
| 9. Sensitivity：auto | 9. Sensitivity：auto |

单击工具栏中的运行键(黑三角)，开始CV扫描。

结束扫描，单击工具栏中的“Save as”，保存实验图，分析试验结果。

### 8.1.5 注意事项

(1) 电极处理是否到位，对实验数据影响极大，因此电极一定要处理干净。

(2) 要注意灵敏度的选择。

(3) 实验结束注意保存。

(4) 铂电极价格较贵，很容易断，小心使用。

### 8.1.6 思考题

(1) 恒电位电解时，当电压大于0.7 V vs SCE，小于0.6 V vs SCE时有何现象？

(2) 影响苯胺电解聚合的因素有哪些？

(3) 为什么说聚苯胺电极是电化学可逆的？

## 8.2 固相配位反应及配合物性质表征

### 8.2.1 实验目的

(1) 了解固相配位反应的基本特征。

(2) 通过8-羟基喹啉(Hoxine)与醋酸铜固相配位反应合成配合物$Cu(oxin)_2 \cdot H_2O$。

(3) 用元素分析、IR、TG-DTA等对配合物进行表征。

(4) 用热分析法研究配合物的热分解动力学性质。

### 8.2.2 实验原理

室温或低热温度条件下的固相化学反应已经引起人们的重视，南京大学忻新泉等在固相化学反应的合成及机理研究方面做了许多有意义的工作，为使低热温度固相合成法最终走向应用做出了积极贡献。由于8-羟基喹啉的过渡金属配合物具有杀菌、灭虫等功能，因

此，开展8-羟基喹啉与过渡金属离子反应的研究工作很有意义。

固相反应与液相反应有着本质的区别。相同的反应物，由于在固、液相反应过程中的反应机理不同，就有可能产生不同的反应产物。有关固相合成的研究工作，就有可能合成出在液相中不能合成或不易合成的化合物。8-羟基喹啉具有较强的配位能力，是过渡金属良好的螯合剂。所以开展有关8-羟基喹啉与过渡金属离子反应及其配合物合成的研究工作显得十分重要。但前人的工作大都局限于液相反应。根据文献报道，在室温下将8-羟基喹啉与醋酸铜固相混合搅拌，发生固相配位反应，用元素分析、IR、TG-DTA等对配合物进行表征。

用TG-DTA测定配合物的热分解过程，根据热分解动力学模型，可获得不同热分解过程的反应活化能。

### 8.2.3 仪器和药品

热分析仪，元素分析仪，红外光谱仪，分析天平，真空干燥箱，碾钵，抽滤瓶，表面皿，布氏漏斗，100 $cm^3$ 烧杯，量筒，滴管。

二水醋酸铜($CuAc_2 \cdot 2H_2O$)，8-羟基喹啉，冰醋酸，氯化钾，无水乙醇，丙酮。

### 8.2.4 实验步骤

#### 1. 配合物的合成

在室温下将8-羟基喹啉与醋酸铜按物质的量之比为2∶1准确称量，在碾钵中充分混合碾磨，发生固相配位反应。混合物颜色逐渐由蓝变绿最后变为黄绿色，并对配合物进行纯化。

#### 2. 配合物的表征

用元素分析、IR、TG-DTA等对配合物进行表征，确定配合物的组成和结构。

#### 3. 配合物热分解

称取20 mg配合物 $Cu(oxin)_2 \cdot H_2O$ 放入热分析仪的坩埚，仪器和样品通 $N_2$ 气($100\ cm^3 \cdot min^{-1}$)保护，升温速率 $\beta$ 分别为(5℃·$min^{-1}$、10℃·$min^{-1}$、15℃·$min^{-1}$、20℃·$min^{-1}$、30℃·$min^{-1}$，进行程序升温，测定配合物的热分解过程。

### 8.2.5 数据记录与处理

(1) 计算产物的产率。

(2) 根据产物各种元素的计算值和实验值进行比较，判断产物的纯度。

(3) 列出产物红外光谱的主要吸收峰，并判断其归属。

(4) 试比较二水醋酸铜($CuAc_2 \cdot 2H_2O$)、8-羟基喹啉和配合物 $Cu(oxin)_2 \cdot H_2O$ 之间的热分析图谱。

(5) 用热分析法测定产物热分解反应的活化能

根据每个升温速率下分解过程的DTG峰温 $T_p$，利用Kissinger方法，将不同升温速率 $\beta$ 以及相应DTG曲线上峰温 $T_p$ 代入公式：

$$\frac{\mathrm{d}\ln(\beta/T_{\mathrm{p}}^{2})}{\mathrm{d}(1/T_{\mathrm{p}})}=-\frac{E_{\mathrm{a}}}{R}$$

即

$$\ln(\beta/T_{\mathrm{p}}^{2})=-\frac{E_{\mathrm{a}}}{R}\cdot\frac{1}{T_{\mathrm{p}}}+C$$

以 $\ln(\beta/T_{\mathrm{p}}^{2})$ 对 $1/T_{\mathrm{p}}$ 作图，直线斜率为 $-E_{\mathrm{a}}/R$，因此可求得该热分解反应的活化能 $E_{\mathrm{a}}$。

### 8.2.6　注意事项

(1) 所有试剂使用前均须进行提纯和干燥。

(2) 仪器和样品应通氮气保护。

### 8.2.7　思考题

(1) 为什么所用试剂使用前需进行提纯和干燥？

(2) 为什么仪器和样品应通氮气保护？

## 8.3　稀土改性固体超强酸催化剂的合成及性质表征

### 8.3.1　实验目的

(1) 熟悉固体超强酸催化剂的制备及评价方法。

(2) 学会红外光谱仪、热重-差热分析仪、紫外光谱仪、比表面吸附仪等催化剂表征技术的使用。

### 8.3.2　实验原理

1) 酸强度与固体超强酸的概念

在酸催化剂的研究中，通常是用哈梅特(Hammett)酸度函数 $H_0$ 来定量描述一种酸的酸强度大小的，$H_0$ 的定义：

$$H_0=\mathrm{p}K^{\ominus}+\lg(c_{\mathrm{B}}/c_{\mathrm{AB}}) \tag{8.3}$$

式中，标准平衡常数 $K^{\ominus}$ 为

$$K^{\ominus}=\frac{a_{\mathrm{A}}a_{\mathrm{B}}}{a_{\mathrm{AB}}}=\frac{\frac{c_{\mathrm{A}}\gamma_{c,\mathrm{A}}}{c^{\ominus}}\frac{c_{\mathrm{B}}\gamma_{c,\mathrm{B}}}{c^{\ominus}}}{\frac{c_{\mathrm{AB}}\gamma_{c,\mathrm{AB}}}{c^{\ominus}}} \tag{8.4}$$

式中，$\alpha_{\mathrm{A}}$、$c_{\mathrm{A}}$ 和 $\gamma_{c,\mathrm{A}}$ 分别代表路易斯酸或电子对接受体 A 的活度、浓度和活度因子；$\alpha_{\mathrm{B}}$、$c_{\mathrm{B}}$ 和 $\gamma_{c,\mathrm{B}}$ 分别代表中性碱 B 的活度、浓度和活度因子；$\alpha_{\mathrm{AB}}$、$c_{\mathrm{AB}}$ 和 $\gamma_{c,\mathrm{AB}}$ 分别代表共扼酸 AB 的活度、浓度和活度因子。将式(8.4)代入式(8.3)后：

$$H_0=-\lg(a_{\mathrm{A}}\gamma_{c,\mathrm{B}}/\gamma_{c,\mathrm{AB}}) \tag{8.5}$$

酸强度函数 $H_0$ 既可用以描述液体酸的酸强度,也可用以描述固体酸的酸强度大小。$H_0$ 越小,表明酸强度越强。在酸催化剂中,100%浓 $H_2SO_4$ 的酸强度函数 $H_0$ 为−11.94,把酸强度函数 $H_0<-11.94$ 的酸称为超强酸。超强酸可分为液体超强酸和固体超强酸。

相对于液体超强酸来讲,固体超强酸具有与产品分离容易、无腐蚀性、对环境危害小、可重复利用等诸多优点,被广泛应用于烷基化、异构化、酯化、酰基化、聚合以及氧化等反应过程中。一般把固体超强酸分成两大类,含或不含卤素的固体超强酸。后者主要指金属氧化物或复合金属氧化物类超强酸,如 $SO_4^{2-}/TiO_2$,$SO_4^{2-}/ZrO_2$ 等,其中 $SO_4^{2-}/ZrO_2$ 催化剂因具有酸强度高、制备容易等优点而受到更广泛的关注。但是在科研工作者们不断深入的研究中,逐渐发现 $SO_4^{2-}/ZrO_2$ 催化剂存在着一些不足。针对这些不足之处,多年来人们开展了大量的改性研究工作,比如载体中引入稀土元素来改善催化剂的性能。

2) 多相催化反应

化学工业中广泛地应用多相催化反应,反应物与催化剂分属两个相,反应则在两相界面上进行,它与催化剂的表面特性密切相关。催化剂的表面是不均匀的,其中只有一小部分具有催化活性,通常称为活性中心。例如固体超强酸是冰乙酸/正丁醇酯化反应的催化剂,固相催化剂催化液相反应物,反应活性中心是 $SO_4^{2-}$ 离子。

3) 催化剂表征技术

(1) 红外光谱(IR)分析:红外光谱法是研究硫酸促进型固体超强酸催化剂的重要方法。$SO_4^{2-}/M_XO_Y$ 型固体超强酸中的活性中心是由氧化物表面的金属原子与高价硫配位形成的。金属原子与硫酸根双配位结合时有两种状态,即螯合双配位和桥式双配位,如图8.2所示,一般认为表面 $SO_4^{2-}$ 最高振动吸收峰位置在IR中 1 200 $cm^{-1}$ 以上是螯合双配位结合,在 1 200 $cm^{-1}$ 以下是桥式双配位结合。

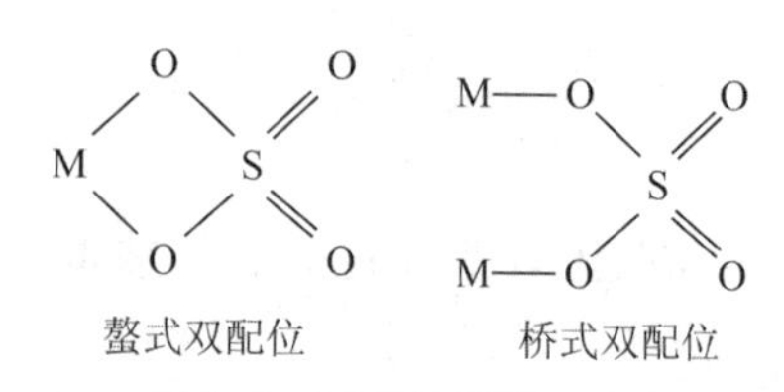


**图 8.2　两种双配位示意图**

在 $SO_4^{2-}/M_XO_Y$ 类固体超强酸催化剂的IR谱图中,常常以在 990 $cm^{-1}$、1 050 $cm^{-1}$、1 150 $cm^{-1}$、1 210 $cm^{-1}$ 和 1 380 $cm^{-1}$ 附近有属于 S═O 双键的吸收峰作为样品形成了超强酸结构的重要依据。

(2) 紫外光谱(UV)分析:紫外光谱仪通过测量吡啶的吸光度可以定量地分析固体超强酸催化剂的酸量。吡啶是弱碱性分子,它能与固体超强酸表面的酸中心结合,固体酸吸附的吡啶越多,表明固体酸的酸总量越大,因此可以用固体超强酸对吡啶的饱和吸附量来表征固体超强酸的酸总量。采用测定吸附前后吡啶的吸光度,以此表征固体超强酸催化剂的总酸量。将测得的吡啶吸光度由标准曲线换算成吡啶实际浓度,再按下式计算固体超强酸对吡啶的吸附量

$$\Gamma=\frac{(c_0-c)\times V}{m_{cat}} \tag{8.6}$$

式中 $c_0$、$c$ 为吸附前后吡啶的浓度;$\Gamma$ 为吡啶的吸附量;$V$ 为加入每种超强酸样品的吡啶体积;$m_{cat}$ 为每个超强酸样品的质量。

吡啶吸光度与浓度之间的标准曲线公式:

$$A = 0.04564 + 2.14674c \tag{8.7}$$

式中，$A$ 为吡啶的吸光度；$c$ 为吡啶的浓度。0.045 64 和 2.146 74 是由吡啶吸光度与浓度标准曲线所得的系数。

(3) 热重-差热(TG - DTA)分析：TG - DTA 为研究超强酸催化剂热稳定性的重要手段，一般在 600～850 ℃范围内催化剂发生活性组分 $SO_4^{2-}$ 的脱除并伴生吸热现象，造成催化剂失重，其流失 $SO_4^{2-}$ 的数量越多，其失重比例就越大，说明样品的热稳定性越差。另外，$SO_4^{2-}$ 流失温度相对高低也可表明样品的热稳定性能，在越高温度流失，说明此样品能够越好地稳定 $SO_4^{2-}$ 活性组分。采用热重-差热分析仪研究样品的热重特性及差热特性，温度范围为室温至 1 000 ℃，升温速度为 10 ℃·$min^{-1}$，$N_2$ 流量为 30 $cm^3·min^{-1}$。样品用量为 10 mg 左右。

(4) 比表面积分析：比表面积大小是表征催化剂优良的一个重要指标，比表面积大的催化剂的催化活性相对要高。可以通过 BET 方法(高比表面积吸附仪)测定催化剂的比表面积，作为催化剂活性比较的有力证据。

### 8.3.3　仪器与药品

红外光谱仪(美国 Nicolet 公司 Avatar 360 FT - IR 型红外光谱仪)，紫外分光光度计[UV - 1601PC(日本岛津)光谱仪]，热重-差热分析仪(美国 TA 公司 SDT Q - 600、美国 TA 公司 DSC Q - 100，或者上海精密科学仪器有限公司 CDR - 34P DSC、上海精密科学仪器有限公司 ZRY - 2P 综合热分析仪)，比表面吸附仪(美国麦克公司 ASAP 2020M+C 高比表面积吸附仪)，电子天平，磁力搅拌器 8 个，pH 计 8 个，循环水真空泵 4 个，布氏漏斗 4 个，滤瓶 4 个，滤纸若干，研钵 4 个，烧杯 15 个，磁力电加热套 8 个，烘箱 1 个，马弗炉 1 个，三颈烧瓶 8 个，温度计 8 个，温度计套管 8 个，沸石若干，分水器 8 个，冷凝管 8 个，橡皮塞若干，碱式滴定管 2 个，锥形瓶 10 个，移液管 5 个。

蒸馏水，乙醇(95%)，氧氯化锆，氨水，硝酸银，硝酸镧，浓硫酸，乙酸，丁醇，酚酞，氢氧化钾，环己烷，吡啶。

### 8.3.4　实验步骤

1) 标准溶液的配制

准确称取 $n$ 份基准物质(当用待标定溶液时，每份约需该溶液 25 $cm^3$ 左右，分别溶于适量水中，用待标定溶液滴定。例如，常用于标定 KOH 溶液的基准物质是邻苯二甲酸氢钾($KHC_8H_4O_4$)。由于邻苯二甲酸氢钾摩尔质量较大即 204.2 g·$mol^{-1}$，欲标定浓度 $c$(KOH)为 0.1 mol·$dm^{-3}$ 的 KOH 溶液，可准确称取 0.4～0.6 g 邻苯二甲酸氢钾 3 份，分别放入 250 $cm^3$ 的锥形瓶中加 20～30 $cm^3$ 热水溶解后，加入 5 滴 0.5%酚酞指示剂，用 KOH 溶液滴定至溶液呈现微红色即为终点。根据所消耗的 KOH 溶液体积便可算出 KOH 溶液的准确浓度。作为一个具体的例子，若称取邻苯二甲酸氢钾 0.510 5 g，用 KOH 滴定时消耗体积为 25.00 $cm^3$，则 KOH 溶液的准确浓度可如下计算出。此滴定所依据的反应式为

$$\text{C}_6\text{H}_4(\text{COOK})(\text{COOK}) + \text{KOH} \rightleftharpoons \text{C}_6\text{H}_4(\text{COOK})(\text{COOK}) + \text{H}_2\text{O}$$

故 $n(\text{KOH})=n(\text{KHC}_8\text{H}_4\text{O}_4)$，已知 $\text{KHC}_8\text{H}_4\text{O}_4$ 的摩尔质量为 $204.2\ \text{g}\cdot\text{mol}^{-1}$。则

$$n(\text{KHC}_8\text{H}_4\text{O}_4)=\frac{m(\text{KHC}_8\text{H}_4\text{O}_4)}{M(\text{KHC}_8\text{H}_4\text{O}_4)}=\frac{0.5105\ \text{g}}{204.2\ \text{g}\cdot\text{mol}^{-1}}=2.500\ \text{mmol}$$

也就是

$$n(\text{KOH})=2.500\ \text{mmol}$$

于是得

$$c(\text{KOH})=\frac{n(\text{KOH})}{V(\text{KOH})}=\frac{2.500\ \text{mmol}}{25.00\ \text{cm}^3}=0.1000\ \text{mol}\cdot\text{dm}^{-3}$$

2) $SO_4^{2-}/ZrO_2$ 及 $SO_4^{2-}/La_xZr_{1-x}O_2$ 催化剂的制备

(1) 分别溶解氧氯化锆[$ZrCl_2O$]与硝酸镧[$La(NO_3)_3\cdot 6H_2O$]溶液，并且配制 Zr∶La=1∶1(或 1∶2、1∶3)比例的两种物质的混合溶液。

(2) 在剧烈搅拌的情况下，分别滴加稀氨水($w_B=0.10$)于氧氯化锆纯溶液(溶液 a)和混合溶液(溶液 b)中，在 pH 计的检测下(依照说明书预先校准 pH 计)直至两种溶液的 pH 值均为 8。

(3) 分别过滤、蒸馏水洗涤溶液 a 和 b，然后在烘箱中于 100 ℃下烘干 3 h。

(4) 称重烘干后的样品。采用 $1.0\ \text{mol}\cdot\text{dm}^{-3}$ 的浓 $H_2SO_4$ 溶液浸渍处理烘干后的样品($3\ \text{cm}^3$ 浓 $H_2SO_4$ 溶液/g 样品)40 min。

(5) 40 min 后蒸发掉全部水分，接着在 120 ℃下烘干 3 h。取出一部分烘干好的样品为热重-差热分析做准备，剩余的样品在马弗炉中焙烧 4 h 形成催化剂。

3) $SO_4^{2-}/ZrO_2$ 及 $SO_4^{2-}/La_xZr_{1-x}O_2$ 催化剂的评价

(1) 配制 $0.500\ \text{mol}\cdot\text{dm}^{-3}$ 标准 KOH 乙醇溶液，倒入碱式滴定管中待用。

(2) 酚酞粉末溶于乙醇溶液中待用。

(3) 将 $8\ \text{cm}^3$ 冰乙酸、$25\ \text{cm}^3$ 正丁醇、1 g 固体酸催化剂、少许沸石在三颈烧瓶中混合均匀静置。

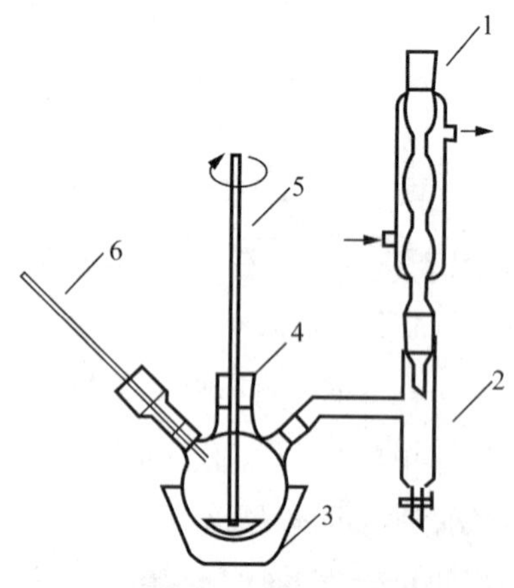


1—冷凝管；2—分水器；3—加热套；
4—三颈烧瓶；5—搅拌器；6—温度计。

**图 8.3　酯化反应的装置**

(4) 用移液管取 $1.00\ \text{cm}^3$ 混合液移入锥形瓶中，滴加 5 滴酚酞试剂，用 $0.500\ \text{mol}\cdot\text{dm}^{-3}$ KOH 乙醇溶液滴定至混合液颜色由无色变成淡粉红色，记下消耗的 KOH 乙醇溶液体积 $V_0$。

(5) 按照图 8.3 所示的装置安装好，并在分水器中倒入一定体积的蒸馏水，以低于分水器颈口 2 cm 为准。

(6) 开始加热，待液体沸腾后开始计时，并仔细观察分水器的液面。当分水器的液面超过分水器颈口时，及时放掉分水器中的水，使其中液面始终低于其颈口 1 cm。

(7) 反应加热回流 3 h 后，停止搅拌，冷却，静置。

(8) 再用移液管移取 $1.00\ \text{cm}^3$ 混合液，和步骤(4)同

样的方法滴定，并记下消耗体积$V$。

(9) 计算酯化率：

$$酯化率=\frac{V_0-V}{V_0}\times 100\% \tag{8.8}$$

4) $SO_4^{2-}/ZrO_2$ 及 $SO_4^{2-}/La_xZr_{1-x}O_2$ 催化剂的表征

(1) 准备红外光谱、比表面分析样品：焙烧后的 $SO_4^{2-}/ZrO_2$ 及 $SO_4^{2-}/La_xZr_{1-x}O_2$ 催化剂即可。

(2) 准备热重-差热分析样品：焙烧前的 $SO_4^{2-}/ZrO_2$ 及 $SO_4^{2-}/La_xZr_{1-x}O_2$ 催化剂即可。

(3) 准备紫外光谱分析样品：在小烧杯中放入 0.20 g 固体超强酸样品，加入 5.00 $cm^3$ 浓度为 2.0 $mmol\cdot dm^{-3}$吡啶的环己烷溶液，用磁力器搅拌 2 h，过滤，收集滤液。

### 8.3.5 注意事项

(1) 在进行催化剂制备以前，一定要校准 pH 计。

(2) 滴加稀氨水的过程要缓慢。

(3) 反应过程中，不能走开，经常观察分水器中水的量，并控制好分水器中水的量。

(4) 采用 KOH 乙醇溶液滴定混合液时，混合液的最终颜色为淡粉红色，操作时要耐心。

### 8.3.6 数据记录与处理

1) 数据记录

(1) $SO_4^{2-}/ZrO_2$ 催化剂的评价：

| 催化剂 | $T_{初始}$/K | $T_{结束}$/K | $V_0$(反应前消耗)/$cm^3$ | $V$(反应后消耗)/$cm^3$ |
|---|---|---|---|---|
| | | | | |

(2) $SO_4^{2-}/La_xZr_{1-x}O_2$ 催化剂的评价：

| 催化剂 | $T_{初始}$/K | $T_{结束}$/K | $V_0$(反应前消耗)/$cm^3$ | $V$(反应后消耗)/$cm^3$ |
|---|---|---|---|---|
| | | | | |

(3) $SO_4^{2-}/ZrO_2$ 与/$La_xZr_{1-x}O_2$ 催化剂紫外光谱吸光度的测定：

| 催化剂 | $m$/g | $c_0$(吡啶吸附前)/$mmol\cdot dm^{-3}$ | 吸光度 $A$(吡啶吸附后) |
|---|---|---|---|
| | | | |

2) 数据处理

(1) 催化剂催化反应酯化率的计算:

$$酯化率=\frac{V_0-V}{V_0}\times 100\%$$

(2) 催化剂对吡啶吸附量的计算:

| 催化剂 | $SO_4^{2-}/ZrO_2$ | $SO_4^{2-}/La_xZr_{1-x}O_2$ |
|---|---|---|
| $m$/g | | |
| $c_0$(吡啶吸附前)/mmol·dm$^{-3}$ | | |
| 吸光度 $A$(吡啶吸附后) | | |
| $c$(吡啶吸附后)/mmol·dm$^{-3}$ | | |
| $\Gamma$/mmol·g$^{-1}$ | | |

其中,

$$c=\frac{A-0.6694}{2.057} \tag{8.9}$$

$$\Gamma_{\infty}=\frac{(c_0-c)\times 0.005}{m_{cat}} \tag{8.10}$$

式中,0.005 为加入每个超强酸样品的吡啶体积($dm^3$)。

### 8.3.7 思考题

(1) 固体超强酸的概念是什么?

(2) 如何合成、评价及表征固体超强酸催化剂?

(3) 红外光谱与紫外光谱都可以表征固体超强酸的酸性质,两者的区别是什么?

(4) 比表面积参数与催化剂的催化活性的关系如何?

(5) 热重-差热曲线如何解释催化剂的热稳定性能?

### 8.3.8 应用

$SO_4^{2-}/ZrO_2$ 类超强酸催化剂对于几乎所有的酸催化反应都具有良好的催化活性。由于该催化剂具有很高的酸强度,可实现在低温条件下的裂解、异构、烷基化等过程,从而达到低能耗和高选择性的目的。而且由于 $SO_4^{2-}/ZrO_2$ 类超强酸催化剂具有不怕水的优点,它们对于酯化、醚化、脱水、酰基化等过程的催化作用,其催化活性普遍高于分子筛等固体酸催化剂。

$SO_4^{2-}/ZrO_2$ 固体超强酸催化剂从发现到现在已经有 20 多年了,虽然它具有制备容易、酸性强、不怕水等优点,但是一直没有实现工业化。其原因主要是 $SO_4^{2-}/ZrO_2$ 固体超强酸催化剂还存在一些缺点,比如热稳定性差,从而限制了它被应用于工业生产中。为解决 $SO_4^{2-}/ZrO_2$ 固体超强酸研究过程中存在的问题(催化剂热稳定性差),可以通过引入稀土元素来改变 $SO_4^{2-}/ZrO_2$ 催化剂的结构和性能,从而为这种高效环保的新型催化材料能够尽快应用于

实际中做出探索性研究。

## 8.4 苯的稳定化能的测定及量子化学计算

### 8.4.1 实验目的

(1) 掌握使用弹式量热计测定液态物质燃烧焓的方法。

(2) 用热化学方法测定苯的稳定化能。

(3) 用 HMO 方法计算苯分子的稳定化能等结构性质。

### 8.4.2 实验原理

1) 实验测定的苯分子稳定化能

环已烯和环已烷的生成热之差可视为双键的生成热。如果苯环有 3 个双键,苯和环已烷的生成热之差应该是双键生成热的 3 倍。实际上,苯的能量却低于由 3 个双键所预期的值。这是因为苯分子是一个典型的共轭分子,其 p 电子轨道互相重叠,形成离域大 $\pi$ 键。这种离域大 $\pi$ 键系统的能量比对应的经典结构式所表达的普通单双键体系应有的能量低,其差额称为稳定化能,也称共振能或离域能。

实际上,从燃烧热的数据可以估算苯的稳定化能。环已烷和环已烯燃烧焓 $\Delta H$ 之差值 $\Delta E$,与环已烯上的孤立双键结构相关,即

$$|\Delta E| = |\Delta H_{\text{环已烷}}| - |\Delta H_{\text{环已烯}}| \tag{8.11}$$

若苯环是由 3 个相同的孤立双键构成,则环已烷与苯燃烧焓之差值理应等于 $3\Delta E$。但事实证明:

$$|\Delta H_{\text{环已烷}}| - |\Delta H_{\text{苯}}| > 3|\Delta E| \tag{8.12}$$

这是由于苯分子的共轭结构使其能量低于 3 个孤立双键的能量,实验表明,此差额正是苯分子的稳定化能 $E$,即

$$E = (|\Delta H_{\text{环已烷}}| - |\Delta H_{\text{苯}}|) - 3(|\Delta H_{\text{环已烷}}| - |\Delta H_{\text{环已烯}}|) \tag{8.13}$$

本实验先测定量热计的热容,可用基准物(如苯甲酸)法或用电标定法,然后分别称取苯、环已烯和环已烷在氧弹中燃烧,由体系的热容和试样燃烧后温度的升高值计算各物质的燃烧热,进而计算苯分子的稳定化能。

2) 理论计算的苯分子稳定化能等结构性质

1931 年,E. Hückel 提出 HMO 经验性的近似方法,用以预测平面型有机共轭分子的性质、分子稳定性和化学性能,解释电子光谱等一系列问题。平面型有机共轭分子中,$\sigma$ 键定域,构成分子骨架,每个 C 原子余下的一个垂直于平面的 p 轨道往往以肩并肩的型式形成多原子离域 $\pi$ 键。共轭分子以其中有离域的 $\pi$ 键为特征,它有若干特殊的物理化学性质:分子多呈平面构型;有特殊的紫外吸收光谱;具有特定的化学性能;键长均匀化。

用 HMO 法处理共轭分子结构时,假定 $\pi$ 电子是在核和 $\sigma$ 键所形成的整个骨架中运动,可将 $\sigma$ 键和 $\pi$ 键分开处理;假定共轭分子的 $\sigma$ 键骨架不变,分子的性质由 $\pi$ 电子状态决定;假

定每个 $\pi$ 电子 $i$ 的运动状态用 $\Psi_i$ 描述。HMO 法还假定:各 C 原子的 $\alpha$ 积分相同,各相邻 C 原子的 $\beta$ 积分也相同;不相邻 C 原子的 $\beta$ 积分和重叠积分 $S$ 均为 0。基于以上假设,就不需考虑势能函数 $V$ 及 $\hat{H}$ 的具体形式。

HMO 法的具体步骤如下。

(1) 设共轭分子有 $n$ 个 C 原子组成共轭体系,每个 C 原子提供一个 p 轨道,按 LCAO,得薛定谔(Schrödinger)方程:

$$\hat{H}\Psi = E\Psi \tag{8.14}$$

式中,$\Psi$ 是分子轨道的单电子波函数;$E$ 是系统的总能量;$\hat{H}$ 是哈密顿算符(Hamilton 算符)。

$$\hat{H} = -\frac{h^2}{8\pi^2 m}\left(\frac{\partial^2}{\partial x^2} + \frac{\partial^2}{\partial y^2} + \frac{\partial^2}{\partial z^2}\right) + V(x, y, z) \tag{8.15}$$

分子轨道波函数用原子轨道线性组合近似表示:

$$\boldsymbol{\Psi} = c_1\phi_1 + c_2\phi_2 + \cdots + c_n\phi_n = \sum_{i=1}^{n} c_i\phi_i \tag{8.16}$$

式中,$\phi_i$ 是原子轨道;$c_i$ 为待定系数。式(8.14)两边各乘 $\Psi$ 的共轭函数 $\Psi^*$,并积分,则有

$$\int \Psi\hat{H}\Psi^*\,\mathrm{d}\tau = \int \Psi E\Psi^*\,\mathrm{d}\tau$$

$E$ 为常数,移项后得

$$E = \frac{\int \Psi\hat{H}\Psi^*\,\mathrm{d}\tau}{\int \Psi\Psi^*\,\mathrm{d}\tau} \tag{8.17}$$

由式(8.16)可知,$\Psi$ 是 $c_i$ 的函数,因此 $E$ 也是 $c_i$ 的函数,即

$$E = f(c_1, c_2, \cdots, c_n) \tag{8.18}$$

存在的稳定系统符合能量最低原理。根据变分原理,将式(8.17)的 $E$ 对近似表达式(8.18)的各个参数求偏导,令其为零,得到 $E$ 的最小值。

$$\frac{\partial E}{\partial c_i} = 0 \quad (n = 1, 2, \cdots, n) \tag{8.19}$$

通常将波函数 $\Psi$ 选成实函数,因此式(8.17)为

$$E = \frac{\int \Psi\hat{H}\Psi\,\mathrm{d}\tau}{\int \Psi^2\,\mathrm{d}\tau} \tag{8.20}$$

式(8.20)中的分母项:

$$\begin{aligned}
\int \Psi^2\,\mathrm{d}\tau &= \int (c_1\phi_1 + c_2\phi_2 + \cdots + c_n\phi_n)^2\,\mathrm{d}\tau \\
&= \sum_{i=1}^{n}\int c_i^2\phi_i^2\,\mathrm{d}\tau + 2\sum_{i<j}\int c_i c_j\phi_i\phi_j\,\mathrm{d}\tau \\
&= \sum_{i=1}^{n} c_i^2\int \phi_i^2\,\mathrm{d}\tau + 2\sum_{i<j} c_i c_j\int \phi_i\phi_j\,\mathrm{d}\tau
\end{aligned} \tag{8.21}$$

令 $S_{ij}=\int\phi_i\phi_j\mathrm{d}\tau$，称为重叠积分。当 $i=j$ 时，基函数为归一化函数：

$$\int\phi_i^2\mathrm{d}\tau=1 \tag{8.22}$$

式(8.20)中的分子项：

$$\begin{aligned}\int\Psi\hat{H}\Psi\mathrm{d}\tau&=\int(c_1\phi_1+c_2\phi_2+\cdots+c_n\phi_n)\hat{H}(c_1\phi_1+c_2\phi_2+\cdots+c_n\phi_n)\mathrm{d}\tau\\&=\sum_{i=1}^{n}\int c_i^2\phi_i\hat{H}\phi_i\mathrm{d}\tau+2\sum_{i<j}\int c_i\phi_i\hat{H}c_j\phi_j\mathrm{d}\tau\\&=\sum_{i=1}^{n}c_i^2\int\phi_i\hat{H}\phi_i\mathrm{d}\tau+2\sum_{i<j}c_ic_j\int\phi_i\hat{H}\phi_j\mathrm{d}\tau\end{aligned} \tag{8.23}$$

令

$$H_{ii}=\int\phi_i\hat{H}\phi_i\mathrm{d}\tau \tag{8.24}$$

$$H_{ij}=\int\phi_i\hat{H}\phi_j\mathrm{d}\tau \tag{8.25}$$

$H_{ii}$ 称为库仑积分，$H_{ij}$ 称为交换积分(或称为共振积分)。将式(8.23)写成

$$\int\Psi\hat{H}\Psi\mathrm{d}\tau=\sum_i c_i^2H_{ii}+2\sum_{i<j}c_ic_jH_{ij} \tag{8.26}$$

式(8.21)、式(8.22)和式(8.26)代入式(8.20)得

$$E=\frac{\sum_i c_i^2H_{ii}+2\sum_{i<j}c_ic_jH_{ij}}{\sum_i c_i^2} \tag{8.27}$$

(2) 根据线性变分法，由

$$\frac{\partial E}{\partial c_1}=0,\quad\frac{\partial E}{\partial c_2}=0,\quad\cdots,\quad\frac{\partial E}{\partial c_n}=0 \tag{8.28}$$

可得久期方程

$$\begin{bmatrix}H_{11}-ES_{11} & H_{12}-ES_{12} & \cdots & H_{1n}-ES_{1n}\\H_{21}-ES_{21} & H_{22}-ES_{22} & \cdots & H_{2n}-ES_{2n}\\\vdots & \vdots & & \vdots\\H_{n1}-ES_{n1} & H_{n2}-ES_{n2} & \cdots & H_{nn}-ES_{nn}\end{bmatrix}\begin{bmatrix}c_1\\c_2\\\vdots\\c_n\end{bmatrix}=0 \tag{8.29}$$

$E$ 的一元 $n$ 次代数方程，有 $n$ 个解。

(3) 引入基本假设：

$$H_{11}=H_{22}=\cdots=H_{nn}=\alpha \tag{8.30}$$

$$H_{ij}\begin{cases}=\beta, & \text{当 } i \text{ 和 } j \text{ 相邻}\\=0, & \text{当 } i \text{ 和 } j \text{ 不相邻}\end{cases} \tag{8.31}$$

$$S_{ij}\begin{cases}=1, & \text{当 } i=j\\=0, & \text{当 } i\neq j\end{cases} \tag{8.32}$$

简化久期行列式，求出 $n$ 个 $E_k$，将每个 $E_k$ 值代回久期方程，得 $c_{ki}$ 和 $\Psi_k$。

(4) 画出分子轨道 $\Psi_k$ 相应的能级 $E_k$ 图,排布 π 电子;画出 $\Psi_k$ 的图形。

① 电荷密度 $\rho_i$:第 $i$ 个原子上出现的 π 电子数,$\rho_i$ 等于离域电子在第 $i$ 个碳原子附近出现的概率:

$$\rho_i = \sum_k n_k c_{ki}^2 \tag{8.33}$$

式中,$n_k$ 代表在 $\Psi_k$ 中的电子数;$c_{ki}$ 为分子轨道 $\Psi_k$ 中第 $i$ 个原子轨道的组合系数。

② 键级 $P_{ij}$:原子 $i$ 和 $j$ 间 π 键的强度:

$$P_{ij} = \sum_k n_k c_{ki} c_{kj} \tag{8.34}$$

③ 自由价 $F_i$:第 $i$ 个原子剩余成键能力的相对大小:

$$F_i = F_{\max} - \sum_i P_{ij} \tag{8.35}$$

$F_{\max}$ 是碳原子 π 键键级中最大者。$\sum_i P_{ij}$ 为原子 $i$ 与其邻接的原子间 π 键键级之和。用 HMO 方法计算苯等共轭分子的电荷密度、键级、自由价及稳定化能等,作出分子图,并预测分子的化学性质。

### 8.4.3 仪器和药品

氧弹量热计,压片机,精密温差仪,分析天平、计算机、打印机(电标定法加上稳压电源、电流表、电压表、加热炉丝)。

苯、环己烯、环己烷(均为 AR)、苯甲酸(量热基准物质)、药用胶囊。

### 8.4.4 实验步骤

(1) 测定量热计的热容。用压片机将约 1 g 的量热标准物质苯甲酸压成片状,用分析天平准确称量后,置于燃烧杯中。剪取 15 cm 长的点火丝,将其中部在直径约 3 mm 的金属棒上绕成 1 cm 长的螺线管,把两端系于点火电极上,并使螺线管紧贴在样品片上,然后装进氧弹中,拧紧盖子并充入氧气后,置于卡计中,按量热计的操作步骤测定其燃烧后的温度升高值。

如使用电标定法,加热功率为 60~80 W(视量热计的规格而异,可事先试验,通电 3~5 min 体系升温约 1 ℃为宜)。但应在第(2)步实验中点火之前进行。

精密温差仪作为温差测定仪器,最好采用计算机采集数据。

(2) 测定试样的燃烧热。选取一个密封良好的药用胶囊,在分析天平上称其质量后,用滴管小心滴入苯至其容积的 4/5(约 0.4 g),套好胶囊,再称出苯的质量。

将装好试样的胶囊置于燃烧杯中,接上点火丝并使其螺线管紧贴于胶囊上,然后测其燃烧热。扣除胶囊的热值后即为苯的燃烧热。

同法测定环己烯和环己烷的燃烧热。

(3) 测定胶囊的燃烧热。称取 10 个胶囊,适当压紧后置于燃烧杯中,同上法测定胶囊的燃烧热。

(4) HMO 法计算的苯分子稳定化能等结构性质:

① 画出苯分子结构,对各碳原子及其 $p_z$ 轨道编号,如图 8.4 所示。由 AO 线性组合得出 MO:

$$\Psi=\sum_{i=1}^{6}c_i\varphi_i \tag{8.36}$$

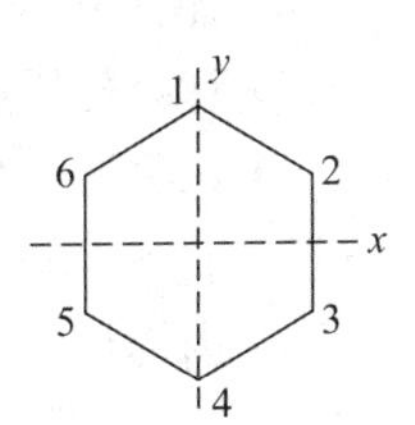

图 8.4　苯分子结构图

② 用 Hückel 近似写出化简的久期方程如下：

$$\begin{bmatrix} x & 1 & 0 & 0 & 0 & 1 \\ 1 & x & 1 & 0 & 0 & 0 \\ 0 & 1 & x & 1 & 0 & 0 \\ 0 & 0 & 1 & x & 1 & 0 \\ 0 & 0 & 0 & 1 & x & 1 \\ 1 & 0 & 0 & 0 & 1 & x \end{bmatrix} \begin{bmatrix} c_1 \\ c_2 \\ c_3 \\ c_4 \\ c_5 \\ c_6 \end{bmatrix} \tag{8.37}$$

③ 以图 8.4 中标明的虚线作镜面，利用这两个镜面对称性化简式(8.36)，求出 $x$ 值。

④ 利用 $x$ 值求出分子轨道能级；利用 $x$ 值代入化简的式(8.36)，结合归一化条件求出分子轨道组合系数 $c_i$。

⑤ 按能级从低到高的次序，列出 6 个 $E_i$ 及 $\Psi_i$ 的解。

⑥ 画出各个 $\Psi_i$ 的示意图。

⑦ 计算苯分子中每个碳原子的电荷密度原子间 $\pi$ 键键级及各碳原子的自由价，写出苯的分子图。

⑧ 计算苯分子稳定化能，讨论苯分子的性质。

提示：简化式(8.36)时，可充分利用镜面对称性，了解各个 $c_i$ 间的关系。

例如对镜面 $\sigma_x$：

对称$(S_x)$：$c_1=c_4, c_2=c_3, c_5=c_6$

反对称$(A_x)$：$c_1=-c_4, c_2=-c_3, c_5=-c_6$

对镜面 $\sigma_y$：

对称$(S_y)$：$c_2=c_6, c_3=c_5$

反对称$(A_y)$：$c_1=c_4=0, c_2=-c_6, c_3=-c_5$

例如利用 $S_x$ 和 $S_y$ 条件，可将式(8.11)化简为

$$xc_1+2c_2=0 \tag{8.38}$$

$$c_1+(x+1)c_2=0 \tag{8.39}$$

从式(8.38)和式(8.39)，使 $c_1$、$c_2$ 不全为 0 的解，需满足下一行列式：

$$|x \quad 2| \tag{8.40}$$

解式(8.14)，得 $x=-2$ 或 1。当 $x=-2$ 时，$E_1=\alpha+2\beta$。将 $x$ 代回式(8.38)和式(8.39)，并结合归一化条件，即

$$c_1^2+c_2^2+c_3^2+c_4^2+c_5^2+c_6^2=1 \tag{8.41}$$

得：

$$\Psi_1=\frac{1}{\sqrt{6}}(\phi_1+\phi_2+\phi_3+\phi_4+\phi_5+\phi_6) \tag{8.42}$$

### 8.4.5　实验记录和数据处理

(1) 对各次测定进行雷诺温度校正，求出温度差 $\Delta T$。

(2) 计算量热计的热容。

(3) 计算药用胶囊的燃烧焓($J \cdot g^{-1}$)。

(4) 从量热计的热容、各液体样品燃烧时的温度升高值和胶囊的燃烧焓,计算苯、环己烯和环己烷的恒容燃烧焓,并由 $\Delta H = Q_p = Q_V + \Delta nRT$,计算恒压反应焓。

(5) 由燃烧焓数据计算苯分子的稳定化能。

### 8.4.6 讨论与思考

(1) 测定稳定化能也可以用下列物质:邻苯二甲酸酐、四氢邻苯二甲酸酐和六氢邻苯二甲酸酐。它们都是固体物质,测定更为简便,但后两种物质不易得到。

(2) 本实验是通过测定燃烧焓数据求稳定化能,因前者数值较大而后者很小,测定中微小的误差,对共振能的数值也会造成很大的影响,故必须细心操作。燃烧完全和精确测定温度是本实验的关键。

(3) 还可以用哪些方法求得苯分子的稳定化能?

## 8.5 三草酸合铁(Ⅲ)酸钾的制备及结构表征

### 8.5.1 实验目的

(1) 掌握配合物制备、分离提纯、组成分析和性质表征的实验方法。

(2) 用光化学分析、热分析、磁化率测定等方法对三草酸合铁(Ⅲ)酸钾进行表征,研究物质性质与结构的关系。

### 8.5.2 实验原理

三草酸合铁(Ⅲ)酸钾最简单的制备方法是由三氯化铁和草酸钾反应制得的。要确定所得配合物的组成,必须综合应用各种方法。

配合物中的金属离子的含量一般可通过容量滴定、比色分析或原子吸收光谱法确定,本实验配合物中的铁含量采用磺基水杨酸比色法测定。钾含量可以用原子吸收光谱测定,也可用离子选择电极测定。配体草酸根的含量分析一般采用氧化还原滴定法确定,也可用热分析法确定。

红外光谱可定性鉴定配合物中所含有的结晶水和草酸根。用热分析法可定量测定结晶水和草酸根的含量,也可用气相色谱法测定不同温度时热分解产物中逸出气体的组分及其相对含量来确定。

三草酸合铁(Ⅲ)酸钾配合物中心离子 $Fe^{3+}$ 的 d 电子组态及配合物是高自旋还是低自旋,可以由磁化率测定来确定。配离子电荷的测定可进一步确定配合物组成及在溶液中的状态。

### 8.5.3 仪器与药品

磁天平,722 型分光光度计,LCT-1 型热分析仪,常用玻璃仪器。

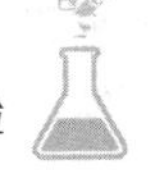


草酸钾(A.R.)，三氯化铁(A.R.)，氯化钾(A.R.)，$Fe^{3+}$标准溶液($1\ mg \cdot cm^{-3}$)，氨水，磺基水杨酸(25%)，醋酸锂，$6\ mol \cdot L^{-1}$盐酸溶液，10%醋酸，丙酮。

### 8.5.4　实验步骤

**1. 三草酸合铁(Ⅲ)酸钾的制备**

称取6.1 g三氯化铁置于$50\ cm^3$烧杯中，加入$16\ cm^3$蒸馏水溶解，调节pH值至1～2，备用。称取21.8 g草酸钾放入$100\ cm^3$烧杯中，加入$70\ cm^3$蒸馏水，加热使草酸钾全部溶解。在溶液近沸时缓慢滴加三氯化铁溶液，将此溶液在冰水中冷却即有绿色晶体析出，用布氏漏斗过滤得粗产品。

将粗产品溶解在$70\ cm^3$热水中，趁热过滤。将滤液在冰水中冷却，待结晶完全后过滤，晶体产物用少量冰水洗涤，再分别用10%醋酸溶液、丙酮洗涤，置于50～60℃下烘干12 h，研细。

**2. 配合物中铁含量的测定**

称取1.964 g经重结晶后干燥的配合物晶体，溶于$80\ cm^3$水中，注入$1\ cm^3$体积比为1∶1盐酸后，在$100\ cm^3$容量瓶中稀释到刻度。准确吸取上述溶液5 mL于500 mL容量瓶中，稀释到刻度，此溶液为样品溶液(溶液须保存在暗处，以避免三草酸合铁配离子见光分解)。

用吸量管分别吸取铁标准溶液0、$1.0\ cm^3$、$2.5\ cm^3$、$5.0\ cm^3$、$7.5\ cm^3$、$10.0\ cm^3$、$12.5\ cm^3$和$25\ cm^3$于$100\ cm^3$容量瓶中，用蒸馏水稀释到约$50\ cm^3$，加入$5\ cm^3$ 25%的磺基水杨酸，用1∶1氨水中和到溶液呈黄色，再加入$1\ cm^3$氨水，然后用蒸馏水稀释到刻度，摇匀。在分光光度计上，用1 cm比色皿在450 nm处进行比色，测定各铁标准溶液和样品溶液的吸光度。

也可用还原剂把$Fe^{3+}$还原为$Fe^{2+}$，然后用$KMnO_4$标准溶液滴定$Fe^{2+}$，计算出$Fe^{2+}$含量。或可选择其他合适的方法来测定铁含量。

**3. 热重分析**

在瓷坩埚中，称取一定量磨细的配合物样品，按规定的操作步骤在热天平上进行热分解测定，升温到550℃为止。记录不同温度时的样品质量。

亦可用气相色谱测定不同温度时热分解产物中逸出气的组分及其相对含量。

**4. 配合物的磁化率测定**

用磁天平测定三草酸合铁(Ⅲ)酸钾的磁化率。

**5. 三草酸合铁(Ⅲ)酸钾分裂能的测定**

吸取$5\ cm^3$ $K_3[Fe(C_2O_4)_3]$溶液(15%)于$50\ cm^3$容量瓶中，加去离子水稀释至刻度，以去离子水为参比液，用分光光度计在波长500～800 nm范围内，每隔10 nm测定上述溶液的吸光度，接近峰值附近时，每隔5 nm测定一次数据。

### 8.5.5　数据记录与处理

**1. 配合物中的铁含量的测定**

将光度法测定的实验结果记录于下表：

| 编号 | $V(Fe^{3+})/cm^3$ | $c(Fe^{3+})/(\mu g\cdot cm^{-3})$ | 吸光度 $A$ | | |
|---|---|---|---|---|---|
| | | | 1 | 2 | 平均 |
| 1 | 0 | 0 | | | |
| 2 | 1.0 | 1.0 | | | |
| 3 | 2.5 | 2.5 | | | |
| 4 | 5.0 | 5.0 | | | |
| 5 | 7.5 | 7.5 | | | |
| 6 | 10.0 | 10.0 | | | |
| 7 | 12.5 | 12.5 | | | |
| 样品 | 25 | $x$ | | | |

以吸光度 $A$ 为纵坐标，$Fe^{3+}$ 含量为横坐标作图得一直线，即为 $Fe^{3+}$ 的标准曲线。以样品的吸光度 $A$ 在标准曲线上找到相应的 $Fe^{3+}$ 含量，并计算样品中 $Fe^{3+}$ 的百分含量。

$$w(Fe^{3+})\%=\frac{c(Fe^{3+})\times 样品稀释的倍数}{m(Fe^{3+})}\times 100\%$$

**2. 配合物的热重分析**

根据不同温度时的样品质量，作出温度-质量的热重曲线。

由热重曲线计算样品的失重率，并与各种可能的热分解反应的理论失重率相比较，确定该配合物的组成。

**3. 配合物磁化率的测定**

根据测定的磁化率计算配合物中心离子的未成对电子数，画出电子的排布，并说明草酸根是属于强场配体还是弱场配体。

综合上述实验结果确定试样的正确分子式及中心离子的电子组态。

**4. 三草酸合铁(Ⅲ)酸钾分裂能的测定**

根据测定的不同波长下的吸光度，作出波长-吸光度的紫外吸收曲线。

由曲线得到最大吸光度对应的波长，并计算配合物的分裂能。

### 8.5.6 思考题

(1) 在制备过程中，能否用蒸干溶液的方式得到纯的三草酸合铁(Ⅲ)酸钾？

(2) 根据三草酸合铁(Ⅲ)酸钾的性质，应如何保存该化合物？

## 8.6 极化曲线的测定及应用

### 8.6.1 实验目的

(1) 掌握恒电位法测定电极极化曲线的原理和实验技术。

(2) 通过测定金属铁在 $H_2SO_4$ 溶液中的阴极极化和阳极极化曲线求算铁的自腐蚀电位、自腐蚀电流和钝化电位范围、钝化电流等参数。了解不同 pH 值、$Cl^-$ 浓度、缓蚀剂等因素

对铁电极极化的影响。

(3) 掌握不锈钢阳极钝化曲线的测量和线性扫描伏安法的应用。

(4) 掌握用线性极化法测定极化电阻率 $R_p$ 值的方法。

### 8.6.2 实验原理

#### 1. 铁在 $H_2SO_4$ 溶液中的阴极极化和阳极极化曲线测定

Fe 在 $H_2SO_4$ 溶液中会不断溶解，同时产生 $H_2$。Fe 溶解反应为

$$Fe-2e \longrightarrow Fe^{2+}$$

$H_2$ 析出反应为

$$2H^+ + 2e \longrightarrow H_2$$

Fe 电极和 $H_2$ 电极及溶液构成了腐蚀原电池，其腐蚀反应为

$$Fe+2H^+ \longrightarrow Fe^{2+} + H_2$$

这是 Fe 在酸性溶液中腐蚀的原因。当电极不与外电路接通时，阳极反应速率和阴极反应速率相等，Fe 溶解的阳极电流 $I_{Fe}$ 与 $H_2$ 析出的阴极电流 $I_H$ 在数值上相等，但方向相反，此时其净电流为零。

$$I_{净} = I_{Fe} + I_H = 0 \tag{8.43}$$

$$I_{corr} = I_{Fe} = -I_H \neq 0 \tag{8.44}$$

$I_{corr}$ 值的大小反映了 Fe 在 $H_2SO_4$ 溶液中的腐蚀速率，所以称 $I_{corr}$ 为 Fe 在 $H_2SO_4$ 溶液中的自腐蚀电流。其对应的电位称为 Fe 在 $H_2SO_4$ 溶液中的自腐蚀电位 $E_{corr}$，此电位不是平衡电位。虽然，阳极反应放出的电子全部被阴极还原所消耗，在电极与溶液界面上无净电荷存在，电荷是平衡的。但电极反应不断向一个方向进行，$I_{corr} \neq 0$，电极处于极化状态，腐蚀产物不断生成，物质是不平衡的，这种状态称为稳态极化。它是热力学的不稳定状态。

自腐蚀电流 $I_{corr}$ 和自腐蚀电位 $E_{corr}$ 可以通过测定极化曲线获得。极化曲线是指电极上流过的电流与电位之间的关系曲线，即

$$I_{corr} = f(E)$$

图 8.5 所示是用电化学工作站测定的 Fe 在 1.0 mol·dm$^{-1}$溶液中的阴极极化和阳极极化曲线图。*ar* 为阴极极化曲线，当对电极进行阴极极化时，阳极反应被抑制，阴极反应加速，电化学过程以 $H_2$ 析出为主。*ab* 为阳极极化曲线，当对电极进行阳极极化时，阴极反应被抑制，阳极反应加速，电化学过程以 Fe 溶解为主。在一定的极化电位范围内，阳极极化和阴极极化过程以活化极化为主，因此，电极的超电势与电流之间的关系均符合塔菲尔方程。作两条塔菲尔直线 *is* 和 *hs*，其交点 *s* 对应的纵坐标为自腐蚀电流的对数值，据此可求得自腐蚀电流 $I_{corr}$，横坐标即为自腐蚀电位 $E_{corr}$。

当阳极极化进一步加强，即电位继续增大时，Fe 阳极极化电流缓慢增大至 *b* 点对应的电流。此时，只要极化电位稍超过 $E_b$，电流直线下降；此后电位增加，电流几乎不变，此电流称为钝化电流 $I_p$，$E_b$ 称为致钝电位。图 8.5 中 $a \sim b$ 的范围称为活化区，是 Fe 的正常溶解。

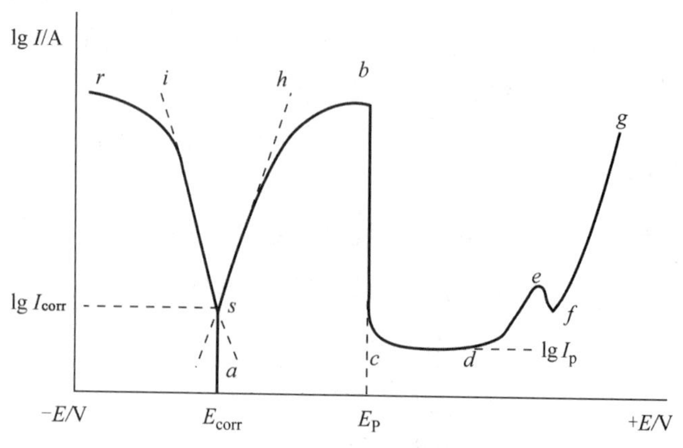


图 8.5　Fe 的极化曲线图

$b \sim c$ 的范围称为活化钝化过渡区。$c \sim d$ 的范围称为钝化区。$d \sim g$ 的范围称为过钝化区，其中 $d \sim e$ 的范围是 $Fe^{2+}$ 转变成了 $Fe^{3+}$；$f \sim g$ 的范围有氧气析出。

处在钝化状态的金属的溶解速度很小，这种现象称为金属的钝化。这在金属防腐蚀及作为电镀的不溶性阳极时，正是人们所需要的。而在另外情况下，例如，对于化学电源、电冶金和电镀中的可溶性阳极，金属的钝化就非常有害。金属的钝化，与金属本身性质及腐蚀介质有关。如 Fe 在硫酸溶液中易于钝化，但若存在 $Cl^-$ 离子，则不但不钝化，反而促进腐蚀。另一些物质，加入少量起到减缓腐蚀的作用，常称缓蚀剂。

同理，当阴极极化进一步加强，即电位变得更小时，Fe 阴极极化电流缓慢增大。在电镀工业中，为了保证镀层的质量，必须创造条件保持较大的极化度。电镀的实质是电结晶过程，为获得细致、紧密的镀层，必须控制晶核生成速率大于晶核成长速率。而形成小晶体比大晶体具有更高的表面能，因而从阴极析出小晶体就需要较高的超电压。但只考虑增加电流密度，即增加电极反应速率，就会形成疏松的镀层。因此应控制电极反应速率(使其较小)、增加电化学极化。如在电镀液中加入合适的配位剂和表面活性剂，就能增加阴极的电化学极化，使金属镀层的表面状态致密光滑，美观且防腐效果好。

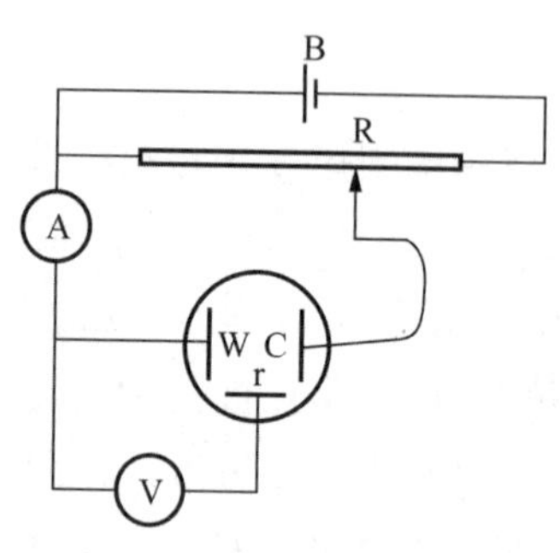


图 8.6　恒电位法原理示意图

控制电流测电位的方法称为恒电流法，即

$$E = f(I) \tag{8.45}$$

将电流作为自变量，电位作为应变量，若用恒电流法 *bcde* 段就作不出来。所以需要用恒电位法测定完整的阳极极化曲线。恒电位法原理如图 8.6 所示。图中 W 表示研究电极，C 表示辅助电极，R 表示参考电极。参考电极与研究电极组成原电池，可确定研究电极的电位；辅助电极与研究电极组成电解池，使研究电极处于极化状态。

### 2. 不锈钢的钝化曲线测量及耐蚀能力的评价

应用控电位线性极化扫描伏安法测定不锈钢在腐蚀介质中的阳极钝化曲线，是评价钝态金属耐蚀能力的常规方法。给被测量的不锈钢施加一个阳极方向的线性变化电势，测量

电流密度随电势变化的函数关系 $J=f(\varphi)$，如图 8.7 所示。

由图 8.7 可见，整个曲线分为四个区，$AB$ 段所示为此区不锈钢阳极溶解电流密度随电势的正移而增大，一般服从半对数关系。随不锈钢的溶解，腐蚀物的生成在不锈钢表面形成保护膜。$BC$ 段为过渡区。电势和电流密度出现负斜率的关系，即随着保护膜的形成不锈钢的阳极溶解电流急速下降。$CD$ 段为钝化区。在此区不锈钢处于稳定的钝化状态，电流密度随电位的变化很小。$DE$ 段为超钝化区。此时不锈钢的阳极溶解重新随电势的正移而增大，不锈钢在介质中形成更高价的可溶性的氧化物或氧的析出。钝化曲线给出几个特征的电势和电流密度，为评价不锈钢在腐蚀介质中的耐蚀行为提供了重要的实验参数。

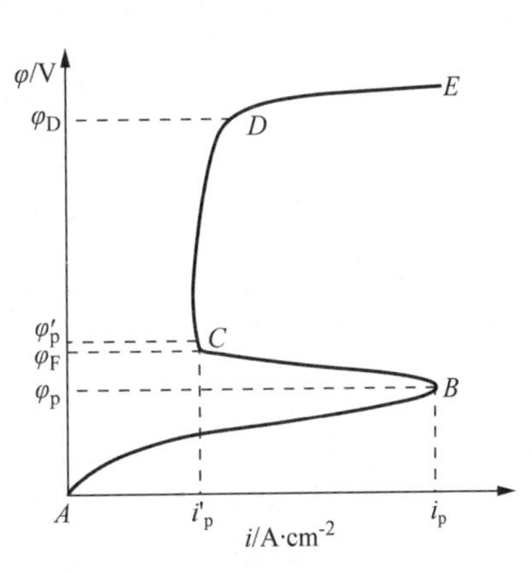


图 8.7　阳极曲线钝化图

图 8.7 中，$\varphi_p$ 为致钝电势，$\varphi_p$ 越负，不锈钢越容易进入钝化区。$\varphi_F$ 称为 flad 电势，是不锈钢由钝态转入活化态的电势。$\varphi_F$ 越负表明不锈钢越不容易由钝化转入活化。$\varphi_D$ 称为点蚀电势，$\varphi_D$ 越正表明不锈钢的钝化膜越不容易破裂。$\varphi'_p \sim \varphi_D$ 称为钝化范围，$\varphi'_p \sim \varphi_D$ 电势范围越宽，表明不锈钢的钝化能力越强。

图 8.7 中的两个特征的电流密度为致钝电流密度 $i_p$ 和维钝电流密度 $i'_p$，也为我们评价不锈钢耐蚀行为提供了参数。

### 3. 线性极化法分析腐蚀介质对不锈钢腐蚀速度的影响

不锈钢在特定介质中的腐蚀速度是评价不锈钢的耐蚀能力的主要参数。腐蚀介质(成分、浓度)对不锈钢耐腐蚀能力有重要的影响。常规的重量法，测量时间冗长，步骤复杂。线性极化法以其灵敏、快速、方便成为测量不锈钢在其所在腐蚀介质腐蚀速度的常用方法。线性极化法的原理是依据在电极的自腐电位附近处(约±10 mV)加极化极电流密度，电极电位的变化 $\Delta E$ 与外加电流密度 $\Delta J$ 成正比，如图 8.8 和图 8.9 所示。

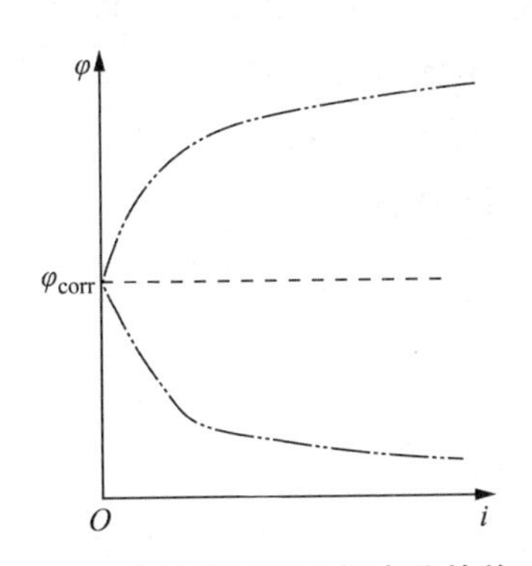


图 8.8　电流密度与电极电位的关系

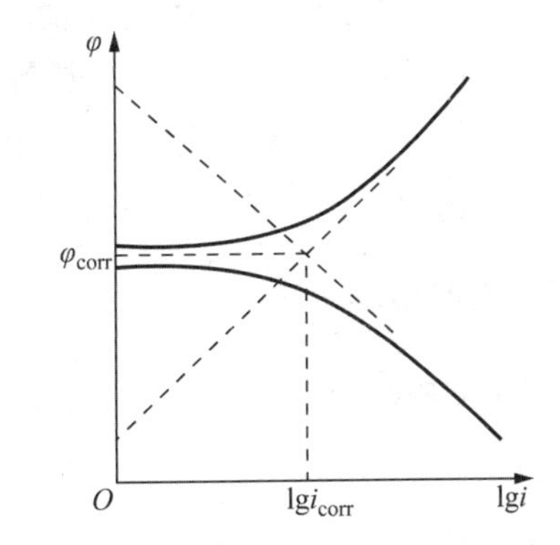


图 8.9　电流密度的对数与电极电位的关系

据斯特恩(Stern)和盖里(Geary)的理论推导，对于活化控制的腐蚀体系，极化阻力 $\left(R_p=\dfrac{\Delta E}{\Delta J}\right)$ 与自腐蚀电流密度之间存在如下关系：

$$R_p=\frac{\Delta E}{\Delta J}=\frac{b_a b_c}{2.303(b_a+b_c)}\times\frac{1}{J_{corr}} \quad (8.46)$$

式中,$R_p$ 为电位随电流密度的变化率,可称之为极化电阻率($\Omega\cdot cm^2$);$\Delta E$ 为极化电位(V);$\Delta J$ 为极化电流密度($A\cdot cm^{-2}$);$J_{corr}$ 为金属的自腐蚀电流密度($A\cdot cm^{-2}$);$b_a$ 和 $b_c$ 分别为阳、阴极塔菲尔常数(V)。上式还包含了腐蚀体系的两种极限情况。

当局部的阳极反应受活化控制,而局部阴极反应受氧化剂扩散控制时(如氧的扩散控制)$b_c\to\infty$,则式(8.46)简化为

$$R_p=\frac{\Delta E}{\Delta J}=\frac{b_a}{2.303J_{corr}} \quad (8.47)$$

当局部阴极反应受活化控制,而局部阳极反应受钝化控制时(如不锈钢在饱和氧介质中)$b_a\to\infty$,则式(8.46)简化为

$$R_p=\frac{\Delta E}{\Delta J}=\frac{b_c}{2.303J_{corr}} \quad (8.48)$$

对一定的腐蚀体系,$b_a$、$b_c$ 为常数,而 $K=\frac{b_a b_c}{2.303(b_a+b_c)}$ 也为常数,则上述三式可简化为

$$R_p=\frac{\Delta E}{\Delta J}=\frac{K}{J_{corr}} \quad (8.49)$$

或

$$J_{corr}=\frac{K}{R_p} \quad (8.50)$$

显然衡量不锈钢自腐蚀速度大小的自腐蚀电流密度 $J_{corr}$ 和线性极化电阻率 $R_p$ 成反比。测量不锈钢在不同介质中的 $R_p$ 值可以分析介质对不锈钢腐蚀速度的影响。

### 8.6.3 仪器和药品

CHI660C 电化学工作站 1 台,电解池 1 个,硫酸亚苯电极或饱和甘汞电极(参比电极)、铁电极(研究电极)、铂片电极(辅助电极)各 1 支,304 不锈钢、430 不锈钢,3# ~5# 金相砂纸。

1.0 $mol\cdot dm^{-3}$、0.25 $mol\cdot dm^{-3}$、0.10 $mol\cdot dm^{-3}$ $H_2SO_4$ 溶液,含 $Cl^-$ 的 0.25 $mol\cdot dm^{-3}$ $H_2SO_4$ 溶液,1.0 $mol\cdot dm^{-3}$ HCl 溶液,乌洛托品(缓蚀剂)。

### 8.6.4 实验步骤

#### 1. 铁的极化曲线测定

1) 制备电极

将各面打磨光亮的 1 cm×1 cm×1 cm 的电极,一面焊上直径为 1 mm 的铜丝,除了一面以外,其余各面用绝缘胶密封。

2) 清理电极

用金相砂纸将铁电极表面打磨平整光亮,依次用蒸馏水和丙酮清洗,每次测量前都需要重复此步骤。电极处理得好坏对测量结果影响很大。

3) 测量极化曲线

使用 CHI660C 电化学工作站前应详细阅读使用说明书。

(1) 将三电极分别插入电极夹的 3 个小孔中,然后调节电极夹的位置使电极浸入盛电解质溶液的小烧杯中,小心放入屏蔽柜。将绿色夹头夹住 Fe 电极、红色夹头夹住 Pt 片电极、白色夹头夹住参比电极。

(2) 先打开电源,然后依次打开 CHI660C 工作站、微机、显示器电源,用鼠标器双击桌面上的 CHI660C。

(3) 测定开路电位,单击"T"(Technique),选中对话框中"Open Circuit Potential-Time"实验技术,点击"OK"。单击"■"(parameters)选择参数,也可用仪器默认值,单击"OK"。单击"▶",开始实验。

(4) 开路电位稳定后测 TAFEL 图,方法同(3),为使 Fe 的阴极极化、阳极极化、钝化、过钝化全都表示出来,初始电位(Init E)设为"−1.0 V",终态电位(Final E)设为"2.0 V",扫描速率(Scan Rate)设为"0.01 $V \cdot s^{-1}$",灵敏度(Sensitivity)设为"自动",其他可用仪器默认值。极化曲线自动画出。实验装置示意图如图 8.10 所示。

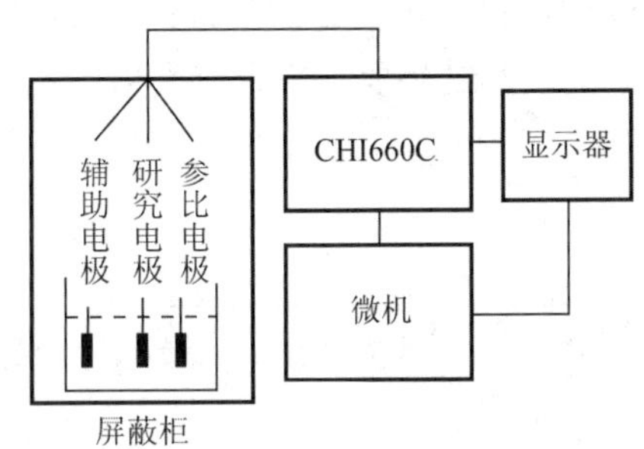


**图 8.10 极化曲线装置示意图**

4) 测定 Fe 电极的极化曲线

按 2)和 3)步骤分别测定 Fe 电极在 0.10 $mol \cdot dm^{-1}$ $H_2SO_4$ 溶液、1.0 $mol \cdot dm^{-1}$ HCl 溶液及含 1%乌洛托品的 1.0 $mol \cdot dm^{-1}$ HCl 溶液中的极化曲线。

**2. 不锈钢的钝化曲线测定**

(1) 电极的前处理。

(2) 电位扫描速度、范围、电流测量量程的选择。

(3) 430 不锈钢在 0.25 $mol \cdot dm^{-1}$ $H_2SO_4$ 中阳极钝化曲线的测量。

(4) 304 不锈钢在 0.25 $mol \cdot dm^{-1}$ $H_2SO_4$ 中阳极钝化曲线的测量。

(5) 整理实验数据。

**3. 不锈钢线性极化电阻率 $R_p$ 的测定**

(1) 测量电极的前处理。将被测电极经 3# ~5# 金相砂纸抛光,并用酒精或丙酮除油,用蒸馏水洗净备用。

(2) 测量电解槽系统的装配。

(3) 测量 430 不锈钢在 0.25 $mol \cdot dm^{-1}$ $H_2SO_4$ 中的 $R_p$ 值。

(4) 测量 430 不锈钢在含 $Cl^-$ 的 0.25 $mol \cdot dm^{-1}$ $H_2SO_4$ 中的 $R_p$ 值。

(5) 测量 304 不锈钢在 0.25 $mol \cdot dm^{-1}$ $H_2SO_4$ 中的 $R_p$ 值。

(6) 测量 304 不锈钢在含 $Cl^-$ 的 0.25 $mol \cdot dm^{-1}$ $H_2SO_4$ 中的 $R_p$ 值。

(7) 整理实验数据。

(8) 注意事项:注意线性极化范围的选择。($\Delta E \leqslant \pm 10$ mV)

### 8.6.5 数据记录与处理

(1) 分别求出 Fe 电极在不同浓度的 $H_2SO_4$ 溶液中的自腐蚀电流密度、自腐蚀电位、钝化电流密度及钝化电位范围。

(2) 分别计算 Fe 在 HCl 及含缓蚀剂的 HCl 介质中的自腐蚀电流密度,并按下式换算成腐蚀速率($v$)。

$$v = Mi/zF \tag{8.51}$$

式中,$v$ 为腐蚀速率($g \cdot m^{-2} \cdot s^{-1}$);$i$ 为自腐蚀电流密度($A \cdot m^{-2}$);$M$ 为 Fe 的摩尔质量($g \cdot mol^{-1}$);$F$ 为法拉第常数($C \cdot mol^{-1}$);$z$ 为电极反应的电荷数(即转移电子数)。

实验结果要求设计成表格形式给出。

(3) 将数据填入表 8.1 中。

**表 8.1 数据记录表(1)**

| 材料 | 致钝电流 $i_p$/mA | 维钝电流 $i'_p$/mA | 钝化电位范围 $E_{P'\text{-}D}$/mV | 点蚀电位 $E_D$/mV |
|---|---|---|---|---|
| 430 不锈钢 | | | | |
| 304 不锈钢 | | | | |

(4) 将数据填入表 8.2 中。

**表 8.2 数据记录表(2)**

| 材料 | $R_p$(0.25 $mol \cdot dm^{-3}$ $H_2SO_4$ 溶液)/$\Omega \cdot cm^2$ | $R_p$(含 $Cl^-$ 的 0.25 $mol \cdot dm^{-3}$ $H_2SO_4$ 溶液)/$\Omega \cdot cm^2$ |
|---|---|---|
| 430 不锈钢 | | |
| 304 不锈钢 | | |

### 8.6.6 注意事项

(1) 测定前仔细阅读仪器说明书,了解仪器的使用方法。

(2) 电极表面一定要处理平整、光亮、干净,不能有点蚀孔,这是该实验成败的关键。

### 8.6.7 思考题

(1) 平衡电极电位、自腐蚀电位有何不同?

(2) 写出作 Fe 阴极极化曲线时铁表面和铅片表面发生的反应;写出作阳极极化曲线时 Fe 表面各极化电位范围内可能的电极反应。

(3) 分析 $H_2SO_4$ 浓度对 Fe 钝化的影响。比较盐酸溶液中加和不加乌洛托品 Fe 电极上自腐蚀电流的大小。Fe 在盐酸溶液中能否钝化,为什么?

(4) 不锈钢的钝化极曲线给出了哪些电位?电流参数可供评价不锈钢在所在的介质中

的耐腐蚀能力。

(5) 被测的不锈钢中哪种型号的不锈钢在 0.25 $mol \cdot dm^{-3}$ $H_2SO_4$ 中耐蚀性能较好？为什么？

(6) 线性极化法的基本原理是什么？线性极化法有何局限性？

(7) $R_p$ 为什么称为线性极化电阻率？

## 8.7 聚(N-异丙基丙烯酰胺-co-壳聚糖)凝胶的制备及溶胀性测定

### 8.7.1 实验目的

(1) 掌握聚(N-异丙基丙烯酰胺)凝胶制备的基本原理和方法。

(2) 掌握重量法测定凝胶溶胀度的原理和方法。

(3) 了解 DSC 测定聚合物相转变温度的基本原理和方法。

### 8.7.2 实验原理

#### 1. 称重法测定凝胶溶胀度和相转变温度

水凝胶是介于液体和固体之间，由共价键交联而形成的三维网络或互穿网络结构聚合物，也是一种能在水中显著溶胀但不溶于水足够稳定的亲水聚合物。水分子由于和高分子网络具有亲和性，则被高分子网络封闭于其中，失去了流动性，因此水凝胶能像固体一样有一定的形态。近年来智能型水凝胶因有响应环境刺激发生体积溶胀、收缩的特性，引起了越来越多科学家的注意，其中温度敏感性水凝胶聚(N-异丙基丙烯酰胺)(PNIPAM)的研究最为引人注目。它的低温临界溶液温度(LCST)在 32 ℃左右，当温度低于其 LCST 时，PNIPAM 水凝胶高度溶胀；当温度高于 LCST 时，水凝胶会急剧收缩，溶胀程度突然减小。这种特殊的性能，在药物控制、释放酶的固定化和循环吸收剂等领域有广泛的应用前景。壳聚糖(CS)是一种 D-葡糖胺和 N-乙酰基-D-葡糖胺构成的天然多糖，由甲壳素脱乙酰后制得。壳聚糖拥有良好的生物相容性、可降解性、无毒等优点，分子链上含有大量氨基官能团，具有明显的 pH 响应性。目前已被广泛应用于制药、生物医学等领域。如果将 CS 和 NIPAM 等环境敏感性单体结合起来，制备出新的聚合物，可望交织和扩展各组分的功能。

水凝胶的溶胀率(SR)可以重量法来进行测定，即将一定量水凝胶浸没于一定条件溶剂中，使其溶胀一定时间后取出，用吸滤纸吸去水凝胶表面带出的水，称重，计算水凝胶溶胀率，其定义为

$$SR = \frac{m_t - m_0}{m_0} \times 100\% \tag{8.52}$$

式中，$m_0$ 为溶胀前干胶的质量(g)；$m_t$ 为经时间 $t$ 溶胀后水凝胶的总质量(g)。水凝胶达到溶胀平衡时所对应的溶胀率称为平衡溶胀率($SR_{eq}$)。

室温下处于溶胀平衡的水凝胶，由于受热会发生体积的急剧收缩产生消溶胀的质量变

化,测定不同温度下凝胶的质量变化,通过凝胶消溶胀率 $R_s$ 随温度的变化曲线,可确定凝胶产生体积急剧收缩变化的温度范围(称体积相转变温度 VPTT),其消溶胀率为

$$R_s=\frac{m_e-m_s}{m_e}\times 100\% \tag{8.53}$$

式中,$m_e$ 为凝胶溶胀平衡时的质量;$m_s$ 为消溶胀时间 $t$ 后凝胶质量。

2. 差热分析

样品在受热或冷却的过程中,由于发生物理或化学变化而产生热效应,在差热曲线上会出现吸热或放热峰。试样发生力学状态变化,如由玻璃态转变为高弹态,虽无吸热或放热现象,但比热容有突变,差热曲线上则表现出线的突然变动。因此 DTA 和 DSC 可用于测定聚合物的玻璃化温度 $T_g$、相转变、结晶温度 $T_c$、熔点 $T_m$、结晶度 $X$ 等,可用于研究聚合、固化、交联、氧化、分解等反应以及测定反应温度,或反应热、反应动力学参数等。

DSC 测定原理与 DTA 相似,详细可以参阅 5.7 节。

常见聚合物 DTA 和 DSC 曲线如图 8.11 所示。当温度升高达到聚合物玻璃化转变温度 $T_g$ 时,试样的热容由于局部链节移动而发生变化,通常为增大,由此相对于参比物,试样要维持与参比物相同温度则需加大试样的加热电流。由于玻璃化温度不是相变化,曲线只产生阶梯状位移。如果试样能够结晶,并处于过冷的非晶态,那么在 $T_g$ 以上时,试样发生结晶则会释放大量结晶热而出现放热峰。进一步升温,结晶熔融出现吸热峰;再进一步升温,试样可能发生氧化、交联反应而放热,出现放热峰,最后试样发生分解出现吸热峰。当然并不是所有的聚合物试样都发生上述全部物理和化学变化。

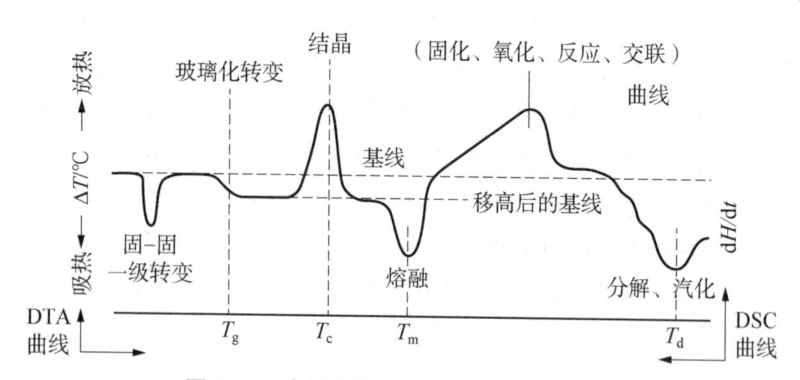


**图 8.11 高聚物的 DTA 和 DSC 曲线示意图**

确定 $T_g$ 的方法是由玻璃化转变前后的直线部分取切线,再在实验曲线上取一点,使其平分两切线间的距离,如图 8.12(a)所示,这一点所对应的温度即为 $T_g$。$T_m$ 的确定,对低分子纯物质如苯甲酸,由峰的前部斜率最大处作切线与基线延长线相交,此点所对应的温度为 $T_m$,如图 8.12(b)所示;对聚合物来说,由峰的两边斜率最大处引切线,相交点所对应的温度取作 $T_m$,即峰顶温度,如图 8.12(c)所示;$T_c$ 通常也是取峰顶温度。峰面积的取法如图 8.12(d)和(e)所示,可用求积仪或数格法、剪纸称重法量出面积。如果出峰前、后基线基本水平,峰对称,其面积为峰高乘半峰宽度,即 $A=h\times\Delta t_{1/2}$,如图 8.12(f)所示。

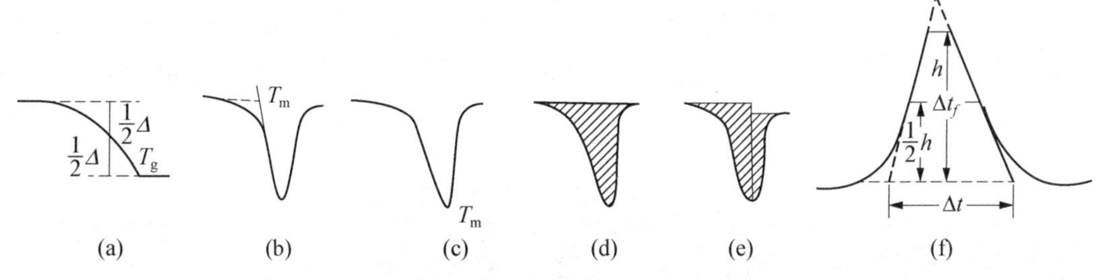


**图 8.12 玻璃化温度和峰面积的确定**

DSC 的原理和操作都比较简单，但取得精确的结果却很不容易，因为影响因素太多，有仪器因素、试样因素。仪器因素主要包括炉子大小和形状、热电偶的粗细和位置、加热速度、记录纸速度、测试时的气氛、盛放样品的坩埚材料和形状等。试样因素主要包括颗粒大小、热导性、比热、填装密度、数量等。在固定一台仪器时，仪器因素主要是加热速度，样品因素中主要是样品的数量，在仪器灵敏度许可的情况下，试样应尽可能少。在测 $T_g$ 时，热容变化小，样品的量应当适当多一些。试样的量和参比物的量要匹配，以免两者热容相差太大引起基线飘移。

聚合物凝胶在溶胀平衡的情况下，凝胶所含水与聚合物链以氢键结合的方式存在，凝胶受热导致氢键断裂失去结合水形成自由水而发生体积收缩，至收缩平衡相应吸热峰的峰顶温度即为体积相转变温度。

## 8.7.3 仪器和试剂

磁力搅拌器 1 台，50 mL 小烧杯 2 只，氧气袋 1 只，镊子 1 只，公用 2 mL 移液管、10 mL 量筒和吸滤纸等。

N-异丙基丙烯酰胺（NIPAM，纯度≥99%，日本东京化成工业株式会），壳聚糖（CS，脱乙酰度≥90%），甲基丙烯酸（MAA）或醋酸（HAc），N，N-亚甲基双丙烯酰胺（MBA），过硫酸铵（APS），亚硫酸氢钠（SBS），以上试剂均为分析纯。

## 8.7.4 实验步骤

### 1. 聚合物凝胶的制备

称量制备表 8.3 中相应编号的 NIPAM、MBA 于 100 mL（或 50 mL）小烧杯中，加入 20 mL 去离子水，磁力搅拌，将充有氮气的氧气袋通入氮气，待 NIPAM、MBA 溶解完全后加入相应的 CS，搅拌均匀后加入 MAA 溶液，使 CS 完全溶解（时间较长，约 30 min），此间通入氮气时间不低于 15 min。加热溶液使其温度升至高于 45 ℃，将 APS、SBS 分别溶于 1 mL 水后，依次加入混合溶液引发反应，待溶液变为均匀乳色后停止搅拌，取出搅拌磁子，洗净放回原处。维持反应温度，持续反应 6 h 至溶液凝胶化，静置过夜。不同编号凝胶各物质用量如表 8.3。

将盛有聚合物水凝胶的小烧杯置于 50 ℃烘箱，间隔一段时间取出（约 10 min），用镊子沿烧杯壁轻轻将凝胶与烧杯剥离,缓慢倾去凝胶收缩挤出的水,反复几次,直至整块凝胶脱离烧杯底部,倾倒取出水凝胶于表面皿上,用美工刀将凝胶切成 1 mL 的小块,于 50 ℃烘箱中干燥,约 20 min,用镊子翻动凝胶,继续干燥,直至凝胶中心干燥为止,制得干凝胶,也称干胶。

表 8.3 制备不同凝胶各物质用量配比

| 编号 | NIPAM/g | MBA/g | CS/g | MAA/mL | APS/g | SBS/g |
|---|---|---|---|---|---|---|
| 1 | 1.0 | 0.100 | 0.20 | 0.20 | 0.10 | 0.05 |
| 2 | 1.0 | 0.125 | 0.20 | 0.20 | 0.10 | 0.05 |
| 3 | 1.0 | 0.150 | 0.20 | 0.20 | 0.10 | 0.05 |
| 4 | 1.0 | 0.100 | 0.25 | 0.20 | 0.10 | 0.05 |
| 5 | 1.0 | 0.100 | 0.30 | 0.20 | 0.10 | 0.05 |
| 6 | 1.0 | 0.100 | 0.20 | 0.25 | 0.10 | 0.05 |
| 7 | 1.0 | 0.100 | 0.20 | 0.30 | 0.10 | 0.05 |

**2. 重量法测定凝胶溶胀率及相转变温度**

将制得的干胶 2 块,称重,置于洁净的 50 mL 小烧杯中,加入一定量去离子水使凝胶块完全浸没,一段时间溶胀后用镊子小心取出,用吸滤纸吸去表面水,称重,以式(8.52)计算凝胶溶胀率,如此反复直至凝胶质量恒定不变为止。期间每次测定更换一次去离子水,测定 5 h 若质量仍有变化,换水后静置过夜,次日一早再次测定凝胶质量变化,直至恒重。测定 2 h 后换水间隔时间可适当延长。不同时间的溶胀率测定记录如表 8.4。

溶胀平衡的凝胶块称重,浸没于盛有少量去离子水的小烧杯并置于恒温槽中,温度由 25 ℃间隔 2 ℃升至 50 ℃,测定凝胶消溶胀率随温度的变化,每个温度恒定 20 min 以达到热平衡。小心取出凝胶,滤纸吸去表面水后称重,以式(8.53)计算其消溶胀率。

**3. DSC 测定**

(1) 取出溶胀平衡的水凝胶滤纸吸去表面水,称取凝胶 10～15 mg,用镊子小心将其放入坩锅中,盖好坩锅盖密封;将样品坩锅和参比坩锅(参比物用量与样品相当)放入样品池。

(2) 打开测试软件,建立新的测试窗口和测试文件。

(3) 设定测量参数:通氮速率 10 mL · $min^{-1}$,升温速率 2 或 5 ℃/min,温度范围为 20～60 ℃。

(4) 选择“开始”测试,仪器自动开始运行,运行结束后可以打印所得到的谱图。

(5) 用随机软件处理谱图,确定样品体积收缩时的温度,也称体积相转变温度(VPTT)。

(6) 测试完毕关闭仪器,退出程序。

### 8.7.5 数据记录及处理

(1) 计算 1～7 号样品不同时间的溶胀率记录于表 8.4,并作图。

表 8.4　样品不同时间溶胀率

| 1#/h | $Rw$/% | 2#/h | SR/% | 3#/h | SR/% | 4#/h | SR/% | 5#/h | SR/% | 6#/h | SR/% | 7#/h | SR/% |
|---|---|---|---|---|---|---|---|---|---|---|---|---|---|
| 0.5 | | 0.5 | | 0.5 | | 0.5 | | 0.5 | | 0.5 | | 0.5 | |
| 1.0 | | 1.0 | | 1.0 | | 1.0 | | 1.0 | | 1.0 | | 1.0 | |
| 1.5 | | 1.5 | | 1.5 | | 1.5 | | 1.5 | | 1.5 | | 1.5 | |
| 2.0 | | 2.0 | | 2.0 | | 2.0 | | 2.0 | | 2.0 | | 2.0 | |
| 3.0 | | 3.0 | | 3.0 | | 3.0 | | 3.0 | | 3.0 | | 3.0 | |
| 4.0 | | 4.0 | | 4.0 | | 4.0 | | 4.0 | | 4.0 | | 4.0 | |
| 5.0 | | 5.0 | | 5.0 | | 5.0 | | 5.0 | | 5.0 | | 5.0 | |
| … | | … | | … | | … | | … | | … | | … | |

（2）从溶胀曲线中得出不同 MBA、CS、MAA 用量制备凝胶达到溶胀平衡的时间。

（3）讨论不同 MBA、CS、MAA 对所制备水凝胶溶胀率的影响。

（4）以式(8.53)计算各编号聚合物凝胶不同温度下的消溶胀率并作图，由消溶胀率变化曲线确定凝胶产生体积急剧收缩的体积相转变温度填于表 8.5 中。讨论相转变温度产生变化的原因。

（5）由 DSC 曲线确定样品的体积收缩的温度，记录于表 8.5。

表 8.5　样品体积相转变温度

| 样品 | | 1 | 2 | 3 | 4 | 5 | 6 | 7 |
|---|---|---|---|---|---|---|---|---|
| 体积相转变温度/℃ | DSC 法 | | | | | | | |
| | 称重法 | | | | | | | |

（6）讨论 MBA、CS、MAA 不同用量对水凝胶体积相转变温度的影响。

### 8.7.6　思考题

（1）样品 1～3 的 $SR_{eq}$ 随 MBA 含量的增加如何变化？为什么？

（2）样品 1、4、5 的 $SR_{eq}$ 随 CS 含量的增加如何变化？为什么？样品 1、6、7 溶胀率的变化显示什么规律？原因是什么？

（3）样品 1～3 和 1、4、5 以及 1、6、7 体积相转变温度的变化分别是什么？产生的原因分别是什么？

# 附　录

## 附录 1　不同温度下水的体积质量

| $t$/℃ | $\rho$/(kg·m$^{-3}$) | $t$/℃ | $\rho$/(kg·m$^{-3}$) | $t$/℃ | $\rho$/(kg·m$^{-3}$) |
|---|---|---|---|---|---|
| 0 | 999.839 5 | 27 | 996.513 2 | 54 | 986.176 1 |
| 1 | 999.898 5 | 28 | 996.233 5 | 55 | 985.695 2 |
| 2 | 999.939 9 | 29 | 995.944 8 | 56 | 985.208 1 |
| 3 | 999.964 2 | 30 | 995.647 3 | 57 | 984.714 9 |
| 4 | 999.972 0 | 31 | 995.341 0 | 58 | 984.215 6 |
| 5 | 999.963 8 | 32 | 995.026 2 | 59 | 983.710 2 |
| 6 | 999.940 2 | 33 | 994.203 0 | 60 | 983.198 9 |
| 7 | 999.901 5 | 34 | 994.371 5 | 61 | 982.681 7 |
| 8 | 999.848 2 | 35 | 994.031 9 | 62 | 982.158 6 |
| 9 | 999.780 8 | 36 | 993.684 2 | 63 | 981.629 7 |
| 10 | 999.699 6 | 37 | 993.328 7 | 64 | 981.095 1 |
| 11 | 999.605 1 | 38 | 992.965 3 | 65 | 980.554 8 |
| 12 | 999.497 4 | 39 | 992.594 3 | 66 | 980.008 9 |
| 13 | 999.377 1 | 40 | 992.215 8 | 67 | 979.457 3 |
| 14 | 999.244 4 | 41 | 991.829 8 | 68 | 978.900 3 |
| 15 | 999.099 6 | 42 | 991.436 4 | 69 | 978.337 7 |
| 16 | 998.943 0 | 43 | 991.035 8 | 70 | 977.769 6 |
| 17 | 998.774 9 | 44 | 990.628 0 | 71 | 977.196 2 |
| 18 | 998.595 6 | 45 | 990.213 2 | 72 | 976.617 3 |
| 19 | 998.405 2 | 46 | 989.791 4 | 73 | 976.033 2 |
| 20 | 998.204 1 | 47 | 989.362 8 | 74 | 975.443 7 |
| 21 | 997.992 5 | 48 | 988.927 3 | 75 | 974.899 0 |
| 22 | 997.770 5 | 49 | 988.485 1 | 76 | 974.249 0 |
| 23 | 997.538 5 | 50 | 988.036 3 | 77 | 973.643 9 |
| 24 | 997.296 5 | 51 | 987.580 9 | 78 | 973.033 6 |
| 25 | 997.044 9 | 52 | 987.119 0 | 79 | 972.418 3 |
| 26 | 996.783 7 | 53 | 986.650 8 | 80 | 971.797 8 |

（续表）

| $t$/℃ | $\rho$/(kg·m$^{-3}$) | $t$/℃ | $\rho$/(kg·m$^{-3}$) | $t$/℃ | $\rho$/(kg·m$^{-3}$) |
|---|---|---|---|---|---|
| 81 | 971.172 3 | 88 | 966.654 7 | 95 | 961.900 4 |
| 82 | 970 541.7 | 89 | 965.989 8 | 96 | 961.202 3 |
| 83 | 969.906 2 | 90 | 965.201 1 | 97 | 960.499 6 |
| 84 | 969.265 7 | 91 | 964.645 7 | 98 | 959.792 3 |
| 85 | 968 620 3 | 92 | 963.966 4 | 99 | 959.080 3 |
| 86 | 967.970 0 | 93 | 963.282 5 | 100 | 958.363 7 |
| 87 | 967.314 8 | 94 | 962.593 8 | | |

## 附录2　水的表面张力$\sigma$

| $t$/℃ | $\sigma\times10^2$/N·m$^{-1}$ | $t$/℃ | $\sigma\times10^2$/(N·m$^{-1}$) |
|---|---|---|---|
| 0 | 7.564 | 22 | 7.244 |
| 5 | 7.492 | 23 | 7.228 |
| 10 | 7.422 | 24 | 7.213 |
| 11 | 7.407 | 25 | 7.197 |
| 12 | 7.393 | 26 | 7.182 |
| 13 | 7.378 | 27 | 7.166 |
| 14 | 7.364 | 28 | 7.150 |
| 15 | 7.349 | 29 | 7.135 |
| 16 | 7.334 | 30 | 7.118 |
| 17 | 7.319 | 35 | 7.038 |
| 18 | 7.305 | 40 | 6.956 |
| 19 | 7.290 | 45 | 6.874 |
| 20 | 7.275 | 50 | 6.791 |
| 21 | 7.259 | | |

## 附录3　热电偶温度与毫伏换算表

分度号 EA-2　　镍铬-康铜　　冷端温度 0℃

| $t$/℃ | 0 | 1 | 2 | 3 | 4 | 5 | 6 | 7 | 8 | 9 |
|---|---|---|---|---|---|---|---|---|---|---|
| | 热电动势/mV | | | | | | | | | |
| −50 | −3.11 | | | | | | | | | |
| −40 | −2.50 | −2.56 | −2.62 | −2.68 | −2.74 | −2.81 | −2.87 | −2.93 | −2.99 | −3.05 |

(续表)

| t/℃ | 0 | 1 | 2 | 3 | 4 | 5 | 6 | 7 | 8 | 9 |
|---|---|---|---|---|---|---|---|---|---|---|
| | 热电动势/mV | | | | | | | | | |
| −30 | −1.89 | −1.95 | −2.01 | −2.07 | −2.13 | −2.20 | −2.26 | −2.32 | −2.38 | −2.44 |
| −20 | −1.27 | −1.33 | −1.39 | −1.46 | −1.52 | −1.58 | −1.64 | −1.70 | −1.77 | −1.83 |
| −10 | −0.64 | −0.70 | −0.77 | −0.83 | −0.89 | −0.96 | −1.02 | −1.08 | −1.14 | −1.21 |
| −0 | −0.00 | −0.06 | −0.13 | −0.19 | −0.26 | −0.32 | −0.38 | −0.45 | −0.51 | −0.58 |
| +0 | 0.00 | 0.07 | 0.13 | 0.20 | 0.26 | 0.33 | 0.39 | 0.46 | 0.52 | 0.59 |
| 10 | 0.65 | 0.72 | 0.78 | 0.85 | 0.91 | 0.98 | 1.05 | 1.11 | 1.18 | 1.24 |
| 20 | 1.31 | 1.38 | 1.44 | 1.51 | 1.57 | 1.64 | 1.70 | 1.77 | 1.84 | 1.91 |
| 30 | 1.98 | 2.05 | 2.12 | 2.18 | 2.25 | 2.32 | 2.38 | 2.45 | 2.52 | 2.59 |
| 40 | 2.66 | 2.73 | 2.80 | 2.87 | 2.94 | 3.00 | 3.07 | 3.14 | 3.21 | 3.28 |
| 50 | 3.35 | 3.42 | 3.49 | 3.56 | 3.63 | 3.70 | 3.77 | 3.84 | 3.91 | 3.98 |
| 60 | 4.05 | 4.12 | 4.19 | 4.26 | 4.33 | 4.41 | 4.48 | 4.55 | 4.62 | 4.69 |
| 70 | 4.76 | 4.83 | 4.90 | 4.98 | 5.05 | 5.12 | 5.20 | 5.27 | 5.34 | 5.41 |
| 80 | 5.48 | 5.56 | 5.63 | 5.70 | 5.78 | 5.85 | 5.92 | 5.99 | 6.07 | 6.14 |
| 90 | 6.21 | 6.29 | 6.36 | 6.43 | 6.51 | 6.58 | 6.65 | 6.73 | 6.80 | 6.87 |
| 100 | 6.95 | 7.03 | 7.10 | 7.17 | 7.25 | 7.32 | 7.40 | 7.47 | 7.54 | 7.62 |
| 110 | 7.69 | 7.69 | 7.84 | 7.91 | 7.99 | 8.06 | 8.13 | 8.21 | 8.28 | 8.35 |
| 120 | 8.43 | 8.50 | 8.53 | 8.65 | 8.73 | 8.80 | 8.88 | 8.93 | 9.03 | 9.10 |
| 130 | 9.18 | 9.25 | 9.33 | 9.40 | 9.48 | 9.35 | 9.63 | 9.70 | 9.78 | 9.85 |
| 140 | 9.93 | 10.03 | 10.08 | 10.16 | 10.23 | 10.23 | 10.38 | 10.45 | 10.53 | 10.01 |
| 150 | 10.69 | 10.77 | 10.85 | 10.92 | 11.00 | 11.08 | 11.15 | 11.23 | 11.51 | 11.18 |
| 160 | 11.46 | 11.54 | 11.62 | 11.69 | 11.77 | 11.85 | 11.23 | 12.03 | 12.08 | 12.16 |
| 170 | 12.24 | 12.32 | 12.49 | 12.48 | 12.53 | 12.63 | 12.71 | 12.79 | 12.82 | 12.55 |
| 180 | 13.03 | 13.11 | 13.19 | 13.27 | 13.36 | 12.44 | 13.52 | 13.60 | 13.08 | 13.26 |
| 190 | 13.84 | 13.92 | 14.00 | 14.08 | 14.16 | 14.25 | 14.34 | 14.42 | 14.50 | 14.58 |
| 200 | 14.66 | 14.74 | 14.82 | 14.90 | 14.98 | 15.06 | 15.14 | 15.22 | 15.30 | 15.38 |
| 210 | 15.48 | 15.56 | 15.64 | 15.72 | 15.80 | 15.80 | 15.97 | 16.05 | 16.13 | 16.21 |
| 220 | 16.30 | 16.38 | 16.46 | 16.54 | 16.62 | 16.71 | 16.79 | 16.86 | 16.95 | 17.03 |
| 230 | 17.12 | 17.20 | 17.28 | 17.37 | 17.45 | 17.53 | 17.62 | 17.70 | 17.78 | 17.57 |
| 240 | 17.95 | 18.03 | 18.11 | 18.19 | 18.25 | 18.34 | 18.43 | 18.52 | 18.60 | 18.68 |
| 250 | 18.76 | 18.84 | 18.92 | 19.01 | 19.09 | 19.17 | 19.26 | 19.34 | 19.42 | 19.50 |
| 260 | 19.59 | 19.67 | 19.75 | 19.84 | 19.92 | 20.00 | 20.08 | 20.17 | 20.25 | 20.34 |
| 270 | 20.42 | 20.50 | 20.58 | 20.66 | 20.74 | 20.83 | 20.91 | 20.99 | 21.07 | 21.15 |
| 280 | 21.24 | 21.32 | 21.40 | 21.49 | 21.57 | 21.65 | 21.73 | 21.82 | 21.90 | 21.98 |
| 290 | 22.07 | 22.15 | 22.23 | 22.32 | 22.40 | 22.48 | 22.57 | 22.65 | 22.73 | 22.82 |
| 300 | 22.90 | 22.98 | 23.97 | 23.15 | 23.23 | 23.32 | 23.41 | 23.49 | 23.57 | 23.66 |
| 310 | 23.74 | 23.83 | 23.91 | 24.00 | 24.08 | 24.17 | 24.25 | 24.34 | 24.47 | 24.53 |
| 320 | 24.59 | 24.68 | 24.76 | 24.85 | 24.93 | 25.02 | 25.10 | 25.19 | 25.27 | 25.36 |
| 330 | 25.44 | 25.53 | 25.61 | 25.69 | 25.78 | 25.86 | 25.93 | 26.03 | 26.12 | 26.21 |

（续表）

| t/℃ | 0 | 1 | 2 | 3 | 4 | 5 | 6 | 7 | 8 | 9 |
|---|---|---|---|---|---|---|---|---|---|---|
| | 热电动势/mV | | | | | | | | | |
| 340 | 26.30 | 26.48 | 26.55 | 26.62 | 26.69 | 26.76 | 26.83 | 26.90 | 26.98 | 27.07 |
| 350 | 27.15 | 27.24 | 27.32 | 27.41 | 27.48 | 27.56 | 27.66 | 27.75 | 27.83 | 27.92 |
| 360 | 28.01 | 28.10 | 28.19 | 28.27 | 28.35 | 28.45 | 28.54 | 28.62 | 28.71 | 28.80 |
| 370 | 28.88 | 28.97 | 29.06 | 29.14 | 29.23 | 27.32 | 29.40 | 29.49 | 29.58 | 29.66 |
| 380 | 29.75 | 29.83 | 29.96 | 30.04 | 30.12 | 30.19 | 30.26 | 30.34 | 30.43 | 30.51 |
| 390 | 30.61 | 30.70 | 30.79 | 30.87 | 30.96 | 31.05 | 31.14 | 31.22 | 31.30 | 31.39 |
| 400 | 31.48 | 31.51 | 31.66 | 31.74 | 31.83 | 31.92 | 32.00 | 32.09 | 32.18 | 32.25 |
| 410 | 32.34 | 32.43 | 32.52 | 32.61 | 32.70 | 32.78 | 32.80 | 32.95 | 33.04 | 33.13 |
| 420 | 33.21 | 33.30 | 33.39 | 33.48 | 33.56 | 33.65 | 33.73 | 33.82 | 33.90 | 33.98 |
| 430 | 34.07 | 34.16 | 34.25 | 34.33 | 34.42 | 34.51 | 34.60 | 34.68 | 34.77 | 34.85 |
| 440 | 34.94 | 35.03 | 35.12 | 35.20 | 35.29 | 35.38 | 35.46 | 35.55 | 35.04 | 35.72 |
| 450 | 35.81 | 35.90 | 35.98 | 36.07 | 36.15 | 36.24 | 36.35 | 36.11 | 36.59 | 36.38 |
| 460 | 36.67 | 36.76 | 36.84 | 36.98 | 37.02 | 37.11 | 37.19 | 37.28 | 37.37 | 37.45 |
| 470 | 37.54 | 37.63 | 37.71 | 37.80 | 37.89 | 37.98 | 38.06 | 38.15 | 38.24 | 38.32 |
| 480 | 38.41 | 38.50 | 38.58 | 38.67 | 38.76 | 38.85 | 38.93 | 39.02 | 39.11 | 39.19 |
| 490 | 39.23 | 39.37 | 39.45 | 39.54 | 39.63 | 39.72 | 39.80 | 39.89 | 39.98 | 40.06 |
| 500 | 40.15 | 40.24 | 40.32 | 40.41 | 40.50 | 40.59 | 40.67 | 40.76 | 40.85 | 40.93 |
| 510 | 41.02 | 41.11 | 41.20 | 41.28 | 41.37 | 41.46 | 41.55 | 41.64 | 41.72 | 41.81 |
| 520 | 41.90 | 41.99 | 42.08 | 42.16 | 42.25 | 42.34 | 42.43 | 42.52 | 42.60 | 42.69 |
| 530 | 42.78 | 42.87 | 42.96 | 43.05 | 43.14 | 43.23 | 43.32 | 43.41 | 43.49 | 43.57 |
| 540 | 43.67 | 43.75 | 43.84 | 43.93 | 44.02 | 44.11 | 44.19 | 44.28 | 44.37 | 44.26 |
| 550 | 44.55 | 44.64 | 44.73 | 44.82 | 44.91 | 44.99 | 45.08 | 45.17 | 45.26 | 45.35 |
| 560 | 45.44 | 45.53 | 45.62 | 45.71 | 45.80 | 45.89 | 45.97 | 46.06 | 46.15 | 46.24 |
| 570 | 46.33 | 46.42 | 46.51 | 46.60 | 46.69 | 46.78 | 46.86 | 46.95 | 47.04 | 47.13 |
| 580 | 47.22 | 47.31 | 47.60 | 47.49 | 47.58 | 47.67 | 47.75 | 47.84 | 47.93 | 48.02 |
| 590 | 48.11 | 48.20 | 48.29 | 48.38 | 48.47 | 48.56 | 48.65 | 48.74 | 48.83 | 48.91 |
| 600 | 49.01 | 49.10 | 49.18 | 49.27 | 49.36 | 49.45 | 49.54 | 49.63 | 49.71 | 49.80 |
| 610 | 49.89 | 49.98 | 50.07 | 50.15 | 50.24 | 50.32 | 50.41 | 50.50 | 50.59 | 50.67 |
| 620 | 50.76 | 50.85 | 50.94 | 51.02 | 51.11 | 51.20 | 51.29 | 51.38 | 51.46 | 51.55 |
| 630 | 51.64 | 81.73 | 51.81 | 51.90 | 51.99 | 52.08 | 52.16 | 52.25 | 52.34 | 52.42 |
| 640 | 52.51 | 52.60 | 52.69 | 52.77 | 52.86 | 52.95 | 53.04 | 53.13 | 53.21 | 53.30 |
| 650 | 53.39 | 53.48 | 53.56 | 53.65 | 53.74 | 53.83 | 53.91 | 54.00 | 54.09 | 54.17 |
| 660 | 54.26 | 54.35 | 54.43 | 54.52 | 54.66 | 54.69 | 54.77 | 54.86 | 54.95 | 55.03 |
| 670 | 55.12 | 55.21 | 55.29 | 55.38 | 55.47 | 55.56 | 55.64 | 55.73 | 55.82 | 55.91 |
| 680 | 56.00 | 56.09 | 56.17 | 56.26 | 56.35 | 56.44 | 56.52 | 56.61 | 56.70 | 56.78 |
| 690 | 56.87 | 56.96 | 57.04 | 57.10 | 57.22 | 57.31 | 57.39 | 57.48 | 57.57 | 57.66 |
| 700 | 57.74 | 57.83 | 57.91 | 58.00 | 58.08 | 58.17 | 58.25 | 58.34 | 58.43 | 58.51 |
| 710 | 58.57 | 58.59 | 58.77 | 58.86 | 58.95 | 59.04 | 59.12 | 59.21 | 59.30 | 59.38 |

(续表)

| t/℃ | 0 | 1 | 2 | 3 | 4 | 5 | 6 | 7 | 8 | 9 |
|---|---|---|---|---|---|---|---|---|---|---|
| | 热电动势/mV | | | | | | | | | |
| 720 | 59.47 | 59.56 | 59.64 | 59.73 | 59.81 | 59.90 | 59.99 | 60.07 | 60.16 | 60.24 |
| 730 | 60.33 | 60.42 | 60.50 | 60.59 | 60.68 | 60.77 | 60.85 | 60.94 | 61.03 | 61.11 |
| 740 | 61.20 | 61.29 | 61.37 | 61.46 | 61.54 | 61.63 | 61.71 | 61.80 | 61.89 | 61.97 |
| 750 | 62.06 | 62.15 | 62.23 | 62.32 | 62.40 | 62.49 | 62.58 | 62.66 | 62.75 | 62.83 |
| 760 | 62.92 | 63.01 | 63.09 | 63.18 | 63.26 | 63.35 | 63.44 | 63.52 | 63.61 | 63.69 |
| 770 | 63.78 | 63.87 | 63.95 | 64.04 | 64.12 | 64.21 | 64.30 | 64.38 | 64.47 | 64.55 |
| 780 | 64.64 | 64.73 | 64.81 | 64.90 | 64.98 | 65.07 | 65.16 | 65.24 | 65.33 | 65.41 |
| 790 | 65.50 | 65.59 | 65.67 | 65.76 | 65.84 | 65.93 | 66.02 | 66.10 | 66.19 | 66.27 |
| 800 | 66.36 | | | | | | | | | |

分度号 EU-2　　　　镍铬-镍硅　　　　冷端温度 0 ℃

| t/℃ | 0 | 1 | 2 | 3 | 4 | 5 | 6 | 7 | 8 | 9 |
|---|---|---|---|---|---|---|---|---|---|---|
| | 热电动势/mV | | | | | | | | | |
| −50 | −1.86 | | | | | | | | | |
| −40 | −1.50 | −1.54 | −1.57 | −1.60 | −1.61 | −1.68 | −1.72 | −1.75 | −1.79 | −1.82 |
| −30 | −1.14 | −1.18 | −1.21 | −1.25 | −1.28 | −1.32 | −1.36 | −1.40 | −1.43 | −1.46 |
| −20 | −0.77 | −0.81 | −0.84 | −0.88 | −0.92 | −0.96 | −0.99 | −1.03 | −1.02 | −1.10 |
| −10 | −0.39 | −0.43 | −0.47 | −0.51 | −0.55 | −0.59 | −0.62 | −0.66 | −0.70 | −0.74 |
| −0 | −0.00 | −0.04 | −0.08 | −0.12 | −0.16 | −0.20 | −0.24 | −0.27 | −0.031 | −0.35 |
| 0 | 0.00 | 0.04 | 0.08 | 0.12 | 0.16 | 0.20 | 0.24 | 0.28 | 0.32 | 0.36 |
| 10 | 0.40 | 0.44 | 0.48 | 0.52 | 0.56 | 0.60 | 0.63 | 0.68 | 0.72 | 0.76 |
| 20 | 0.80 | 0.84 | 0.88 | 0.92 | 0.96 | 1.00 | 1.04 | 1.08 | 1.12 | 1.26 |
| 30 | 1.20 | 1.24 | 1.28 | 1.32 | 1.36 | 1.41 | 1.45 | 1.49 | 1.53 | 1.57 |
| 40 | 1.61 | 1.65 | 1.69 | 1.73 | 1.77 | 1.82 | 1.86 | 1.90 | 1.94 | 1.93 |
| 50 | 2.02 | 2.06 | 2.10 | 2.14 | 2.18 | 2.23 | 2.27 | 2.31 | 2.35 | 2.39 |
| 60 | 2.43 | 2.47 | 2.51 | 2.56 | 2.60 | 2.64 | 2.68 | 2.72 | 2.77 | 2.81 |
| 70 | 2.85 | 2.89 | 2.93 | 2.47 | 3.01 | 3.06 | 3.40 | 3.14 | 3.18 | 3.22 |
| 80 | 3.26 | 3.30 | 3.34 | 3.39 | 3.43 | 3.47 | 3.51 | 3.55 | 3.60 | 3.64 |
| 90 | 3.68 | 3.72 | 3.76 | 3.81 | 3.85 | 3.80 | 3.93 | 3.47 | 4.02 | 4.06 |
| 100 | 4.10 | 4.14 | 4.18 | 4.22 | 4.26 | 4.31 | 4.35 | 4.39 | 4.43 | 4.47 |
| 110 | 4.51 | 4.55 | 4.59 | 4.63 | 4.67 | 4.72 | 4.76 | 4.80 | 4.84 | 4.88 |
| 120 | 4.92 | 4.96 | 5.00 | 5.04 | 5.08 | 5.13 | 5.17 | 5.21 | 5.25 | 5.29 |
| 130 | 5.33 | 5.37 | 5.41 | 5.45 | 5.49 | 5.53 | 5.57 | 5.61 | 5.65 | 5.69 |
| 140 | 5.73 | 5.77 | 5.81 | 5.85 | 5.89 | 5.93 | 5.97 | 6.01 | 6.05 | 6.09 |
| 150 | 6.13 | 6.17 | 6.21 | 6.25 | 6.29 | 6.33 | 6.37 | 6.41 | 6.45 | 6.49 |
| 160 | 6.53 | 6.57 | 6.61 | 6.65 | 6.69 | 6.73 | 6.77 | 6.81 | 6.85 | 6.89 |
| 170 | 6.93 | 6.97 | 7.01 | 7.05 | 7.09 | 7.13 | 7.17 | 7.21 | 7.25 | 7.29 |
| 180 | 7.33 | 7.37 | 7.41 | 7.45 | 7.49 | 7.53 | 7.57 | 7.61 | 7.65 | 7.69 |

（续表）

| t/℃ | 0 | 1 | 2 | 3 | 4 | 5 | 6 | 7 | 8 | 9 |
|---|---|---|---|---|---|---|---|---|---|---|
| | 热电动势/mV | | | | | | | | | |
| 190 | 7.73 | 7.77 | 7.81 | 7.85 | 7.89 | 7.93 | 7.97 | 8.01 | 8.05 | 8.99 |
| 200 | 8.13 | 8.17 | 8.21 | 8.25 | 8.29 | 8.33 | 8.37 | 8.41 | 8.45 | 8.19 |
| 210 | 8.53 | 8.57 | 8.61 | 8.65 | 8.69 | 8.73 | 8.77 | 8.81 | 8.85 | 8.89 |
| 220 | 8.93 | 8.97 | 9.01 | 9.06 | 9.10 | 9.14 | 9.18 | 9.22 | 9.26 | 9.30 |
| 230 | 9.34 | 9.38 | 9.42 | 9.26 | 9.50 | 9.54 | 9.58 | 9.62 | 9.66 | 9.70 |
| 240 | 9.74 | 9.78 | 9.82 | 9.86 | 9.90 | 9.95 | 9.99 | 10.03 | 10.07 | 10.11 |
| 250 | 10.15 | 10.19 | 10.23 | 10.27 | 10.34 | 10.35 | 10.40 | 10.44 | 10.48 | 10.52 |
| 260 | 10.56 | 10.60 | 10.64 | 10.68 | 10.72 | 10.77 | 10.81 | 10.85 | 10.89 | 10.93 |
| 270 | 10.97 | 11.01 | 11.05 | 11.09 | 11.13 | 11.18 | 11.22 | 11.26 | 11.30 | 11.34 |
| 280 | 11.38 | 11.42 | 11.46 | 11.54 | 11.55 | 11.59 | 11.63 | 11.67 | 11.72 | 11.76 |
| 290 | 11.80 | 11.84 | 11.86 | 11.92 | 11.96 | 12.01 | 12.05 | 12.09 | 13.13 | 12.17 |
| 300 | 12.21 | 12.25 | 12.29 | 12.33 | 12.37 | 12.42 | 12.46 | 12.50 | 12.54 | 12.58 |
| 310 | 12.62 | 12.66 | 12.70 | 12.75 | 12.79 | 12.83 | 12.87 | 12.91 | 12.96 | 13.00 |
| 320 | 13.04 | 13.08 | 13.12 | 13.16 | 13.20 | 13.25 | 13.29 | 13.33 | 13.37 | 13.41 |
| 330 | 13.45 | 13.49 | 13.53 | 13.58 | 13.62 | 13.66 | 13.70 | 13.74 | 13.79 | 13.83 |
| 340 | 13.87 | 13.91 | 13.95 | 14.60 | 14.04 | 14.08 | 14.12 | 14.16 | 14.21 | 14.25 |
| 350 | 14.30 | 14.34 | 14.38 | 14.43 | 14.27 | 14.51 | 14.55 | 14.59 | 14.64 | 14.68 |
| 360 | 14.72 | 14.76 | 14.80 | 14.85 | 14.89 | 14.93 | 14.97 | 15.01 | 15.06 | 15.10 |
| 370 | 15.14 | 15.18 | 15.22 | 15.27 | 15.31 | 15.15 | 15.38 | 15.43 | 15.48 | 15.52 |
| 380 | 15.56 | 15.60 | 15.64 | 15.69 | 15.73 | 15.77 | 15.81 | 15.85 | 15.90 | 15.94 |
| 390 | 15.99 | 16.02 | 16.06 | 16.11 | 16.15 | 16.19 | 16.23 | 16.27 | 16.32 | 16.36 |
| 400 | 16.40 | 16.44 | 16.49 | 16.53 | 16.57 | 16.63 | 16.66 | 16.70 | 16.74 | 16.79 |
| 410 | 16.83 | 16.87 | 16.91 | 16.96 | 17.00 | 17.04 | 17.05 | 17.12 | 17.17 | 17.21 |
| 420 | 17.25 | 17.29 | 17.33 | 17.38 | 17.42 | 17.46 | 17.50 | 17.54 | 17.59 | 17.63 |
| 430 | 17.67 | 17.71 | 17.75 | 17.79 | 17.84 | 17.88 | 17.92 | 17.95 | 18.01 | 18.05 |
| 440 | 18.09 | 18.13 | 18.17 | 18.22 | 18.26 | 18.30 | 18.34 | 18.28 | 18.43 | 18.47 |
| 450 | 18.51 | 18.55 | 18.50 | 18.61 | 18.63 | 18.73 | 18.77 | 18.81 | 18.85 | 18.94 |
| 460 | 18.94 | 18.98 | 19.03 | 19.07 | 19.11 | 19.16 | 19.20 | 19.24 | 19.25 | 19.33 |
| 470 | 19.37 | 19.41 | 19.45 | 19.50 | 19.54 | 19.58 | 19.62 | 19.66 | 19.71 | 19.75 |
| 480 | 19.79 | 19.83 | 19.68 | 19.92 | 19.96 | 20.01 | 20.05 | 20.69 | 20.13 | 20.18 |
| 490 | 20.22 | 20.26 | 20.31 | 20.35 | 20.39 | 20.44 | 20.48 | 20.52 | 20.56 | 20.51 |
| 500 | 20.65 | 20.69 | 20.74 | 20.78 | 20.82 | 20.87 | 20.91 | 20.95 | 20.99 | 21.04 |
| 510 | 21.08 | 21.12 | 21.16 | 21.21 | 22.25 | 21.29 | 21.33 | 21.37 | 21.42 | 21.46 |
| 520 | 21.50 | 21.54 | 21.59 | 21.63 | 21.67 | 21.72 | 21.76 | 21.80 | 21.84 | 21.89 |
| 530 | 21.93 | 21.97 | 22.01 | 22.06 | 22.10 | 22.14 | 22.18 | 22.22 | 22.27 | 22.31 |
| 540 | 22.35 | 22.34 | 22.44 | 22.48 | 22.52 | 22.57 | 22.61 | 22.65 | 22.69 | 22.74 |
| 550 | 22.78 | 22.82 | 22.87 | 22.91 | 22.95 | 23.60 | 23.04 | 23.08 | 23.12 | 23.17 |
| 560 | 23.21 | 23.25 | 23.29 | 23.34 | 23.38 | 23.42 | 23.46 | 23.50 | 23.55 | 23.59 |

(续表)

| t/℃ | 0 | 1 | 2 | 3 | 4 | 5 | 6 | 7 | 8 | 9 |
|---|---|---|---|---|---|---|---|---|---|---|
| | 热电动势/mV | | | | | | | | | |
| 570 | 23.63 | 23.67 | 23.71 | 23.75 | 23.79 | 23.84 | 23.88 | 23.92 | 23.96 | 24.01 |
| 580 | 24.05 | 24.09 | 24.14 | 24.18 | 24.22 | 24.27 | 24.31 | 24.35 | 24.39 | 24.44 |
| 590 | 24.48 | 24.52 | 24.56 | 24.61 | 24.65 | 24.69 | 24.73 | 24.77 | 24.82 | 24.86 |
| 600 | 24.90 | 24.04 | 24.99 | 25.03 | 25.07 | 25.12 | 25.15 | 25.19 | 25.23 | 25.27 |
| 610 | 25.12 | 25.37 | 25.41 | 25.46 | 25.50 | 25.54 | 25.58 | 25.62 | 25.67 | 25.71 |
| 620 | 25.75 | 25.79 | 25.84 | 25.88 | 25.92 | 25.97 | 26.01 | 26.05 | 26.09 | 26.14 |
| 630 | 26.18 | 26.22 | 26.26 | 26.31 | 26.35 | 26.39 | 26.43 | 26.47 | 26.52 | 25.56 |
| 640 | 26.60 | 26.64 | 26.69 | 26.73 | 26.77 | 26.82 | 26.86 | 26.90 | 26.94 | 26.99 |
| 650 | 27.03 | 27.07 | 27.11 | 27.16 | 27.20 | 27.24 | 27.28 | 27.32 | 27.37 | 27.41 |
| 660 | 27.45 | 27.49 | 27.53 | 27.57 | 27.62 | 27.66 | 27.70 | 27.74 | 27.79 | 27.83 |
| 670 | 27.87 | 27.91 | 27.95 | 28.00 | 28.04 | 28.08 | 28.12 | 28.16 | 28.21 | 28.25 |
| 680 | 29.29 | 28.33 | 28.38 | 28.42 | 28.46 | 28.50 | 28.54 | 28.58 | 28.62 | 28.67 |
| 690 | 28.71 | 28.75 | 28.79 | 28.84 | 28.88 | 28.92 | 28.96 | 29.00 | 29.05 | 29.09 |
| 700 | 29.13 | 29.17 | 29.21 | 29.26 | 29.30 | 29.34 | 29.38 | 29.42 | 29.47 | 29.51 |
| 710 | 29.55 | 29.59 | 29.63 | 29.68 | 29.72 | 29.76 | 29.80 | 29.84 | 29.89 | 29.93 |
| 720 | 29.97 | 30.01 | 30.05 | 30.10 | 30.14 | 30.18 | 30.22 | 30.26 | 30.31 | 30.35 |
| 730 | 30.39 | 30.43 | 30.47 | 30.52 | 30.56 | 30.60 | 30.64 | 30.68 | 30.73 | 30.77 |
| 740 | 30.81 | 30.85 | 30.89 | 30.93 | 30.97 | 31.02 | 31.06 | 31.10 | 31.14 | 31.18 |
| 750 | 31.22 | 31.26 | 31.30 | 31.35 | 31.39 | 31.43 | 31.47 | 31.51 | 31.56 | 31.60 |
| 760 | 31.64 | 31.68 | 31.72 | 31.77 | 31.81 | 31.85 | 31.89 | 31.93 | 31.98 | 32.02 |
| 770 | 32.06 | 32.10 | 32.14 | 32.18 | 32.22 | 32.26 | 32.30 | 32.34 | 32.38 | 32.42 |
| 780 | 32.46 | 32.50 | 32.54 | 32.59 | 32.63 | 32.67 | 32.71 | 32.75 | 32.80 | 32.82 |
| 790 | 32.87 | 32.91 | 32.95 | 33.00 | 33.04 | 33.09 | 33.13 | 33.17 | 33.21 | 33.25 |
| 800 | 33.29 | 33.33 | 33.37 | 33.41 | 33.45 | 33.49 | 33.53 | 33.57 | 33.61 | 33.65 |
| 810 | 33.69 | 33.73 | 33.77 | 33.81 | 33.85 | 33.90 | 33.94 | 33.98 | 34.02 | 34.06 |
| 820 | 34.10 | 34.14 | 34.18 | 34.22 | 34.26 | 34.30 | 34.34 | 34.38 | 34.42 | 34.46 |
| 830 | 34.51 | 34.54 | 34.58 | 34.62 | 34.66 | 34.71 | 34.75 | 34.79 | 34.83 | 34.87 |
| 840 | 34.91 | 34.95 | 34.99 | 35.03 | 35.07 | 35.11 | 35.16 | 35.20 | 35.24 | 35.28 |
| 850 | 35.32 | 35.36 | 35.40 | 35.44 | 35.48 | 35.52 | 35.56 | 35.60 | 35.64 | 35.68 |
| 860 | 35.72 | 35.76 | 35.80 | 35.84 | 35.88 | 35.95 | 35.97 | 36.01 | 36.05 | 36.09 |
| 870 | 36.13 | 36.17 | 36.21 | 36.25 | 36.29 | 36.33 | 36.37 | 36.41 | 36.45 | 36.49 |
| 880 | 36.53 | 36.57 | 36.61 | 36.65 | 36.69 | 36.73 | 36.77 | 36.81 | 36.83 | 36.89 |
| 890 | 36.93 | 36.97 | 37.01 | 37.05 | 37.09 | 37.13 | 37.17 | 37.21 | 37.25 | 37.29 |
| 900 | 37.33 | 37.37 | 37.41 | 37.45 | 37.49 | 37.53 | 37.57 | 37.61 | 37.65 | 37.69 |
| 910 | 37.73 | 37.77 | 37.81 | 37.85 | 37.89 | 37.93 | 37.97 | 38.01 | 38.05 | 38.09 |
| 920 | 38.13 | 38.17 | 38.24 | 38.25 | 38.29 | 38.33 | 38.37 | 38.41 | 38.45 | 38.49 |
| 930 | 38.53 | 38.57 | 38.61 | 38.65 | 38.69 | 38.73 | 38.77 | 38.81 | 38.85 | 38.89 |
| 940 | 38.93 | 38.97 | 39.01 | 39.05 | 39.09 | 39.13 | 39.16 | 38.20 | 39.24 | 39.28 |

（续表）

| t/℃ | 0 | 1 | 2 | 3 | 4 | 5 | 6 | 7 | 8 | 9 |
|---|---|---|---|---|---|---|---|---|---|---|
| | 热电动势/mV | | | | | | | | | |
| 950 | 39.32 | 39.36 | 39.40 | 39.44 | 39.48 | 39.52 | 39.55 | 39.60 | 39.64 | 39.68 |
| 960 | 39.72 | 39.76 | 39.80 | 39.83 | 39.87 | 39.91 | 39.94 | 39.68 | 40.02 | 40.06 |
| 970 | 40.10 | 40.14 | 40.18 | 40.22 | 40.26 | 40.30 | 40.33 | 40.37 | 40.41 | 40.45 |
| 980 | 40.49 | 40.53 | 40.57 | 40.61 | 40.65 | 40.69* | 40.27 | 40.76 | 40.80 | 40.84 |
| 990 | 40.88 | 40.92 | 40.96 | 41.00 | 41.04 | 41.08 | 41.11 | 41.15 | 41.19 | 41.23 |
| 1000 | 41.27 | 41.31 | 41.35 | 41.39 | 41.43 | 41.47 | 41.50 | 41.54 | 41.58 | 41.52 |
| 1010 | 41.66 | 41.70 | 41.74 | 41.77 | 41.81 | 41.85 | 41.89 | 41.93 | 41.96 | 42.00 |
| 1020 | 42.04 | 42.08 | 42.12 | 42.16 | 42.20 | 42.24 | 42.27 | 42.31 | 42.35 | 42.39 |
| 1030 | 42.43 | 42.47 | 42.51 | 42.55 | 42.59 | 42.63 | 42.66 | 42.70 | 42.74 | 42.78 |
| 1040 | 42.83 | 42.87 | 42.90 | 42.93 | 42.07 | 43.01 | 43.05 | 43.09 | 43.13 | 43.17 |
| 1050 | 43.21 | 43.25 | 43.29 | 43.32 | 43.35 | 43.39 | 43.43 | 43.47 | 43.51 | 43.55 |
| 1060 | 43.59 | 43.63 | 43.67 | 43.69 | 43.73 | 43.77 | 43.81 | 43.85 | 43.89 | 43.93 |
| 1070 | 43.97 | 44.01 | 44.05 | 44.08 | 44.11 | 44.15 | 44.09 | 44.22 | 44.26 | 44.30 |
| 1080 | 44.34 | 44.38 | 44.42 | 44.45 | 44.49 | 44.53 | 44.57 | 44.61 | 44.64 | 44.68 |
| 1090 | 44.72 | 44.76 | 44.80 | 44.83 | 44.89 | 44.91 | 44.95 | 44.99 | 45.02 | 45.06 |

分度号 LB-3　　　铂铑-铂　　　冷端温度 0℃

| t/℃ | 0 | 1 | 2 | 3 | 4 | 5 | 6 | 7 | 8 | 9 |
|---|---|---|---|---|---|---|---|---|---|---|
| | 热电动势/mV | | | | | | | | | |
| 0 | 0.000 | 0.005 | 0.014 | 0.016 | 0.022 | 0.028 | 0.033 | 0.039 | 0.044 | 0.050 |
| 10 | 0.056 | 0.061 | 0.067 | 0.073 | 0.078 | 0.084 | 0.090 | 0.096 | 0.102 | 0.107 |
| 20 | 0.113 | 0.119 | 0.125 | 0.131 | 0.137 | 0.123 | 0.149 | 0.155 | 0.161 | 0.167 |
| 30 | 0.173 | 0.179 | 0.185 | 0.191 | 0.198 | 0.204 | 0.210 | 0.216 | 0.222 | 0.229 |
| 40 | 0.235 | 0.241 | 0.247 | 0.254 | 0.260 | 0.266 | 0.273 | 0.279 | 0.286 | 0.292 |
| 50 | 0.299 | 0.305 | 0.312 | 0.318 | 0.325 | 0.331 | 0.338 | 0.344 | 0.351 | 0.357 |
| 60 | 0.364 | 0.371 | 0.377 | 0.384 | 0.391 | 0.397 | 0.404 | 0.411 | 0.418 | 0.425 |
| 70 | 0.431 | 0.435 | 0.445 | 0.452 | 0.459 | 0.466 | 0.473 | 0.479 | 0.486 | 0.493 |
| 80 | 0.500 | 0.507 | 0.514 | 0.521 | 0.535 | 0.535 | 0.543 | 0.550 | 0.557 | 0.564 |
| 90 | 0.571 | 0.578 | 0.585 | 0.593 | 0.607 | 0.607 | 0.614 | 0.621 | 0.629 | 0.636 |
| 100 | 0.643 | 0.651 | 0.658 | 0.665 | 0.673 | 0.680 | 0.687 | 0.694 | 0.702 | 0.709 |
| 110 | 0.717 | 0.724 | 0.732 | 0.739 | 0.747 | 0.754 | 0.762 | 0.769 | 0.777 | 0.764 |
| 120 | 0.792 | 0.800 | 0.807 | 0.815 | 0.823 | 0.830 | 0.838 | 0.845 | 0.853 | 0.861 |
| 130 | 0.869 | 0.876 | 0.884 | 0.892 | 0.900 | 0.907 | 0.915 | 0.923 | 0.931 | 0.939 |
| 140 | 0.946 | 0.954 | 0.962 | 0.970 | 0.978 | 0.986 | 0.994 | 1.002 | 1.009 | 1.017 |
| 150 | 1.025 | 1.033 | 1.041 | 1.049 | 1.057 | 1.065 | 1.073 | 1.081 | 1.089 | 1.097 |
| 160 | 1.106 | 1.114 | 1.122 | 1.130 | 0.038 | 1.146 | 1.154 | 1.162 | 1.170 | 1.179 |
| 170 | 1.187 | 1.195 | 1.203 | 1.211 | 1.220 | 1.228 | 1.236 | 1.244 | 1.253 | 1.261 |

(续表)

| t/℃ | 0 | 1 | 2 | 3 | 4 | 5 | 6 | 7 | 8 | 9 |
|---|---|---|---|---|---|---|---|---|---|---|
| | 热电动势/mV | | | | | | | | | |
| 180 | 1.269 | 1.277 | 1.286 | 1.294 | 1.302 | 1.311 | 1.319 | 1.327 | 1.336 | 1.344 |
| 190 | 1.352 | 1.361 | 1.369 | 1.377 | 1.386 | 1.394 | 1.403 | 1.411 | 1.419 | 1.428 |
| 200 | 1.436 | 1.445 | 1.453 | 1.462 | 1.470 | 1.479 | 1.487 | 1.496 | 1.504 | 1.513 |
| 210 | 1.521 | 1.530 | 1.538 | 1.547 | 1.555 | 1.564 | 1.573 | 1.581 | 1.590 | 1.598 |
| 220 | 1.607 | 1.615 | 1.624 | 1.633 | 1.641 | 1.650 | 1.659 | 1.667 | 1.676 | 1.685 |
| 230 | 1.693 | 1.702 | 1.710 | 1.719 | 1.728 | 1.736 | 1.745 | 1.754 | 1.763 | 1.771 |
| 240 | 1.780 | 1.788 | 1.797 | 1.805 | 1.814 | 1.823 | 1.832 | 1.840 | 1.849 | 1.858 |
| 250 | 1.867 | 1.876 | 1.884 | 1.893 | 1.902 | 1.911 | 1.920 | 1.929 | 1.937 | 1.946 |
| 260 | 1.955 | 1.964 | 1.973 | 1.982 | 1.991 | 2.000 | 2.008 | 2.017 | 2.026 | 2.035 |
| 270 | 2.044 | 2.053 | 2.062 | 2.071 | 2.080 | 2.089 | 2.098 | 2.107 | 2.116 | 2.125 |
| 280 | 2.134 | 2.143 | 2.152 | 2.161 | 2.170 | 2.179 | 2.188 | 2.197 | 2.206 | 2.215 |
| 290 | 2.224 | 2.233 | 2.242 | 2.251 | 2.260 | 2.270 | 2.279 | 2.288 | 2.297 | 2.306 |
| 300 | 2.315 | 2.324 | 2.333 | 2.342 | 2.352 | 2.361 | 2.370 | 2.379 | 2.388 | 2.397 |
| 310 | 2.407 | 2.416 | 2.425 | 2.434 | 2.443 | 2.452 | 2.462 | 2.471 | 2.480 | 2.489 |
| 320 | 2.498 | 2.508 | 2.517 | 2.526 | 2.535 | 2.545 | 2.554 | 2.563 | 2.572 | 2.582 |
| 330 | 2.591 | 2.600 | 2.609 | 2.619 | 2.628 | 2.637 | 2.647 | 2.656 | 2.665 | 2.675 |
| 340 | 2.684 | 2.693 | 2.703 | 2.712 | 2.721 | 2.730 | 2.740 | 2.749 | 2.759 | 2.768 |
| 350 | 2.777 | 2.787 | 2.796 | 2.805 | 2.815 | 2.824 | 2.883 | 2.843 | 2.852 | 2.862 |
| 360 | 2.871 | 2.880 | 2.890 | 2.899 | 2.909 | 2.918 | 2.928 | 2.937 | 2.946 | 2.956 |
| 370 | 2.965 | 2.975 | 2.984 | 2.994 | 3.003 | 3.013 | 3.022 | 3.031 | 3.041 | 3.050 |
| 380 | 3.060 | 3.069 | 3.079 | 3.088 | 3.098 | 3.017 | 3.117 | 3.126 | 3.136 | 3.145 |
| 390 | 3.155 | 3.164 | 3.174 | 3.183 | 3.193 | 3.202 | 3.212 | 3.221 | 3.231 | 3.240 |
| 400 | 3.250 | 3.260 | 3.269 | 3.279 | 3.288 | 3.298 | 3.307 | 3.317 | 3.326 | 3.336 |
| 410 | 3.346 | 3.355 | 3.365 | 3.374 | 3.384 | 3.393 | 3.403 | 3.413 | 3.422 | 3.432 |
| 420 | 3.441 | 3.451 | 3.461 | 3.470 | 3.480 | 3.489 | 3.499 | 3.509 | 3.518 | 3.528 |
| 430 | 3.538 | 3.547 | 3.557 | 3.566 | 3.576 | 3.586 | 3.595 | 3.605 | 3.613 | 3.624 |
| 440 | 3.634 | 3.644 | 3.653 | 3.663 | 3.673 | 3.682 | 3.692 | 3.702 | 3.711 | 3.721 |
| 450 | 3.733 | 3.740 | 3.750 | 3.760 | 3.770 | 3.779 | 3.789 | 3.799 | 3.808 | 3.818 |
| 460 | 3.828 | 3.838 | 3.847 | 3.857 | 3.807 | 3.877 | 3.886 | 3.896 | 3.906 | 3.916 |
| 470 | 3.925 | 3.935 | 3.945 | 3.955 | 3.964 | 3.974 | 3.982 | 3.994 | 4.003 | 4.013 |
| 480 | 4.023 | 4.033 | 4.043 | 4.052 | 4.062 | 4.072 | 4.082 | 4.092 | 4.102 | 4.111 |
| 490 | 4.124 | 4.131 | 4.141 | 4.151 | 4.161 | 4.170 | 4.180 | 4.190 | 4.200 | 4.210 |
| 500 | 4.220 | 4.229 | 4.239 | 4.249 | 4.259 | 4.269 | 4.279 | 4.289 | 4.299 | 4.309 |
| 510 | 4.318 | 4.328 | 4.338 | 4.348 | 4.358 | 4.368 | 4.378 | 4.388 | 4.398 | 4.408 |
| 520 | 4.418 | 4.427 | 4.437 | 4.447 | 4.457 | 4.467 | 4.477 | 4.487 | 4.497 | 4.507 |
| 530 | 4.510 | 4.527 | 4.537 | 4.547 | 4.557 | 4.507 | 4.577 | 4.587 | 4.597 | 4.607 |
| 540 | 4.617 | 4.627 | 4.637 | 4.647 | 4.657 | 4.607 | 4.677 | 4.687 | 4.697 | 4.707 |
| 550 | 4.717 | 4.727 | 4.737 | 4.747 | 4.757 | 4.767 | 4.777 | 4.787 | 4.797 | 4.807 |

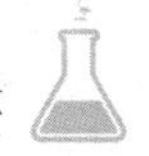



（续表）

| t/℃ | 0 | 1 | 2 | 3 | 4 | 5 | 6 | 7 | 8 | 9 |
|---|---|---|---|---|---|---|---|---|---|---|
| | 热电动势/mV | | | | | | | | | |
| 560 | 4.817 | 4.827 | 4.838 | 4.848 | 4.858 | 4.868 | 4.878 | 4.888 | 4.898 | 4.908 |
| 570 | 4.918 | 4.928 | 4.938 | 4.949 | 4.959 | 4.969 | 4.979 | 4.989 | 4.999 | 5.009 |
| 580 | 5.019 | 5.030 | 5.040 | 5.050 | 5.060 | 5.070 | 5.080 | 5.090 | 5.101 | 5.111 |
| 590 | 5.121 | 5.131 | 5.144 | 5.151 | 5.162 | 5.172 | 5.182 | 5.192 | 5.202 | 5.212 |
| 600 | 5.222 | 5.232 | 5.242 | 5.252 | 5.263 | 5.273 | 5.283 | 5.293 | 5.304 | 5.314 |
| 610 | 5.324 | 5.334 | 5.344 | 5.355 | 5.365 | 5.375 | 5.386 | 5.396 | 5.406 | 5.416 |
| 620 | 5.427 | 5.437 | 5.447 | 5.457 | 5.468 | 5.478 | 5.488 | 5.499 | 5.509 | 5.519 |
| 630 | 5.520 | 5.540 | 5.550 | 5.561 | 5.571 | 5.581 | 5.591 | 5.602 | 5.612 | 5.622 |
| 640 | 5.633 | 5.643 | 5.653 | 5.664 | 5.674 | 5.684 | 5.695 | 5.705 | 5.715 | 5.725 |
| 650 | 5.735 | 5.743 | 5.756 | 5.766 | 5.776 | 5.787 | 5.797 | 5.808 | 5.818 | 5.828 |
| 660 | 5.830 | 5.849 | 5.859 | 5.870 | 5.880 | 5.891 | 5.901 | 5.913 | 5.922 | 5.932 |
| 670 | 5.943 | 5.953 | 5.964 | 5.974 | 5.984 | 5.995 | 6.005 | 6.016 | 6.026 | 6.036 |
| 680 | 6.046 | 6.056 | 6.067 | 6.077 | 6.088 | 6.098 | 6.109 | 6.119 | 6.130 | 6.140 |
| 690 | 6.151 | 6.161 | 6.172 | 6.182 | 6.193 | 6.203 | 6.214 | 6.224 | 6.235 | 6.245 |
| 700 | 6.256 | 6.266 | 6.277 | 6.287 | 6.298 | 6.308 | 6.319 | 6.329 | 6.340 | 6.351 |
| 710 | 6.361 | 6.372 | 6.382 | 6.392 | 6.402 | 6.413 | 6.424 | 6.434 | 6.445 | 6.455 |
| 720 | 6.466 | 6.476 | 6.487 | 6.498 | 6.508 | 6.519 | 6.529 | 6.540 | 6.551 | 6.561 |
| 730 | 6.572 | 6.583 | 6.593 | 6.604 | 6.614 | 6.624 | 6.636 | 6.625 | 6.656 | 6.667 |
| 740 | 6.677 | 6.688 | 6.699 | 6.709 | 6.720 | 6.731 | 6.741 | 6.752 | 6.763 | 6.773 |
| 750 | 6.784 | 6.795 | 6.805 | 6.816 | 6.827 | 6.838 | 6.848 | 6.859 | 6.870 | 6.880 |
| 760 | 6.891 | 6.902 | 6.913 | 6.923 | 6.934 | 6.945 | 6.956 | 6.966 | 6.977 | 6.988 |
| 770 | 6.999 | 7.009 | 7.020 | 7.031 | 7.041 | 7.051 | 7.062 | 7.073 | 7.084 | 7.095 |
| 780 | 7.105 | 7.116 | 7.127 | 7.139 | 7.149 | 7.159 | 7.170 | 7.181 | 7.192 | 7.203 |
| 790 | 7.213 | 7.224 | 7.235 | 7.246 | 7.257 | 7.268 | 7.279 | 7.289 | 7.300 | 7.311 |
| 800 | 7.322 | 7.323 | 7.344 | 7.355 | 7.365 | 7.376 | 7.387 | 7.397 | 7.408 | 7.419 |
| 810 | 7.430 | 7.441 | 7.452 | 7.462 | 7.473 | 7.484 | 7.495 | 7.506 | 7.517 | 7.528 |
| 820 | 7.539 | 7.550 | 7.561 | 7.572 | 7.583 | 7.594 | 7.605 | 7.615 | 7.626 | 7.637 |
| 830 | 7.648 | 7.659 | 7.670 | 7.681 | 7.692 | 7.703 | 7.714 | 7.724 | 7.735 | 7.746 |
| 840 | 7.757 | 7.768 | 7.779 | 7.790 | 7.801 | 7.812 | 7.823 | 7.834 | 7.845 | 7.856 |
| 850 | 7.867 | 7.878 | 7.889 | 7.901 | 7.912 | 7.923 | 7.934 | 7.945 | 7.956 | 7.967 |
| 860 | 7.978 | 7.989 | 8.000 | 8.011 | 8.022 | 8.033 | 8.043 | 8.054 | 8.066 | 8.077 |
| 870 | 8.088 | 8.099 | 8.110 | 8.121 | 7.132 | 7.143 | 8.154 | 8.166 | 8.177 | 8.188 |
| 880 | 8.199 | 8.210 | 8.221 | 8.232 | 8.244 | 8.255 | 8.266 | 8.277 | 8.288 | 8.299 |
| 890 | 8.310 | 8.322 | 8.333 | 8.344 | 8.355 | 8.366 | 8.377 | 8.388 | 8.399 | 8.410 |
| 900 | 8.421 | 8.433 | 8.444 | 8.455 | 8.466 | 8.477 | 8.489 | 8.500 | 8.511 | 8.522 |
| 910 | 8.534 | 8.545 | 8.556 | 8.567 | 8.579 | 8.590 | 8.601 | 8.612 | 8.624 | 8.635 |
| 920 | 8.646 | 8.657 | 8.668 | 8.679 | 8.690 | 8.702 | 8.713 | 8.724 | 8.735 | 8.747 |
| 930 | 8.758 | 8.769 | 8.781 | 8.792 | 8.803 | 8.812 | 8.826 | 8.837 | 8.849 | 8.860 |

(续表)

| t/℃ | 0 | 1 | 2 | 3 | 4 | 5 | 6 | 7 | 8 | 9 |
|---|---|---|---|---|---|---|---|---|---|---|
| | 热电动势/mV | | | | | | | | | |
| 940 | 8.871 | 8.883 | 8.894 | 8.905 | 8.917 | 8.928 | 8.393 | 8.951 | 8.962 | 8.974 |
| 950 | 8.985 | 8.996 | 9.007 | 9.018 | 9.029 | 9.041 | 9.052 | 9.064 | 9.075 | 9.086 |
| 960 | 9.098 | 9.109 | 9.121 | 9.132 | 9.144 | 9.155 | 9.166 | 9.178 | 9.189 | 9.201 |
| 970 | 9.212 | 9.223 | 9.235 | 9.247 | 9.258 | 9.269 | 9.281 | 9.292 | 9.303 | 9.314 |
| 980 | 9.326 | 9.337 | 9.349 | 9.360 | 9.372 | 9.383 | 9.395 | 9.406 | 9.418 | 9.429 |
| 990 | 9.441 | 9.452 | 9.464 | 9.475 | 9.487 | 9.498 | 9.510 | 9.521 | 9.533 | 9.545 |
| 1000 | 9.566 | 9.568 | 9.579 | 9.591 | 9.602 | 9.613 | 9.624 | 9.636 | 9.648 | 9.659 |
| 1010 | 9.671 | 9.682 | 9.694 | 9.705 | 9.717 | 9.729 | 9.740 | 9.752 | 9.762 | 9.775 |
| 1020 | 9.787 | 9.798 | 9.810 | 9.822 | 9.833 | 9.845 | 9.856 | 9.868 | 9.880 | 9.891 |
| 1030 | 9.902 | 9.914 | 9.925 | 9.937 | 9.949 | 9.960 | 9.972 | 9.984 | 9.995 | 10.007 |
| 1040 | 10.019 | 10.030 | 10.042 | 10.54 | 10.066 | 10.077 | 10.089 | 10.101 | 10.112 | 10.124 |
| 1050 | 10.136 | 10.147 | 10.159 | 10.171 | 10.183 | 10.194 | 10.205 | 10.217 | 10.229 | 10.240 |
| 1060 | 10.252 | 10.264 | 10.276 | 10.287 | 10.299 | 10.311 | 10.323 | 10.334 | 10.346 | 10.358 |
| 1070 | 10.370 | 10.382 | 10.393 | 10.405 | 10.417 | 10.429 | 10.441 | 10.452 | 10.464 | 10.476 |
| 1080 | 10.488 | 10.500 | 10.511 | 10.523 | 10.535 | 10.547 | 10.599 | 10.570 | 10.582 | 10.594 |
| 1090 | 10.605 | 10.617 | 10.629 | 10.640 | 10.625 | 10.664 | 10.676 | 10.688 | 10.700 | 10.711 |
| 1100 | 10.723 | 10.735 | 10.747 | 10.759 | 10.771 | 10.783 | 10.794 | 10.806 | 10.818 | 10.830 |
| 1110 | 10.842 | 10.854 | 10.866 | 10.878 | 10.889 | 10.901 | 10.913 | 10.925 | 10.937 | 10.949 |
| 1120 | 10.961 | 10.973 | 10.985 | 10.966 | 11.008 | 11.020 | 11.032 | 11.044 | 11.056 | 11.068 |
| 1130 | 11.080 | 11.092 | 11.104 | 11.115 | 11.127 | 11.139 | 11.151 | 11.163 | 11.175 | 11.187 |
| 1140 | 11.198 | 11.210 | 11.222 | 11.234 | 11.246 | 11.258 | 11.270 | 11.281 | 11.293 | 11.305 |
| 1150 | 11.317 | 11.329 | 11.341 | 11.353 | 11.365 | 11.377 | 11.389 | 11.401 | 11.413 | 11.425 |
| 1160 | 11.437 | 11.449 | 11.461 | 11.473 | 11.485 | 11.497 | 11.509 | 11.521 | 11.533 | 11.545 |
| 1170 | 11.556 | 11.568 | 11.580 | 11.592 | 11.604 | 11.616 | 11.628 | 11.640 | 11.652 | 11.664 |
| 1180 | 11.676 | 11.688 | 11.699 | 11.711 | 11.723 | 11.735 | 11.747 | 11.759 | 11.771 | 11.783 |
| 1190 | 11.795 | 11.807 | 11.819 | 11.831 | 11.843 | 11.855 | 11.867 | 11.879 | 11.891 | 11.903 |

## 附录 4　KCl 溶液的电导率

| t/℃ | 1.000 mol·dm$^{-3}$ | 0.100 mol·dm$^{-3}$ | 0.0200 mol·dm$^{-3}$ | 0.0100 mol·dm$^{-3}$ |
|---|---|---|---|---|
| | $\kappa$/S·m$^{-1}$ | | | |
| 0 | 6.541 | 0.715 | 0.1521 | 0.0776 |
| 5 | 7.414 | 0.822 | 0.1752 | 0.0896 |
| 10 | 8.319 | 0.933 | 0.1994 | 0.1020 |
| 15 | 9.252 | 1.048 | 0.2243 | 0.1147 |

（续表）

| $t$/℃ | 1.000 mol·dm$^{-3}$ | 0.100 mol·dm$^{-3}$ | 0.0200 mol·dm$^{-3}$ | 0.0100 mol·dm$^{-3}$ |
|---|---|---|---|---|
| | $\kappa$/S·m$^{-1}$ | | | |
| 16 | 9.441 | 1.072 | 0.2294 | 0.1173 |
| 17 | 9.631 | 1.095 | 0.2345 | 0.1199 |
| 18 | 9.822 | 1.119 | 0.2397 | 0.1225 |
| 19 | 10.014 | 1.143 | 0.2449 | 0.1251 |
| 20 | 10.207 | 1.167 | 0.2501 | 0.1278 |
| 21 | 10.400 | 1.191 | 0.2553 | 0.1305 |
| 22 | 10.594 | 1.215 | 0.2606 | 0.1332 |
| 23 | 10.789 | 1.239 | 0.2659 | 0.1359 |
| 24 | 10.984 | 1.264 | 0.2712 | 0.1386 |
| 25 | 11.180 | 1.288 | 0.2765 | 0.1413 |
| 26 | 11.377 | 1.313 | 0.2819 | 0.1441 |
| 27 | 11.574 | 1.337 | 0.2873 | 0.1468 |
| 28 | | 1.362 | 0.2927 | 0.1496 |
| 29 | | 1.387 | 0.2981 | 0.1524 |
| 30 | | 1.412 | 0.3036 | 0.1552 |
| 31 | | 1.437 | 0.3091 | 0.1581 |
| 32 | | 1.462 | 0.3146 | 0.1609 |
| 33 | | 1.488 | 0.3201 | 0.1638 |
| 34 | | 1.513 | 0.3256 | 0.1667 |
| 35 | | 1.539 | 0.3312 | |
| 36 | | 1.564 | 0.3368 | |

## 附录 5　30.0℃下环己烷(B)-乙醇(A)二组分系统的折射率-组成对照表

| 折射率 | 0 | 1 | 2 | 3 | 4 | 5 | 6 | 7 | 8 | 9 |
|---|---|---|---|---|---|---|---|---|---|---|
| | $x_B$ | | | | | | | | | |
| 1.357 | 0.000 | 0.001 | 0.002 | 0.003 | 0.005 | 0.006 | 0.007 | 0.008 | 0.009 | 0.010 |
| 1.358 | 0.012 | 0.013 | 0.014 | 0.015 | 0.016 | 0.017 | 0.018 | 0.020 | 0.021 | 0.022 |
| 1.359 | 0.023 | 0.024 | 0.025 | 0.026 | 0.027 | 0.029 | 0.030 | 0.031 | 0.032 | 0.033 |
| 1.360 | 0.035 | 0.036 | 0.037 | 0.038 | 0.039 | 0.040 | 0.041 | 0.043 | 0.044 | 0.045 |
| 1.361 | 0.046 | 0.047 | 0.048 | 0.049 | 0.051 | 0.052 | 0.053 | 0.054 | 0.055 | 0.056 |
| 1.362 | 0.057 | 0.059 | 0.060 | 0.061 | 0.062 | 0.063 | 0.064 | 0.065 | 0.067 | 0.068 |
| 1.363 | 0.069 | 0.070 | 0.071 | 0.072 | 0.073 | 0.074 | 0.076 | 0.077 | 0.078 | 0.079 |
| 1.364 | 0.080 | 0.081 | 0.082 | 0.084 | 0.085 | 0.086 | 0.087 | 0.088 | 0.089 | 0.090 |
| 1.365 | 0.092 | 0.093 | 0.094 | 0.095 | 0.096 | 0.097 | 0.098 | 0.100 | 0.101 | 0.102 |

(续表)

| 折射率 | 0 | 1 | 2 | 3 | 4 | 5 | 6 | 7 | 8 | 9 |
|---|---|---|---|---|---|---|---|---|---|---|
| | $x_B$ | | | | | | | | | |
| 1.366 | 0.103 | 0.104 | 0.105 | 0.106 | 0.108 | 0.109 | 0.110 | 0.111 | 0.112 | 0.113 |
| 1.367 | 0.114 | 0.116 | 0.117 | 0.118 | 0.119 | 0.120 | 0.121 | 0.122 | 0.124 | 0.125 |
| 1.368 | 0.126 | 0.127 | 0.128 | 0.129 | 0.130 | 0.132 | 0.133 | 0.134 | 0.135 | 0.136 |
| 1.369 | 0.137 | 0.138 | 0.139 | 0.141 | 0.142 | 0.143 | 0.144 | 0.145 | 0.146 | 0.147 |
| 1.370 | 0.149 | 0.150 | 0.151 | 0.152 | 0.153 | 0.154 | 0.155 | 0.157 | 0.158 | 0.159 |
| 1.371 | 0.160 | 0.161 | 0.162 | 0.164 | 0.165 | 0.166 | 0.167 | 0.169 | 0.170 | 0.171 |
| 1.372 | 0.172 | 0.173 | 0.175 | 0.176 | 0.177 | 0.178 | 0.180 | 0.181 | 0.182 | 0.183 |
| 1.373 | 0.184 | 0.186 | 0.187 | 0.188 | 0.189 | 0.191 | 0.192 | 0.193 | 0.194 | 0.195 |
| 1.374 | 0.197 | 0.198 | 0.199 | 0.200 | 0.201 | 0.203 | 0.204 | 0.205 | 0.206 | 0.208 |
| 1.375 | 0.209 | 0.210 | 0.211 | 0.212 | 0.214 | 0.215 | 0.216 | 0.217 | 0.219 | 0.220 |
| 1.376 | 0.221 | 0.222 | 0.224 | 0.225 | 0.226 | 0.228 | 0.229 | 0.230 | 0.232 | 0.233 |
| 1.377 | 0.234 | 0.236 | 0.237 | 0.238 | 0.239 | 0.241 | 0.242 | 0.243 | 0.245 | 0.246 |
| 1.378 | 0.247 | 0.249 | 0.250 | 0.251 | 0.253 | 0.254 | 0.255 | 0.257 | 0.258 | 0.259 |
| 1.379 | 0.261 | 0.262 | 0.263 | 0.265 | 0.266 | 0.267 | 0.269 | 0.270 | 0.271 | 0.272 |
| 1.380 | 0.274 | 0.275 | 0.276 | 0.278 | 0.279 | 0.280 | 0.282 | 0.283 | 0.284 | 0.286 |
| 1.381 | 0.287 | 0.288 | 0.290 | 0.291 | 0.293 | 0.294 | 0.295 | 0.297 | 0.298 | 0.299 |
| 1.382 | 0.301 | 0.302 | 0.304 | 0.305 | 0.306 | 0.308 | 0.309 | 0.310 | 0.312 | 0.313 |
| 1.383 | 0.315 | 0.316 | 0.317 | 0.319 | 0.320 | 0.322 | 0.323 | 0.324 | 0.326 | 0.327 |
| 1.384 | 0.328 | 0.330 | 0.331 | 0.333 | 0.334 | 0.335 | 0.337 | 0.338 | 0.339 | 0.341 |
| 1.385 | 0.342 | 0.344 | 0.345 | 0.346 | 0.348 | 0.349 | 0.350 | 0.352 | 0.353 | 0.355 |
| 1.386 | 0.356 | 0.358 | 0.359 | 0.361 | 0.362 | 0.364 | 0.365 | 0.367 | 0.368 | 0.370 |
| 1.387 | 0.371 | 0.373 | 0.374 | 0.376 | 0.378 | 0.379 | 0.381 | 0.382 | 0.384 | 0.385 |
| 1.388 | 0.387 | 0.388 | 0.390 | 0.391 | 0.393 | 0.395 | 0.396 | 0.398 | 0.399 | 0.401 |
| 1.389 | 0.402 | 0.404 | 0.405 | 0.407 | 0.408 | 0.410 | 0.411 | 0.413 | 0.415 | 0.416 |
| 1.390 | 0.418 | 0.419 | 0.421 | 0.422 | 0.424 | 0.425 | 0.427 | 0.428 | 0.430 | 0.431 |
| 1.391 | 0.433 | 0.435 | 0.436 | 0.438 | 0.440 | 0.441 | 0.443 | 0.444 | 0.446 | 0.448 |
| 1.392 | 0.449 | 0.451 | 0.453 | 0.454 | 0.456 | 0.458 | 0.459 | 0.461 | 0.463 | 0.464 |
| 1.393 | 0.466 | 0.467 | 0.469 | 0.471 | 0.472 | 0.474 | 0.476 | 0.477 | 0.479 | 0.481 |
| 1.394 | 0.482 | 0.484 | 0.485 | 0.487 | 0.489 | 0.490 | 0.492 | 0.494 | 0.495 | 0.497 |
| 1.395 | 0.499 | 0.500 | 0.502 | 0.504 | 0.505 | 0.507 | 0.508 | 0.510 | 0.512 | 0.513 |
| 1.396 | 0.515 | 0.517 | 0.518 | 0.520 | 0.522 | 0.524 | 0.525 | 0.527 | 0.529 | 0.531 |
| 1.397 | 0.532 | 0.534 | 0.536 | 0.538 | 0.539 | 0.541 | 0.543 | 0.545 | 0.546 | 0.548 |
| 1.398 | 0.550 | 0.552 | 0.553 | 0.555 | 0.557 | 0.559 | 0.560 | 0.562 | 0.564 | 0.565 |
| 1.399 | 0.567 | 0.569 | 0.571 | 0.572 | 0.574 | 0.576 | 0.578 | 0.579 | 0.581 | 0.583 |
| 1.400 | 0.585 | 0.586 | 0.588 | 0.590 | 0.592 | 0.593 | 0.595 | 0.597 | 0.599 | 0.600 |
| 1.401 | 0.602 | 0.604 | 0.606 | 0.608 | 0.610 | 0.611 | 0.613 | 0.615 | 0.617 | 0.619 |

（续表）

| 折射率 | 0 | 1 | 2 | 3 | 4 | 5 | 6 | 7 | 8 | 9 |
|---|---|---|---|---|---|---|---|---|---|---|
| | $x_B$ | | | | | | | | | |
| 1.402 | 0.621 | 0.623 | 0.625 | 0.626 | 0.628 | 0.630 | 0.632 | 0.634 | 0.636 | 0.638 |
| 1.403 | 0.640 | 0.641 | 0.643 | 0.645 | 0.647 | 0.649 | 0.651 | 0.653 | 0.655 | 0.657 |
| 1.404 | 0.658 | 0.660 | 0.662 | 0.664 | 0.666 | 0.668 | 0.670 | 0.672 | 0.673 | 0.675 |
| 1.405 | 0.677 | 0.678 | 0.681 | 0.683 | 0.685 | 0.687 | 0.688 | 0.690 | 0.692 | 0.694 |
| 1.406 | 0.696 | 0.698 | 0.700 | 0.702 | 0.704 | 0.706 | 0.708 | 0.710 | 0.712 | 0.714 |
| 1.407 | 0.716 | 0.718 | 0.720 | 0.722 | 0.724 | 0.726 | 0.728 | 0.730 | 0.732 | 0.734 |
| 1.408 | 0.736 | 0.738 | 0.740 | 0.742 | 0.744 | 0.746 | 0.749 | 0.751 | 0.753 | 0.755 |
| 1.409 | 0.757 | 0.759 | 0.761 | 0.763 | 0.765 | 0.767 | 0.769 | 0.771 | 0.773 | 0.775 |
| 1.410 | 0.777 | 0.779 | 0.781 | 0.783 | 0.785 | 0.787 | 0.789 | 0.791 | 0.793 | 0.795 |
| 1.411 | 0.797 | 0.799 | 0.801 | 0.803 | 0.806 | 0.808 | 0.810 | 0.812 | 0.814 | 0.816 |
| 1.412 | 0.819 | 0.821 | 0.823 | 0.825 | 0.827 | 0.829 | 0.832 | 0.834 | 0.836 | 0.838 |
| 1.413 | 0.840 | 0.842 | 0.845 | 0.847 | 0.849 | 0.851 | 0.853 | 0.855 | 0.857 | 0.860 |
| 1.414 | 0.862 | 0.864 | 0.866 | 0.868 | 0.870 | 0.873 | 0.875 | 0.877 | 0.879 | 0.881 |
| 1.415 | 0.883 | 0.886 | 0.888 | 0.890 | 0.892 | 0.894 | 0.896 | 0.899 | 0.901 | 0.903 |
| 1.416 | 0.905 | 0.907 | 0.910 | 0.912 | 0.914 | 0.916 | 0.919 | 0.921 | 0.923 | 0.925 |
| 1.417 | 0.928 | 0.930 | 0.932 | 0.934 | 0.937 | 0.939 | 0.941 | 0.943 | 0.946 | 0.948 |
| 1.418 | 0.950 | 0.952 | 0.955 | 0.957 | 0.959 | 0.961 | 0.963 | 0.966 | 0.968 | 0.970 |
| 1.419 | 0.972 | 0.975 | 0.977 | 0.979 | 0.981 | 0.984 | 0.986 | 0.988 | 0.990 | 0.993 |
| 1.420 | 0.995 | 0.997 | 1.000 | | | | | | | |

## 附录 6　水的黏度 $\eta$

| $t$/℃ | 0 | 1 | 2 | 3 | 4 | 5 | 6 | 7 | 8 | 9 |
|---|---|---|---|---|---|---|---|---|---|---|
| | $\eta \times 10^3$/Pa·s | | | | | | | | | |
| 0 | 1.787 | 1.728 | 1.671 | 1.618 | 1.567 | 1.519 | 1.472 | 1.428 | 1.386 | 1.346 |
| 10 | 1.307 | 1.271 | 1.235 | 1.202 | 1.169 | 1.139 | 1.109 | 1.081 | 1.053 | 1.027 |
| 20 | 1.002 | 0.9779 | 0.9548 | 0.9325 | 0.9111 | 0.8904 | 0.8705 | 0.8513 | 0.8327 | 0.8148 |
| 30 | 0.7975 | 0.7808 | 0.7647 | 0.7491 | 0.7340 | 0.7194 | 0.7052 | 0.6915 | 0.6783 | 0.6654 |
| 40 | 0.6529 | 0.6408 | 0.6291 | 0.6178 | 0.6067 | 0.5960 | 0.5856 | 0.5755 | 0.5656 | 0.5561 |
| 50 | 0.5468 | 0.5379 | 0.5291 | 0.5206 | 0.5124 | 0.5040 | 0.4977 | 0.4899 | 0.4824 | 0.4751 |

# 参考文献


[1] 武汉大学化学与分析科学学院实验中心. 物理化学实验[M]. 武汉:武汉大学出版社,2004.

[2] 复旦大学. 物理化学实验(第3版)[M]. 北京:高等教育出版社,2004.

[3] 北京大学化学学院物理化学实验教学组. 物理化学实验(第4版)[M]. 北京:北京大学出版,2002.

[4] 浙江大学化学系. 中级化学实验(第3版)[M]. 北京:科学出版社,2005.

[5] 山东大学,山东师范大学,等. 基础化学实验:物理化学实验[M]. 北京:化学工业出版社,2004.

[6] HEJAZI R, AMIJI M. Chitosan-based gastrointestinal delivery systems [J]. Controlled Release, 2003,89(2):151-165.

[7] NGUYEN K T, WEST J L. Photopolymerizable hydrogels for tissue engineering applications[J]. Biomaterials, 2002,23(22):4307-4314.

[8] CHENITE A, CHAPUT C, WANG D, et al. Novel injectable neutral solutions of chitosan form biodegradable gels in situ[J]. Biomaterials, 2000,21(21):2155-2161.

[9] 刘维俊,吉家俊,朱信龙,等. 温敏性三元共聚水凝胶溶胀及消溶胀行为[J]. 高分子材料科学与工程,2012,28(2):32-35.

[10] LIU W J, HUANG Y M, LIU H L, et al. Composite structure of temperature sensitive chitosan microgel and anomalous behavior in alcohol solutions[J]. Colloid Interf. Sci., 2007,313:117-121.

[11] 刘维俊,黄永民,彭昌军,等. 多重响应壳聚糖微凝胶的制备及溶胀性[J]. 化工学报,2009,60(8):2101-2106.

[12] 何卫东. 高分子化学实验[M]. 合肥:中国科技大学出版社,2003: 133-134.

[13] 范星河,李国宝. 综合化学实验[M]. 北京:北京大学出版社,2009: 244-246.

[14] 张兴英,李齐方. 高分子科学实验[M]. 2版. 北京:化学工业出版社,2007: 189-194.

[15] 韩哲文. 高分子化学实验[M]. 上海:华东理工大学出版社,2004: 97-101.